여행은

꿈꾸는 순간,

시작된다

여행 준비
체크리스트

D-60	여행 정보 수집 & 여권 만들기	☐ 가이드북, 블로그, 유튜브 등에서 여행 정보 수집하기 ☐ 여권 발급 or 유효기간 확인하기
D-50	항공권 예약하기	☐ 항공사 or 여행 플랫폼 가격 비교하기 ★ 저렴한 항공권을 찾아보고 싶다면 미리 항공사나 여행 플랫폼 앱 다운받아 가격 알림 신청해두기
D-40	숙소 예약하기	☐ 교통 편의성과 여행 테마를 고려해 숙박 지역 먼저 선택하기 ☐ 숙소 가격 비교 후 예약하기
D-30	여행 일정 및 예산 짜기	☐ 여행 기간과 테마에 맞춰 일정 계획하기 ☐ 일정을 고려해 상세 예산 짜보기
D-20	현지 투어, 교통편 예약 & 여행자보험 및 필요 서류 준비하기	☐ 내 일정에 필요한 패스와 입장권, 투어 프로그램 확인 후 예약하기 ☐ 여행자보험, 국제운전면허증, 국제학생증 등 신청하기
D-10	예산 고려하여 환전하기	☐ 환율 우대, 쿠폰 등 주거래 은행 및 각종 앱에서 받을 수 있는 혜택 알아보기 ☐ 해외에서 사용할 수 있는 여행용 체크(신용)카드 준비하기
D-7	데이터 서비스 선택하기	☐ 여행 스타일에 맞춰 로밍, 포켓 와이파이, 유심, 이심 결정하기 ★ 여러 명이 함께 사용한다면 포켓 와이파이, 장기 여행이라면 유심이나 이심, 가장 간편한 방법을 찾는다면 로밍
D-1	짐 꾸리기 & 최종 점검	☐ 짐을 싼 후 빠진 것은 없는지 여행 준비물 체크리스트 보고 확인하기 ☐ 기내 반입할 수 없는 물품을 다시 확인해 위탁수하물용 캐리어에 넣기 ☐ 항공권 온라인 체크인하기
D-DAY	출국하기	☐ 여권, 비자, 항공권, 숙소 바우처, 여행자보험 증서 등 필수 준비물 확인하기 ☐ 공항 터미널 확인 후 출발 시각 3시간 전에 도착하기 ☐ 공항에서 포켓 와이파이 등 필요 물품 수령하기

여행 준비물
체크리스트

필수 준비물

- ☐ 여권(유효기간 6개월 이상)
- ☐ 여권 사본, 사진
- ☐ 항공권(E-Ticket)
- ☐ 바우처(호텔, 현지 투어 등)
- ☐ 현금
- ☐ 해외여행용 체크(신용)카드
- ☐ 각종 증명서(여행자보험, 국제운전면허증 등)

기내 용품

- ☐ 볼펜(입국신고서 작성용)
- ☐ 수면 안대
- ☐ 목베개
- ☐ 귀마개
- ☐ 가이드북, 영화, 드라마 등 볼거리
- ☐ 수분 크림, 립밤
- ☐ 얇은 외투

전자 기기

- ☐ 노트북 등 전자 기기
- ☐ 휴대폰 등 각종 충전기
- ☐ 보조 배터리
- ☐ 멀티탭
- ☐ 카메라, 셀카봉
- ☐ 포켓 와이파이, 유심칩
- ☐ 멀티어댑터

의류 & 신발

- ☐ 현지 날씨 상황에 맞는 옷
- ☐ 속옷
- ☐ 잠옷
- ☐ 수영복, 비치웨어
- ☐ 양말
- ☐ 여벌 신발
- ☐ 슬리퍼

세면도구 & 화장품

- ☐ 치약 & 칫솔
- ☐ 면도기
- ☐ 샴푸 & 린스
- ☐ 보디워시
- ☐ 선크림
- ☐ 화장품
- ☐ 클렌징 제품

기타 용품

- ☐ 지퍼백, 비닐 봉투
- ☐ 보조 가방
- ☐ 선글라스
- ☐ 간식
- ☐ 벌레 퇴치제
- ☐ 비상약, 상비약
- ☐ 우산
- ☐ 휴지, 물티슈

출국 전 최종 점검 사항

① 여권 확인

② 항공권의 출국 공항 터미널 확인

③ 위탁수하물 캐리어 크기 및 무게 측정
   (항공사별로 다르므로 홈페이지에서 미리 확인)

④ 기내 반입 불가 품목 확인

⑤ 유심, 포켓 와이파이 등 수령 장소 확인

리얼
이탈리아

여행 정보 기준

이 책은 2024년 12월까지 수집한 최신 정보를 바탕으로 만들었습니다.
정확한 정보를 싣고자 노력했지만 여행 가이드북의 특성상
책에서 소개한 정보는 현지 사정에 따라 수시로 변경될 수 있습니다.
변경된 현지 정보는 개정판에 반영해 더욱 실용적인 가이드북을 만들겠습니다.

한빛라이프 여행팀 ask_life@hanbit.co.kr

리얼 이탈리아

초판 발행 2025년 1월 3일

지은이 양미석, 김혜지 / **펴낸이** 김태헌
총괄 임규근 / **팀장** 고현진 / **책임편집** 박지영 / **디자인** 천승훈 / **교정교열** 박성숙 / **지도·일러스트** 조민경
영업 문윤식, 신희용, 조유미 / **마케팅** 신우섭, 손희정, 박수미, 송수현 / **제작** 박성우, 김정우 / **전자책** 김선아

펴낸곳 한빛라이프 / **주소** 서울시 서대문구 연희로2길 62 한빛빌딩
전화 02-336-7129 / **팩스** 02-325-6300
등록 2013년 11월 14일 제25100-2017-000059호
ISBN 979-11-93080-45-0 14980, 979-11-85933-52-8 14980(세트)

한빛라이프는 한빛미디어(주)의 실용 브랜드로 우리의 일상을 환히 비추는 책을 펴냅니다.

이 책에 대한 의견이나 오탈자 및 잘못된 내용은 출판사 홈페이지나 아래 이메일로 알려주십시오.
파본은 구매처에서 교환하실 수 있습니다. 책값은 뒤표지에 표시되어 있습니다.
한빛미디어 홈페이지 www.hanbit.co.kr / 이메일 ask_life@hanbit.co.kr
블로그 blog.naver.com/real_guide_ / 인스타그램 @real_guide

지금 하지 않으면 할 수 없는 일이 있습니다.
책으로 펴내고 싶은 아이디어나 원고를 메일(writer@hanbit.co.kr)로 보내주세요.
한빛라이프는 여러분의 소중한 경험과 지식을 기다리고 있습니다.

이탈리아를 가장 멋지게 여행하는 방법

리얼 이탈리아

양미석·김혜지 지음

HB 한빛라이프

작가의 말

꼭 쓰고 싶던 나라

30년 가까이 됐는데도 처음 이탈리아에 갔을 때의 추억이 여전히 선명하다. 초등학교 6학년 여름방학이었다. 로마의 한 호텔에서 열세 번째 생일을 맞았다. 로맨티스트인 할아버지는 패키지 투어의 가이드에게 부탁해 정원에 작게 생일상을 차려주었다. 만날 "왜 내 생일은 방학이야?"라며 투정 부렸던 내가 처음으로 생일이 여름방학이어서 참 좋다고 생각한 순간이었다.

언젠가 꼭 다시 가고 말 거라는 소망은 이루기 쉽지 않았다. 할아버지, 할머니를 하늘나라로 보내드리고 나서야 두 분과 함께했던 마지막 여행지 이탈리아로 떠날 결심을 하게 됐다. 첫 여행으로부터 16년이 흘렀고 서른이 코앞이었다. 처음으로 혼자 떠난 여행은 시행착오의 연속이었다. 숙소 사기를 당하고 열차 파업으로 발이 묶이고 휴대폰 소매치기를 당했다. 33일의 여정을 마치고 무사히 인천공항에 도착했을 때 내 자신이 얼마나 대견하던지. 실수 투성이여도 괜찮고 사랑하는 사람을 잃어도 살아진다는 걸 알게 해준 여행이었다.

학창 시절엔 단 한 번도 여행 작가가 되고 싶었던 적이 없었지만 막상 여행 작가가 되고 나니 여행 작가로서 하고 싶은 일이 정말 많았다. 그중 하나가 바로 가이드북이 됐든 에세이가 됐든 이탈리아 여행서를 쓰는 것. 코로나19가 아니었다면 조금 더 빨리 꿈을 이룰 수 있었을 텐데 돌고 돌아 여행 작가가 된 지 딱 10년 만에 해냈다.

1996년부터 2024년까지, 여행자로 이탈리아에 머문 모든 순간이 이 책을 만들었다. 그래서 집필하기가 너무 힘들었다. 이탈리아는 요약할 수 없는 나라다. 차라리 1천 쪽짜리 책을 쓰는 게 더 쉬울 것 같았다. 지면에 담지 못한 말이 정말 많다. 이 말인즉슨, 이 책에 담긴 것은 고르고 또 고른 내용이란 뜻이다.

게으른 저자를 여기까지 끌고 와주신 편집자님, 이탈리아 북부를 근사하게 소개해주신 혜지 작가님, 첫 책부터 지금까지 내 책을 네 권째 봐주고 계신 교정자님, 그리고 디자이너님, 일러스트레이터님, 책을 만들고 판매하는 데 힘써주시는 모든 분에게 감사드린다.

『리얼 이탈리아』가 독자분들에게 다정하고 친절한 안내자가 되었으면 하는 바람이다. 책을 펴 들고 여행 준비를 시작하는 모든 분께 여행 내내 날씨 요정이 함께하길.

든든한 버팀목인 가족, 하늘에 계신 할아버지와 할머니 진짜 사랑합니다. 감사합니다.

양미석　　한 번에 한 나라, 한 도시만 느릿느릿 둘러보며 30년 일정으로 세계 일주 중. 사랑하는 곳에 대해 알리고 싶다는 생각에 어쩌다 보니 글을 쓰고 사진을 찍고 있다. 여행 작가가 되어야겠다고 간절히 바란 적은 없지만, 막상 여행 작가가 되고 보니 이제는 다른 일을 하는 내 모습은 상상할 수 없다. 책 작업을 할 때 가장 즐겁고 내가 쓴 책을 읽고 여행을 다녀온 독자를 만날 때 가장 기쁘다. 『우리들의 후쿠오카 여행』, 『리얼 도쿄』, 『트립풀 교토』, 『도쿄를 만나는 가장 멋진 방법: 책방 탐사』, 『크로아티아의 작은 마을을 여행하다』를 썼다.

이메일 iulius07@naver.com　**인스타그램** @iulius0726

2015년 시작한 이탈리아 생활이 어느덧 10년 차가 되었다. 그 어떤 점쟁이도 내 사주 팔자에 '외국'이 보인다고 일러준 적은 없었다. 내 돈으로 비행기 한 번 타본 적 없던 지극히 우물 안 개구리였던 내가 이탈리아에서 살아가고 있는 것은 온전히 나의 의지이자 처절한 몸부림의 결과다.

물론 처음부터 여행을 좋아했던 것은 아니다. 늦게 배운 도둑질이 무섭다고, 여행 가이드인 남편을 따라 틈만 나면 이탈리아 구석구석을 누비며 먹고 마시고, 부지런히 보고 배웠다. 처음 가보는 도시들도 좋았지만 같은 곳을 방문하며 매 계절 색다른 매력을 느끼는 것도 좋았다. 문화, 예술, 음식, 자연, 날씨, 사람 어느 것 하나 모자람 없이 모든 것이 완벽한 이탈리아는 신이 편애한 것이 아닌가 싶을 정도로 마주하는 매 순간이 벅차고 경이롭기까지 했다. 단언컨대 지난 10년 동안 단 한 번도 해외여행은 꿈꿔본 적이 없을 정도로 이탈리아만 편애했다. 이탈리아에 살면서 왜 이탈리아만 여행하느냐고 묻는 사람들에게 나는 "해답이 되는 모든 순간 때문"이라고 눈가에 하트를 가득 머금고 답하곤 했다.

하늘길이 모두 막힌 코로나 시기에도 망설임 없이 이탈리아에 남기로 결정했고, 다시는 없을 날들처럼 더 전투적으로 여행했다. 텅 빈 이탈리아를 마주하는 일은 조금 서글펐지만 돌이켜보면 그때의 경험과 기록이 내 콘텐츠의 양분이 되었다. 이토록 사랑해 마지않는 이탈리아를 소개하는 일은 마치 나의 숙명인 것만 같다.

검색만 하면 온라인을 통해 다양한 정보를 쉽고 빠르고 얻을 수 있는 세상을 살아가고 있지만 가이드북의 효용 가치는 여전히 유효하다고 믿는다. 현지에서 직접 발로 뛰어 얻은 생생한 정보를 통해 여러분이 내가 사랑하는 이탈리아와 더욱 가까워질 수 있는 계기가 되었으면 좋겠다.

내가 사랑하는 나라를 소개하는 일

김혜지 물의 도시 베네치아에 살고 있다. 유튜브 채널 〈이태리부부〉 운영 중, 『이탈리아에 살고 있습니다』, 『로마로 가는 길』을 썼다.
이메일 ivlovevi00@naver.com **인스타그램** @italybubu

일러두기

- 이 책은 2024년 12월까지 취재한 정보를 바탕으로 만들었습니다. 정확한 정보를 수록하고자 노력했지만, 여행 가이드북의 특성상 책에서 소개한 정보는 현지 사정에 따라 수시로 변경될 수 있습니다. 여행을 떠나기 직전에 한 번 더 확인하시기 바라며, 변경된 정보는 개정판에 반영해 더욱 실용적인 가이드북을 만들겠습니다.

- 영어와 이탈리아어의 한글 표기는 국립국어원의 외래어 표기법을 따르되 관용적인 표기나 현지 발음과 동떨어진 경우에는 예외를 두었습니다. 우리나라에 입점된 브랜드의 경우 한국에 소개된 이름을 기준으로 표기했습니다.

- 대중교통 및 도보 이동 시 소요시간은 대략적으로 적었으며, 현지 사정에 따라 달라질 수 있으니 참고용으로 확인해주시기 바랍니다.

- 명소는 운영시간에 표기된 폐관/폐점 시간보다 30분~1시간 전에 입장이 마감되는 경우가 많으니 미리 확인하고 방문하시기 바랍니다.

주요 기호·약어

🚶	가는 방법	📍	주소	🕐	운영시간	❌	휴무일	€	요금
📞	전화번호	🏠	홈페이지	🏃	명소	🛍	상점	🍴	식당, 카페
✈	공항	Ⓜ	지하철역	🚆	기차역	🚌	버스 터미널	🚡	푸니콜라레
⛩	항구								

구글 맵스 QR코드

각 지도에 담긴 QR코드를 스캔하면 소개한 장소들의 위치가 표시된 구글 지도를 스마트폰으로 볼 수 있습니다. '지도 앱으로 보기'를 선택하고 구글 맵스 앱으로 연결하면 거리 탐색, 경로 찾기 등을 더욱 편하게 이용할 수 있습니다. 앱을 닫은 후 지도를 다시 보려면 구글 맵스 애플리케이션 하단의 '저장됨' - '지도'로 이동해 원하는 지도명을 선택합니다.

리얼 시리즈 100% 활용법

PART 1
여행지 개념 정보 파악하기

이탈리아에서 꼭 가봐야 할 장소부터 여행 시 알아두면 도움이 되는 국가 및 지역 특성에 대한 정보를 소개합니다. 기초 정보부터 추천 코스까지, 이탈리아를 미리 그려볼 수 있는 다양한 개념 정보를 수록하고 있습니다.

PART 2
테마별 여행 정보 살펴보기

이탈리아를 가장 멋지게 여행할 수 있는 각종 테마를 보여줍니다. 이탈리아를 좀 더 깊이 들여다볼 수 있는 역사, 축제는 물론이고, 이탈리아에서 놓칠 수 없는 예술가들의 대표작품부터 우리에게 친숙한듯 새로운 이탈리아 음식, 나만의 쇼핑 리스트까지! 자신의 취향에 맞는 키워드를 찾아 내용을 확인하세요.

PART 3
지역별 정보 확인하기

이탈리아를 5개의 대도시로 나누고 함께 가면 좋을 근교 도시를 소개했습니다. 각 도시별로 볼거리, 맛집, 카페, 쇼핑 상점 등 꼭 가봐야 하는 인기 명소부터 찐 로컬들이 가는 곳, 저자가 발굴해 낸 숨은 장소까지 이탈리아를 속속들이 소개합니다.

PART 4
실전 여행 준비하기

여행 시 꼭 준비해야 하는 정보만 모았습니다. 여행 정보 수집부터 현지에서 맞닥뜨릴 수 있는 긴급 상황이나 이탈리아 철도 파업 등에 대한 대처 방법, 여행 전 알아두면 좋을 이탈리아어 등으로 구성되어 있습니다.

차례

Contents

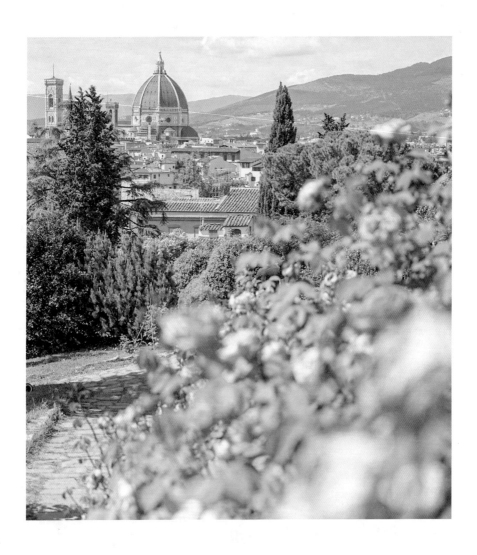

PART 4

실전에 강한
여행 준비

PART 1

미리 보는
이탈리아
여행

마음에 남는 이탈리아 여행의 장면들

로마 콜로세오(콜로세움)
고대 로마의 영광이 여기에

바티칸 시국
전 세계 천주교의 총본산

피렌체 두오모 쿠폴라
르네상스의 문이 활짝 열리다

피렌체
미켈란젤로 광장의
노을
이토록 낭만적인 노을,
야경 명소

피사의 사탑
기울어져 완성된 탑

밀라노 두오모
이탈리아 최고의 고딕 양식
건축물

베네치아 대운하
물 위에 세운 도시만의 풍경

베네치아 부라노섬
알록달록한 담벼락 앞에서 찰칵

돌로미티
이탈리아에서 만나는 알프스

베로나 오페라 축제
로마의 유적에서 오페라를

나폴리 스파카 나폴리
로컬의 일상으로 가득 채워진 골목

아말피 해안
꿈같은 지중해 마을들

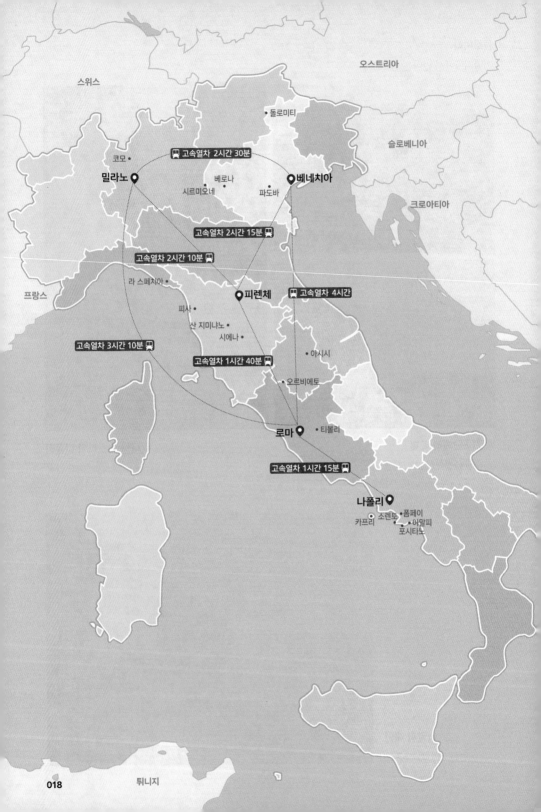

스위스

오스트리아

슬로베니아

크로아티아

프랑스

돌로미티

코모

밀라노 📍 🚄 고속열차 2시간 30분 베로나 베네치아 📍

시르미오네 파도바

고속열차 2시간 15분 🚄

고속열차 2시간 10분 🚄

라 스페치아 피렌체 📍 🚄 고속열차 4시간

피사

산 지미냐노

시에나 아시시

고속열차 3시간 10분 🚄 고속열차 1시간 40분 🚄 오르비에토

로마 📍 티볼리

고속열차 1시간 15분 🚄

나폴리 📍 폼페이

카프리 소렌토 아말피

포시타노

튀니지

지도로 보는 이탈리아

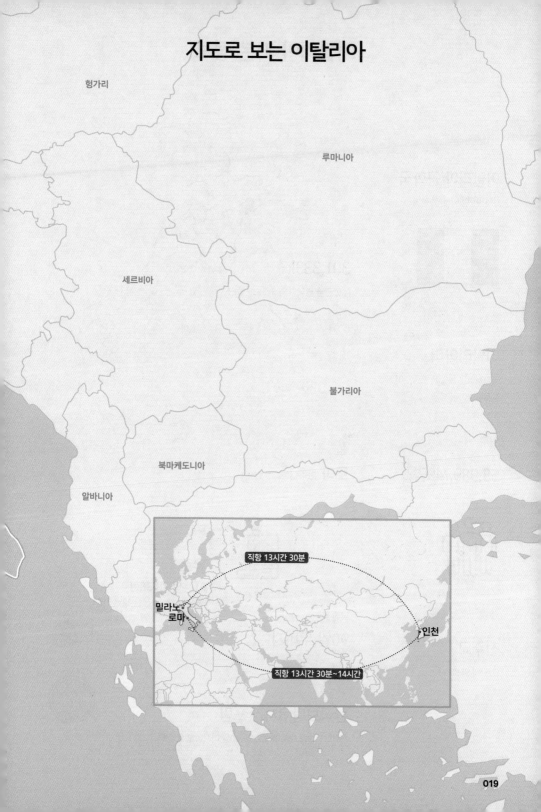

헝가리

루마니아

세르비아

불가리아

북마케도니아

알바니아

직항 13시간 30분

밀라노
로마

인천

직항 13시간 30분~14시간

이탈리아 기본 정보

국명

이탈리아 공화국
Repubblica Italiana

언어

이탈리아어

국경지역은 독일어, 프랑스어,
슬로베니아어 병용

인구

58,989,749명

종교

천주교

(인구의 약 86%)

면적

301,333km²

대한민국 면적의 약 3배

로마

수도

로마 Roma

비자

관광 목적으로 방문 시
90일 무비자

통화

유로

€1 = 약 1,538원
(현찰 살 때, 2024년 12월 기준)

시차

한국보다 8시간 느림

서머타임(3월 마지막 일요일~10월 마지막 일요일)엔 7시간 느림

물가
(서울 vs. 로마)

· 생수 500ml(편의점, 미니 슈퍼마켓 기준)
1,100원 vs. €1

· 대중교통 기본요금
지하철 1,400원 vs. 1회권 €1.5

· 택시 기본요금
4,800원 vs. €3

· 스타벅스 아메리카노 톨 사이즈
4,500원 vs. €3

· 맥도날드 빅맥 단품
5,500원 vs. €5.5

국제전화

+39

국가 도메인

.it

전압

220V

한국과 플러그 모양이 달라 어댑터 필요

긴급 연락처

통합 긴급전화(경찰, 구급차, 화재 등, 24시간)
112

외교부 영사콜센터(서울, 24시간)
+82-2-3210-0404

주이탈리아 대한민국 대사관 당직전화(24시간)
+39-335-185-0499

주밀라노 대한민국 총영사관 당직전화(24시간)
+39-329-751-1936

주이탈리아 대한민국 대사관

📍 Via Barnaba Oriani, 30, 00197 Roma
🚶 로마 테르미니역 앞 500인 광장의 G정류장에서 223번 시내버스 탑승, 산티아고 델 칠레Santiago del Cile 정류장에서 하차, 도보 5분
🕐 영사과 민원업무 09:30~12:00, 14:00~16:30
대사관 일반업무 09:00~12:30, 14:00~17:30
✖ 주말, 한국 4대 국경일(삼일절, 광복절, 개천절, 한글날), 이탈리아 공휴일 P.026
📞 +39-06-802461
🏠 overseas.mofa.go.kr/it-ko/index.do

주밀라노 대한민국 총영사관

📍 Piazza Cavour, 3, 20121 Milano
🚶 지하철 3호선 투라티Turati역에서 도보 3분
🕐 근무시간 09:00~12:00, 14:00~18:00
영사민원 접수시간 09:30~11:30, 14:30~17:00
✖ 주이탈리아 대한민국 대사관과 동일
📞 +39-02-2906-2641
🏠 overseas.mofa.go.kr/it-milano-ko/index.do

알아두면 도움될 여행 팁

이탈리아어
인사말

우리나라에서 외국인이 어설픈 한국어를 쓰면 그렇듯이 어설프더라도 이탈리아어로 인사를 해보면 현지인들은 꽤나 기특해(?)하고 반가워한다. 특히 소도시, 여행자가 많이 찾지 않는 명소나 상점에선 더욱 그렇다. 이탈리아어 인사말은 여행 이탈리아어 **P.516**를 참고하자.

교통 티켓
개찰과 검표

시내에서 버스, 트램을 탈 때와 도시 간 이동 시 열차를 탈 때 종이 승차권을 개찰기에 넣어 개시한다. 개찰기의 위치, 모양은 각 도시의 시내버스, 트램마다 다르지만 보통은 운전석 바로 옆에 있다. 고장 난 기계도 많으므로 종이 승차권을 넣었다 뺀 후 뒷면에 개시일자가 제대로 쓰여 있는지 반드시 확인하자. 검표원이 불심 검문할 때 개시일자가 없는 승차권을 갖고 있으면 무임승차로 간주해 벌금을 문다. 참고로 지하철은 우리나라와 이용 방법이 똑같다. 열차를 온라인으로 예약했고 QR코드가 들어간 바우처를 받았다면 바로 열차에 타도 된다.

팁 문화

음식점에서 팁이 필수는 아니다. 고마움을 표시하고 싶을 땐 5~10%, 또는 본인이 부담되지 않는 금액 내에서 팁을 주면 된다. 거스름돈을 받지 않는 것도 한 방법이다. 최근엔 카드로 결제하는 일이 많아지면서 카드를 긁기 전에 팁은 얼마를 결제할지 묻는 경우도 있는데 거절해도 상관없다.

화장실
사용

공중화장실이 많지 않고 있더라도 대부분 유료(€0.5 ~1)다. 숙소나 음식점, 미술관·박물관 등의 유료 명소에 방문했을 때 화장실에 들르자. 로마, 피렌체, 밀라노의 리나센테 백화점 화장실은 구매하지 않아도 무료로 이용할 수 있고 깨끗하다. 좌변기의 뚜껑과 앉는 부분이 없는 화장실이 꽤 많은 편이다. 또한 숙소 화장실의 좌변기 옆에 높이가 낮은 세면대가 있다면 비데다.

층수
표시

이탈리아의 층 개념은 우리나라와 다르다. 우리나라의 1층이 이탈리아에선 0층(piano terra, piano terreno, ground floor), 우리나라의 2층이 이탈리아에선 1층이다. 에어비앤비 등을 예약할 때 호스트가 3층이라고 한다면 우리나라의 4층이라고 생각하면 되고, 오래된 건물일수록 층고가 높은 편이라 실제 높이는 우리나라의 5층 정도라고 봐도 무방하다.

카드/현금
사용

€0.5의 생수 1병을 사도 신용/체크 카드로 결제할 수 있다. 화장실, 대중교통 승차권 등 현금으로만 결제가 가능한 곳도 있으므로 현금은 준비하되, 소매치기의 위험이 있으니 최소한으로만 가지고 다니는 걸 추천한다. 우리나라에서 환전할 때 가능하면 소액권으로 요청하고, 이탈리아 현지에서 ATM을 사용할 땐 우체국, 은행 지점 내 기기를 이용한다.

휴대용 물티슈,
손 소독제 준비

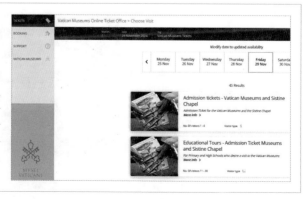

젤라토는 빨리 녹는다. 특히 여름에 콘으로 먹으면 받자마자 줄줄 흘러내리는 수준으로 녹아 손이 끈적끈적해지는데, 화장실 인심이 박한 이탈리아에서 손을 닦기는 쉽지 않다. 그럴 때 휴대용 물티슈가 굉장히 유용하다. 또 화장실 좌변기의 앉는 부분이 없을 때, 세면대에 비누가 없을 때 등등 생각보다 쓸 데가 많아 잘 챙겨왔다는 생각이 드는 준비물 1순위가 될 것이다.

명소의
사전 예약

대부분의 유료 명소는 온라인 사전 예약이 가능하며, €2~5의 예약 수수료가 있다. 몇몇 명소는 현장 구매가 아예 불가능하거나 입장까지 최소 2시간 이상 기다리기 때문에 예약 수수료가 아깝지 않다. 예약에 대한 자세한 내용은 각 명소 페이지를 참고하자.

2025년 이탈리아 여행, 이건 알고 가자

25년 만에 돌아오는
정기 희년

2025년은 2000년의 대희년에 이어 25년 만에 돌아오는 정기 희년이다. 2024년 12월 24일 산 피에트로 대성당의 성년의 문이 열리며 희년이 시작돼 2026년 1월 6일 주님 공현 대축일까지 이어진다. 희년禧年, Jubilee은 안식년이 일곱 번 지난 50년마다 돌아오는 해를 가리킨다. 천주교에서 최초의 희년은 1300년 교황 보니파시오 8세가 선포했고, 이후 교황 바오로 2세가 25년마다 희년을 개최해야 한다고 선언해 1475년부터 25년마다 희년을 지낸다. 2024년 1년 동안 도시 전체가 공사 현장이라고 해도 좋을 정도로 로마와 바티칸은 손님맞이 준비로 분주했다. 2000년 대희년엔 약 3200만 명의 순례객이 바티칸을 찾았다. 2025년 희년도 비슷할 것으로 예상하며, 부활절이 있는 4월이 특히 붐빌 것으로 보고 있다. 평소보다 많은 사람이 로마와 바티칸을 방문하는 만큼 더욱 철저한 준비가 필요하다. 숙소, 바티칸 박물관 등은 일정이 정해지면 빠르게 예약한다. 소매치기에 대한 대비도 철저히 하자. 2025년 정기 희년의 연중 일정은 공식 홈페이지에서 확인할 수 있다.

🏠 www.iubilaeum2025.va

이젠 찾기 쉬워진
아이스커피

밀라노에 전 세계에 6곳뿐인 스타벅스 리저브 로스터리가 생긴 이후 로마, 피렌체, 나폴리, 볼로냐, 베로나, 파도바 등 꽤 많은 도시에 스타벅스 매장이 생겼다. 전통을 고수하던 이탈리아 로컬 카페들도 시대의 변화에 발맞추어 아이스커피를 제공하는 매장이 많아졌다.

화장실에서도
콘택트리스 카드로 결제를?

우리나라 여행자가 많이 이용하는 트래블월렛, 트래블로그 등 일명 '트래블 카드'를 포함해 콘택트리스 기능이 있는 신용/체크 카드의 사용 범위가 점점 넓어지고 있다. 로마, 피렌체, 밀라노 등 대도시의 대중교통(지하철, 시내버스, 트램) 요금은 대부분 콘택트리스 카드로 결제할 수 있다. 다만 시내버스와 트램은 검표할 때 결제 내역이 바로 확인되지 않는 경우가 있어 아직까지는 종이 승차권 사용을 권장한다. 최근엔 콘택트리스 카드 결제가 가능한 화장실도 늘고 있어 최소한의 비상금 외에는 현금 없이도 여행이 불편하지 않은 시대가 되었다.

세금을 환급 받을 수 있는
최저 구매금액 변동

2024년 2월부터 여행을 목적으로 이탈리아를 방문한 외국인 여행자는 영수증 1장당 최소 €70 이상 구매하면 부가가치세(VAT 또는 IVA)를 환급 받을 수 있게 되었다. 이전 기준금액이 €154.95였던 것에 비하면 절반 이상 낮아진 셈이다.

이탈리아 여행 캘린더

중부 | 로마 (피렌체는 로마와 비슷함)

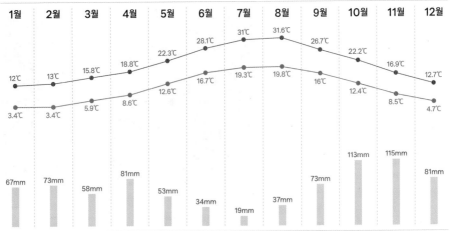

평균 최고기온 · 평균 최저기온 · 강수량

| 1월 | 2월 | 3월 | 4월 | 5월 | 6월 | 7월 | 8월 | 9월 | 10월 | 11월 | 12월 |

평균 최고기온: 12℃, 13℃, 15.8℃, 18.8℃, 22.3℃, 28.1℃, 31℃, 31.6℃, 26.7℃, 22.2℃, 16.9℃, 12.7℃

평균 최저기온: 3.4℃, 3.4℃, 5.9℃, 8.6℃, 12.6℃, 16.7℃, 19.3℃, 19.8℃, 16℃, 12.4℃, 8.5℃, 4.7℃

강수량: 67mm, 73mm, 58mm, 81mm, 53mm, 34mm, 19mm, 37mm, 73mm, 113mm, 115mm, 81mm

북동부 | 베네치아

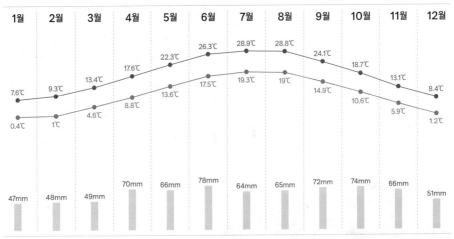

평균 최고기온 · 평균 최저기온 · 강수량

| 1월 | 2월 | 3월 | 4월 | 5월 | 6월 | 7월 | 8월 | 9월 | 10월 | 11월 | 12월 |

평균 최고기온: 7.6℃, 9.3℃, 13.4℃, 17.6℃, 22.3℃, 26.3℃, 28.9℃, 28.8℃, 24.1℃, 18.7℃, 13.1℃, 8.4℃

평균 최저기온: 0.4℃, 1℃, 4.6℃, 8.8℃, 13.6℃, 17.5℃, 19.3℃, 19℃, 14.9℃, 10.6℃, 5.9℃, 1.2℃

강수량: 47mm, 48mm, 49mm, 70mm, 66mm, 78mm, 64mm, 65mm, 72mm, 74mm, 66mm, 51mm

공휴일

- **1월 1일** 새해 첫날
- **1월 6일** 주님 공현 대축일
- **4월 20일** 부활절★
- **4월 21일** 이스터 먼데이★
- **4월 25일** 해방 기념일
- **5월 1일** 노동절
- **6월 2일** 공화국의 날
- **8월 15일** 성모 승천의 날
- **11월 1일** 모든 성인의 날
- **12월 8일** 마리아의 원죄 없는 잉태의 날
- **12월 25일** 성탄절
- **12월 26일** 성 스테파노의 날

★ 매년 바뀌는 공휴일, 현재는 2025년 기준

지중해의 중심에 위치한 이탈리아는 여름에는 고온건조하고 겨울엔 온난다습한 전형적인 지중해성 기후를 보인다.
하지만 남북으로 긴 국토의 특성상 북부, 중부, 남부의 기후가 조금씩 다르다.

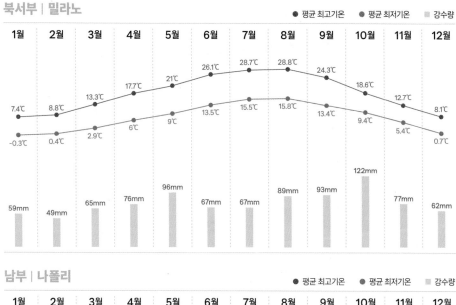

북서부 | 밀라노
● 평균 최고기온　　● 평균 최저기온　　■ 강수량

| 1월 | 2월 | 3월 | 4월 | 5월 | 6월 | 7월 | 8월 | 9월 | 10월 | 11월 | 12월 |

평균 최고기온: 7.4℃ / 8.8℃ / 13.3℃ / 17.7℃ / 21℃ / 26.1℃ / 28.7℃ / 28.8℃ / 24.3℃ / 18.6℃ / 12.7℃ / 8.1℃
평균 최저기온: -0.3℃ / 0.4℃ / 2.9℃ / 6℃ / 9℃ / 13.5℃ / 15.5℃ / 15.8℃ / 13.4℃ / 9.4℃ / 5.4℃ / 0.7℃
강수량: 59mm / 49mm / 65mm / 76mm / 96mm / 67mm / 67mm / 89mm / 93mm / 122mm / 77mm / 62mm

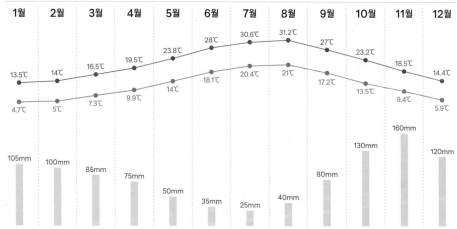

남부 | 나폴리
● 평균 최고기온　　● 평균 최저기온　　■ 강수량

| 1월 | 2월 | 3월 | 4월 | 5월 | 6월 | 7월 | 8월 | 9월 | 10월 | 11월 | 12월 |

평균 최고기온: 13.5℃ / 14℃ / 16.5℃ / 19.5℃ / 23.8℃ / 28℃ / 30.6℃ / 31.2℃ / 27℃ / 23.2℃ / 18.5℃ / 14.4℃
평균 최저기온: 4.7℃ / 5℃ / 7.3℃ / 9.9℃ / 14℃ / 18.1℃ / 20.4℃ / 21℃ / 17.2℃ / 13.5℃ / 9.4℃ / 5.9℃
강수량: 105mm / 100mm / 85mm / 75mm / 50mm / 35mm / 25mm / 40mm / 80mm / 130mm / 160mm / 120mm

언제 가면 좋을까?

성수기는 4~10월, 극성수기는 6~8월이다. 극성수기도 굉장히 더워서 여행하기 좋은 계절은 아니다. 또한 7~8월은 이탈리아인도 여름휴가를 떠나기 때문에 도심의 음식점 등은 2주 이상 휴무를 하기도 한다. 4~5월엔 이탈리아의 수학여행, 소풍 기간이라 어느 명소에 가든 학생 단체와 마주친다. 11월부터 2월까지는 비교적 한산한 편이고 일부 명소는 입장료 할인 등의 혜택이 있지만, 해가 짧고 명소의 운영시간도 단축된다. 12월엔 크리스마스 마켓을 볼 수 있다. 날씨로만 보면 남부에서 북부까지 두루 여행하기 좋은 시기는 5월, 9월이다.

이탈리아 추천 여행 코스

이탈리아는 문화 유적, 자연 경관 등 무엇 하나 빠지지 않는 여행지다.
오래 머물수록 좋지만 시간과 예산은 정해져 있으니 효율적으로 돌아볼 수 있는 코스를 소개한다.

항공권

시간을 절약하기 위해 로마 인-아웃 직항을 탄다. 일정이 맞는다면 대한항공의 로마 인-밀라노 아웃 직항 다구간 항공권도 추천한다. 여행 경비를 절약하고 로마, 밀라노 공항 이외의 공항으로 입출국하고 싶다면 유럽의 다른 국가를 경유하는 항공편을 이용한다.

숙소

10일 이내의 빠듯한 일정이라면 이동시간을 줄이기 위해 역 주변으로 잡는다. 피렌체는 역사 지구 규모가 작아 역 주변이 아니더라도 두오모를 중심으로 도보 10분 이내라면 어디든 괜찮다. 베네치아는 산타 루치아역 주변이 제일 좋지만 본섬의 숙박비가 비싸므로 한 역 떨어진 메스트레역 주변도 추천한다. 남부의 아말피 해안 도시 중에선 교통이 편리한 소렌토에 숙소를 잡는 게 가장 무난하다.

도시 간 이동

로마, 피렌체, 베네치아, 밀라노, 나폴리 등 거점 도시 간 이동을 할 때는 고속열차를 탄다. 거점 도시에서 거점 도시로 이동할 땐 가능하면 아침 일찍 출발하거나 아무리 늦어도 저녁 식사 시간 이전에 도착하도록 일정을 짜자. 초행인 도시에 너무 어두울 때 도착하는 건 안전상의 이유로 추천하지 않는다. 거점 도시에서 근교 도시를 오갈 땐 상황에 따라 지역 열차, 버스, 선박 등을 이용한다.

예약

탑승일에 가까워질수록 요금이 올라가는 도시 간 이동 고속열차는 미리 예약한다. 시내의 명소 중 반드시 예약해야 할 시설은 아래의 표와 같다. 로마 패스, 피렌체 카드, 아르테 카드 등 각종 패스는 상세 일정을 확정하고 입장료 총액을 비교해본 다음 구매해도 된다.

도시명	명소
로마	콜로세오(특히 지하 입장 포함 티켓) P.097, 바티칸 박물관 P.153, 보르게세 미술관 P.173
피렌체	브루넬레스키 패스 P.223, 우피치 미술관 P.234, 아카데미아 미술관 P.244
밀라노	산타 마리아 델레 그라치에 성당의 〈최후의 만찬〉 P.325

당일치기 투어

로마의 바티칸 투어와 남부 투어가 가장 많은 여행자가 이용하는 당일치기 투어다. 여러 여행사에서 프로그램을 운영하기 때문에 선택지가 넓지만 인기가 많은 가이드의 투어는 일찍 마감되니 미리 예약하는 게 좋다. 이 외에도 로마, 피렌체에서 출발하는 토스카나 투어, 피렌체의 우피치 투어, 시내 투어, 베네치아에서 출발하는 돌로미티 투어, 각 도시의 야경 투어 등 다양한 당일치기 투어가 있으니 취향에 맞는 투어를 선택해 효율적으로 일정을 짜자.

유럽 여행 중 이탈리아를 여행할 땐 스위스에서 열차를 타고 이탈리아의 국경 도시 도모도솔라Domodossola를 거쳐 밀라노로 들어가는 동선이 가장 일반적이다. 그 이후 베네치아, 피렌체, 로마 순으로 여행하고 로마에서 귀국하거나 저가 항공을 타고 유럽의 다른 나라로 이동하기도 한다.

이탈리아 핵심 7일 코스

이탈리아의 핵심만 빠르게 둘러보는 코스다.
당일치기 투어를 이용하면 남부까지
야무지게 둘러볼 수 있다. 현재 우리나라와
베네치아를 오가는 직항이 없어 출국을 위해
로마나 밀라노로 이동해야 한다는 게 단점이다.

일자	도시	일정	이동	숙박
1	**로마**	로마 시내	로마 공항으로 입국	로마 3박
2	**로마**	로마 시내+바티칸		
3	**로마**	남부 투어		
4	**로마→피렌체**	오전에 이동 후 피렌체 시내	고속열차 1시간 40분~	피렌체 2박
5	**피렌체**	피렌체 시내 또는 근교 도시나 아웃렛 쇼핑		
6	**피렌체→베네치아**	오전에 이동 후 베네치아 시내	고속열차 2시간 15분~	베네치아 1박
7	**베네치아→로마** (또는 밀라노)	열차 시간에 따라 베네치아 시내 또는 로마(또는 밀라노) 시내	고속열차 4시간~ (밀라노 고속열차 2시간 30분~)	로마 (또는 밀라노) 1박
8	**로마**(또는 밀라노)		로마 공항(또는 밀라노 공항)에서 출국	기내

이탈리아 핵심+소도시 14일

핵심 도시를 좀 더 여유롭게 둘러보고
소도시를 더했다. 시간 여유가 있다면
로마, 피렌체, 베네치아, 밀라노에서 다녀올 수
있는 근교 도시를 더 추가해도 좋다.
항공권은 로마 인-밀라노 아웃으로 예약한다.

밀라노 · 베네치아 · 피렌체 · 아시시 · 로마

일자	도시	일정	이동	숙박
1	로마	로마 시내	로마 공항으로 입국	로마 4박
2	로마	로마 시내		
3	로마	로마 시내+바티칸		
4	로마	남부 투어		
5	로마→아시시	오전에 이동 후 아시시 시내	지역 열차 2시간 10분~	아시시 1박
6	아시시→피렌체	오전에 이동 후 피렌체 시내	지역 열차 2시간 30분~	피렌체 3박
7	피렌체	피렌체 시내 또는 근교 도시나 아웃렛 쇼핑		
8	피렌체			
9	피렌체→베네치아	열차 시간에 따라 피렌체 또는 베네치아 시내	고속열차 2시간 15분~	베네치아 3박
10	베네치아	베네치아 시내		
11	베네치아	베네치아 시내+부라노, 무라노		
12	베네치아→밀라노	오전에 이동 후 밀라노 시내	고속열차 2시간 30분~	밀라노 2박
13	밀라노	근교 도시		
14	밀라노		밀라노 공항에서 출국	기내

03

이탈리아 알프스를 즐기는 일정

겨울 스포츠를 즐길 계획이 아니라면
이탈리아 알프스를 만끽하기에 가장 좋은 시기는
6~9월이다. 비수기엔 운행을 중단하는
대중교통 시설도 운행을 재개해 뚜벅이 여행자도
충분히 돌로미티 여행을 할 수 있다.
항공권은 로마 인-밀라노/베네치아 아웃으로
예약하는 걸 추천하며 반대의 경로도 무방하다.

일자	도시	일정	이동	숙박
1	**로마**	로마 시내	로마 공항으로 입국	로마 3박
2	**로마**	로마 시내+바티칸		
3	**로마**	로마 시내 또는 당일치기 투어		
4	**로마→피렌체**	오전에 이동 후 피렌체 시내	고속열차 1시간 40분~	피렌체 2박
5	**피렌체**	피렌체 시내 또는 근교 도시나 아웃렛 쇼핑		
6	**피렌체→볼차노** (돌로미티 서부 지역 거점 마을)	오전에 이동 후 볼차노 시내 또는 소프라 볼차노	**·피렌체→볼차노** 고속열차 3시간 20분~ **·볼차노→소프라 볼차노** 케이블카 15분	볼차노 3박
7	**볼차노**	**오르티세이 마을** ·오전: 세체다 케이블카+트레킹 ·오후: 알페 디 시우시 케이블카+트레킹	버스로 1시간	
8	**볼차노**	·오전: 큐시 온천 ·오후: 카레차 호수	**·볼차노→큐시 온천** 버스로 2시간 **·카레차 호수→볼차노** 버스로 1시간 20분	
9	**볼차노→(포르테차 환승)→도비아코** (돌로미티 북동부 지역 거점 마을)	·오전: 도비아코로 이동 ·오후: 산 칸디도 마을에서 자전거 대여	**·볼차노→포르테차** 지역 열차 42분 **·포르테차→도비아코** 지역 열차 1시간 20분 **·도비아코→산 칸디도** 지역 열차 4분	도비아코 2박
10	**도비아코**	·오전: 트레치메 트레킹 ·오후: 브라이에스 호수	**·도비아코→트레치메** 버스로 1시간 (444번 예약 필수) **·도비아코→브라이에스 호수** 버스로 28분 (7월 10일~9월 10일 442번 예약 필수)	
11	**도비아코→코르티나 담페초→베네치아**	·오전: 코르티나 담페초로 이동 ·오후: 베네치아로 이동	**·도비아코→코르티나 담페초** 버스로 40분 **·코르티나 담페초→베네치아** ATVO 버스로 2시간 40분(예약 필수)	베네치아 2박
12	**베네치아**	베네치아 시내+부라노, 무라노		
13	**베네치아**		베네치아 공항에서 출국	기내

04

지중해를 즐기는 일정

당일치기 남부 투어의 아쉬움을 채우는 일정이다.
성수기엔 로마에서 소렌토, 포시타노로
바로 가는 버스가 있고, 아말피 해안 도시 간을
오가는 페리가 있어 교통수단 선택의 폭이 넓어진다.
제시하는 일정에선 아말피 해안 도시 중
교통이 편리한 소렌토를 숙소로 잡았지만 포시타노,
아말피로 잡아도 무방하다. 시간 여유가 있다면
일정을 늘려 남부에서 느긋하게 휴양을 하는 것도 추천한다.

일자	도시	일정	이동	숙박
1	**로마**	로마 시내	로마 공항으로 입국	로마 2박
2	**로마**	로마 시내+바티칸		
3	**로마→나폴리**	오전에 이동 후 나폴리 시내	고속열차 1시간 15분~	나폴리 2박
4	**나폴리**	카프리섬		
5	**나폴리→소렌토**	오전 이동 후 소렌토 시내	사철 50분~	소렌토 2박
6	**소렌토**	포시타노, 아말피		
7	**소렌토→폼페이 →나폴리**	오전에 소렌토에서 출발해 폼페이를 본 후 나폴리로 이동	사철	나폴리 1박
8	**나폴리→피렌체**	오전에 이동 후 피렌체 시내	고속열차 3시간~	피렌체 3박
9	**피렌체**	피렌체 시내 또는 근교 도시나 아웃렛 쇼핑		
10	**피렌체**			
11	**피렌체→베네치아**	오전에 이동 후 베네치아 시내	고속열차 2시간 15분~	베네치아 2박
12	**베네치아**	베네치아 시내+부라노, 무라노		
13	**베네치아→밀라노**	오전에 이동 후 밀라노 시내	고속열차 2시간 30분~	밀라노 2박
14	**밀라노**	근교 도시		
15	**밀라노**		밀라노 공항에서 출국	기내

05

이탈리아 일주

남부의 지중해부터 북부의 알프스까지
장화 모양으로 생긴 이탈리아 반도를 일주하며
꼼꼼하게 둘러본다. 돌로미티 지역의
대중교통 시설 운행이 재개되거나
운행 편수가 늘어나는 6~9월에 방문하는 게
가장 좋지만, 그 시기에 여행하는 게 힘들다면
일정 중 일부는 렌터카로 이동하는 방법도 있다.
반도의 동쪽 아드리아해에 면한 지역과
시칠리아섬까지 챙기진 못하지만 이 일정을
소화하고 이탈리아가 익숙해진다면,
지면 관계상 소개하지 못한 지역들의 매력까지
발견하고픈 마음이 들 것이다.

일자	도시	일정	이동	숙박
1	**로마**	로마 시내	로마 공항으로 입국	로마 4박
2	**로마**	로마 시내		
3	**로마**	로마 시내+바티칸		
4	**로마**	로마 시내 또는 근교 도시		
5	**로마→나폴리**	오전에 이동 후 나폴리 시내	고속열차 1시간 15분~	나폴리 1박
6	**나폴리→폼페이 →소렌토**	오전에 나폴리에서 출발해 폼페이를 본 후 소렌토로 이동	사철	소렌토 2박
7	**소렌토**	포시타노, 아말피		
8	**소렌토→(나폴리 환승) →피렌체**	오전에 이동 후 피렌체 시내	사철 50분~+고속열차 3시간~	피렌체 3박
9	**피렌체**	피렌체 시내 또는 근교 도시나 아웃렛 쇼핑		
10	**피렌체**			
11	**피렌체→볼차노** (돌로미티 서부 지역 거점 마을)	오전에 이동 후 볼차노 시내 또는 소프라 볼차노	**피렌체→볼차노** 고속열차 3시간 20분~ **볼차노→소프라 볼차노** 케이블카 15분	볼차노 2박
12	**볼차노**	**오르티세이 마을** · 오전: 세체다 케이블카+트레킹 · 오후: 알페 디 시우시 케이블카+트레킹	버스로 1시간	
13	**볼차노→(베로나 환승) →베네치아**	오전에 이동 후 베네치아 시내	**볼차노→베로나 환승→베네치아** 지역 열차 3시간~	베네치아 3박
14	**베네치아**	· 오전: 부라노, 무라노 · 오후: 베네치아 시내		
15	**베네치아**	당일치기 돌로미티 동부 지역 투어		
16	**베네치아→밀라노**	오전에 이동 후 밀라노 시내	고속열차 2시간 30분~	밀라노 2박
17	**밀라노**	밀라노 시내 또는 근교 도시		
18	**밀라노**		밀라노 공항에서 출국	기내

PART 2

가장 멋진
이탈리아
테마 여행

고대 로마부터 이탈리아 공화국까지 한눈에 살펴보는

이탈리아 역사

지금의 이탈리아는 1861년 이탈리아 왕국 수립과 함께 탄생한 국가다. 엄밀히 말하면 그 이전까지는
'이탈리아'라는 나라는 없었다. 하지만 고대 로마부터 차곡차곡 쌓아온 시간이 있었기에 지금의
이탈리아 공화국 탄생이 가능했다. 로마 건국부터 이탈리아 통일까지 이탈리아의 역사를 알아본다.

○ 기원전 753년
로마 건국

○ 기원전 509년
공화정으로 정치 체제 변경

○ 기원전 272년
이탈리아 반도 통일

○ 기원전 264~146
제1~3차 포에니 전쟁

○ 기원전 44년
율리우스 카이사르 암살

○ 기원전 27년
아우구스투스 초대 황제로 등극,
제정으로 정치 체제 변경

○ 96~180년
오현제 시대

○ 313년
콘스탄티누스 1세 기독교 공인

○ 395년
동서 로마로 분열

○ 476년
서로마 제국 멸망

고대 로마

전설에 따르면 로마의 건국 신화는 트로이
전쟁에서 살아남은 트로이의 영웅 아이네이
아스까지 거슬러 올라간다. 로물루스, 레무
스 형제가 로마에 터를 잡은 뒤 형인 로물루
스가 동생을 죽이고 로마의 첫 번째 왕이 된
후부터 약 250년 동안 로마 왕정이 이어진다.
왕정이 무너지고 공화정으로 정치 체제가 바뀐 후 매년 선출되는 2명의 집정관, 귀
족원 또는 국회와 비슷한 원로원이 권력의 중추가 되었다. 지금도 로마 시내 곳곳에
서 'SPQR'이란 글자를 볼 수 있는데, 이는 'Senatus Populusque Romanus'의 약
자로 '로마 원로원과 시민'을 뜻한다. 포에니 전쟁, 율리우스 카이사르의 갈리아 정
복으로 로마는 유럽 대부분, 북아프리카, 중동을 지배하는 강대국이 되었다. 공화
정을 제정으로 바꾸려 한 카이사르가 암살된 후 후계자 옥타비아누스가 정적을 물
리치고 원로원에게 '아우구스투스(존엄한 자)'라는 호칭을 받아 실질적으로 초대
황제로 등극했다. 그가 "벽돌의 로마를 물려받아 대리석으로 된 로마를 남겨주겠
다"라고 말한 것처럼 현재 우리가 보는 대부분의 로마 유적은 제정 시대에 지은 것
이다. 로마 제국의 최전성기는 서기 1세기에서 2세기에 걸친 85년, 네르바 황제부
터 마르쿠스 아우렐리우스 황제까지 5명의 황제가 다스린 '오현제 시대'다. 하지만
이후 무능한 황제의 등장, 이민족의 침략 등의 위기가 계속되었고, 로마는 동서로
분열되었다. 게르만족과 훈족의 혼혈이면서 서로마 제국 장군으로 복무했던 오도
아케르가 마지막 황제인 로물루스를 폐위하며 476년에 서로마 제국은 멸망했다.

중세 시대

보통 서로마 제국 멸망 이후부터 르네상스 이전까지의 시기를 가리킨다. 서로마 제국 멸망 이후 동고트족, 롬바르디아족 등 이민족이 이탈리아 반도를 지배했다. 962년부터 이탈리아 반도 일부는 신성 로마 제국의 영토로 편입되었다. 11세기 이후 황제의 권력이 약해지고 황제와 로마 주교인 교황의 대립이 격화되며 이탈리아 반도 중북부를 중심으로 중세의 자치구역comune이 도시국가로 발전하기 시작했다. 특히 베네치아, 피사, 아말피, 제노바 등 4대 해양 강국은 동서를 오가며 동방의 문물을 들여왔다. 콘스탄티노폴리스(현 이스탄불)를 수도로 삼은 동로마 제국은 1453년 오스만 제국의 침략으로 멸망했다.

르네상스와 도시국가

로마 중심의 교황령, 피렌체 공화국, 베네치아 공화국, 밀라노 공국, 시칠리아 왕국 등이 이탈리아 반도 내에서 독자적인 세력을 형성했다. 도시국가들은 상공업, 금융업의 발달로 부를 축적했다. 르네상스는 옛 그리스와 로마의 문학, 사상, 예술을 본받아 인간 중심의 정신을 되살리려한 문예 부흥 운동이다. 14세기에서 16세기에 걸쳐 유럽 전역에서 발생했고 그 출발점은 피렌체라고 할 수 있다. 당시 피렌체에는 압도적인 재력으로 예술가를 후원하는 메디치 가문이 있었다. 메디치 가문이 몰락한 후 르네상스는 로마와 베네치아에서 전성기를 맞으면서 유럽 전역으로 전파되었다.

이탈리아 통일

서로마 제국이 멸망한 이후 이탈리아 반도엔 다양한 세력이 들고 나며 하나로 통합되지 못하고 있었다. 18세기 말 나폴레옹 전쟁의 전후 처리를 위해 열린 빈 회의의 결과로 이탈리아 반도는 사르데냐-피에몬테 왕국, 양시칠리아 왕국, 토스카나 대공국 등으로 분열되었다. 프랑스 혁명의 영향을 받아 이탈리아에서도 외세의 지배를 물리치고 통일된 국가를 건설하자는 움직임이 일어났고, 이탈리아 청년당을 중심으로 독립과 국가 통일 운동을 전개했다. 1860년 주세페 가리발디 장군이 사르데냐-피에몬테 왕국의 왕 비토리아 에마누엘레 2세에게 자신이 점령한 모든 영토를 헌납, 1861년 3월에 신생 이탈리아 왕국이 탄생했다. 이탈리아 왕국은 1870년 로마에 입성하며 이탈리아 반도의 통일을 이루었다. 1884년에는 조선과 수호통상조약을 체결했다.

통일 이후

제1차 세계 대전 이후 경기 침체와 정치 불안이 심해지자 1923년에 무솔리니가 이끄는 파시스트 정권이 대두했다. 제2차 세계 대전 때 독일과 추축 동맹을 맺지만 연합군에 패퇴하면서 1943년에 실각, 1944년에 파시스트 세력은 완전히 붕괴했다. 1956년 6월에 이탈리아 공화국의 제헌 의회를 구성했고, 1948년 1월 1일에 내각책임제를 채택한 공화국 헌법을 정식으로 공포했다.

시대의 취향을 반영하는
건축 양식과 미술 사조

흔히 서양 문명의 뿌리는 고대 그리스와 로마라고 말한다. 고대 로마의 문화는 한발 앞선 그리스의 영향을
매우 많이 받았다. 그리스가 주인공 자리에서 물러나고 서로마 제국이 멸망했어도 이탈리아 반도에서
옥신각신하던 도시국가들은 찬란한 문화 예술의 꽃을 피워냈고, 우리가 이탈리아를 여행하며 만나는 건축물,
예술 작품에 그 흔적을 남겼다. 시대와 사조별로 그 특징을 알고 가면 더욱 깊이 있는 여행이 될 것이다.

고대 로마 시대

건축

고대 로마의 건축은 고대 그리스, 로마 이전부터 이탈리
아 반도에 자리 잡았던 에트루리아의 영향을 받았고 사
용 용도가 명확하며 실용성을 중시한 건축물을 만들었다.
로마 건축의 눈에 띄는 특징은 아치와 돔 지붕이다. 아치
는 수도교 등 고대 로마의 건축물 구석구석에서 활용되었
고 그 백미 중 하나가 콜로세오 P.097다. 판테온 P.122은 가
장 완벽한 돔 지붕의 전형을 보여준다. 고대 로마 건축 양
식 중 직사각형의 평면을 기본으로 하는 다용도 공공건
물인 바실리카는 기독교가 공인된 후 교회 건축의 기초가
되었다.

미술

고대 로마의 미술 역시 고대 그리스, 에트루리아의 영향
을 받았다. 특히 조각에서 그리스의 영향을 많이 받아 이
상적인 신체 표현, 자연스러운 형태와 균형, 부드러운 선
등이 잘 나타난다. 제정 시대에 들어서는 황제와 황족의
초상 조각을 많이 제작했다. 대형 공공 건축물, 황족과 귀
족의 저택은 벽화와 모자이크로 꾸몄다. 로마의 팔라티노
언덕 P.100, 폼페이 P.458에서 그 모습을 볼 수 있다

비잔틴 양식

동로마 제국의 수도 콘스탄티노플의 옛 이름 비잔티움에서 명칭이 유래했다. 비잔틴 건축은 4세기 이후부터 교회 건축을 중심으로 발달했다. 돔이 건물의 중앙에 놓이는 것이 특징 중 하나이며 중앙의 돔을 중심으로 작은 돔이나 기둥을 계단식으로 배치한다. 내부는 종교적 주제를 담은 매우 화려한 금박 모자이크로 장식한다. 베네치아의 산 마르코 대성당 P.378이 대표적인 비잔틴 양식의 건축물이다.

로마네스크 양식

9세기 후반부터 12세기에 고딕 양식으로 발전하기 이전까지의 건축 양식. '로마네스크'는 '로마식'이란 뜻으로 고대 로마를 가리킨다. 방어에 적합하도록 두꺼운 벽을 세웠고 창문은 작게 냈다. 고대 로마 건축의 특징인 아치를 많이 사용했다. 성당의 종탑은 로마네스크 건축에서 창안한 구조물로 본당과 분리해 세우는 것이 특징이었다. 대표적인 로마네스크 양식 건축물로는 피사의 두오모 P.283와 피렌체의 베키오 궁전 종탑 P.232이 있다.

고딕 양식

12세기 후반부터 16세기 중반까지 발전한 건축 양식. 로마네스크 양식과 비교했을 때 건축물이 상당히 높아졌고 끝이 뾰족한 첨탑이 눈에 띈다. 건물이 수직적이고 날렵해 하늘로 솟아오를 것 같은 느낌을 준다. 고딕 건축의 또 다른 특징 중 하나는 다양한 색상의 유리 조각을 사용해서 만든 스테인드글라스 창문이다. 밀라노 두오모 P.320는 이탈리아를 대표하는 고딕 양식 건축물이며 베네치아 두칼레 궁전 P.380, 오르비에토 두오모 P.187도 고딕 양식이다. 피사의 세례당은 상단은 고딕 양식, 하단은 로마네스크 양식을 보인다.

🏛 르네상스 시대

14세기에서 16세기에 걸쳐 유럽 전역에 영향을 미쳤고 중세와 근대의 가교 역할을 했다. 문화 예술뿐만 아니라 사람들의 사고방식과 생활양식, 사회 전반에 변화를 불러일으켰다. 르네상스는 고대 그리스와 로마의 부활과 재생을 의미하며 피렌체에서 시작되었다. 피렌체는 로마 제국의 수도 로마와 지리적으로 가까웠고, 피렌체 공의회(1439~1442) 때 방문한 동로마 제국의 종교인, 학자들 덕분에 동방에 남아 있던 고대의 문헌을 접할 수 있었다. 은행업으로 막대한 부를 축적한 메디치 가문은 예술가들을 조건 없이 후원했고, 덕분에 뛰어난 예술가가 끊임없이 배출되었다. 르네상스 시대의 건축 양식과 미술 사조의 특징은 비슷한 양상을 보인다. 조화와 균형을 강조하고 안정감 있는 구도를 선호했다. 조각, 회화 등의 주제는 기독교 일변도에서 신화, 역사, 살아 있는 인물의 초상 등 다양해졌다. 르네상스를 대표하는 건축물로는 브루넬레스키가 설계한 피렌체 두오모의 쿠폴라 **P.222**를 들 수 있으며, 피렌체 역사 지구 곳곳에서 르네상스 양식의 건축물을 볼 수 있다.

🏛 바로크 시대

17세기에서 18세기에 걸쳐 유럽의 미술, 음악, 문학, 건축을 아우르는 예술 양식이다. 이탈리아의 바로크 건축은 1527년의 로마 약탈 이후 황폐해진 로마를 재건하면서 출발했다. 바로크 건축의 특징은 화려하고 풍부한 장식, 곡선과 원형의 사용, 큰 규모 등이다. 바티칸의 산 피에트로 대성당 **P.148**, 로마 트레비 분수 **P.128** 등이 바로크 양식을 대표하는 건축물이다. 바로크 미술의 특징은 역동적인 형태의 포착, 빛과 어둠의 뚜렷한 대비 등이다. 전성기 르네상스의 균형미에는 미치지 못하지만 르네상스 이후 잠시 등장했던 매너리즘의 의도적인 부조화는 없다. 바로크 건축과 조각을 대표하는 사람은 잔 로렌초 베르니니, 회화를 대표하는 사람은 카라바조다.

위인들의 각축장
이탈리아 예술가 열전

한 세대에 한 명이 나와도 놀라운 뛰어난 예술가들이 이탈리아 반도 내에서 복작복작 경쟁하고 격려하며
인류사에 남을 작품들을 남겼다. 이 책에 소개한 주요 예술가들의 생애와 작품을 연대별로 알아보자.

르네상스의 3대 거장

뛰어난 예술가가 헤아리기 어려울 정도로 넘쳐나던 르네상스 시대에도 유난히 더 빛나는 별들이 있었다. 흔히 르네상스의 3대 거장이라 불리는 이들, 누구일까?

미켈란젤로 부오나로티
Michelangelo Buonarroti • 1475~1564

생전에 이미 "신과 같은 예술가"란 평을 들었다. 회화와 건축에도 뛰어난 재능을 보였지만 자신의 정체성을 조각가로 규정했고, 당시로는 드물게 88세까지 장수하며 죽기 직전까지 대리석과 조각도를 손에서 놓지 않았다. 로마, 피렌체 시내 구석구석에서 그의 작품을 만날 수 있다.

건축 **로마** 캄피돌리오 광장 P.108, 산타 마리아 델리 안젤리 에 데이 마르티리 성당 P.170, **바티칸** 산 피에트로 대성당 P.148, **피렌체** 라우렌치아나 도서관 P.242, 메디치 예배당 신 성구실 P.243

작품 **로마** 산타 마리아 소프라 미네르바 성당 P.124 〈구속의 예수〉, 산 피에트로 인 빈콜리 성당 P.177 〈모세〉, **바티칸** 산 피에트로 대성당 P.148 〈피에타〉, 시스티나 예배당 P.160 〈천장화〉, 〈최후의 심판〉, **피렌체** 두오모 오페라 박물관 P.226 〈피에타 반디니〉, 국립 바르젤로 박물관 P.229 〈바쿠스〉, 〈브루투스〉, 우피치 미술관 P.234 〈성 가족〉, 아카데미아 미술관 P.244 〈다비드〉, 산토 스피리토 성당 〈십자고상〉, **시에나** 두오모 P.300 피콜로미니 제대, **밀라노** 스포르체스코성 P.328 〈론다니니의 피에타〉

레오나르도 다빈치
Leonardo da Vinci • 1452~1519

화가, 발명가, 건축가, 해부학자 등 다방면에서 뛰어난 재능을 발휘한 만능인이었다. 토스카나 지방의 산골 마을 빈치에서 태어난 그는 당시 피렌체에서 가장 유명했던 안드레아 델 베로키오의 공방에 들어가 미술 교육을 받았다. 워낙 다양한 일에 손을 댔기 때문인지 명성에 비해 그가 남긴 예술 작품은 얼마 되지 않는다. 피렌체, 로마, 밀라노 등을 전전하다 말년에 프랑스로 이주했고, 67세의 나이에 숨을 거뒀다.

작품 **바티칸** 바티칸 박물관 P.153 〈성 히에로니무스〉, **피렌체** 우피치 미술관 P.234 〈예수 세례〉, 〈수태고지〉, **밀라노** 산타 마리아 델레 그라치에 성당 P.324 〈최후의 만찬〉

라파엘로 산치오
Raffaello Sanzio • 1483~1520

레오나르도 다빈치와 미켈란젤로의 영향을 받아 자신만의 양식으로 발전시켜 르네상스 회화를 최고 수준까지 끌어올렸고 살아 있는 동안 예술가로서 누릴 수 있는 최고의 영예를 누렸다. 특히 그가 그린 성모는 매우 우아하고 아름다워 '성모의 화가'로 일컬어지기도 했다. 37세의 이른 나이에 요절해 많은 이를 안타깝게 했고, 로마의 판테온에 묻혔다.

작품 **로마** 빌라 파르네시나 P.115 〈갈라테이아의 승리〉, 산타고스티노 성당 P.125 프레스코화, 산타 마리아 델 포폴로 성당 P.133 키지 예배당, 국립 고대 미술관 P.171 〈라 포르나리아〉, **바티칸** 바티칸 박물관 P.153 〈그리스도의 변용〉, 라파엘로의 방 P.158, **피렌체** 우피치 미술관 P.234 〈검은 방울새의 성모〉, 피티 궁전 팔라티나 미술관 P.271 〈의자에 앉은 성모〉, 〈대공의 성모〉, 〈베일을 쓴 여인〉

놓치지 말자!

단테 알리기에리
Dante Alighieri • 1265~1321

엄밀히 말해 르네상스 시대의 인물은 아니지만 단테를 빼고 이탈리아의 문화 예술을 말할 수 없다. 피렌체에서 태어난 그는 시인이자 정치인이었다. 가장 유명한 작품은 중세 최고의 서사시 『신곡』. 그는 라틴어가 아닌 당시 토스카나 지방의 방언으로 『신곡』을 썼고, 오늘날 이탈리아 표준어 확립에 기여했다. 망명지 라벤나에서 사망했고, 묻혔다. 피렌체의 산타 크로체 성당 P.233에는 기념비만 있다.

중세~초기 르네상스

니콜라 피사노 Nicola Pisano
- 1220(또는 1225)년~1284년경

대표작품 피사 세례당, **시에나** 두오모

아르놀포 디 캄비오
Arnolfo di Cambio
- 1240년경~1300(또는 1310)년

대표작품 피렌체 두오모, 베키오 궁전, **바티칸** 산 피에트로 대성당의 성 베드로 청동상(추정)

치마부에 Cimabue
- 1240~1302년경

대표작품 아시시 성 프란체스코 성당 프레스코화, **피사** 두오모 주 제단 모자이크

조반니 피사노
Giovanni Pisano
- 1250~1315년경

대표작품 피사 두오모 설교단, 세 례당, **시에나** 두오모

시모네 마르티니
Simone Martini • 1283~1344년경

대표작품 오르비에토 두오모 박물관 〈성 모자〉, **시에나** 푸블리코 궁전 벽화

안드레아 피사노
Andrea Pisano
- 1290~1348년

대표작품 피렌체 두오모, 산 조 반니 세례당 남문

중요

조토 디 본도네 Giotto di Bondone
- 1267~1337년

대표작품 아시시 성 프란체스코 성당 프레스코화, **피렌체** 산타 마리아 노벨라 성당 〈십자고상〉, 피렌체 두오모, 조토의 종탑, 산타 크로체 성당 바르디 가문 예배당·페루치 가문 예배당, 우피치 미술관 〈마에스 타〉, **파도바** 스크로베니 예배당

암브로조 로렌체티
Ambrogio Lorenzetti
- 1290년경~1348년

대표작품 **시에나** 푸블리코 궁전 〈좋은 정부와 나쁜 정부의 알레고 리〉

전성기 르네상스

필리포 브루넬레스키 중요
Filippo Brunelleschi • 1377~1446년

대표작품 **피렌체** 산타 마리아 노벨라 성당 〈십자고상〉, 두오모 쿠폴라, 파치 예배당, 산 로렌초 성당, 오스페달레 델리 인노첸티, 산토 스피리토 성당

로렌초 기베르티
Lorenzo Ghiberti
• 1378~1455년

대표작품 **피렌체** 산 조반니 세례당 동문·북문, 오르산미켈레 외벽 조각상

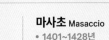

도나텔로 Donatello 중요
• 1386년경~1466년

대표작품 **피렌체** 조토의 종탑 하단부 조각상, 두오모 오페라 박물관 〈마리아 막달레나〉, 국립 바르젤로 박물관 〈다비드〉, 베키오 궁전 〈유디트와 홀로페르네스〉, 산 로렌초 성당 설교단·옛 성구실, 오르산미켈레 외벽 조각상, **시에나** 두오모 세례 요한 예배당

미켈로초 Michelozzo
• 1396년경~1472년

대표작품 **피렌체** 메디치 리카르디 궁전, 산마르코 박물관

마사초 Masaccio
• 1401~1428년

대표작품 **피렌체** 산타 마리아 노벨라 성당 〈성 삼위일체〉, 브란카치 예배당

도나토 브라만테
Donato d' Aguolo Bramante
• 1444~1514년

대표작품 **바티칸** 산 피에트로 대성당

산드로 보티첼리 중요
Sandro Botticelli
• 1445년경~1510년

대표작품 **피렌체** 우피치 미술관 A11~12 전시실 〈라 프리마베라〉, 〈비너스의 탄생〉 외 다수

조반니 벨리니 Giovanni Bellini
• 1430년경~1516년

대표작품 **베네치아** 아카데미아 미술관 〈성 지오베 제단화〉, 산타 마리아 글로리오사 데이 프라리 성당 〈마돈나, 성도들과 함께 있는 아이〉, **밀라노** 브레라 미술관 〈피에타〉

티치아노 베첼리오 Tiziano Vecellio ·중요

- 1488 또는 1490~1576년

대표작품 **로마** 보르게세 미술관 〈신성한 사랑과 세속적인 사랑〉, **피렌체** 우피치 미술관 〈우르비노의 비너스〉, 피티 궁전 팔라티나 미술관 〈마리아 막달레나〉, **베네치아** 아카데미아 미술관 〈피에타〉, 산타 마리아 글로리오사 데이 프라리 성당 〈성모승천〉

조르조 바사리 Giorgio Vasari · 1511~1574년

대표작품 **피렌체** 두오모 천장화 〈최후의 심판〉, 베키오 궁전 500인의 방 프레스코화, 우피치 미술관, 저서 『르네상스 미술가 평전』

틴토레토 Tintoretto · 1518~1594년 ·중요

대표작품 **베네치아** 두칼레 궁전 〈천국〉, 아카데미아 미술관 〈성 마르코 시신의 도난〉, 스쿠올라 그란데 디 산 로코의 연작화, **밀라노** 브레라 미술관 〈성 마르코 유해의 발견 II〉

바로크

아르테미시아 젠틸레스키
Artemisia Gentileschi

- 1593~1652년(또는 1656년)

대표작품 **피렌체** 우피치 미술관 〈홀로페르네스의 목을 베는 유디트〉

미켈란젤로 메리시 다 카라바조
Michelangelo Merisi da Caravaggio

- 1571~1610년

대표작은 p.125 참고

잔 로렌초 베르니니
Gian Lorenzo Bernini

- 1598~1680년

대표작은 p.125 참고

프란체스코 보로미니
Francesco Borromini · 1599~1667년

대표작품 **로마** 산타녜제 인 아고네 성당, 국립 고대 미술관

그 이후

프란체스코 하예즈
Francesco Hayez

- 1791~1882년

대표작품 **밀라노** 브레라 미술관 〈입맞춤〉

여행을 더욱 풍성하게 해주는
이탈리아 축제와 이벤트

여행 중 우연히 맞닥뜨리는 게 아니라 일부러 축제나 행사 기간에 맞춰
찾아갈 가치가 있는 이탈리아의 축제와 이벤트는 무엇이 있을까.

베네치아 카니발
Carnevale di Venezia

**매년 1월 말에서 2월 중~사순절 전날
(2025년 2월 14일~3월 4일)**

🏠 carnevale.venezia.it

화려한 가면과 의상으로 각인되는 이탈리아의 최대 축제로 매년 300만 명 이상이 방문한다. 12세기부터 시작되었으며 매년 사순절 전날까지 10여 일 동안 진행된다. 축제 기간 중엔 음악, 연극, 전시 등 다양한 문화 행사가 열리고 '황소 목 자르기', '천사 강림', '가면 경연대회' 등 이탈리아의 역사와 베네치아의 전통을 충실하게 이어오는 이벤트도 만날 수 있다.

베네치아 비엔날레
Biennale di Venezia

홀수 해 6~11월(2025년 5월 24일~11월 23일)

🏠 www.labiennale.org

'모든 비엔날레의 어머니'로 불리는 세계에서 가장 유서 깊은 비엔날레. 1895년에 시작돼 2년마다 한 번씩 열린다. 주요 전시장은 자르디니Giardini와 아르세날레Arsenale에 마련되지만 기간 중 베네치아 본섬 전체가 하나의 큰 전시장으로 탈바꿈한다고 해도 과언이 아니다.

밀라노 가구 박람회
Salone Internazionale del Mobile

매년 봄(2025년 4월 8~13일)

🏠 www.salonemilano.it

가구 및 디자인 관련 박람회 중 세계 최대 규모이며, 세계 디자인의 최신 트렌드를 보여주는 행사. 박람회 기간 중에는 주요 행사장 말고도 밀라노 시내 곳곳에서 다양한 디자인 관련 행사(국제 인테리어 소품 박람회, 홀수 해 조명기구 박람회·사무가구 박람회, 짝수 해 주방·욕실 박람회)가 열린다.

베네치아 국제영화제
Mostra Internazionale d'Arte Cinematografica

매년 8월 말~9월 초

칸 영화제, 베를린 국제영화제와 함께 세계 3대 영화제 중 하나로 꼽힌다. 리도섬에서 열리며 최고작품상은 황금사자 상으로 불린다. 베네치아 비엔날레 행사의 일부지만 영화제 는 매년 개최된다.

시에나 팔리오
Palio di Siena

매년 7월 2일, 8월 16일

매년 여름 시에나에서 열리는 축제. '팔리오'는 우승자에게 수여하는 깃발을 의미한다. 통상 사흘 동안 진행되는데 각 자치구의 말이 시에나의 캄포 광장을 달리는 경마 경기가 축제의 가장 큰 이벤트다.

베로나 오페라 축제
Arena Opera Festival

매년 6~9월(2025년 6월 13일~9월 6일)

🏠 www.arena.it

1913년에 주세페 베르디Giuseppe Verdi의 탄생 100주년을 기념해 처음 개최됐다. 로마 시대에 만든 원형경기장 중 가장 잘 보존된 곳이며, 3만여 명을 수용할 수 있는 베로 나의 원형경기장에서 오페라를 관람할 수 있다. 축제 기 간 동안 50회 이상 오페라가 공연되며, 전통적으로 밤 9 시쯤 시작되기 때문에 축제를 제대로 즐기려면 반드시 베 로나에서 하룻밤 묵어야 한다.

볼로냐 아동 도서전
Bologna Children's Book Fair

매년 봄(2025년 3월 31일~4월 3일)

🏠 www.bolognachildrensbookfair.com

매년 봄 볼로냐에서 개최되는 세계 최대 규모의 아동 도 서전. 도서전에 출품된 책 중 예술성과 창의성이 우수한 책에는 볼로냐 라가치상BolognaRagazzi Award이 수여되며 우리나라 작가들도 수상한 바 있다.

밀라노 패션 위크
Settimana della moda di Milano

매년 2~3월, 9~10월

🏠 www.cameramoda.it

뉴욕, 런던, 파리 패션 위크와 함께 '4대 패션 위크'로 불린 다. 2~3월에는 다가올 가을/겨울 패션, 9~10월에는 다가 올 봄/여름 패션이 공개된다.

알고 가면 식사가 더욱 즐거워진다

이탈리아 음식점 이용 가이드

서양 요리 중 이탈리아 요리만큼 우리에게 친근한 게 있을까.
피자, 파스타, 에스프레소, 티라미수 등 다양한 '메이드 인 이탈리아'가
우리의 식탁에서 사랑받고 있다. 본토에서 먹는 이탈리아 요리는
익숙함과 함께 새로운 발견으로 여행을 더욱 즐겁게 해줄 것이다.

음식점 종류

전채부터 디저트까지 한 접시씩 코스로 나오는 격식은 잊자. 이탈리아에서 식사는 허기를 채운다는 원초적인 목적 외에 사랑하는 사람들과 함께 왁자지껄하게 맛있는 음식을 먹으며 행복한 시간을 보낸다는 것을 뜻한다. 물론 드레스 코드를 지키고 격식을 차려야 하는 음식점도 있다. 이탈리아 음식점의 종류에 대해 알아보자.

리스토란테
Ristorante

특별한 날 잘 차려입고 방문해야 할 것 같은 격식 있는 형태의 음식점을 뜻한다. 단품보다는 코스로 요리를 제공하며 트라토리아, 오스테리아보다 음식 가격대가 높다. 예약하지 않으면 방문하지 못하는 곳이 대부분이고 드레스 코드를 지켜야 하는 곳도 많으니 방문 전에 확인하는 게 좋다.

트라토리아 Trattoria, 오스테리아 Osteria

일반적으로 가장 고급스러운 음식점은 리스토란테, 가장 캐주얼한 음식점은 오스테리아, 그 중간을 트라토리아라 일컫는다. 그러나 이제는 트라토리아와 오스테리아의 구분이 모호한 편이라 여행 중 거리에서 흔히 보는 이탈리아 음식점은 대부분 트라토리아, 오스테리아라고 봐도 무방하다. 한국에서 밥집 가듯, 차려입거나 예약할 필요 없이(인기가 많은 음식점은 예약 권장) 편하게 방문하면 된다. 가게마다 다르지만 전채부터 디저트까지 다양한 메뉴를 골고루 갖추고 가족 대대로 내려오는 가정식을 내는 공간도 많다. 지역의 식재료를 활용한 현지 음식을 맛볼 수 있다.

 ## 피제리아 Pizzeria

피자 전문점이다. 피자 장인 피자이올로pizzaiolo가 커다란 장작 화덕에서 피자를 굽는다. 피자의 발상지 나폴리는 물론 이탈리아 어디에서나 쉽게 만날 수 있는 음식점의 형태다. 파스타 등 피자 이외의 메뉴도 많은 우리나라 피자 전문점과 달리 피자만 먹을 수 있는 곳이 많다. 1인 1피자 주문이 기본으로 한 판을 시켜 여럿이 나눠 먹지 않는다. 다른 음식점에서 식사를 할 땐 포도주를 곁들이는 게 보편적이지만 피제리아엔 다양한 맥주 종류가 준비되어 있다.

에노테카 Enoteca

캐주얼한 와인 바. 어두운 조명 아래서 우아하게 잔을 기울이는 게 아니라 영국의 펍처럼 복작복작한 분위기 속에서 가볍게 한잔하는 공간이다. 요리보다는 와인에 중점을 두고 있기 때문에 가벼운 안주만 제공하는 곳이 많지만 한 끼 식사가 될 요리를 먹을 수 있는 곳도 있다.

바르 bar

이탈리아에선 우리가 카페라 일컫는 공간을 바르라고 한다. 한국의 카페와 완벽하게 같지는 않지만 커피를 파는 가게라는 점은 동일하다. 바르에 대한 자세한 내용 P.056을 참고하자.

젤라테리아 Gelateria

젤라토 전문점이다. 그라니타 등 빙과류, 디저트를 함께 판매하기도 한다. 이용 방법 P.056에 나와 있다.

알고 가면 도움될 몇 가지 팁

방문 전에
- 점심 땐 오후 1시에서 2시 사이에 가장 붐빈다. 저녁 땐 오후 7시 이후부터 붐비기 시작하고 8시 즈음 사람이 가장 많이 몰린다. 저녁 식사는 2시간 이상 천천히 즐기기도 한다.
- 인기 있는 음식점은 예약을 추천한다. 특히 저녁 식사는 가능하면 예약하는 게 좋다.
- 드레스 코드를 확인하고 방문한다.

입구에서
- 빈자리에 무작정 앉지 않는다. 입구에서 직원이 나올 때까지 기다렸다가 인원을 말하고 자리를 안내 받는다. 테이블이 비어 있어도 예약석이면 바로 앉지 못하고 기다리는 경우도 있다.
- 인기 있는데 예약을 받지 않는 음식점은 우리나라처럼 가게 앞에 줄을 서서 기다린다.

주문하기
- 주문할 때, 요청사항이 있을 때 소리 내어 직원을 부르거나 손짓하지 않는다. 답답하지만 눈이 마주 칠 때까지 쳐다보는 수밖에 없다.
- 물은 유료다. 보통 메뉴판 마지막에 물과 탄산음료 가격이 나와 있다. 가격이 비싸다고 음료를 주문 하지 않고 직접 가져온 음료를 꺼내 마시는 건 절대 금물이다.
- 코스로만 요리가 제공되는 음식점이 아닌 이상 전채부터 디저트까지 챙겨서 주문할 필요는 없다.
- 자리에 앉았을 때 또는 주문을 마치면 빵을 가져다주는 음식점도 있다. 음식이 나오기 전에 먹어도 되고 식사하는 내내 옆에 두고 먹어도 무방하다. 파스타 소스를 찍어 먹어도 된다. 식전 빵 제공 여부, 취식 여부와 상관없이 자릿세는 지불한다.

식사하기
- 주문한 음식 종류에 따라 테이블에 세팅된 식기를 바꿔주기도 한다.
- 음식을 소리 내어 먹지 않는다. 우리나라에서도 면치기는 예의에 어긋나듯 이탈리아에서도 마찬가지.
- 스푼은 수프를 먹을 때만 사용한다. 파스타를 돌돌 말 땐 포크만 사용하며 끊어 먹지 않는다.
- 일행이 없다면 절대 소지품을 두고 자리를 비우지 않는다. 가방은 빈 의자나 테이블 위에 두지 말고 품에 끌어안고 식사한다. 특히 야외 테이블에서 먹을 땐 더욱더 소지품에 신경 쓴다. 화장실에 갈 때 도 모든 소지품을 챙겨서 간다.

계산하기
- 테이블에 앉아서 계산서를 요청하고 계산서를 받으면 천천히 살펴본다.
- 최근에는 카운터에서 계산하는 음식점도 꽤 많아졌다. 계산서를 받고 결제하기 전에 테이블에서 결 제까지 하는지 아니면 카운터에서 하는지 물어본다.
- 패스트푸드점, 바에서 서서 먹는 공간이 아닌 이상 대부분의 음식점에 자릿세가 있다. 계산서에는 'coperto'로 표기된다. 보통 1인당 €2~5 정도의 자릿세가 붙는다.
- 팁은 필수는 아니다.

전채부터 디저트까지 일목요연하게!

이탈리아 요리 도감

남북으로 긴 영토, 1000년 넘게 이어져 온
도시국가의 역사 덕분에 이탈리아 각지에서
그 지역의 특색이 가득한 로컬 푸드를
맛볼 수 있다. 각 지역을 대표하는 요리와
음식점의 메뉴판을 함께 살펴본다.

이탈리아 메뉴판 보기

코스로만 요리가 나오는 리스토란테나 맥도날드 같은 패
스트푸드점이 아닌 이상 이탈리아 음식점의 메뉴판은 꽤
나 두껍다. 와인 리스트만 몇 페이지에 달하고 음료 메뉴
판을 별도로 마련한 곳도 있다. 보통 메뉴판 가장 앞쪽에
알레르기 성분이 표기되어 있고 각 메뉴 옆에 알레르기
성분 번호가 쓰여 있다. 이탈리아인들도 특별한 날이 아닌
이상 애피타이저부터 디저트까지 풀코스로 주문하지 않
는다. 점심땐 보통 프리모 피아토, 저녁 땐 세콘도 피아토
를 주문하고 때에 따라 안티파스토와 돌체를 곁들인다.

안티파스토 Antipasto(Antipasti)

입맛을 돋우는 전채. 주로 차가운 요리가 나온다.

수플리 Suppli
라치오주

토마토소스로 버무린 쌀과 치즈
를 둥글게 모양내 튀긴 요리. 비
슷한 요리로 시칠리아에서 유래
한 아란치니Arancini가 있다.

해산물 튀김 Fritto misto di mare
베네토주, 캄파니아주

작은 생선, 새우, 한치 등을 튀긴다. 양
이 많으면 메인 요리로 먹기도 한다.
바닷가의 노점에서도 먹을 수 있다.

프로슈토 에 멜로네
Prosciutto e Melone

멜론에 생햄을 곁들인 전
채. 단맛과 짠맛이 잘 어우
러진다.

카프레세 샐러드
(Insalata)Caprese
캄파니아주

직역하면 '카프리섬의 샐러
드'라는 뜻. 토마토, 바질, 모
차렐라 치즈를 넣고 올리브유
와 소금으로 살짝 간을 한다.

브루스게타 Bruschetta
한입 크기로 썬 빵에 토마토, 고기, 치즈 등을 올
려 먹는다.

프리모 피아토 Primo Piatto(Primi Piatti)

'첫 번째 접시'라는 뜻. 파스타, 리소토 등 탄수화물 요리가 주를 이룬다.
피자는 아예 별도의 항목으로 분류한다.

스파게티 알라 카르보나라
Spaghetti alla Carbonara
라치오주

달걀노른자, 치즈, 염장 돼지고기, 후
추를 넣어 만든 파스타. 국물이 자작한
우리나라의 카르보나라와 달리 면에 소
스를 묻힌 정도의 느낌이다.

오징어 먹물 파스타/리소토
Al Nero Di Seppia
베네토주

베네치아뿐만 아니라 지
중해 전역에서 즐겨 먹
는다. 비리지 않고 고소하
며 오징어 살이 들어가 있다.

카초 에 페페 파스타 Cacio e pepe
라치오주

중부 이탈리아의 방언으로 '치즈와 후추'를
뜻한다. 토마토가 전래되기 전에 주로 먹던
파스타 요리다.

해산물 스파게티 Spaghetti Frutti di Mare
베네토주, 캄파니아주

주로 토마토소스를 사용
하고 새우, 홍합, 오징
어 등 다양한 해산
물이 들어간다.

볼로녜세 소스 Ragù alla bolognese
파스타/라자냐
에밀리아 로마냐주

다진 양파 등의 향신 채소를 기름
에 볶고 구운 다진 고기, 와인을 섞
어 만든 소스를 라구 알라 볼로녜
세, 흔히 볼로녜세 소스라고 한다. 파
스타로 만들 땐 길고 넓적한 탈리아텔레
tagliatelle 면을 쓰고 라자냐와도 잘 어울린다.

봉골레 스파게티
Spaghetti alle vongole

조개와 올리브유가 주재료인 파스타.

밀라노식 리소토 Risotto alla Milanese
롬바르디아주

사프란을 넣어 샛노란 리
소토. 쌀은 화이트 와인
으로 적신 소고기 육
수에 익힌다.

라비올리 Ravioli

다진 고기, 치즈 등으로 속을 채운 이탈리아식 만
두. 파스타의 일종이다.

세콘도 피아토 Secondo Piatto(Secondi Piatti)
'두 번째 접시'라는 뜻. 고기 요리, 생선 요리가 나온다.

비스테카 알라 피오렌티나
Bistecca alla fiorentina
토스카나주
피렌체에서 주로 먹는 이탈리아식
티본스테이크.

송아지 고기 커틀릿
Cotoletta alla Milanese
롬바르디아주
송아지 고기를 아주 얇게
펴서 빵가루를 입힌 후
버터에 튀겨낸다.

오소부코 Ossobuco
롬바르디아주
송아지의 뒷다리 정강이 부위에 화이트
와인을 붓고 푹 고아낸 일종의 찜 요리.

콘토르노 Contorno(Contorni)
세콘도 피아토와 함께 곁들여 먹는 음식. 사
이드 메뉴 또는 가니시라고 생각하면 된다.
간단한 샐러드, 감자튀김 등이 나온다.

비노 Vino
이탈리아인의 식탁에서 빠질 수 없는 음료인
와인. 레드 와인은 '로소rosso', 화이트 와인
은 '비안코bianco', 하우스 와인은 '비노 델라
카사vino della casa'로 표기한다.

생수는 '아콰 나투랄레acqua naturale', 탄산수는 '아콰 프리
찬테/가사타acqua frizzante/gassata'로 표기하며 보통 콜라
등 탄산음료와 같은 페이지에 가격이 쓰여 있다.

이탈리아의 피자

나폴리에서 유래해 전 세계로 퍼져나간 이탈리아 요리의
대명사. 이탈리아의 피자는 도우가 굉장히 얇다. 피자의
기본 중 기본인 피자 마르게리타Pizza Margherita에는 이탈
리아 국기에 쓰인 3가지 색의 재료 바질(녹), 모차렐라 치
즈(백), 토마토(적)만 들어간다. 로마에서는 도우가 두껍
고 굽는 방법이 다르며, 무게를 달거나 조각으로 판매하
는 로마식 피자인 핀사pinsa를 맛볼 수 있다. 토핑에 따라
서 피자 명칭이 달라진다.

돌체 Dolce(Dolci)

식후에 먹는 디저트를 뜻하는 이탈리아어 '돌체'는 원래 '달콤한, 부드러운'을 의미한다. 식사를 마무리할 때 말고도 카페, 빵집, 젤라테리아에서 간식으로 먹을 수 있고, 슈퍼마켓에서 판매하는 종류도 있다.

마리토초 Maritozzo
라치오주

고대 로마에서 유래했다. 이름은 이탈리아어로 남편을 뜻하는 '마리토Marito'에서 따왔다. 마리토초의 풍성한 크림 속에 반지를 숨겨 프러포즈를 했기 때문에 이런 이름이 붙었다고 한다.

코르네토 Cornetto
이탈리아식 크루아상. 카푸치노와 코르네토 조합은 이탈리안의 전형적인 아침 식사다. 플레인 외에도 피스타치오 크림, 초코 크림, 살구잼 등 다양한 맛이 있다.

칸투치니 Cantuccini
토스카나주

밀가루, 설탕, 달걀흰자, 아몬드를 넣어 두 번 구운 비스킷. 토스카나 지방에서는 수분이 날아가 딱딱한 칸투치니를 식후에 달콤한 와인에 적셔 먹는다.

티라미수 Tiramisù
베네토주

우리나라에 가장 널리 알려진 이탈리아의 디저트. 티라미수는 '나를 들뜨게 하다'란 뜻이다.

판도로 Pandoro
베네토주

파네토네와 함께 크리스마스, 신년에 가장 많이 먹는 빵. 베로나에서 유래했고 8각형의 별 모양을 하고 있다.

파네토네 Panettone
롬바르디아주

주로 밀라노에서 크리스마스, 신년에 먹는 빵.

바바 Babà
캄파니아주

브리오슈 반죽을 원형 틀에 넣어 구운 후 럼주 시럽에 흠뻑 적신 빵.

칸놀로 Cannolo
시칠리아주

튀긴 빵에 리코타 치즈를 넣은 시칠리아의 대표 디저트.

그라니타 Granita
시칠리아주

레몬, 라임 등 과일에 설탕, 와인, 얼음을 넣고 간 이탈리아식 슬러시.

여행의 피로를 풀어주는 쓰고 달콤한 유혹
커피, 젤라토

이탈리아 여행 중 '1일 1에스프레소', '1일 1젤라토'는 매우 확실한 기쁨.
커피와 아이스크림을 같은 범주에 넣을 순 없겠지만 가장 저렴하고
손쉽게 이탈리아의 식문화를 체험할 수 있는 공간이며 이용 방법이 비슷하다.

바르, 젤라테리아에서 주문하기

① 계산대에 가서 주문과 결제를 한 후 영수증을 받는다.
② 영수증을 갖고 커피 또는 젤라토가 나오는 곳으로 가 직원에게 영수증을 건넨다.
③ 직원이 영수증을 확인하면 손으로 살짝 찢거나 펜으로 체크 표시를 하는 경우도 있다.
④ 먼저 온 순서가 아니라 직원이 영수증을 확인한 순서대로 커피 또는 젤라토가 나온다.
⑤ 테이블이 있는 카페에선 홀에 있는 직원이 빈자리로 안내해줄 때까지 기다리고 테이블에서 주문한다. 서서 먹을 때보다 가격이 비싸다.

이탈리아의 바르 문화

몇백 년의 역사를 가진 베네치아의 카페 플로리안, 피렌체의 카페 질리, 로마의 안티코 카페 그레코를 보면 알 수 있듯 커피는 사치스런 취미였다. (에스프레소) 바르는 20세기 초에 등장했고 곧 이탈리아인의 일상에서 빼놓을 수 없는 장소가 되었다. 이탈리아 사람은 모두 단골로 삼는 바르가 있다. 오전엔 바르에 들러 아침 식사로 카푸치노와 코르네토를 먹는다. 점심시간 이후엔 진한 에스프레소를 한입에 털어 넣는다. 대부분의 바르엔 테이블이 없고 서서 빠르게 먹고 마신다. 최근엔 바르, 오랜 역사의 카페 외에 한국에서도 볼 수 있는 형태의 카페들이 생겨나고 있으며 스페셜티 원두로 내린 드립커피, 아이스커피 등도 맛보기 수월해졌다.

이탈리아의 커피 메뉴

우리가 익숙하게 사용하는 커피 용어는 대부분 이탈리아어에서 왔다. 소개하는 메뉴는 어느 카페에나 있는 매우 기본적인 것이며 그 가게만의 특색 있는 커피를 내는 곳도 있다.

카페 Caffè

이탈리아에선 에스프레소를 카페라고 하지만 주문할 때 에스프레소라고 말해도 알아듣는다. 너무 쓰고 진하면 설탕을 넣어 마신다. 바리스타가 처음부터 설탕을 넣을 건지 물어보는 경우도 있다. 에스프레소 더블 샷은 도피오 doppio라고 한다.

카페 마키아토 Caffè macchiato

에스프레소에 우유 거품을 살짝 얹은 커피.

카페 콘 판나
Caffè con panna

에스프레소에 생크림을
살짝 얹은 커피.

카푸치노 Cappuccino

우유보다 우유 거품이 더 많이 올라간 커피. 에스
프레소 1, 우유 2, 우유 거품 3의 비율을 정
석으로 본다. 이탈리아 사람들은 카푸
치노를 아침에만 마신다고 하는데
오후에 카푸치노를 주문할 수 없는
건 아니다. 마시고 싶을 때 마시자.

카페 라테 Caffè latte

보통 우유가 들어간 커피
를 라테라고 말하지만 이
탈리아어로 라테라고 하면 정
말 우유만 나온다. 카페 라테라고
주문해야 우리가 아는 라테를 마실 수 있다. 이탈리아
인은 주로 아침에 마신다.

카페 샤케라토
Caffè shakerato

에스프레소, 얼음, 설탕을 칵테일 셰
이커에 넣고 흔들어서 내는 커피. 아이
스아메리카노가 겨우 받아들여지기 전까
지 이탈리아의 바르에서 마실 수
있는 유일한 차가운 음료였다
고 봐도 무방하다.

이탈리아의 젤라토

젤라토는 이탈리아식 아이스크림으로 여행 중
가장 손쉽게 접하는 '메이드 인 이탈리아'가 아
닐까 싶다. 9세기에 이슬람 세력이 시칠리아섬
을 정복하며 셔벗과 비슷한 얼린 디저트를 가
지고 들어왔다고 전해지며, 우리가 지금 맛보
는 형태의 젤라토는 16세기 피렌체에서 유래
했다. 젤라토는 대량 생산되는 아이스크림보다
유지방 함량은 낮고 원물의 맛을 최대한 살리
며 공기 함유량이 낮아 찐득하다. 제대로 된 젤
라테리아에선 젤라토를 만들 때 보존제 등을
넣지 않고 천연 재료만 사용한다.

젤라테리아의 메뉴

그라니타, 소르베토 등의 빙과류도 함께 판매
하는 젤라테리아도 많다. 젤라토를 주문할 땐
먼저 컵에 먹을지 콘에 먹을지 선택하고, 몇 가
지 맛을 먹을지 결정한 후 맛을 고른다. 아무리
규모가 작은 젤라테리아라도 항상 10가지 이상
의 맛을 준비해놓고 있으며 제철 재료를 넣은
기간 한정 맛을 준비하는 곳도 있다. 일반적으
로 많이 볼 수 있는 젤라토의 맛은 다음과 같다.

- 쌀 riso · 피스타치오 pistacchio
- 헤이즐넛 nocciola · 우유 latte
- 초콜릿 cioccolato · 요거트 yogurt
- 티라미수 tiramisu
- 커스터드 크림 crema
- 체리 크림 amarena · 딸기 fragola
- 레몬 limone · 수박 anguria
- 멜론 melone · 복숭아 pesca

전 세계적으로 유명한
이탈리아 와인

이탈리아에서는 무려 400종 이상의 포도 품종을
재배해 와인이 일상에 스며들어 있다고 해도
과언이 아니며, 지리적 특성과 기후 덕분에 포도 재배에
유리한 조건을 갖추고 있다. 본토와 2개의 섬을 포함한
이탈리아 전역, 즉 20개 주 모두에서 포도 재배가
이루어지는 그야말로 와인의 천국이라 할 수 있다.

피에몬테 Piemonte
고품질의 레드 와인 생산 지역. 특히 네비올로
품종으로 만든 바롤로와 바르바레스코는 '와
인의 왕'이라고 불리며 풍부한 향과 맛이 난다.

🏠 **추천 와이너리** 가야GAJA
🏠 gaja.com
🍇 **주요 생산 품종** 네비올로Nebbiolo

토스카나 Toscana
이탈리아에서 가장 유명하고 규모가 큰 와
인 산지. 드라이 화이트 와인부터 강력한 레
드 와인까지 다양한 와인을 생산한다.

🏠 **추천 와이너리** 안티노리Antinori
🏠 www.antinori.it/it
🍇 **주요 생산 품종** 산지오베제Sangiovese

움브리아 Umbria
중부 내륙 지역으로 '이탈리아의 심장'이라고 불리며,
화이트와 레드 와인 모두 독특한 개성과 풍미를 제공
하며 와인 생산지로서 중요한 곳이다.

지역마다 개성 넘치는 이탈리아 와인

주요 와인 산지

트렌티노 알토 아디제 Trentino-Alto Adige
산악 지역으로 이탈리아에서도 가장 독특한 와인 생
산지 중 한 곳. 독일과 오스트리아의 영향을 강하게
받은 스타일의 와인을 생산한다.

🏠 **추천 와이너리** 알로이스 라게더Alois Lageder
🏠 aloislageder.eu

**프리울리 베네치아 줄리아
Friuli-Venezia Giulia**
슬로베니아 국경에 위치한 고품질의 화
이트 와인 생산지로 오렌지 와인, 즉 껍
질과 함께 발효시키는 화이트 와인의 발
상지로 유명하다.

베네토 Veneto
이탈리아에서 와인 생산량과 소비량이
가장 많은 지역이다. 프로세코Prosecco,
아마로네Amarone, 소아베Soave 등 와인
생산지로 유명하다.

🏠 **추천 와이너리**
달 포르노 로마노Dal Forno Romano
🏠 dalfornoromano.it
🍇 **주요 생산 품종** 피노 그리지오Pinot Grigio

시칠리아 Sicilia
지중해에서 가장 큰 섬으로 이탈리아의
대표 와인 재배 지역. 지중해를 둘러싼
다양한 문화와 역사가 공존하는 만큼
다양한 포도 품종을 재배한다.

🏠 **추천 와이너리** 돈나 푸가타Donna Fugata
🏠 www.donnafugata.it

와이너리 예약하는 방법

방문하고 싶은 와이너리를 선택했다면, 우선
홈페이지에 접속하자. 보통 홈페이지를 통해
투어 및 시음 예약과 결제까지 가능하지만 이
메일 또는 전화 예약만 가능한 곳들도 있다.
투어 비용은 보통 €10~50 사이이며, 비용에
포함되는 사항은 와이너리마다 다르다.

어렵지 않아요
식당에서 와인 주문하기

식당에서 와인 주문하는 방법

와인 리스트 요청하기

일반적으로 이탈리아 레스토랑에서는 음식 메뉴와 별도로 와인 메뉴판인 카르타 데이 비니Carta dei Vini를 제공한다. 와인 리스트가 따로 없는 경우 식당 벽면에 손으로 휘갈겨 쓴 추천 와인 리스트가 있거나, 가벼운 하우스 와인만 제공하는 경우도 있다.

특정 와인 추천받기

고급 레스토랑에서는 코스 메뉴와 어울리는 페어링 와인을 제공한다. 일반 레스토랑에서는 테이블 담당 직원에게 음식과 궁합이 잘 맞는 와인을 추천받아 마셔보자.

지역 특산 와인Vino Locale 주문하기

이탈리아는 거의 모든 지역에서 와인을 생산한다. 그런 만큼 여행지마다 생산하는 와인과 특징이 다르다. 지역 특산 와인을 맛보고 싶다면 레스토랑의 와인 리스트에서 내가 여행하고 있는 지역 와인 리스트를 참고하자.

잔Bicchiere, 병Bottiglia, 하우스 와인Vino della Casa 주문하기

이탈리아 식당에서는 다양한 용량의 와인을 주문할 수 있다. 주량이 약하거나 병입 와인이 부담스러운 경우 잔 와인 주문도 가능하다. 식당에서 한 잔에 €4~10에 판매하기 때문에 다양한 와인을 경험해보고 싶은 사람들에게 추천한다. 저렴하고 편하게 마실 수 있는 하우스 와인은 주로 현지에서 생산한 가벼운 와인으로, 병에 담긴 고급 와인보다는 대량으로 제공되어 특정 브랜드나 레이블이 없는 경우가 많다. 특별한 날이 아닌 일상적인 식사에 적합하다.

알아두면 좋은 와인 용어

- 아마로Amaro 맛이 쓴
- 안나타Annata 빈티지
- 아치도Acido 산
- 비안코Bianco 화이트
- 비키에레Bicchiere 와인 잔
- 비올로지카Biologica 유기농법
- 로소Rosso 레드
- 프로푸모Profumo 아로마, 향
- 리제르바Riserva 오래 숙성시킨,
  또는 더 높은 품질의 와인에 붙이는 용어
- 테누타Tenuta 토지, 지역
- 세코Secco 드라이한
- 스푸만테Spumante 스파클링 와인
- 우바Uva 포도
- 비노Vino 와인

🍾 10유로부터 고급 와인까지, 와인 구매하기

와인을 살 만한 장소

이탈리아는 세계적으로 유명한 와인 생산국인 만큼 현지 와인을 손쉽게 구매할 수 있으며, 예산, 취향에 따라 선택할 수 있는 스펙트럼이 넓다. 단, 타 국가 와인에 대한 수요가 상대적으로 적기 때문에 프랑스, 미국, 독일 등 기타 생산 국가 와인을 구하기는 어렵다.

> 와인은 위탁 수하물로만 반입 가능하며, 와인의 경우 750ml 한 병까지 면세. (일반 주류의 경우 1L) 초과 시 세금이 부과된다.

슈퍼마켓

쿠프, 코나드, 에셀룽가와 같은 대형 체인점뿐만 아니라 동네의 작은 슈퍼마켓에서도 다양한 와인을 합리적인 가격에 구매할 수 있다. 일상적으로 마실 수 있는 테이블 와인부터 중저가 와인까지 폭넓은 선택이 가능하다.

에노테카, 와인 숍

이탈리아에서는 와인 전문점을 에노테카라고도 한다. 고급 와인부터 지역 특산 와인까지 다양한 와인을 판매한다. 와인 전문가의 추천을 받을 수 있으며, 일부 에노테카에서는 와인 시음도 가능해 구매 전에 맛볼 수 있다. 고급 와인 또는 선물용, 지역 특산 와인을 찾는 사람들에게 추천한다.

와이너리Cantina 또는 양조장Azienda Vinicola

이탈리아에는 다양한 와인 산지가 있어 와이너리에 직접 방문해서 구입할 수 있다. 투어를 통해 포도밭을 둘러보고 양조 과정을 살펴보고 시음을 한 후 마음에 드는 와인을 구입해 보자. 다만 직접 찾아가는 것이 번거롭고 여행 일정 중 시간을 할애하기 어렵다면, 시내 곳곳에 위치한 양조장에서 시음 후 구입해도 좋다.

가격대별 추천 와인

€10 미만
- 키안티Chianti
- 프로세코Prosecco
- 메차코로나Mezzacorona
- 네로 다볼라Nero d'Avola

€50 미만
- 아마로네 델라 발폴리첼라 Amarone della Valpolicella
- 프란치아코르타 FranciaCorta

€50 이상
- 브루넬로 디 몬탈치노 리제르바 Brunello di Montalcino Riserva
- 바롤로Barolo
- 바르바레스코Barbaresco
- 사시카이아Sassicaia

알아두면 유용한

이탈리아 주류 메뉴판 보기

식전주와 식후주는 이탈리아에서는 하나의 식문화다. 이탈리아에서는 저녁 식사를 늦게 하는 편인데, 바로 이 식전주 문화 때문. 식사 전에 핑거 푸드와 식전주로 한바탕 수다를 떨고 본격적인 식사는 7시 이후에 시작한다. 이탈리아에서 알아두면 좋을 식전주, 식후주 메뉴에 대해 알아보자.

이탈리아 대표 맥주

이탈리아는 와인으로 유명하지만 맥주 산업도 빠르게 성장하면서 전통 라거부터 크래프트 맥주까지 다양한 스타일의 맥주를 생산하고 있다. 특히 로컬 재료와 창의적인 양조법을 결합한 독창적인 맥주들도 있다.

- **페로니**Peroni 1846년 로마에 설립한 맥주 양조 회사. 페로니 계열의 모든 맥주를 이탈리아 현지에서 생산한다.
- **모레티**Moretti 150년이 넘는 역사를 지닌 이탈리아의 대표 맥주 브랜드. 전통적인 라거로 알코올 도수가 낮은 편이다.
- **이크누사**Ichnusa 이탈리아 사르데냐섬에서 1912년부터 양조하기 시작했으며, 신선한 곡물 향과 라이트한 바디감이 특징. 가볍고 시원하게 즐길 수 있는 맥주로 현지인들에게 많은 사랑을 받고 있다.

식전주 Aperitivo

식사를 시작하기 전 입맛을 돋우고 소화를 준비하는 역할을 하며, 주로 상쾌한 느낌을 주는 가벼운 알코올음료로 제공된다.

스프리츠 Spritz

스프리츠는 이탈리아에서 인기 있는 칵테일로 베네토 지역에서 시작되었다. 붉은색 계열의 리큐어, 프로세코, 탄산수, 얼음을 섞어 만들어 주황 빛깔이 특징. 리큐어의 종류에 따라 아페롤Aperol, 캄파리Campari, 셀렉트Select 등 이름이 다양하다. 가장 대중적인 아페롤은 상큼하고 달콤하며, 도수가 높지 않다. 캄파리는 쓴맛과 허브 향이 강하다.

프로세코 Prosecco

이탈리아의 대표적인 스파클링 와인으로 가벼운 기포와 과일 향이 특징. 스프리츠처럼 칵테일로 즐길 수도 있지만 단독으로도 훌륭한 식전주다.

식후주 Digestivo

식후주는 소화를 돕고 식사를 마무리하는 역할을 한다. 알코올 도수가 높은 리큐어를 사용하고 허브나 향신료, 과일을 기반으로 한 음료가 많다.

리몬첼로 Limoncello

남부, 특히 캄파니아 지역에서 생산되는 리몬첼로는 상큼한 레몬 향이 특징. 도수는 약 25~30%이며, 식사 후 차갑게 냉장 보관해 소량으로 마시는 것이 일반적이다.

그라파 Grappa

이탈리아 전통 증류주로 와인 양조 후 남은 포도 찌꺼기를 사용해 만든다. 알코올 도수는 약 35~60%로 강하며, 따뜻하게 마시기도 하고 차갑게 마시기도 한다. 겨울철에는 에스프레소에 소량 섞어 몸에 열을 내기도 한다.

아마로 Amaro

이탈리아 전통 허브 리큐어로 쓴맛과 단맛이 조화를 이루며 소화를 촉진하는 역할을 한다. 알코올 도수는 16~40%로 다양하다.

여행을 추억할
기념품 리스트

 ## 식음료 쇼핑

와인 Vino

슈퍼마켓에만 가도 한쪽 벽이 와인으로 채워져 있다. 이탈리아에선 와인을 각 주별로 분류해서 진열하며 토스카나주, 피에몬테주의 와인이 가장 유명하다. 에노테카, 이탈리 등 식료품점에서는 직원에게 추천을 부탁해보자.

올리브유 Olio di oliva

이탈리아는 전 세계에서 두 번째로 올리브유를 많이 생산하는 나라다. 우리나라에도 이탈리아산 올리브유가 많이 수입된다. 종류가 너무 많아서 고르기 힘들 땐 엑스트라 버진 올리브유 중에서 중간 가격대를 고르면 무난하다.

발사믹 식초 Aceto Balsamico

이탈리아 반도 북부의 모데나Modena와 레조 에밀리아Reggio Emilia에서 재배한 포도를 사용해 전통 방식으로 만든 식초. 와인과 마찬가지로 포도 품종, 숙성 기간 등에 따라 종류가 굉장히 많다. 고르기 힘들 땐 라벨에 원산지 보호 명시Denominazione di Origine Protetta-DOP 또는 지리적 보호 표시Indicazione Geografica Protetta-IGP가 있는 제품을 고른다. DOP 제품이 가격이 훨씬 비싸다.

파스타 면

우리나라보다 종류가 훨씬 많고 가격도 저렴하다.

포켓 커피 에스프레소
Pocket Coffee espresso

날이 시원할 때만 판매한다. 초콜릿 안에 에스프레소 원액이 들어 있고 파란색 패키지는 디카페인 제품이다. 여름엔 빨대를 꽂아 먹는 '포켓 커피 투 고'를 먹을 수 있다.

누텔라 비스킷 nutella biscuits

'악마의 잼'이라고 불리는 누텔라가 들어간 비스킷. 우리나라에도 수입되지만 이탈리아가 훨씬 저렴해 기념품으로 돌리기 좋다.

각 도시의 마그넷 등 소소한 기념품부터 고가의 명품, 슈퍼마켓에서 파는 초콜릿까지,
살 게 많아도 너무 많다. 이탈리아에서 야무지게 쇼핑하자!

리몬첼로 limoncello

소렌토를 중심으로 한 남부 지방에서 생
산한다. 알코올 도수는 30% 정도이
며 차갑게 해서 주로 식후에 스트레
이트로 마신다. 우유 성분이 들어
간 크레마 디 리몬첼로Crema di
Limoncello는 일반 리몬첼로보다
도수가 낮다.

레몬 사탕

소렌토, 포시타노, 아말피의 기념품점, 슈
퍼마켓에 종류가 가장 많고 저렴하다. 다
똑같은 제품으로 보여도 상점마다 용량
과 가격이 다르니 비교하고 구매한다.

피스타치오 관련 제품
pistacchio

한국에서는 쉽게 구할 수 없는 피스타치오 스프레드는 최
근 우리나라 여행자 사이에서 인기가 많은 기념품 중 하
나다. 피스타치오 사탕, 초콜릿 등도 있다.

송로버섯 관련 제품 tartufo

이탈리아에서도 비싼 식재료에 속하지만 한
국보다 싸고 송로버섯 올리브유, 송로버섯 소
금, 송로버섯 스프레드, 송로버섯 감자칩 등
관련 제품도 많다. 슈퍼마켓에서도 쉽게 구
할 수 있다는 것도 장점. 피
에몬테주의 화이트 트러
플, 움브리아주의 블랙 트
러플을 최고로 친다.

커피 원두

가격이 정말 저렴하다. 모
카 포트를 사용한다면 슈퍼
마켓에서 파는 일리, 라바짜의 분쇄 원두를 추천
한다. 로마의 타차 도로, 산테우스타키오에서 파
는 원두, 커피 원두가 통으로 들어간 초콜릿도 인
기가 많다.

그 외

초콜릿, 사탕, 병 절임,
토마토소스 등.

🧴 화장품 쇼핑

산타 마리아 노벨라 약국 화장품
Farmaceutica di Santa Maria Novella

한국에도 정식 수입되는 이탈리아 수도원 화장품
의 대명사. 연예인 크림으로 알려진 크레마 이드랄리아
Crema Idralia, 장미수 토너Acqua di Rose가 가장 유명하다. 환
율 때문에 한국에서 사는 게 더 저렴할 수도 있으니 가격을 비교
한 후 구매하는 걸 추천한다.

로버츠 장미수
**ROBERTS AQUA DISTILLATA
ALLE ROSE**

산타 마리아 노벨라 약국의 장미수
토너 가격이 부담된다면 로버츠 장
미수를 추천한다. 슈퍼마켓에서 판
매하며 가격은 10분의 1 수준이다.

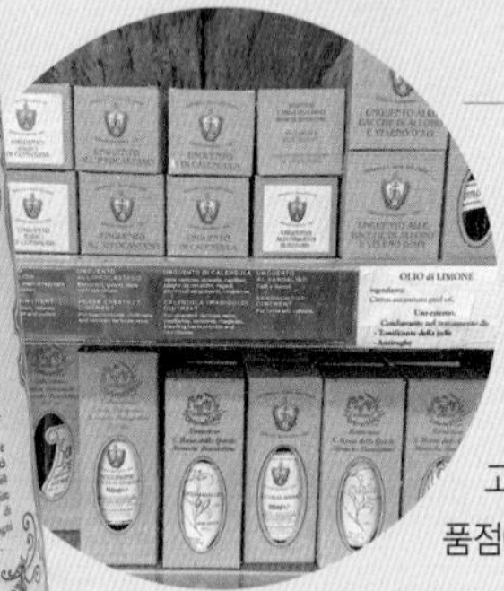

천연 화장품

산타 마리아 노벨라 약국
외에도 천연 화장품을 만
드는 수도원은 여러 곳이
다. 별도의 매장을 내지 않
고 성당이나 수도원 내 기념
품점에서 파는 경우가 많다.

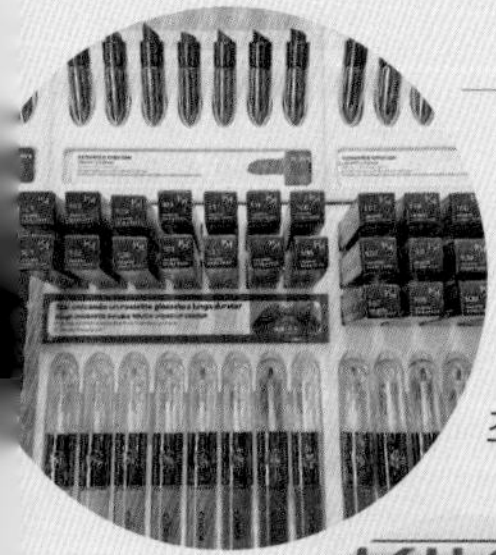

키코 밀라노 화장품
Kiko Milano

이탈리아 전국에 지점이 있
는 화장품 로드 숍. 특히 색
조 화장품이 인기가 많다.

마비스 치약 MARVIS

치약계의 명품으로 불리는 마비스 치약
은 패키지 색상에 따라 향과 효능이 다르
다. 가장 인기 있는 건 초록색(클래식 스트롱
민트), 하늘색(아쿠아 민트)이다. 가격대가 높은
편이라 규모가 작은 슈퍼마켓엔 거의 없고 로마 테
르미니역, 피렌체 산타 마리아 노벨라역 근처에 위치
한 슈퍼마켓들, 역 구내 약국에서 구할 수 있다.

생활 잡화 쇼핑

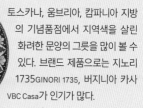

그릇

토스카나, 움브리아, 캄파니아 지방의 기념품점에서 지역색을 살린 화려한 문양의 그릇을 많이 볼 수 있다. 브랜드 제품으로는 지노리 1735GINORI 1735, 버지니아 카사 VBC Casa가 인기가 많다.

가죽 제품

피렌체가 특히 유명하다. 가방, 신발, 의류 등 가격대가 높은 제품부터 노트 커버, 책갈피 등 저렴한 제품까지 선택지가 다양하다.

성물

이탈리아의 어느 성당에 가든 작게라도 성물 방이 있다. 바티칸 산 피에트로 대성당, 로마 산 파올로 푸오리 레 무라 대성당, 아시시의 성 프란체스코 대성당의 성물 방 규모가 크다.

모카 포트

비알레띠의 모카 포트는 정식 수입되고 있지만 이탈리아에서만 구할 수 있는 한정판들도 있다.

미술관/박물관 기념품

엽서, 포스터는 기본이고 대표 소장품의 이미지를 넣은 다양한 기념품을 구매할 수 있다.

 각 도시의 기념품

미니어처

에코백

마그넷

패션 잡화
(양말, 티셔츠 등)

수공예품

식비 절약, 단체 기념품 쇼핑에 최고

슈퍼마켓에서 장보기

슈퍼마켓은 식료품과 일상용품 쇼핑의 천국이다. 취사가 가능한 숙소에 묵는다면 신선한 식재료를
사다 요리해 먹으며 비싼 외식비를 절약할 수 있다. 물론 그냥 구경만 해도 정말 재밌다.

슈퍼마켓은
어떻게 찾을까

슈퍼마켓은 이탈리아어로 '수페르메르카토supermercato'라고 한다. 우리나라 대형 마트
규모의 슈퍼마켓은 도심엔 없고 여행자가 방문하기 어려운 외곽에 위치한다. 현지 슈퍼
마켓의 위치를 미리 알아보고 싶다면 구글 맵스에서 '도시+supermercato(또는 영어로
supermarket)'를 검색한다. 현지에 도착해선 'supermercato 또는 supermarket'을 넣
고 검색하면 내 위치에서 가장 가까운 슈퍼마켓을 찾을 수 있다. 슈퍼마켓 체인 이름을
넣어 검색하면 더 정확한 위치를 알 수 있다.

어느 슈퍼마켓을
갈까

정찰제가 아니라 똑같은 제품도 지점마다 가격이 다르다. 우리나라에서 편의점보다 대
형 마트의 가격이 저렴한 것처럼 이탈리아도 규모가 큰 슈퍼마켓의 가격이 저렴한 편. 버
스 정류장 근처나 골목에 위치한 'mini market'에서 500ml 생수 1병이 €1~2, 규모가
큰 슈퍼마켓은 €0.25~0.5로 가격 차이가 난다. 도시마다 지점이 많은 슈퍼마켓 체인이
있으며, 그중 여행자가 많이 찾는 상품을 잘 갖춰놓은 지점이 따로 있다.

티그레 Tigre
로마에서 주로 볼 수 있다.

까르푸 Carrefour
우리나라에도 진출했던 프랑스 계열의 슈퍼마켓이다. 로마, 피렌
체, 베네치아에서 주로 볼 수 있다.

코나드 CONAD
로마, 피렌체, 베네치아 도심에서 주로 볼 수 있다.
'코나드 시티Conad City'는 일반적인 슈퍼마켓이고,
'사포리 앤드 딘토르니 코나드Sapori & Dintorni Conad'
는 질이 좋고 가격이 저렴한 자체 제작 상품을 잘 갖
춘 특화 지점이다.

스파르 SPAR

베네치아에서 주로 볼 수 있다. 역사 지구 내에는 비교적 규모가 작은 도심형 슈퍼마켓인 '데스파르Despar' 지점이 많다. 베네치아 메스트레역 앞에 위치한 '인테르스파르Interspar' 지점은 여행자가 방문하기 쉬운 위치에 있는 슈퍼마켓 중 규모가 가장 크다.

팜 Pam

이탈리아 중북부를 중심으로 운영한다. 로마, 피렌체, 밀라노에서 주로 볼 수 있다. 유기농, 친환경 상품의 비율이 높은 편이고 자체 제작 상품의 품질도 좋다.

쿠프 Coop

피렌체, 베네치아 역사 지구 내에서 주로 볼 수 있다. 유기농, 친환경 상품의 비율이 높은 편이고 자체 제작 상품의 품질도 좋다.

에셀룽가 Esselunga

이탈리아 북부, 그 중에서도 밀라노 시내에 지점이 가장 많다.

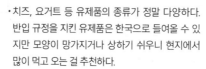

솔레365 Sole365

나폴리가 속한 캄파니아주에만 있는 슈퍼마켓 체인이다. 나폴리, 살레르노에 지점이 가장 많고, 특히 나폴리의 지하철 무니치피오역 앞에 위치한 지점은 규모가 크다.

이탈리아 슈퍼마켓 이용 팁

- 치즈, 요거트 등 유제품의 종류가 정말 다양하다. 반입 규정을 지킨 유제품은 한국으로 들어올 수 있지만 모양이 망가지거나 상하기 쉬우니 현지에서 많이 먹고 오는 걸 추천한다.
- 채소, 과일이 저렴하고 단 1개라도 무게를 달아 구매할 수 있어 혼자 여행하는 사람도 부담이 없다. 저울에 채소, 과일을 올려놓고 가격표에 쓰인 숫자를 입력하면 바코드가 나온다. 참고로 납작복숭아의 제철은 5~8월이다.
- 비닐봉지를 유료(€0.2~0.5)로 판매하는데 우리나라의 비닐봉지보다 얇고 찢어지기 쉽다. 한국에서 장바구니를 챙겨 가거나 현지에서 기념품으로 에코백, 타포린 백 등을 구매해 사용하는 걸 추천한다.
- 슈퍼마켓뿐만 아니라 식료품점, 기념품점에서 와인, 올리브유, 발사믹 식초, 도자기, 유리 제품 등을 구매해도 튼튼하게 포장해주지 않는다. 에어 캡을 준비해가면 짐을 쌀 때 여러모로 유용하게 활용할 수 있다.

원하는 물건 찾아 삼매경
어디서 쇼핑할까

마그넷, 냉장고 자석 등 작은 기념품

마음에 드는 게 있다면 그 자리에서 산다. 수도인 로마에조차 다른 도시들의 기념품을 모아놓은 상점은 없다. 뮤지엄 숍의 상품도 마찬가지. 그 작품을 소장 중인 미술관, 박물관에서만 관련 기념품을 살 수 있다.

고급 식재료

슈퍼마켓에서도 충분히 구할 수 있지만 좀 더 고품질에 가격대도 높은 상품을 찾는다면 로마에선 리나센테 백화점 6층의 식품관, 식료품점 로시올리 살루메리아 콘 쿠치나, 로마 테르미니역의 이탈리(규모가 큰 매장은 도심에서 떨어져 있음)를 추천하고 피렌체, 밀라노에선 이탈리를 추천한다. 로마, 밀라노 공항 면세점의 식료품 코너는 규모가 크고 다양한 상품이 잘 갖춰져 있지만 술 종류를 제외하면 시내보다 가격이 비싸서 주류 구매만 추천한다.

기념품으로 선물하기 좋은 과자

슈퍼마켓이 단연 1등이다. 선물하기 좋은 고급스러운 포장의 상품을 찾는다면 피렌체, 소렌토 등에 위치한 니노 앤드 프렌즈 매장을 추천한다.

명품

단독 매장, 백화점 내 매장, 아웃렛, 이탈리아 공항의 면세점에서 구매할 수 있고 각각의 장단점이 있다. 명품 쇼핑을 할 때 고려할 점은 환율과 관세. 고가의 물품

일수록 관세율은 높아지고 환율의 영향도 많이 받는다. 드물지만 신용카드 포인트 적립, 백화점 상품권 환급 등으로 국내에서 구매하는 게 더 저렴해질 때도 있다.

- **단독 매장** 로마의 코르소 거리(펜디 본점 위치)와 콘도티 거리(불가리 본점 위치), 피렌체의 토르나부오니 거리(구찌, 페라가모 본점 위치), 밀라노의 비토리오 에마누엘레 2세 갈레리아(프라다 본점 위치)에 명품 브랜드의 단독 매장이 모여 있다. 전 세계에서 가장 빨리 신상품이 들어오고 상품 종류도 우리나라보다 많다. 하지만 인기가 많은 브랜드는 줄 서서 들어가기도 하고 인종 차별을 당했다는 후기 등도 있어 돈 쓰러 갔다가 기분만 상할 수도 있다.

- **백화점 내 매장** 로마, 피렌체, 밀라노의 리나센테 백화점에는 명품 브랜드의 매장이 모여 있다. 백화점이라고 해도 우리나라의 백화점과는 비교되지 않을 정도로 작고 매장 규모도 시내의 각 브랜드 단독 매장보다 작지만, 상품은 잘 갖춰놓았다. 직원들이 친절한 편이며 택스 리펀드 절차도 수월하다.

- **아웃렛** 주로 대도시의 외곽에 위치하고 시내에서 출발하는 셔틀버스를 운행(유료)한다. 우리나라 여행자에게 가장 인기 있는 아웃렛은 피렌체 근교의 더 몰 피렌체 P.260. 또한 베네치아 근교의 노벤타 디 피아베 디자이너 아웃렛 P.404, 밀라노 근교의 세라발레 디자이너 아웃렛 P.337도 많이 찾는다. 로마 근교의 카스텔 로마노 아웃렛은 이동시간과 노력 대비 아쉽다는 평이 많다. 아웃렛 쇼핑의 가장 큰 장점은 저렴한 가격이며,

이탈리아에서는 우리나라의 백화점, 쇼핑몰, 대형 마트 같은 규모의 쇼핑 공간을 찾아보기 힘들다. 만약 있다 하더라도 도심이 아닌 외곽에 있어 여행자가 방문하기는 여의치 않다. 원하는 물건을 찾으려면 어디로 가야 하는지, 또 쇼핑 후 세금 환급을 받기 위해서는 어떻게 해야 하는지 알아보자.

다양한 브랜드를 한자리에서 둘러볼 수 있다는 것도 장점이다.

- **이탈리아 공항 면세점** 로마 피우미치노 공항, 밀라노 말펜사 공항의 면세점에는 다양한 명품 브랜드 매장이 입점해 있다. 시내에서 명품을 구매하고 택스 리펀드를 받으면 택스 리펀드 수수료가 발생한다. 하지만 공항 면세점에서는 애초에 부가가치세가 제외된 가격으로 결제하기 때문에 신상품을 시내보다 좀 더 저렴하게 구매할 수 있다.

택스 리펀드 절차에 대해 알아보자

이탈리아에서 쇼핑을 하면 상품 종류에 따라 4~22%의 부가가치세(VAT)가 붙는다. 관광 목적으로 입국한 우리나라 여행자가 상품을 EU 국가 밖으로 반출할 경우 부가가치세를 환급 받을 수 있다. 상품에 따라 다르지만 보통 구매 대금의 10~15%를 환급해준다. 택스 리펀드 대행사는 여러 곳이다. 그중 규모가 가장 큰 업체가 글로벌 블루Global Blue이며 플래닛 택스 프리Planet Tax Free, 택스 리펀드Tax Refund 등의 업체가 있다.

🏠 글로벌 블루 www.globalblue.com/ko
🏠 플래닛 택스 프리 www.planetpayment.com

택스 리펀드 조건

- 세금을 환급해주는 매장이어야 한다. 매장 입구나 계산대에 택스 리펀드 안내가 붙어 있는지 확인한다.
- 영수증 1장당 구매 금액이 최소 €70를 넘어야 한다.
- 당일 구매한 제품만 택스 리펀드 절차를 받을 수 있다.
- 매장에서 택스 리펀드 서류를 작성할 때 여권 원본, 여권 소지자의 신용카드가 있어야 한다.

매장에서

- 쇼핑을 마친 후 택스 리펀드 서류를 작성한다. 최근엔 한국어가 지원되는 키오스크가 보급되어 서류 작성이 더욱 간편해졌다.
- 수기로 서류를 작성하든 키오스크를 이용하든 개인 정보가 정확히 입력되었는지 확인한다. 특히 국적을 대한민국이 아닌 북한으로 선택하지 않았는지 확인하자.
- 환급 절차는 공항에서 마무리되므로 구매 영수증, 택스 리펀드 서류를 잘 챙긴다.

공항에서

- 택스 리펀드를 받으려면 출발 시간 3시간 전에는 공항에 도착하는 것을 추천한다. 특히 성수기엔 시간 여유를 두고 움직이자.
- 구매한 물품, 구매 영수증, 택스 리펀드 서류를 지참한다.
- 이탈리아 내에서만 쇼핑했고 글로벌 블루에서 신용카드로 택스 리펀드를 받는다면 세관, 택스 리펀드 대행사 카운터에 들를 필요 없이 한국어가 지원되는 키오스크를 이용해 절차를 마무리한다.
- 이탈리아 외 EU 국가에서 쇼핑했다면 먼저 세관에 들러 스탬프를 받고 각 택스 리펀드 대행사의 카운터로 가서 절차를 마무리한다.
- 그 자리에서 바로 현금으로 환급 받고 싶다면 키오스크는 이용할 수 없다.
- EU 국가를 경유한다면 경유하는 국가의 공항에서 택스 리펀드 절차를 마무리한다.

믿고 사는
이탈리아 대표 브랜드

이탈리아는 국내 총생산(GDP) 세계 8위 규모의 경제 대국이고, 이름만 대면
누구나 알 만한 수많은 브랜드가 이탈리아에서 탄생했다. 전 세계인에게 사랑받는
'메이드 인 이탈리아' 브랜드 중 우리에게 익숙한 브랜드를 살펴본다.

패션 브랜드

구찌 GUCCI

GUCCI

1921년 구찌오 구찌Guccio Gucci가 피렌체에 가죽 제품 매장을 열면서 브랜드의 역사가 시작되었다. 초기엔 여행 가방, 승마 장비, 가죽 소품을 제작하면서 사업을 확장했고, 1953년 뉴욕에 첫 번째 해외 매장을 오픈하며 국제적인 브랜드로 성장했다.

막스 마라 Max Mara

1951년 아킬레 마라모티Achille Maramotti가 볼로냐 근처 레조 에밀리아Reggio Emilia에서 창립했다. 여성용 코트와 재킷이 유명하다.

MaxMara

보테가 베네타 Bottega Veneta

1966년 이탈리아 북부에 위치한 비첸차Vicenza에서 시작했다. 다른 명품 브랜드가 창업자의 이름을 앞세우는 것과 달리 '베네토의 공방'이라 명명하며 장인정신을 강조했다. 얇은 가죽 스트립을 교차해서 직조하는 방식으로 유명하다.

BOTTEGA VENETA

불가리 BVLGARI

1884년 은세공사인 소티리오 불가리Sotirio Bulgari가 로마에 첫 매장을 열었다. 1967년 영화 〈클레오파트라〉에서 클레오파트라 역의 엘리자베스 테일러가 불가리의 제품을 자주 착용하며 할리우드 스타들 사이에서 큰 인기를 끌게 되었고, 세계 3대 보석 브랜드 중 하나로 성장했다.

BVLGARI

조르지오 아르마니 Giorgio Armani

1973년 남성복 디자이너 조르지오 아르마니가 첫 번째 컬렉션을 선보이며 시작된 브랜드. 엠포리오 아르마니 등 여러 하위 브랜드를 거느리고 있다.

GIORGIO ARMANI

페라가모 FERRAGAMO

미국에서 먼저 유명해져 '스타들의 구두 장인'이라 불리는 살바토레 페라가모Salvatore Ferragamo가 1927년 피렌체에서 자신의 첫 번째 공방을 열고 자신의 이름을 딴 브랜드를 공식적으로 설립하면서 시작됐다.

FERRAGAMO

펜디 FENDI

1925년 에도아르도 펜디Edoardo Fendi가 로마에 가죽과 모피 제품을 제작하는 작은 상점을 열며 브랜드가 시작되었다. 2013년 트레비 분수 복원을 위해 240만 유로를 기부했고, 2016년에는 트레비 분수 위에서 패션쇼를 개최했다.

FENDI

프라다 PRADA

PRADA

1913년 프라다 형제가 밀라노의 비토리오 에마누엘레 2세 갈레리아에 고급 가죽 제품 상점을 열면서 브랜드의 역사가 시작되었다. 1919년에 이탈리아 왕실의 공식 납품 업체로 선정되며 로고에 왕실 문장을 사용할 수 있게 되었다. 미우 미우MIU MIU는 지금의 프라다를 만든 창업자의 손녀 미우치아 프라다Miuccia Prada의 이름에서 따온 자매 브랜드다.

자동차 브랜드

람보르기니 LAMBORGHINI

1963년 페루치오 람보르기니Ferruccio Lamborghini가 볼로냐에서 창립했다. 페라리를 뛰어넘는 성능의 차량을 만들겠다는 일념으로 시작해 현재까지도 경쟁 관계를 유지하고 있는 슈퍼카 브랜드 중 하나다.

피아트 FIAT

이탈리아 국민 자동차 브랜드로 내수에선 압도적 1위를 차지한다. 1899년 토리노에서 시작된 기업으로 피아트는 'Fabbrica Italiana Automobili Torino(이탈리아 토리노 자동차 공장)'의 약자다.

베스파 Vespa

1946년 피렌체에서 우리가 흔히 '스쿠터'라고 부르는 형태의 탈것을 세계 최초로 만들어냈다. 제2차 세계 대전의 패전 이후 좁은 도로에서 쉽게 이동할 수 있는 값싼 이동수단이 필요했던 이탈리아에서 폭발적인 인기를 끌면서 '국민 스쿠터'가 되었다.

마세라티 MASERATI

1914년 볼로냐에서 시작되었으며, 현재 본사는 자동차의 도시로 불리는 모데나에 위치한다. 람보르기니, 페라리와 함께 이탈리아의 3대 명차 브랜드로 통한다.

페라리 Ferrari

1929년에 레이싱 팀을 설립했고 본인도 레이싱 드라이버였던 엔초 페라리Enzo Ferrari가 1939년 모데나에 설립했다. 두말하면 입 아픈 세계 최고의 슈퍼카 브랜드.

식품 브랜드

일리 illy

이탈리아 커피 브랜드 중 가장 잘 알려진 브랜드. 헝가리에서 이주한 프란체스코 일리Francesco Illy가 1933년에 설립했다. 1935년 프란체스코는 현대적인 에스프레소 머신에 큰 영향을 끼친 일레타illeta라는 커피 기계를 발명해 이탈리아 전역에 보급했다.

페레로 FERRERO

1942년 북부 피에몬테주의 작은 마을에서 피에트로 페레로Pietro Ferrero가 운영한 작은 제과점에서 시작됐다. 세계 2위 규모의 초콜릿 회사이며, 전 세계에서 생산하는 헤이즐넛의 25%를 페레로의 공장에서 소비한다. 페레로 로쉐, 누텔라, 킨더 초콜릿 시리즈, 포켓 커피 등이 페레로의 제품이다.

라바짜 LAVAZZA

1885년 루이지 라바짜Luigi Lavazza가 토리노에 연 작은 식료품점에서 시작됐다. 그는 입맛이 까다로운 이탈리아 왕실을 만족시키는 커피를 만들기 위해 원두 블렌딩이라는 개념을 처음 선보였다. 현재 4대째 가족 경영을 이어가고 있고, 일리와 함께 이탈리아를 대표하는 커피 브랜드다.

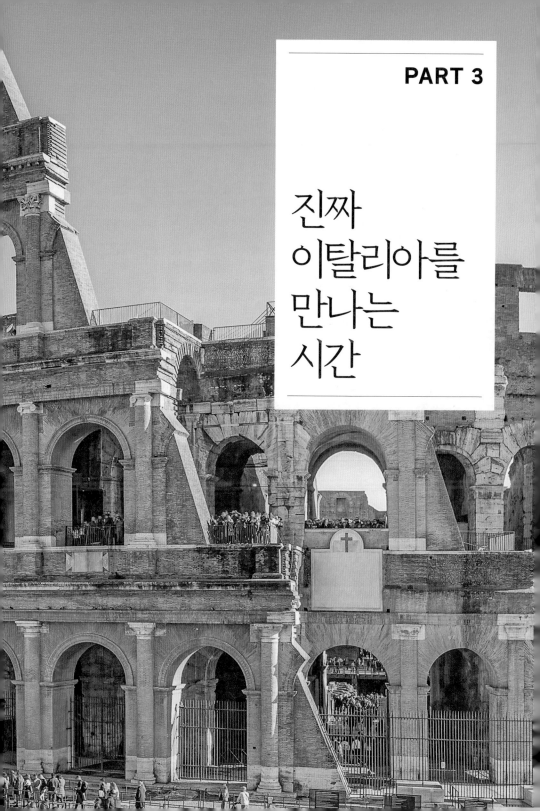

PART 3

진짜
이탈리아를
만나는
시간

로마와
주변 도시

로마는 장화 모양의 이탈리아 반도 중앙쯤에 위치하여 2800년 전이나 지금이나 이탈리아의 모든 길은 수도 로마로 통한다. 로마에서는 어디로든 갈 수 있고 어디에서든 로마로 올 수 있다. 로마 시내에서 할 수 있는 일도 정말 많지만 다양한 교통수단을 효율적으로 이용하면 꽤 멀리까지도 당일치기로 다녀올 수 있다. 따라서 로마 여행은 몇 박 며칠이면 충분하다고 단언하기 어렵다. 로마에 있는 동안 그 시간을 충분히 즐기자.

밀라노

베네치아

4시간

피렌체
1시간 40분

3시간 10분

오르비에토

아시시
지역 열차 2시간 10분

티볼리

지역 열차 1시간 30분

로마

버스 50분

나폴리

1시간 15분

* 고속열차 기준

일정 짜기
Tip
겨울이 비교적 비수기라고 하지만 1년 내내 꾸준히 여행자가 많고 딱히 피해야 할 시기는 없다. 명소의 입장 대기시간, 관람시간을 충분히 여유 있게 잡는 걸 추천한다.

2800년 세월을 품은 이탈리아의 수도

로마 Roma

#로마제국 #콜로세움 #바티칸

고대부터 지금까지 2800년의 세월이 켜켜이 쌓인 도시 로마는 그 자체로
하나의 거대한 박물관이다. 한 도시에서 이렇게나 다양한 시대의
유산을 만날 수 있는 곳은 전 세계에서 오로지 로마뿐이라고 해도 과언이
아니다. 로마 제국이 멸망한 후 어지러운 시기를 겪었지만 종교를 발판
삼아 다시 한번 찬란하게 문화 예술의 꽃을 피웠고, 지금은 이탈리아의 수도
로마와 세계에서 가장 작은 나라이며 천주교의 총본산인 바티칸이 사이좋게
공존하고 있다. 로마 역사 지구와 로마 시내에 위치한 바티칸 소속 성당들이
1980년(1990년 확장)에 유네스코 세계 문화유산으로 등재되었다.

로마
가는 방법

한국에서 로마로 가는 직항 편이 있으며 유럽계 항공사, 중동계 항공사, 중국계 항공사 등에서 경유 항공편을 운항한다. 테르미니역을 거점으로 삼은 철도 교통도 발달해 유럽 전역, 이탈리아 전역에서 로마로 들고 나기 편리하다.

항공

대한항공, 아시아나항공, 티웨이항공이 로마-인천 직항 편을 운항한다. 직항 편을 타면 로마까지 13시간 30분~14시간 정도 걸린다. 에어프랑스, KLM네덜란드항공, 루프트한자, 핀에어, 에티하드항공, 에미레이트항공, 중국동방항공, 에어차이나 등이 경유 항공편을 운항한다. 경유하는 나라, 경유 시 공항 대기시간 등에 따라 소요시간이 달라지고 최소 16시간 이상 걸린다. 로마에는 피우미치노 공항과 참피노 공항이 있으며, 두 공항 중 피우미치노 공항의 규모가 훨씬 크고 이용하는 사람도 많다.

로마 피우미치노 공항Aeroporto di Roma Fiumicino(FCO)

로마 도심에서 약 35km 떨어진 피우미치노 공항은 레오나르도 다빈치 공항이라고도 불린다. 밀라노의 말펜사 공항과 함께 이탈리아의 관문 역할을 하는 공항이다. 2개의 터미널이 있으며 대한항공, 아시아나항공, 티웨이항공은 터미널 3을 사용한다. 로마 피우미치노 공항은 상당히 붐빈다. 귀국 시 택스 리펀드를 받을 예정이라면 비행기 출발시간 3시간 전에는 공항에 도착하는 걸 추천한다.

♠ www.adr.it/fiumicino

터미널 안내

터미널 1(T1)은 주로 유럽계 항공사(에어프랑스, KLM네덜란드항공, 루프트한자, 핀에어, ITA항공, 라이언에어, 이지젯 등)가 이용하며, 터미널 3(T3)은 대한항공, 아시아나항공, 티웨이항공을 포함해 터미널 1을 이용하는 항공사를 제외한 모든 항공사가 이용한다. 터미널 구조는 똑같다. 그라운드 플로어(0층)는 도착 로비, 1~2층은 출발 로비이며 건물이 연결되어 있어 터미널 간 이동은 걸어서 할 수 있다.

로마 입국하기

• **로마 공항 도착** 대한항공, 아시아나항공, 티웨이항공, 중동계 항공사, 중국계 항공사 등을 이용하면 터미널 3에 내리고, 유럽계 항공사의 경우 터미널 1에 내린다. 이용하는 게이트에 따라 셔틀 트레인을 타고 터미널 건물로 이동할 수도 있다.

• **입국 심사**
  ① 터미널 3 도착 시: 14세 이상 대한민국 여권 소지자는 자동 출입국 심사 기계를 이용해 입국 심사를 받을 수 있다. 절차는 간단하지만 사람이 몰리는 시간대에는 30분~1시간 정도 대기가 생길 수 있다.
  ② 터미널 1 도착 시: 프랑스, 네덜란드, 독일, 핀란드 등 솅겐 국가 경유 편을 타면 경유하는 공항에서 입국 심사를 받는다. 로마 공항에 도착하면 별도의 절차 없이 바로 짐 찾는 곳으로 이동한다.

• **짐 찾기** 'Baggage claim' 안내판을 따라간다. 모니터에서 타고 온 항공사의 편명과 벨트 번호를 확인한다. 짐을 찾을 때는 수하물 표baggage claim tag를 꼼꼼히 확인하자. 짐을 찾는 구역에 ATM과 트랜이탈리아의 승차권 자판기가 있다.

• **도착 로비** 도착 로비는 각 터미널의 그라운드 플로어에 위치한다. 터미널 3의 도착 로

비엔 로마 공식 여행 안내소(로마 패스 구매·수령 가능)가 있다. 로비 곳곳에 공항에서 시내로 가는 교통수단 안내가 있어 역과 정류장을 찾아가기는 어렵지 않다. 택시 정류장은 2개의 터미널에 모두 있으며 공항버스 정류장, 철도역은 터미널 3에 있다.

로마 피우미치노 공항에서 시내로 이동

로마 공항에서 도심까지 갈 때 이용할 수 있는 교통수단은 공항철도 레오나르도 익스프레스, 공항버스, 택시가 있다. 여행자가 가장 선호하는 교통수단은 고속열차인 레오나르도 익스프레스이며, 가장 저렴한 교통수단은 공항버스다.

레오나르도 익스프레스Leonardo express

로마 도심에 위치한 로마 테르미니Roma Termini역과 로마 공항과 연결된 피우미치노 아에로포르토 Fiumicino Aeroporto역 사이를 오가는 공항철도. 공항에서 시내로 가는 가장 빠른 교통수단이다. 중간에 정차하는 역이 없어 짐 분실의 위험성이 낮다.

· 레오나르도 익스프레스 이용 방법

① 짐을 찾고 도착 로비로 나가 'Train' 표지판을 따라 이동한다. 터미널 건물에서 피우미치노 아에로포르토역으로 이동하는 방법은 2가지다.
- 터미널 3의 도착 로비에서 에스컬레이터를 타고 지하로 내려간다. 이동 거리는 짧지만 에스컬레이터와 무빙워크를 여러 번 갈아탄다.
- 2층의 출발 로비로 올라가 터미널과 역의 연결 통로를 이용한다. 터미널 1에서 역으로 갈 땐 이 경로를 추천한다.
② 역에 도착해 승차권을 구매한다. 역에서 호객하는 사람을 만나도 무시하고 자판기를 이용하는 걸 추천한다. 자판기가 여러 대 있고 영어가 지원되기 때문에 어렵지 않게 조작할 수 있다.
③ 개찰구에서 승차권의 QR코드를 스캔하면 자동문이 열리고 승강장으로 들어갈 수 있다. 열차 내에서 검표하는 경우도 있고 테르미니역에 도착해 승강장 밖으로 나갈 때도 QR코드를 스캔하므로 승차권을 잃어버리지 않게 잘 챙겨둔다.
④ 탑승 전 승강장에 있는 개찰기를 이용해 승차권을 개찰한다. 승차권을 개찰기의 오른쪽 끝에 맞춰 넣은 후 왼쪽 끝으로 이동하면 기계음과 함께 승차권에 개찰한 시간이 표시된다.

시간표에서 '레오나르도 익스프레스
Leonardo express'라고 쓰인 열차를
선택한다.

각 터미널의 짐 찾는 곳에도 트렌이탈리아의 승차권 자판기가 있다. 역보다 사람이 적고 덜 어수선하므로 짐 찾는 곳에서 미리 표를 사는 걸 추천한다.

⑤ 차체에 레오나르도 익스프레스라고 쓰였는지 확인한 다음 승차한다. 지정좌석제가 아니므로 빈자리 아무 데나 앉는다. 짐 칸은 승객 수에 비해 부족한 편이지만, 머리 위 선반에 기내용 수트 케이스까지 올릴 수 있다.

€ 편도 €14, 성인 승객 1명당 12세 미만 1명 무료, 4세 미만 무료 ⏱ 소요시간 30~35분

운행시간
공항 → 테르미니역 05:38~23:23
테르미니역 → 공항 04:50~23:35
배차 간격 1시간에 최대 4대

시내 → 공항

로마 테르미니역 23·24번 승강장에서 출발한다. 종종 전광판에 승강장 숫자가 표시되지 않을 때가 있는데 걱정하지 말고 바로 23·24번 승강장으로 가도 된다. 승차권은 예약하지 않고 탑승 당일 구매해도 된다. 열차에 타기 전에 개찰하는 걸 잊지 말고, 공항에 도착해 승강장 밖으로 나갈 때 승차권의 QR코드를 스캔하니 마지막까지 승차권을 잘 챙기자. 역에서 각 터미널 건물까지 넉넉잡아 걸어서 15분 정도 걸린다.

시내 → 공항

이른 새벽이나 늦은 밤에 공항으로 갈 때 편리하다. 공항버스 정류장은 로마 테르미니역 앞 24번 승강장 바로 앞에 있다. 매표소는 따로 없고 탑승할 때 요금을 낸다. 역 앞에서 버스를 탈 땐 공항에서 버스를 탈 때보다 짐 도난 위험이 더 높다. 시간표는 정류장 앞에 붙어 있고 홈페이지에서도 확인할 수 있다.

공항버스

로마 테르미니역으로 이동하는 가장 저렴한 방법이다. 공항버스 정류장은 터미널 3의 도착 로비 바로 밖에 있다. 'Bus', 'Bus Tickets'라고 쓰인 안내를 따라가면 버스 정류장과 매표소가 나온다. 공항버스는 여러 회사에서 운영하고 요금도 비슷하다. 홈페이지에서 미리 예약하거나 왕복으로 구매하면 할인 혜택이 있지만 항공기 연착 등을 고려해 현지에서 버스표를 사는 걸 추천한다. 공항버스의 가장 큰 단점은 짐을 분실할 위험성이 높다는 점이다. 버스가 출발하기 직전까지 짐칸을 살피고 중간에 정차했을 때도 방심하지 말자. 목적지에 도착하면 재빨리 내려 짐을 찾는다.

버스회사	SIT 버스 셔틀(바티칸 경유)	T.A.M 버스	테라비전	로마 에어포트 버스
요금(편도, 왕복)	€7, €13	€6, €11	€6, €11	€6.9, €9.9
공항 내 정류장 번호	12	13	14	15
공항 → 테르미니역	07:45~25:15	01:30~24:15	07:10~24:00	03:15~23:55
테르미니역 → 공항	04:15~20:30	00:00~23:30	04:00~19:30	05:50~23:00
홈페이지	www.sitbusshuttle.com	www.tambus.it	www.terravision.eu	romeairportbus.it

🕐 **소요시간** 50분~1시간, 각 회사 홈페이지에 상세 시간표, 정류장 위치 안내가 자세하게 나와 있고 평일, 주말의 시간표가 달라짐

택시

공항에서 로마 도심까지 고정 요금으로 운행한다. 각 터미널의 도착 로비에서 택시 마크를 따라가면 정류장이 나온다. 예전에 비해 호객이 줄었지만 호객이 있다면 무시하고 무조건 지정된 정류장에서 기다리는 택시만 탄다. 로마시에서 공인한 택시의 차체(보통 조수석 문)엔 고정 요금 안내 스티커가 붙어 있다. 짐 개수 등에 따른 추가 요금은 없다. 요금을 낼 땐 단위가 큰 지폐보다는 €10, 20 단위 지폐를 1장씩 확인하면서 지불한다. 현금이 없다면 타기 전에 신용카드 결제가 가능한지 확인한다. 참고로 시내에서 공항으로 갈 때도 고정 요금이다. 하지만 숙소로 택시를 부를 경우 호출 비용이 추가된다.

💶 로마 도심 €55 🕐 **소요시간** 50분~1시간

로마 참피노 공항 Aeroporto di Roma Ciampino (CIA)

로마 도심에서 남쪽으로 15km 떨어져 있다. 조반니 바티스타 파스티네 공항Aeroporto Internazionale Giovan Battista Pastine이라고도 한다. 주로 유럽 내를 오가는 저비용 항공사(주로 라이언에어)가 취항한다. 공항 규모는 매우 작다. 1층 건물에 도착 로비, 출발 로비가 붙어 있으며 도착 로비 쪽에 로마 공식 여행 안내소가 위치한다.

♠ www.adr.it/ciampino

로마 참피노 공항에서 시내로 이동

공항버스

가장 많은 여행자가 이용하는 교통수단이다. 도착 로비에 다양한 버스회사의 매표소가 있다. 요금은 비슷하므로 가장 빨리 출발하는 회사의 버스를 탄다. 항공기 연착 등의 상황을 고려해 미리 예약하는 건 추천하지 않는다. 각 회사의 홈페이지에서 상세 시간표를 확인할 수 있고, 매일 시간표가 달라진다.

버스회사	SIT 버스 셔틀(바티칸 경유)	테라비전	로마 에어포트 버스
요금(편도, 왕복)	€6, €11	€6, €11	€6.9, €9.9
공항 → 테르미니역	09:20~16:30	07:15~22:30	03:25~22:30
테르미니역 → 공항	05:30~15:30	04:05~18:20	00:50~22:00
홈페이지	www.sitbusshuttle.com	www.terravision.eu	romeairportbus.it

ⓘ 소요시간 40~50분

택시

도착 로비 바로 밖에 택시 정류장이 있다. 꼭 지정된 정류장에서 로마시의 공인 스티커가 붙은 택시를 이용하자. 로마 시내까지 고정 요금으로 운행한다.

€ 로마 도심 €40 ⓘ 소요시간 40~50분

시내버스+지하철

가장 저렴하게 로마 시내로 갈 수 있는 방법이다. 버스표는 도착 로비의 여행 안내소에서 판매하고 버스 정류장은 도착 로비 밖에 있다. 520번 버스를 타고 지하철 A라인의 치네치타Cinecittà역까지 간 다음 치네치타역에서 지하철을 타면 테르미니역까지 갈 수 있다.

€ €1.5~ ⓘ 소요시간 시내버스 15분+지하철 20분

열차

로마 테르미니역은 이탈리아 철도 교통의 중심 역이다. 이탈리아 전역과 유럽 전역에서 로마로 들어오는 열차가 다닌다. 그중에서도 로마와 피렌체, 베네치아, 밀라노, 나폴리를 오가는 구간은 현지인, 여행자 모두 굉장히 많이 이용한다. 트랜이탈리아, 이탈로의 고속열차가 쉴 새 없이 로마에서 출발하고 로마에 도착한다. 고속열차의 요금은 탑승일에 가까워질수록 비싸지기 때문에 일정이 정해지면 빠르게 예약하는 게 좋다. 대체로 이탈로의 고속열차가 트랜이탈리아보다 저렴하다.

주요 역에서 로마 테르미니역으로 가는 고속열차 정보

역	트랜이탈리아	이탈로
피렌체 산타 마리아 노벨라역	1시간 3~4대, €19.9~	1시간에 1~3대, €14.9~
베네치아 산타 루치아역	1시간 1대, €29.9~	1일 10편 내외, €29.9~
밀라노 첸트랄레역	1시간 1~3대, €29.9~	1시간에 1~3대, €29.9~
나폴리 첸트랄레역	1시간 3~4대, €18.9~	1시간에 1~3대, €14.9~

로마 티부르티나역
Roma Tiburtina

로마에 위치한 철도역 중 로마 테르미니역 다음으로 규모가 크고 여행자가 많이 이용하는 역은 로마 티부르티나Roma Tiburtina역이다. 로마 테르미니역에서 출발하는 대부분의 고속열차는 로마 티부르티나역에도 정차한다. 지하철 B라인 티부르티나Tiburtina역이 지하에서 이어지며, 지하철을 타면 테르미니역에서 티부르티나역까지 4개 역 이동, 7분 정도 소요된다. 시외버스 터미널이 역에서 도보 5분 거리에 위치한다.

로마 테르미니역Roma Termini

로마 테르미니역은 이탈리아 철도 교통의 구심점이자 로마 시내 교통의 중심지다. 역 주변의 치안이 좋지 않다는 평이 있지만 많은 여행자가 테르미니역 근처에 숙소를 정하는 이유는 단연 교통의 편리함 때문이다. 지하에서 지하철 A·B라인의 테르미니역과 이어지고, 역에서 나오자마자 보이는 500인 광장은 시내버스의 기점이자 종점이다. 참고로 트랜이탈리아, 이탈로가 이용하는 철도역은 '로마 테르미니Roma Termini'로 표기하고 지하철역은 '테르미니Termini'로 표기한다.

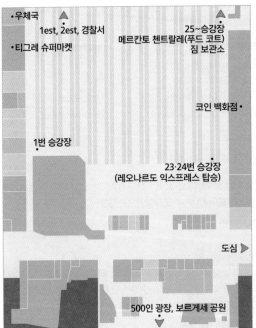

로마 테르미니역에서 열차 타기

로마 테르미니역에는 31개의 승강장이 있다. 일부 승강장은 중앙 통로에서 멀리 떨어진 구역에 위치하고 승강장이 변경되는 일도 잦기 때문에 열차 출발 30분 전에 역에 도착해서 전광판을 통해 승강장 번호, 연착 정보 등을 확인(전광판 보는 법 P.507)하는 걸 추천한다. 중앙 통로에는 1~24번 승강장이 위치한다. 23·24번 승강장은 공항철도인 레오나르도 익스프레스가 이용하고, 고속열차는 대부분 1~22번 승강장을 이용한다. 중앙 통로 왼쪽 끝에 위치한 1번 승강장에서 안쪽으로 5분 정도 더 걸어가면 1est, 2est 승강장이 나오며 오르비에토, 아시시 등 근교 도시로 가는 지역 열차가 이용한다. 안내가 잘 되어 있지만 역 구조에 익숙하지 않은 외국인 여행자는 헷갈릴 수 있으니 다른 열차를 탈 때보다 더 일찍 가서 탑승을 준비하자. 25~29번 승강장은 24번 승강장에서 500m 정도 남쪽으로 이동한다. 여행자가 이용할 일은 거의 없다. 열차표의 QR코드를 스캔하거나 역무원의 확인이 있어야 승강장 구역으로 들어갈 수 있다.

> **탑승 전에 꼭 열차표를 개찰하자!**
>
> 온라인으로 열차표를 예약했다면 어떤 종류의 열차든 별도의 절차 없이 그냥 탑승한다. 출발 일시, 좌석이 지정되지 않은 지역 열차의 종이 승차권은 탑승 전에 반드시 개찰기에 넣어 개찰해야 한다. 개찰기는 역 구내 곳곳에 있다.

열차표 구매

고속열차와 인터시티 열차는 미리 표를 사면 저렴하기 때문에 일정이 정해지는 대로 홈페이지에서 예약하는 걸 추천한다. 트랜이탈리아의 지역 열차는 고정 요금이라 탑승 당일 역에서 구매해도 된다. 이탈로는 고속열차만 운행하기 때문에 현지에서 표를 살 일은 거의 없다. 역 0층에 트랜이탈

리아, 이탈로의 매표소와 승차권 자판기가 있다. 매표소의 줄이 항상 길고 수수료가 있으므로 자판기에서 구매하는 걸 추천한다. 자판기는 영어 지원이 되며 신용카드 결제가 가능하다. 자판기를 이용할 때 도움을 준다고 접근하는 사람이 있다면 단호하게 거절하고 다른 곳으로 이동하자. 도움을 준 후 돈을 요구하거나 신용카드를 복제 당할 수도 있다. 궁금한 점이 있다면 빨간색 조끼를 입은 직원을 찾아가 도움을 요청한다.

로마 테르미니역 살펴보기

로마 테르미니역의 규모는 서울역에 견줄 만하다. 하지만 이용객 수에 비해 벤치 등 앉을 공간이 부족하고 중앙 통로 한가운데 상업 시설이 있어 서울역보다 훨씬 복잡하다. 경찰, 군인이 역 곳곳을 24시간 순찰하지만 워낙 복잡하니 소매치기를 조심하자. 3층 규모이며 매표소, 승강장은 0층에 위치한다. 1층에 음식점이 모여 있는데 승강장을 바라보는 창가 쪽 테이블은 주문을 하지 않아도 자유롭게 이용할 수 있다. 지하 1층에서 지하철 테르미니역과 이어진다. 모든 층에 음식점, 슈퍼마켓, 서점, 약국 등의 상업 시설이 있다.

층별 안내

1층	음식점(스타벅스, 파이브가이즈, 폴, 소르빌로 등), 트랜이탈리아 라운지, 이탈로 라운지, 화장실
0층	승강장, 매표소, 맥도날드, 통신사(TIM, 윈드 트레, 보다폰 등) 매장, 슈퍼마켓, 우체국, 경찰서, 여행 안내소, 짐 보관소, 코인 백화점, 푸드 코트(메르칸토 첸트랄레)
B1층	지하철 테르미니역과 연결, 슈퍼마켓, 통신사 매장, 스타벅스, 화장실

🏠 www.instazione.shop/roma-termini

시설 안내

티그레 슈퍼마켓
Tigre Supermercato

입구는 역 밖에 있다. 1번 승강장 방향에 위치한 맥도날드와 약국 쪽 출구로 나가서 2분 정도 걸어가면 나온다.

📍 Via Marsala, 35, 00185 Roma 🚶 로마 테르미니역 0층 1번 승강장 쪽 외부
🕐 월~토 07:00~21:00, 일 08:00~20:30

코나드 슈퍼마켓
Conad - Supermarket
SAPORI & DINTORNI
STORE

로마 테르미니역 지하 1층에 위치한다. 구글 맵스에서 검색하면 역 밖에 있는 것처럼 표시되는데 역 0층에서 에스컬레이터를 타고 지하로 내려갈 수 있으니 밖으로 나가서 헤매지 말자. 여행자가 많이 찾는 슈퍼마켓이라 기념품으로 인기가 많은 식료품이 다양하게 구비되어 있다.

🚶 로마 테르미니역 B1층 🕐 05:30~23:30

우체국
Poste Italiane

역 밖으로 나가서 이동한다. 티그레 슈퍼마켓 바로 옆에 있다. ATM은 우체국 내외부에 각각 있는데 가능하면 실내 ATM을 이용하자.

📍 Via Marsala, 39/PT, 00185 Roma 🚶 로마 테르미니역 0층 1번 승강장 쪽 외부
🕐 월~금 08:20~19:05, 토 12:35~19:05 ❌ 일요일

경찰서	중앙 통로 5·6번 승강장 부근에 간이 사무실이 있고 폴리스 리포트 작성이 가능한 규모의 경찰서는 1번 승강장 방향에 있다. 구글 맵스로 검색하면 외부로 나가서 이동하라고 나오는데 역 밖에서 이동하다가 당황해서 길을 헤맬 수도 있으니 역 내부에서 이동. 승강장 입구에서 역무원에게 경찰서에 간다고 말하면 열차표 없어도 들여보내 준다. 1번 승강장을 지나 1est 승강장까지 걸어가면 입구가 나온다.

🚶 로마 테르미니역 0층 1번 승강장 방향 🕐 08:00~20:00

짐 보관소 Kipoint	0층에서 'Deposito Bagagli – Left Luggage' 표지판을 따라간다. 24번 승강장 옆에 위치한 러쉬 매장과 코인 백화점을 지나면 나온다. 숙소의 체크아웃 시간대인 아침 10~11시에는 특히 붐빈다. 시간을 절약하고 싶다면 패스트트랙(€12, 영업시간 내내 보관 가능)을 이용하자. 짐을 맡길 때 여권을 확인하며 바코드가 찍힌 보관증을 준다. 짐을 찾을 때 보관증이 필요하므로 잃어버리지 않도록 하자. 결제는 보관시간을 확인한 후 짐을 찾을 때 한다. 피렌체 산타 마리아 노벨라역 등 주요 도시의 역에 동일한 업체에서 운영하는 짐 보관소가 있고 이용 방법 역시 같다.

🚶 로마 테르미니역 0층 24번 승강장에서 도보 5분 🕐 07:00~21:00 💶 최초 4시간 €6, 5~12시간 시간당 €1, 13시간 이후 시간당 €0.5

코인 백화점 COIN Roma Termini	24번 승강장에서 25~29번 승강장으로 이동하는 길목에 위치한다. 출입구는 역 외부에도 있다.

📍 Via Giovanni Giolitti, 10, 00185 Roma 🚶 로마 테르미니역 0~1층 🕐 08:00~21:00

메르카토 첸트랄레 Mercato Centrale	24번 승강장에서 25~29번 승강장으로 이동하는 길목, 코인 백화점 옆에 위치한다. 푸드 코트 형식으로 운영하며 포장 가능한 메뉴도 많다. 매장 가장 안쪽에 무료 화장실이 있다.

📍 Via Giovanni Giolitti, 36, 00185 Roma 🚶 로마 테르미니역 0~1층 🕐 07:30~24:00
🏠 www.mercatocentrale.it/roma

화장실	지하 1층, 지상 1층에 유료(€1) 화장실이 있다. 콘택트리스 카드로 결제할 수 있다.

버스

플릭스버스, 이타부스, 마로치버스 등이 이탈리아 전역을 운행한다. 버스는 열차보다 이동시간이 길고 짐 분실 위험이 있으며 정류장과 터미널이 도심에서 멀어 도시 간 이동을 할 때는 열차를 이용하는 여행자가 압도적으로 많다. 버스의 장점은 바로 매우 저렴한 요금. 빠르게 예약하면 열차의 반값도 안 되는 요금으로 동일 구간을 이동할 수 있다. 우리나라 여행자가 비교적 많이 이용하는 구간은 로마와 남부 아말피 해안의 도시를 오가는 구간이다. 열차를 타면 나폴리에서 환승해야 하지만 버스를 타면 소렌토, 포시타노까지 한 번에 갈 수 있다. 자세한 내용은 남부 각 도시의 이동 방법 P.472에서 설명한다.

티부스 버스 터미널Autostazione Tibus - Roma Tiburtina

로마의 시외버스 터미널인 티부스 버스 터미널은 로마 티부르티나역에서 도보 5분 거리에 위치한다. 대합실은 없고 매표소, 화장실 등의 편의 시설이 있다. 밤에는 치안이 좋지 않은 편이니 조심하자.

🏠 www.tibusroma.it

주요 도시에서 로마로 가는 버스 정보

	소요시간	최저가	
		플릭스버스	이타부스
피렌체	3시간 15분~4시간 10분	€7.98	€2.97
베네치아	7~8시간, 야간 버스 10시간	€5.48	€5.97
밀라노	8시간 15분~10시간	€7.98	€6.97
나폴리	2시간 30분~3시간	€6.98	€3.97

로마
시내 교통

로마의 지하철, 시내버스, 트램 모두 ATAC(Azienda Tramvie ed Autobus del Comune di Roma)사에서 맡아 운행하며 동일한 승차권을 쓰고 동일한 요금제를 적용한다. 지하철, 시내버스, 트램을 탈 때는 승차권 개찰을 잊지 말고 소매치기를 항상 조심하자.

🏠 www.atac.roma.it

무니고 애플리케이션은 로마뿐만 아니라 다른 도시에서도 사용할 수 있어 매우 편리하다. 베네치아(ACTV), 밀라노(ATM), 나폴리(ANM) 등 대도시는 물론 티볼리(CAT), 아말피 해안 도시(SITA SUD) 등의 대중교통 승차권도 구매할 수 있다.

승차권 종류

1회권은 개찰 후 100분 동안 시내버스, 트램을 무제한으로 이용할 수 있다. 지하철은 시간 관계없이 1회만 탑승할 수 있다. 그 외에 24시간권, 48시간권 등이 있지만 생각보다 본전 뽑기가 쉽지 않다. 지하철역이나 버스 정류장까지 가서 차가 오길 기다리느니 걸어가는 게 더 빠르거나 파업, 교통 통제 등 예기치 못한 변수가 자주 발생하기 때문이다. 1회권, 시간권 모두 유효시간 안에 탑승했더라도 이동 중에 유효시간이 끝나면 검표할 때 벌금을 문다. 현재 종이 승차권은 구권, 신권 2가지 종류를 혼용해 판매한다. 일부 자판기에서 구매할 경우 신권이 나온다. 충전해서 재사용이 가능한 신권은 구권보다 €0.5 비싸다.

종류	가격
1회권 BIT 100 minuti(100분 유효)	€1.5
24시간권 Roma 24 ore	€7
48시간권 Roma 48 ore	€12.5

승차권 구입

지하철역 매소소, 자판기, ATAC 매표소, 공식 여행 안내소, 타바키Tabacchi라고 불리는 매점, '무니고MooneyGo' 애플리케이션으로 승차권을 살 수 있다.

승차권 사용 방법

한국에서 발급한 콘택트리스 카드로 요금을 낼 수 있다. 시내버스와 트램에서는 종이 승차권 개찰기 말고 'Tap & Go'라고 쓰인 기기에 카드를 태그하고 초록불이 들어오면 요금이 제대로 결제된 것이다. 지하철을 탈 때도 개찰기의 'Tap & Go'라고 쓰인 부분에 카드를 갖다 댄다. 콘택트리스 카드로 요금을 내면 편리하긴 하지만 시내버스, 트램에서 검표를 할 때 문제가 생길 수 있다. 검표원에게 신용카드 애플리케이션을 열어 결제 내역을 보여줘야 하는데 결제 내역이 실시간으로 반영되지 않는 경우가 있기 때문이다. 따라서 지하철을 탈 때는 콘택트리스 카드를 이용해도 시내버스, 트램을 탈 때는 종이 승차권 사용을 추천한다.

• 시내버스나 트램을 탈 때 차내에 있는 노란색 개찰기에 종이 승차권을 넣어 탑승 일시를 개찰한다. 개찰할 땐 승차권의 화살표가 아래로 향하도록 집어넣는다.

• 신권은 개찰 방법이 구권과 다르다. 'Tap & Go'라고 쓰인 별도의 기기에 승차권의 바코드를 갖다 댄다. 정상적으로 처리됐다면 초록색 불이 들어온다. 지하철을 탈 때는 우리나라와 마찬가지로 개찰기에 종이 승차권을 넣고 들어간다.

• 로마는 대중교통 안에서 승차권 검표를 가장 자주, 엄격하게 실시하는 도시다. 특히 시내버스에서 검표를 자주 한다. 검표원에게 제대로 개찰된 유효한 승차권을 보여주지 못하면 벌금(€100~500, 즉시 납부 시 감면)이 부과되며, 외국인이라고 봐주는 경우도 없다.

개찰기

탭앤고

로마
지하철 노선도

지하철

A(주황색), B(파란색), C(초록색, 일부 개통) 3개의 노선이 운행 중이다. 지하철역 앞에는 빨간색 바탕에 하얀색으로 대문자 M이 쓰인 간판이 붙어 있다. 테르미니역에서 A라인과 B라인이 교차하고 산 조반니역에서 A라인과 C라인이 교차한다. 환승역에는 각 노선의 방향 안내가 잘되어 있다. 2024년 현재 C라인의 베네치아역이 공사 중이라서 황제들의 포룸 거리, 베네치아 광장 주변에 가림막이 쳐져 있고 일부 도로는 통제 중이다. 2025년 완공이 목표이나 공사 기간이 연장될 가능성도 있다. 여행자가 많이 이용하는 A라인의 테르미니역~스파냐역~오타비아노역 구간, B라인의 테르미니역~콜로세오역 구간은 역내 안내 방송에서 반복해 주의를 줄 정도로 소매치기가 굉장히 많다. 지하철역, 차내에서 항상 주의를 기울이자. A·B라인은 출퇴근 시간대에 5분에 1대씩 올 정도로 자주 다니고 배차 간격이 최대 10분을 넘지 않는다. 계단이나 에스컬레이터에서 뛰거나 무리해서 탑승하지 않도록 하자.

🕐 운행시간 05:30~23:30(금·토 25:30), 배차간격 5~10분

노선 정보

노선	기점·종점		알아두면 유용한 역
A라인 Linea A	Battistini	Anagnina	Termini, San Giovanni(산 조반니 인 라테라노 대성당), Spagna(스페인 광장, 트레비 분수), Flaminio(포폴로 광장), Ottaviano(바티칸)
B라인 Linea B	Laurentina	Rebibbia Jonio(B1라인)	Termini, Colosseo(콜로세오, 포로 로마노, 팔라티노 언덕), Circo Massimo(대전차 경기장), Basilica S. Paolo(산 파올로 푸오리 레 무라 대성당), Tiburtina(시외버스 터미널), Ponte Mammolo(티볼리 방향 코트랄버스 정류장)
C라인 Linea C	Monte Compatri- Pantano	San Giovanni	San Giovanni(산 조반니 인 라테라노 대성당)

버스

로마 시내버스의 기점은 로마 테르미니역 앞에 위치한 500인 광장(친퀘첸토 광장)이다. 대부분의 노선이 500인 광장 또는 테르미니역을 들른다. 시내버스를 이용할 때 아무리 강조해도 모자란 사항은 바로 승차권 개찰이다. 차내 앞쪽 운전석 부근에는 종이 승차권(구권)을 개찰할 수 있는 노란색 개찰기가 있고, 차내 중간 또는 맨 뒤에 콘택트리스 카드, 종이 승차권(신권)을 태그할 수 있는 'Tap & Go' 기기가 있다. 검표할 때 결제 내역이 확인되지 않을 수 있기 때문에 버스를 탈 땐 콘택트리스 카드 결제는 추천하지 않는다. 일부 정류장에는 버스 번호, 도착 예정시간이 표시되는 전광판이 있다.

500인 광장에서 버스 타고 내리기

500인 광장에는 A부터 H까지 8개의 정류장이 있고 각각 다른 버스 노선이 이용한다. 여행자가 가장 많이 이용하는 40·62번 버스는 A정류장에서 승하차한다. 승차권은 광장 내 ACAT 매표소, 지하철역의 매표소나 자판기에서 구입할 수 있다. 테르미니역에 도착하기 직전이 검표가 제일 심한 구간이니 내릴 때까지 표를 잘 챙기자.

테르미니역에서 버스로만 갈 수 있는 관광지

베네치아 광장, 판테온, 나보나 광장, 캄포 데 피오리, 진실의 입, 트라스테베레, 보르게세 공원, 보르게세 미술관

내릴 정류장 어떻게 알지?

로마 시내버스는 안내 방송이 없다. 차내 앞쪽에 전광판이 있지만 고장인 경우도 비일
비재해서 초행길인 여행자는 내릴 정류장을 알아내기가 쉽지 않다. 다행인 사실은 구글
맵스가 로마 시내버스의 운행 정보를 상당히 정확하게 파악하고 있다는 점이다. 구글
맵스로 경로를 검색하면 내 위치가 실시간으로 반영되기 때문에 최종 목적지에 가까워
지고 있다는 걸 쉽게 알 수 있다. 명소의 규모가 크고 승객이 많이 내리는 정류장은 내릴
타이밍을 파악하기가 좀 더 수월하다. 내릴 땐 차내의 벨을 누른다.

트램

6개의 노선이 다닌다. 이용 방법은 시내버스와
같지만 여행자가 이용할 일은 거의 없다.

택시

로마시에서 공인한 스티커가 붙은 하얀색 택시만 탄다. 택시 정류장엔 눈에 잘 띄는 주
황색 간판이 있고 요금표도 붙어 있다. 숙소에서 이동하고 싶을 땐 리셉션에 택시 호출
을 부탁(수수료를 요구하는 경우도 있음)하거나 애플리케이션을 이용한다. 로마에서 보
편적으로 사용하는 택시 호출 애플리케이션은 'FREENOW'와 'ItTaxi'다. 택시비는 한국
보다 비싸고 로마 시내의 유적이나 명소로 이동할 땐 €15~20 내외의 요금이 나온다. 미
터기나 애플리케이션의 예상 요금보다 €1~2 정도 더 입력하거나 팁을 요구하는 일은 공
인 택시에서도 자주 발생한다.

💶 **기본요금** 평일 €3, 휴일 €5, 야간(22:00~06:00) €7, **주행 요금** 총액 €11까지 €1.14/1km,
€11~13 €1.35/km, €13 이상 €1.66/km, **추가 요금** 짐 1개 무료, 짐 2개째부터 1개당 €1,
5명째 승객 €1, 호출 비용은 애플리케이션마다 다름

로마
추천 코스

꼭 미리 예약하자!

- 콜로세오(특히 지하 입장 포함 티켓)
- 바티칸 박물관
- 보르게세 미술관

2000년이 넘는 시간 동안 한 나라의 수도였던 만큼 도심 전체가 하나의 큰 박물관이라도 해도 과언이 아니다. 거기다 천주교의 총본산인 바티칸이 로마 시내에 위치하고 로마에서 출발하는 남부 투어, 토스카나 투어 등도 다녀오려면 최소 꽉 찬 4박 5일은 로마에 머무르는 걸 추천한다. 시내의 성당은 대부분 무료입장이지만 개방시간이 천차만별이며 점심시간엔 문을 닫는 곳도 많으니 일정을 짤 때 고려하자. 콜로세오, 바티칸 박물관, 보르게세 미술관을 방문할 예정이라면 예약을 먼저 하고 그 시간에 맞춰 일정을 짠다. 당일 투어도 인기 많은 코스는 일찍 마감되니 미리 예약을 하자.

대표 랜드마크 외관만 보는 꽉 찬 1일 일정

로마 도심은 생각보다 좁고 명소 간 거리가 가까워서 대표 명소의 외관만 본다면 빠듯하지만 하루면 가능하다. 내부 관람을 하는 미술관, 박물관의 개수가 많아질수록 일정은 길어진다.

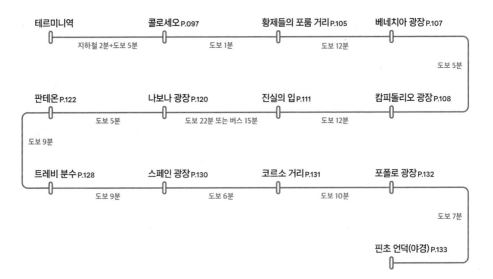

테르미니역 — 지하철 2분+도보 5분 — 콜로세오 P.097 — 도보 1분 — 황제들의 포룸 거리 P.105 — 도보 12분 — 베네치아 광장 P.107 — 도보 5분 —

판테온 P.122 — 도보 5분 — 나보나 광장 P.120 — 도보 22분 또는 버스 15분 — 진실의 입 P.111 — 도보 12분 — 캄피돌리오 광장 P.108 —

도보 9분 —

트레비 분수 P.128 — 도보 9분 — 스페인 광장 P.130 — 도보 6분 — 코르소 거리 P.131 — 도보 10분 — 포폴로 광장 P.132 — 도보 7분 —

핀초 언덕(야경) P.133

이탈리아 전국적으로 비슷한 경향을 보이고 있지만 원래부터 붐비던 로마는 팬데믹 이후 엄청난 오버투어리즘으로 몸살을 앓고 있다. 유료 입장이 된 명소도 있고 미리 예약을 하지 않으면 들어갈 수 없거나 서너 시간 기다려야 입장 가능한 명소도 있다. 입장 대기가 긴 명소는 일정이 정해지는 대로 미리 예약하자. 성수기, 특히 6~9월은 입장 대기 시간에 더위까지 고려해 여유롭게 일정을 짜고 도보 이동을 최소화하며 쉬는 시간을 충분히 갖는 걸 추천한다.

로마 도심 4박 5일 일정

숙소는 테르미니역 기준이며 전체적으로 여유롭게 짠 일정이다. 4일 차 일정을 마치고 포폴로 광장으로 이동해 코르소 거리, 콘도티 거리에서 쇼핑을 할 수 있다. 중간중간 나보나 광장-판테온-코르소 거리 구역, 트레비 분수-스페인 광장-코르소 거리 구역에서 쇼핑하기 좋다.

DAY 1

- 테르미니역
  - 지하철 2분+도보 5분
- 콜로세오(내부) P.097
  - 바로 앞
- 콘스탄티노 개선문 P.105
  - 도보 4분
- 팔라티노 언덕 P.100, 포로 로마노(내부) P.101
  - 도보 1분
- 황제들의 포룸 거리 P.105
  - 도보 12분
- 베네치아 광장 P.107

DAY 2

- 테르미니역
  - 버스 16~20분
- 캄피돌리오 광장 P.108
  - 도보 12분
- 진실의 입 P.111
  - 도보 22분 또는 버스 15분
- 나보나 광장 P.120
  - 도보 5분
- 판테온 P.122
  - 도보 9분
- 트레비 분수 P.128
  - 도보 9분
- 스페인 광장 P.130
  - 도보 6분
- 코르소 거리 P.131
  - 도보 10분
- 포폴로 광장 P.132
  - 도보 7분
- 핀초 언덕(야경) P.133

DAY 3

- 테르미니역
  - 지하철 10분+도보 10분
- 바티칸 박물관 P.153
  - 도보 15분 또는 내부 이동
- 산 피에트로 대성당 P.148
  - 도보 13분
- 산탄젤로성 P.163

DAY 4

옵션 ①
남부 투어, 토스카나 투어 등

옵션 ②
아시시, 오르비에토, 티볼리 등 근교 여행

옵션 ③

- 테르미니역
  - 버스 20~25분
- 보르게세 미술관(내부) P.173
  - 바로 앞
- 보르게세 공원 P.172
- 쇼핑

DAY 5

공항 또는 다른 도시로 이동

로마 패스
ROMA PASS

로마 패스는 유효시간 내에 명소 무료 또는 할인 입장, 대중교통 무제한 탑승 등이 포함된 통합 패스다. 48시간 패스, 72시간 패스 2종류가 있으며 홈페이지에서 입장 가능한 명소 확인(입장료, 할인율), 패스 구매 등이 가능하다.

€ 48시간 패스 €36.5, 72시간 패스 €58.5 🏠 www.romapass.it

로마 패스에 포함된 사항

- 로마 패스에서 지정한 명소 무료 또는 할인 입장: 72시간 패스는 최초 2곳 무료, 48시간 패스는 최초 1곳 무료, 이후 입장하는 명소는 10~50% 할인(공식 홈페이지 첫 화면 상단에서 'MUSEUMS' 항목을 선택하면 목록 확인 가능)
- 로마 시내의 지하철, 시내버스, 트램 등 무제한 탑승
- 지정된 화장실 무료 사용(화장실 안내 홈페이지 pstop.it)
- 자전거 대여, 짐 보관, 시티 투어 버스 등의 할인 혜택
- 바티칸 박물관은 로마가 아닌 바티칸 시국에 속하기 때문에 로마 패스로 입장할 수 없다.

로마 패스 구매

공식 홈페이지, 대행사를 통해 온라인으로 구매할 수 있다. 온라인으로 구매한 경우 구매 후 24시간 이후에 실물 패스를 수령할 수 있다. 로마 시내에 위치한 공식 여행 안내소와 몇몇 지하철역(테르미니역, 스파냐역, 오타비아노역 등)의 매표소에서 구매 및 실물 패스 교환이 가능하다. 48시간 패스는 인기가 많아서 온·오프라인 모두 품절되는 일이 잦다.

로마 패스 사용

- 온라인으로 구매했다면 로마에 도착해 실물 패스로 교환한다.
- 패스 뒤쪽에 영문 이름, 사용 개시 날짜(일/월/연)를 적는다.
- 첫 번째 명소 방문 또는 처음으로 대중교통을 탈 때 패스가 개시된다. 시간 계산을 잘하면 48시간 패스는 2박 3일, 72시간 패스는 3박 4일 이용할 수 있다.
- 로마 패스가 있어도 콜로세오(로마 패스로 입장 가능한 명소 중 가장 비쌈), 보르게세 미술관은 반드시 사전 예약을 해야 입장할 수 있다.
- 본전 뽑기가 생각보다 쉽지 않다.(특히 72시간 패스) 로마 패스에 일정을 맞추기보다는 원하는 일정을 먼저 짜고 유료 명소 입장 횟수, 대중교통 이용 횟수 등을 체크한 후 로마 패스 구매를 결정하는 걸 추천한다.

- 콜로세오 예약 사이트 (수수료 없음)
ticketing.colosseo.it/en/eventi/24h-colosseo-foro-romano-palatino-roma-pass/?t=2024-07-19T10%3A15%3A00Z

- 보르게세 미술관 예약 사이트 (수수료 €2)
romapass.ticketone.it/en

공식 여행 안내소

로마 패스 판매, 온라인으로 예약한 로마 패스 수령, 시내 교통권(지하철, 버스, 트램) 판매 등의 업무를 한다. 테르미니역 내 안내 부스에서는 판매 업무를 하지 않는다.

📞 +39-06-0608 🏠 www.turismoroma.it

- 황제들의 포룸 거리PIT Fori Imperiali 카페와 기념품점을 함께 운영한다. 화장실은 유료(€1)다.
📍 Via dei Fori Imperiali, 1, 00186 Roma 🚶 지하철 B라인 콜로세오Colosseo역에서 도보 5분
🕐 09:30~19:00(7·8월 20:00) ✖ 6월 2일

- 테르미니역Area Tourist Information Termini 🚶 테르미니역 내부 🕐 10:00~18:00

- 코르소 거리PIT Minghetti 📍 Via Marco Minghetti, Angolo Via del Corso, 00187 Roma
🚶 트레비 분수에서 도보 4분 🕐 09:30~19:00

- 산탄젤로성PIT Castel Sant'Angelo 📍 Piazza Pia, 00193 Roma 🚶 산탄젤로성에서 도보 2분
🕐 4~10월 09:30~19:00, 11~3월 08:30~18:00

- 피우미치노 공항Tourist Infopoint FIUMICINO 🚶 국제선 터미널 3 도착 로비 🕐 08:30~20:00

구역별로 만나는 로마

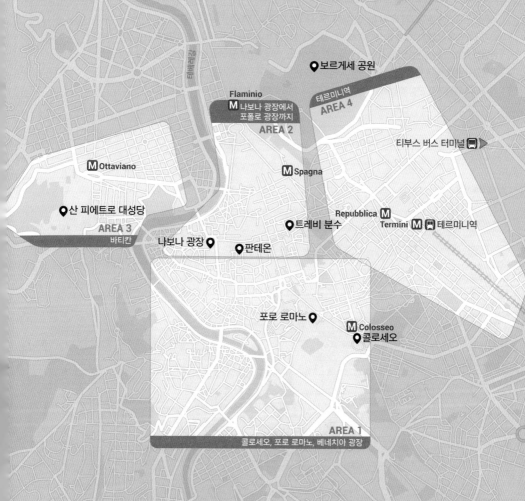

보르게세 공원

테르미니역
AREA 4

Flaminio
나보나 광장에서
포폴로 광장까지
AREA 2

티부스 버스 터미널

Ottaviano

Spagna

산 피에트로 대성당
AREA 3
바티칸

Repubblica

트레비 분수

Termini 테르미니역

나보나 광장

판테온

포로 로마노

Colosseo
콜로세오

AREA 1
콜로세오, 포로 로마노, 베네치아 광장

N

0   500m

콜로세오, 포로 로마노, 베네치아 광장

#로마제국 #고대로마의중심 #콜로세오

기원전 753년 로물루스가 팔라티노 언덕에 터를 잡으며 고대 로마의 역사가 시작되었다.
서기 3세기에 아우렐리아누스 성벽이 세워져 시가지의 범위가 넓어지기 전까지 수도 로마의 중심지는
유명한 '로마의 일곱 언덕'이었으며, 그중에서도 팔라티노 언덕과 캄피돌리오 언덕 주변은 한양의
경복궁과 종로 같은 중심 중의 중심이었다. 콜로세오를 위시하여 포로 로마노, 황제들의 포룸 거리,
베네치아 광장에서 진실의 입까지, 눈 돌리는 곳마다 고대 로마의 흔적이 담긴다.

ACCESS

⊸ 테르미니역	⊸ 테르미니역	⊸ 테르미니역
지하철 B라인 2분+도보 5분	버스 15분	버스 30분
⊸ 콜로세오	⊸ 베네치아 광장	⊸ 트라스테베레

콜로세오, 포로 로마노, 베네치아 광장 상세 지도

포폴로 광장

테르미니역 🚇
Ⓜ Termini

08 도리아 팜필리 미술관

베네치아 광장 07

비토리오 에마누엘레 2세 기념관(조국의 제단) 06
05 황제들의 포룸 거리

빌라 파르네시나
캄피돌리오 광장 09
01 라 누오바 피아체타

카피톨리니 박물관 10
03 포로 로마노

Ⓜ Colosseo
가리발디 다리
02 톤나렐로
01 콜로세오(콜로세움)

산타 마리아 인 트라스테베레 성당
콘스탄티노 개선문 04
팔라티노 언덕 02

Ponte Palatino
팔라티노 언덕 매표소

11 진실의 입
12 산타 마리아 인 코스메딘 성당

13 대전차 경기장

포르타 포르테세
Ponte Sublicio
Ⓜ Circo Massimo
몰타 기사단 열쇠 구멍
아벤티노 언덕

카라칼라 욕장 14

🚇 Roma Porta S. Paolo

N

● 명소
● 식당/카페
● 상점

0   100m

🚇 Roma Ostiense

095

깐깐하게 살펴보는
콜로세오 고고학 공원
통합권

콜로세오와 주변의 고대 로마 유적을 아울러 콜로세오 고고학 공원Parco Archeologico del Colosseo이라 부른다. 핵심 명소는 콜로세오, 포로 로마노, 팔라티노 언덕이다. 그 외에 콘스탄티노 개선문, 네로 황제의 황금 궁전 도무스 아우레아Domus Aurea, 대전차 경기장 등이 포함된다.

각 매표소의 구글 맵스 검색어

- 콜로세오 매표소 Centro Informazioni Turistiche Parco archeologico del Colosseo
- 포로 로마노 매표소 Biglietteria Foro Romano
- 팔라티노 언덕 매표소 Biglietteria Palatino

입장권 종류

공식 홈페이지(ticketing.colosseo.it/en)에서 다양한 조합의 통합권을 판매한다. 홈페이지의 메인 화면에서 'INDIVIDUALS'을 선택해 다음 페이지로 넘어가면 종류를 확인할 수 있다. 그중 우리나라 여행자가 많이 선택하는 입장권은 하단의 표와 같다.

입장권 예약

공식 홈페이지에서 예약할 수 있고, 로마 패스가 있는 사람도 반드시 사전 예약해야 한다. 예약할 때 콜로세오의 입장시간을 지정한다. 예약하는 날로부터 30일 후의 입장권까지 예약할 수 있다. 티켓 오픈 시간은 이탈리아 시간 기준이다. 인기가 많은 지하 포함 입장권은 오픈 시간에 맞춰 예약하지 않으면 매진되는 일이 잦다. 명소의 갑

작스런 폐쇄, 천재지변이 아닌 이상 입장권의 교환 및 환불은 불가능하다. 공식 홈페이지에서 영어로 예약하는 게 부담스럽다면 대행사를 이용하는 것도 방법이다. 가격은 공식 홈페이지보다 비싸고 교환, 환불은 대행사의 규정에 따른다.(예: 5월 7일 17시 입장권은 4월 7일 17시에 오픈, 12월 5일 10시 입장권은 11월 5일 10시에 오픈)

예약을 못 했다면?

기본 입장권은 현장 구매가 가능하다. 매표소는 콜로세오, 포로 로마노, 팔라티노 언덕에 각각 위치하며 팔라티노 언덕의 매표소가 가장 한산하고 콜로세오 앞 매표소가 가장 사람이 많다. 무료입장인 매월 첫 번째 일요일엔 오전 7시부터 콜로세오 앞 매표소에 긴 줄이 늘어서며 성수기엔 1~2시간 정도 기다려야 입장권을 받을 수 있다.

종류	가격(일반)	포함 사항	특징
기본 입장권 24h – COLOSSEUM, ROMAN FORUM, PALATINE	€18, 현장 구매 €16	콜로세오(입장시간 지정), 포로 로마노, 팔라티노 언덕 (24시간 유효)	· 예약 난이도 낮음 · 가장 많은 여행자가 선택 · 로마 패스로 예약 가능 · 현장 매표소, 대행사 구매 가능
풀 익스피리언스–지하 FULL EXPERIENCE - UNDERGROUND LEVELS AND ARENA	€24	콜로세오(지하 입장시간 지정), 포로 로마노, 팔라티노 언덕, 슈퍼 사이트(48시간 유효)	· 예약 난이도 매우 높음 (보통 10분 내로 매진) · 가이드와 함께 콜로세오 지하 구역 입장
풀 익스피리언스–최상층 FULL EXPERIENCE TICKET WITH ENTRY TO THE ATTIC OF THE COLOSSEUM	€24	콜로세오(최상층 입장시간 지정), 포로 로마노, 팔라티노 언덕, 슈퍼 사이트(48시간 유효)	· 예약 난이도 보통 · 콜로세오 최상층으로 올라가서 전체 조망 가능

★ 18세 미만은 모든 입장권 무료이며 예약 불필요

콜로세오(콜로세움)

Colosseo

로마 패스 적용 명소

시내 한복판에서 엄청난 위용을 자랑하는 고대 로마의 대표 건축물. 서기 72년 베스파시아누스 황제가 착공했고 80년에 베스파시아누스의 아들 티투스 황제가 완공했다. 정식 명칭은 착공한 황제 가문의 성을 딴 플라비우스 원형투기장 Amphitheatrum Flavium이다. 콜로세움(라틴어)이라는 명칭은 근처에 있던 네로 황제의 황금 입상 '콜로수스Colossus(라틴어로 '거대한'이라는 뜻)'에서 유래했다고 전해진다. 높이 약 50m, 4층 구조의 타원형으로 짧은지름 156m, 긴지름 188m이며, 서울월드컵경기장의 수용 인원이 약 6만 6000명인데 콜로세오의 수용 인원은 약 5만 명으로 지금 봐도 엄청난 규모의 건축물이다. 주된 용도는 검투사 경기 개최였으나 동물 사냥, 모의 해전 등 다양한 행사의 무대로 사용하곤 했다. 로마 제국이 멸망한 후 콜로세오는 채석장으로 전락해 현재는 원래 규모의 3분의 1 정도만 남아 있고 계속해서 복원 공사 중이다.

📍 Piazza del Colosseo, 1, 00184 Roma 🚶 지하철 B라인 콜로세오Colosseo역에서 도보 3분 🕐 08:00~19:15(입장 마감 18:15) 📞 +39-06-2111-5843

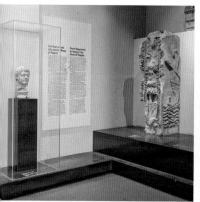

지하

콜로세오 자세히 들여다보기

입장권 종류에 따라 들어갈 수 있는 구역이 다르다. 1, 2층의 관중석은 모든 입장권에 포함되어 있고
지하, 최상층, 무대(아레나Arena)는 홈페이지를 통해 사전 예약한 입장권으로만 들어갈 수 있다.
2층으로 올라가면 콜로세오 전체를 한눈에 내려다볼 수 있는 것은 물론, 아치 너머로 콘스탄티노 개선문과
포로 로마노의 모습까지 보인다. 내부에 화장실과 기념품점이 있다.

입장
- 예약한 시간보다 15분 먼저 가서 줄을 선다. 입장할 때 신분증을 확인하는 경우도 있으니 여권은 필참!
- 지하 입장권을 가진 사람은 입장 후 가이드 미팅 포인트가 나올 때까지 간다. 입장시간을 확인하고 가이드와 함께 지하로 이동한다. 투어는 20~30분 정도 걸린다.
- 최상층 입장권을 가진 사람은 가이드 미팅 포인트를 지나 오른편에 엘리베이터가 나올 때까지 간다. 직원에게 입장권을 보여주고 최상층까지 엘리베이터를 타고 올라가서 관람한다.
- 온라인으로 예약이 불가능한 18세 미만도 입장권이 필요하다. 하지만 외부 매표소에서 기다려서 입장권을 받을 필요는 없다. 이미 온라인으로 입장권을 예약한 성인과 동반 입장한 후에 직원의 안내를 따라 콜로세오 내부에서 티켓을 받는다.(여권 필참)

① 입구

외벽에는 로마 건축의 정수라 할 수 있는 80개의 아치가 뚫려 있고 아치 위쪽에 번호가 새겨져 있다. 관중이 입장할 때 받는 도자기 파편에도 번호가 쓰여 있는데 드나들 때 그 번호의 출입구를 이용했다고 한다. 아치 양쪽을 장식하는 기둥은 층마다 양식이 다르다. 1층은 도리아 양식, 2층은 이오니아 양식, 3층은 코린토스 양식이다. 2, 3층 아치에는 신화의 등장인물 등 조각상이 세워져 있었다.

③ 관중석

현대의 공연장과 마찬가지로 VIP석, R석 등 좌석에 차등을 두었고 지위가 높은 사람일수록 앞쪽에 앉았다. 황제와 베스타 사제들이 가장 전망이 좋은 곳에 앉았고 그다음 원로원 의원, 원로원 의원이 아닌 귀족과 기사, 일반 서민 중 부유한 자, 평범한 서민 순이었다.

④ 황제의 자리

1층에서 가장 좋은 자리로 황제와 친족, 고위 귀족의 자리였다고 알려져 있다. 황제의 자리에 있는 십자가는 나중에 설치한 것이다.

② 지하

가이드와 함께 입장하고 영어, 이탈리아어로 설명한다. 지하에는 창고, 맹수 우리, 검투사 대기실 등이 있었다. 맹수를 경기장으로 올리기 위한 엘리베이터와 비슷한 시설도 있었다고 한다. 지하를 둘러본 후에는 아레나 구역으로 나오고 그 이후엔 가이드 없이 관람한다.

개폐식 돔 구장처럼 비바람, 햇빛을 막아주는 천막 지붕이 있었다. 필요할 때마다 군인들이 지붕을 설치하고 해체했다.

콜로세오 전체를 한눈에 담을 수 있는 전망 포인트

① 팔라티노 언덕에서 포로 로마노로 내려가는 길에 위치한 전망 테라스
② 비토리오 에마누엘레 2세 기념관 전망대
③ 보도교 안니발디 다리Ponte degli Annibaldi 위(콜로세오역에서 도보 3분)

팔라티노 언덕 Palatino `로마 패스 적용 명소`

포로 로마노의 남쪽에 위치하며 로마의 역사가 시작된 곳이다. 로마를 건국
한 로물루스가 팔라티노 언덕에 터를 잡았고 왕정에서 공화정으로 이행한 후
에는 유력 귀족이 언덕에 저택을 지었다. 제정 로마의 초대 황제 아우구스투
스가 황궁을 지은 이후 후대 황제들이 계속 개축하며 몇백 년 동안 정식 황궁
으로 사용했다. 영어의 팰리스palace, 이탈리아어의 팔라초palazzo 등 라틴어
의 영향을 받은 언어에서 궁전을 뜻하는 단어는 팔라티노 언덕에서 유래했
다. 서로마 제국이 멸망한 후 외적에게 약탈당하고 로마 시민들이 다른 건물
을 짓기 위해 석재를 떼어가 옛 모습은 거의 찾아볼 수 없을 정도로 황폐해졌
다. 19세기 후반에 들어서야 복원, 발굴 작업을 진행해 콜로세오 고고학 공원
의 한 구역으로 개방하고 있다. 아우구스투스 황제와 부인 리비아의 궁전, 도
미티아누스 황제의 궁전 유적 등이 남아 있다. 팔라티노 언덕은 굉장히 넓다.
입장 후에는 포로 로마노 방향으로 이동한다. 포로 로마노로 내려가는 길목
에 위치한 전망 테라스에서 콜로세오, 포로 로마노를 조망할 수 있다.

📍 **매표소** Via di S. Gregorio, 30, 00186 Roma 🏃 테르미니역에서 75번 버스를 타고
11분, 콜로세오 입구에서 도보 5분 🕐 콜로세오와 동일

포로 로마노, 팔라티노 언덕 입장

• 콜로세오 고고학 공원 통합권은 종류에 따라
24시간, 48시간 유효하다. 24시간 유효한 통
합권일 경우 콜로세오 입장 시간을 9월 5일
오전 10시로 지정했다면 9월 4일 오전 10시
이후에 포로 로마노, 팔라티노 언덕에 입장할
수 있고 다음날 예약시간에 콜로세오에 입장
하면 된다.

• 포로 로마노와 팔라티노 언덕은 내부에서 이
어져 있기 때문에 어딜 먼저 들어가든 한 번에
다 둘러보고 나와야 한다. 재입장은 안 된다.

• 2곳 모두 해를 가려줄 구조물이 거의 없으니
여름엔 모자, 선글라스, 선크림을 잘 챙기자.
내부 곳곳에 식수대가 마련되어 있다.

• 팔라티노 언덕을 먼저 보고 포로 로마노를 보
는 걸 추천한다.

• 슈퍼 사이트SUPER sites 안
내판이 있는 구역은 풀
익스피리언스 티켓(지
하, 최상층)으로만 들어
갈 수 있다.

고대 로마의 심장 ······ ③
포로 로마노 Foro Romano 로마 패스 적용 명소

건국부터 서로마 제국이 멸망하기 전까지 로마의 역사 내내 정치와 경제의
중심지였다. 원래 포로 로마노가 있던 자리는 사람이 살지 않는 습한 저지대
였다. 기원전 7세기경 간척사업을 진행했고, 물이 빠져 단단한 땅에 사람들이
정착하기 시작했다. 로물루스가 터를 잡은 팔라티노 언덕, 공동 통치자 사비
니인 왕 티투스 타티우스가 터를 잡은 캄피돌리오 언덕 딱 중간 지점인 포로
로마노 자리는 자연스레 양측의 교류의 장이 되었다. 사람의 왕래가 많은 이
곳에서 정치 집회, 재판, 종교 행사 등 공공행사가 점점 더 많이 열리게 되었
고 신전 등 공공건물이 들어섰다. 왕정, 공화정을 거쳐 제정 시대에 들어서며
포로 로마노는 더욱 확장되었다. 초대 황제 아우구스투스가 카이사르의 유지
를 이어받아 포로 로마노를 정비했다. 로마 제국의 전성기에는 주변에 황제
들이 건설한 포룸forum(라틴어)들이 추가되면서 거대한 단지를 이루었고 포
로 로마노는 그 중추였다. 서로마 제국 멸망 후 포로 로마노는 황폐화되었다.
동로마 황제 포카스가 로마를 방문한 기념으로 서기 608년에 세운 원기둥이
포로 로마노에 들어선 마지막 건축물이다. 19세기 말이 되어서야 정부 차원
에서 보존과 복원을 시작했으며, 현재까지도 복원 작업이 이루어지고 있다.

📍 콜로세오 입구에서 도보 2분   🕐 콜로세오와 동일

포로 로마노 꼼꼼하게 보기

아무 정보 없이 방문하면 그저 그런 돌덩어리, 원기둥으로 보일 뿐이다. 그렇다고 유적을 하나씩
꼼꼼하게 살피며 둘러보는 건 시간도 오래 걸리고 로마 역사에 엄청나게 관심을 가진 사람이 아닌 이상
지루할 수밖에 없다. 먼저 팔라티노 언덕의 전망 테라스에서 포로 로마노의 전체적인
모습을 내려다본 후 주요 유적 위주로 살피고 콜로세오 방면 출구로 나가는 코스를 추천한다.
내부의 유적 앞에는 영어로 된 안내판이 있으니 추가로 관심이 가는 유적은 안내판을 참고한다.

황제들의 포룸 거리

M Colosseo

막센티우스 바실리카
• 매표소
포로 로마노 박물관
• 콜로세오
안토니누스와
파우스티나 신전
비너스와 로마 신전
쿠리아 율리아
셉티미우스
세베루스
개선문
카이사르 신전
비아 사크라
비아 사크라
티투스 개선문
포로 로마노 입구
사투르누스 신전
베스타 신전
카스토르와
폴룩스 신전
베스타 여 사제들의 집
• 팔라티노 언덕의 전망 테라스

코스 안내 팔라티노 언덕의 전망 테라스 → ①베스타 여 사제들의 집, 베스타 신전 → ②카스토르와 폴룩스 신전 →
③카이사르 신전 → ④사투르누스 신전 → ⑤셉티미우스 세베루스 개선문 → ⑥쿠리아 율리아 → ⑦안
토니누스와 파우스티나 신전 → ⑧막센티우스 바실리카 → ⑨포로 로마노 박물관, 비너스와 로마 신전 →
⑩티투스 개선문 → ⑪비아 사크라 → ⑫콜로세오 방향 출구

출발

**팔라티노 언덕의
전망 테라스**

① 베스타 여 사제들의 집 Casa delle Vestali
베스타 신전 Tempio di Vesta

화로의 여신 베스타에게 바친 신전과 여신을 모시는 여 사제들의 거처는 기원전 7세기에 2대 왕 누마 폼 필리우스가 처음 세웠다고 전해진다. 여 사제들은 30년 동안 독신 생활을 했고 신전의 성스러운 불이 꺼지지 않게 지키는 의무를 가지고 있었다. 베스타 신전은 포로 로마노에서 유일한 원형 신전이며, 현재의 유적은 서기 205년에 지은 신전의 흔적이다. 당시엔 지름 15m의 원형 기단 위에 20개의 코린토스 양식 기둥이 서 있었다고 한다.

② 카스토르와 폴룩스 신전
Tempio di Castore e Polluce

공화정 로마가 마지막 왕을 몰아낸 전투에서 승리한 것을 기념해 기원전 495년에 지은 신전으로 제우스와 레다의 쌍둥이 아들 카스토르와 폴룩스에게 바쳤다. 제정 시기에는 황실 수장고이자 도량형을 담당하는 행정 부서가 이곳을 사용했다. 현재는 3개의 대리석 기둥만 남아 있다.

③ 카이사르 신전 Tempio del Divo Giulio

사후 신격화된 율리우스 카이사르에게 봉헌한 신전으로 그의 양아들 아우구스투스의 명으로 카이사르의 유해가 화장된 자리에 지었다. 중세 시대에 파괴되어 옛 모습은 거의 남아 있지 않지만 내부엔 카이사르를 기리는 사람들이 놓고 간 꽃이 항상 놓여 있다.

④ 사투르누스 신전
Tempio di Saturno

농경의 신 사투르누스에게 바친 신전이다. 공화정 시대에 국유 재산, 공문서 등을 보관하는 용도로도 사용했다. 소실과 재건을 반복했으며 현재 남아 있는 잔해는 세 번째로 지은 신전의 유적이다.

⑤ 셉티미우스 세베루스 개선문 Arco di Settimio Severo

높이 23m, 너비 25m 규모이며 포로 로마노의 유적 중 가장 원형에 가깝게 보존되어 있다. 셉티미우스 세베루스 황제의 파르티아 원정 승리를 기념해 서기 203년에 지었다. 세베루스 황제가 사망한 후 그의 두 아들 카라칼라와 게타가 공동 황제에 올랐는데, 이후 황위 다툼에서 승리한 카라칼라가 게타를 기록 말살형에 처했고 이 때문에 개선문에 새겨졌던 게타의 모습도 지워졌다.

⑥ 쿠리아 율리아 Curia Iulia

현대의 국회의사당이라고 할 수 있는 원로원 회의장이다. 카이사르 때 착공해 아우구스투스 황제 때 완공했다. 7세기경 성당으로 개조해 사용하다가 20세기에 원래의 모습으로 복원했다. 전시를 진행할 땐 내부 관람이 가능하다.

⑦ 안토니누스와 파우스티나 신전
Tempio di Antonino e Faustina

사별한 아내이자 황후 파우스티나에게 바치기 위해 서기 141년에 안토니누스 피우스 황제가 세웠고 그의 사후엔 함께 봉헌되었다. 7세기경 성당으로 용도가 전환되었는데 전면 파사드 앞쪽에 옛 신전의 열주가 그대로 남아 있다.

⑨ 포로 로마노 박물관 Museo del Foro Romano
비너스와 로마 신전 Tempio di Venere e Roma

20세기 초에 발굴한 포로 로마노의 유물을 전시하는 박물관이다. 재개관한 지 얼마 되지 않아 굉장히 쾌적하고 화장실이 깨끗하다. 전시실과 비너스와 로마 신전은 그라운드 플로어를 지나 1층에 위치한다. 비너스와 로마 여신을 모시는 신전은 고대 로마에서 가장 큰 신전으로 알려져 있다. 신전 중앙에 있는 2개의 방에 두 여신의 좌상이 각각 놓여 있었다고 한다.

⑧ 막센티우스 바실리카
Basilica di Massenzio

막센티우스 황제 시대 때 착공했고 콘스탄티누스 1세 시대인 서기 312년에 완공되었다. 포로 로마노에서 가장 규모가 큰 건물이다. 8개의 대리석 기둥이 떠받치는 아름다운 백색 건물이었다고 전해지며, 현재는 북쪽 측랑만 남았다. 로마 시대의 바실리카는 다용도 공공건물을 뜻했다.

⑪ 비아 사크라 Via Sacra

'성스러운 길'이란 뜻이다. 고대 로마의 주요 도로이며 캄피돌리오 언덕에서 시작해 포로 로마노를 가로질러 콜로세오까지 이어진다. 비아 사크라는 로마 시대에 가장 중요한 행사 중 하나였던 개선식의 경로에 포함되어 있었다.

⑩ 티투스 개선문 Arco di Tito

현존하는 로마에서 가장 오래된 개선문. 형 티투스 황제와 아버지 베스파시아누스 황제가 유대의 반란을 성공적으로 진압한 것을 기리기 위해 서기 81년경 도미티아누스 황제가 세웠다. 개선문에는 서기 71년 예루살렘 함락을 끝으로 로마가 승리한 뒤 치른 개선 행렬이 부조로 묘사되어 있다. 개선문의 대명사 파리의 에투알 개선문을 비롯해 16세기 이후 세워진 수많은 개선문의 모델이 되었다.

도착 　**콜로세오 방향 출구**

콘스탄티노(콘스탄티누스) 개선문 Arco di Constantino

로마에 있는 개선문 중 규모가 가장 크고 보존 상태도 좋다. 서기 312년 콘스탄티누스 1세가 밀비오 다리 전투에서 경쟁자 막센티우스에게 승리한 것을 기념하기 위해 315년에 세웠다. 높이 21m, 너비 25.7m이고 코린토스 양식 기둥으로 둘러싸인 3개의 아치로 구성되어 있다. 개선문을 장식한 조각 중 일부는 로마 제국 최전성기인 트라야누스, 하드리아누스, 마르쿠스 아우렐리우스 황제 시대에 만든 기념물에서 떼어 사용했다. 파리의 카루젤 개선문이 이 개선문을 본떠 만들었다.

📍 Piazza del Colosseo, 00184 Roma 🏃 콜로세오에서 도보 1분

트라야누스 원주

트라야누스 시장

황제들의 포룸 거리
Via dei Fori Imperiali
로마 패스 적용 명소

콜로세오 앞에서 베네치아 광장까지 일자로 쭉 뻗은 거리. 인도에는 카이사르, 아우구스투스, 트라야누스 등 로마 황제들의 동상이 서 있다. 왕정 시절부터 국가의 중추 역할을 했던 포로 로마노가 포화 상태에 이르자 그 역할을 분산하기 위해 황제들은 자신의 이름을 딴 포룸을 지었다. 고대엔 포로 로마노와 함께 카이사르 포룸, 아우구스투스 포룸, 네르바 포룸, 트라야누스 포룸이 이 구역을 가득 메우고 있었고 도로는 20세기 초에 건설했다. 지금도 계속 발굴을 진행 중이며, 일부 구역은 '트라야누스 시장 - 제국 포룸 박물관Mercati di Traiano Museo dei Fori Imperiali'으로 개방하며 길을 걸으면서 내려다볼 수도 있다. 규모가 가장 큰 트라야누스 포룸은 서기 112년에서 113년 사이 황제가 다키아를 정복한 뒤 건설했다. 베네치아 광장 쪽에 위치한 트라야누스 원주는 높이 30m, 지름 4m에 달하며 2회에 걸친 황제의 다키아 원정을 묘사한 부조로 장식되어 있다.

📍 Via Quattro Novembre, 94, 00187 Roma 🏃 콜로세오부터 베네치아 광장까지
🕐 09:30~19:30(12월 24일·31일 14:00 폐관), 1시간 전 입장 마감 ❌ 1월 1일, 12월 25일
📞 +39-06-0608 💶 €13, 매월 첫 번째 일요일 무료 🏠 www.mercatiditraiano.it

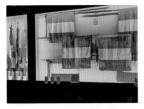

비토리오 에마누엘레 2세 기념관(조국의 제단)
Vittoriano(Altare della Patria)

황제들의 포룸 거리와 베네치아 광장이 만나는 지점에 위치한다. 통일 이탈리아의 첫 번째 왕 비토리오 에마누엘레 2세의 공적을 기리기 위해 세웠다. 1911년에 개관했는데 거대한 하얀색 신고전주의 건물은 당시에 웨딩케이크, 타자기 등으로 불리며 주변 경관과 어울리지 않는다는 혹평이 많았다. 하지만 지금은 로마를 방문한 여행자들이 빼놓지 않고 들르는 명소가 되었다. 중앙에 비토리오 에마누엘레 2세의 기마상이 서 있고 바로 아래쪽에 이탈리아 통일 전쟁, 제1차 세계 대전에서 산화한 무명용사들을 기리는 제단과 '영원히 꺼지지 않는 불꽃'이 있다. 내부에는 이탈리아의 통일 운동 리소르지멘토Risorgimento 박물관이 있다. 전용 엘리베이터를 타고 전망 테라스에 오르면 로마 시내를 360도로 조망할 수 있다.

📍 Piazza Venezia, 00186 Roma 🚶 지하철 B라인 콜로세오Colosseo역에서 도보 15분
🕐 전망대 09:30~19:30 💶 (박물관+전망대+베네치아 궁전 통합권) 일반 €17, 18~25세 €2, 18세 미만 무료 📞 +39-06-6999-4211 🏠 vive.cultura.gov.it

모든 길이 통하는 광장 ⋯⋯ ⑦

베네치아 광장 Piazza Venezia

황제들의 포럼 거리를 통해 고대 로마
와 이어지고, 코르소 거리로 가면 르네상
스와 바로크 로마와 만날 수 있다. 시내
를 돌아다니면 몇 번이고 지나치게 되고
테르미니역과 함께 교통의 요지로 꼽힌
다. 타원형의 광장 중앙에 위치한 잔디밭
엔 삼색의 꽃으로 이탈리아 국기를 조경
해놓았다. 광장 서쪽에 위치한 베네치아
궁Palazzo Venezia(로마 패스 적용 명소)은
과거에 베네치아 공화국의 대사관이었
고 현재는 박물관으로 사용 중이다. 건물
중앙 입구 바로 위 발코니에서 무솔리니
가 제2차 세계 대전 참전을 선언했다.

📍 Piazza Venezia, 00187 Roma
🚶 조국의 제단 바로 앞

> 지하철 C라인 공사 중이라 베네치아 광장의
> 온전한 모습을 볼 수 없고, 일부 시내버스의
> 노선에 변동이 있다. 2025년에 완공 예정이다.

개인 미술관이라고 믿기지 않는 ⋯⋯ ⑧

도리아 팜필리 미술관 Galleria Doria Pamphilj

로마에서 가장 규모가 큰 개인 미술관. 제노바 귀족 출신 도리
아 가문이 로마로 이주하며 교황 인노첸시오 10세를 배출한 팜
필리 가문과 결혼을 통해 결합해 지은 저택을 미술관으로 개방
했다. 화려하고 웅장한 저택에 라파엘로, 카라바조, 티치아노
등의 작품 400여 점이 전시되어 있다. 그중에서도 디에고 벨라
스케스의 〈교황 인노첸시오 10세의 초상〉이 유명하다.

교황 인노첸시오 10세의 초상

📍 Via del Corso, 305, 00186 Roma 🚶 베네치아 광장에서 도보 5분
🕐 월~목 09:00~19:00, 금~일 10:00~20:00, 1시간 전 입장 마감
❌ 매월 셋째 수요일, 1월 1일, 12월 25일 💶 일반 €16, 12세 미만 무료
📞 +39-06-679-7323 🏠 www.doriapamphilj.it/roma

캄피돌리오 광장 Piazza del Campidoglio

로마의 7개 언덕 가운데 가장 높아 고대부터 신성한 장소로 추앙받았고, 로마 신화의 최고 신 유피테르와 유노의 신전이 있었다. 현재 광장 중앙엔 마르쿠스 아우렐리우스 황제의 기마상(복제품)이 서 있다. 기마상 뒤에 위치한 건물은 로마 시청으로 쓰이는 세나토리오 궁전Palazzo Senatorio이며 기마상 양옆 건물은 카피톨리니 박물관이다. 시청사 앞에는 로마 여신상 분수가 있다. 1536년 교황 바오로 3세는 미켈란젤로에게 서로마 제국 멸망 후 무질서하게 변한 광장의 설계를 맡겼다. 미켈란젤로는 기존 건물의 설계를 변경하고 새 건물을 건축해 균형을 맞추려 했고, 실제보다 넓어 보이는 착시 현상을 일으키는 사다리꼴로 광장을 설계했다. 베네치아 광장 쪽으로 난 코르도나타Cordonata 계단을 통해 광장으로 올라갈 수 있도록 했으며, 계단이 끝나는 지점엔 제우스의 아들 카스토르와 폴룩스 동상이 놓였다. 광장은 그의 설계에 따라 사후 완공되었다.

◉ Piazza del Campidoglio, 00186 Roma   🚶 베네치아 광장에서 도보 5분

코르도나타 계단 옆에 위치한 가파른 계단은 아라 코엘리 계단Scalinata dell'Ara Coeli으로 불린다. 1348년에 만들었으며 아이를 원하는 여성, 배우자를 구하는 여성 등이 소원을 빌며 무릎으로 계단을 올라갔다고 전해진다. 계단 꼭대기에 있는 건물은 산타 마리아 인 아라 코엘리 성당Basilica di Santa Maria in Ara Coeli인데 그 앞에서 보는 로마 시내의 전경과 노을이 아름답다.

카피톨리니 박물관 Musei Capitolini 로마 패스 적용 명소

캄피돌리오 광장의 기마상 양옆에 위치한 2동의 건물을 쓰고 있다. 기마상을 바라보고 오른쪽에 위치한 콘세르바토리 궁전Palazzo dei Conservatori에 입구가 있으며, 왼쪽에 위치한 누오보 궁전Palazzo Nuovo에 출구가 있다. 두 건물은 지하 1층 갤러리를 통해 연결된다. 지하 갤러리 중간에 테라스로 통하는 계단이 나오고, 계단을 올라가면 고대 로마의 문서 보관소인 타불라리움Tabularium의 아케이드로 이어진다. 이곳에서 포로 로마노를 한눈에 내려다볼 수 있다. 교황 식스토 4세가 청동상을 로마 시민에게 기증한 데서 시작되었으며 1734년에 개관했다. 15~18세기에 교황들이 수집한 고대 조각상의 컬렉션이 특히 훌륭하다.

📍 Piazza del Campidoglio, 1, 00186 Roma 🚶 캄피돌리오 광장 🕐 09:30~19:30 (12월 24일·31일 14:00 폐관) ❌ 5월 1일, 12월 25일 💶 일반 €18.5, 6세 미만 무료 📞 +39-06-0608 🏠 www.museicapitolini.org

카피톨리니 박물관
자세히 들여다보기

콘세르바토리 궁전으로 들어가면 가장 먼저 0층에 위치한 중정을 만난다. 중정엔 1468년에 포로 로마노에서 발견한 콘스탄티누스 1세의 두상, 오른팔 등이 전시되어 있다. 1층엔 고대의 조각, 생활용품 등을 전시한다. 2층 회화관에는 카라바조, 티치아노, 틴토레토, 귀도 레니 등의 작품이 전시되어 있으며 뮤지엄 카페와 테라스가 있다. 누오보 궁전 0~1층에는 고대 조각상 위주로 전시 중이다.

콘세르바토리 궁전

1층 8번 전시실

스피나리오 Spinario,
일명 '가시를 뽑는 소년'

기원전 1세기에 만든 그리스 조각상의 로마 시대 복제품.

1층 9번 전시실

카피톨리나 암늑대

암늑대상은 기원전 5세기, 쌍둥이는 기원후 15세기에 추가.

1층 16번 전시실

마르쿠스 아우렐리우스 황제 기마상

기마상만을 위해 설계한 전시실에 전시 중. 기독교를 공인한 콘스탄티누스 1세로 오인받아 유일하게 남은 로마 황제의 기마상. 서기 175년경에 제작한 것으로 추정.

2층 39번 전시실

카라바조, 점쟁이 · 1596~1597

누오보 궁전

1층 47번 전시실

카피톨리나 비너스

기원전 4세기의 그리스 조각가 프락시텔레스의 작품을 변형해서 서기 2세기 안토니누스 피우스 황제 시대에 제작.

1층 53번 전시실

죽어가는 갈리아인

기원전 3세기에 만든 그리스 청동상의 서기 1세기 로마 시대 복제품.

영화 속 한 장면처럼 ······· ⑪

진실의 입 Bocca della Verità

영화 〈로마의 휴일〉에서 주인공들의 데이트 장소로 등장해 유명해졌다. 정확한 용도는 밝혀지지 않았고, 근처에 위치한 헤라클레스 신전의 하수도 뚜껑이었다는 설이 가장 유력하다. 동그란 대리석에 조각된 얼굴은 바다의 신 오케아노스일 것으로 추정한다. 13세기에 원래의 위치에서 성당으로 옮겼고 17세기에 지금의 자리에 놓였다. 성당 앞에 긴 줄이 늘어서 있어 금방 찾을 수 있는데, 직원이 상주하면서 빠른 속도로 사진을 찍어주고 성당 내부로 이동시키기 때문에 생각보다 줄이 빨리 줄어든다. 앞에 자율 기부함이 놓여 있다.

📍 Piazza della Bocca della Verità, 18, 00186 Roma 🚶 테르미니역 앞 500인 광장에서 H번 버스를 타고 15분 🕐 09:30~17:45 💶 무료, 자율 기부

2월 14일이면 떠오르는 기독교 성인 ······· ⑫

산타 마리아 인 코스메딘 성당

Basilica di Santa Maria in Cosmedin

진실의 입이 놓여 있는 성당이다. 6세기경에 세운 로마네스크 양식의 건축물이며 밸런타인데이로 익숙한 성 발렌티노의 유골이 안치되어 있다. 2월 14일은 성 발렌티노가 순교한 날이다. 성당 길 건너엔 정복자 헤라클레스의 신전Tempio di Ercole Vincitore 등 고대 건축물이 남아 있다.

📍 Piazza della Bocca della Verità, 18, 00186 Roma
🚶 진실의 입과 동일 🕐 09:30~18:00 💶 무료
📞 +39-06-678-7759

111

영화 〈벤허〉의 그곳 ⋯⋯ ⑬
대전차 경기장 Circo Massimo

AR·VR 기기를 착용하고 고대 로마 시대의 대전차 경기장의 모습, 경기장에서 일어난 일을 체험할 수 있는 '치르코 마시모 익스피리언스 CIRCO MAXIMO EXPERIENCE' 프로그램을 운영 중이다.

ⓔ 일반 €12, 7세 미만 무료(로마 패스 할인 적용) ♠ www.circomaximoexperience.it

팔라티노 언덕 남쪽에 위치한다. 고대 로마에서 가장 오래되고 가장 규모가 큰 전차 경기장이었다. 건국 초기엔 농경지였으며 기원전 50년에 카이사르가 대대적으로 확장했다. 길이 600m, 너비 140m로 15만 명을 수용할 수 있는 규모였다. 전차 경주 외에도 종교의례, 개선식 등 다양한 행사가 열렸다. 마지막 전차 경주는 6세기 중반으로 알려졌으며, 그 이후 다른 고대 로마 유적과 마찬가지로 채석장으로 쓰이며 황폐해졌다. 지금은 길쭉한 타원형의 공터이며 중세 시대에 건설한 탑이 하나 서 있다. 광장이 아닌 넓은 공터라 그런지 구글맵스에 정확한 주소가 나오지 않아 '키르쿠스 막시무스로 검색하면 된다.

🚶 지하철 B라인 치르코 마시모Circo Massimo 역에서 도보 2분 🕐 화~일 09:30~19:00 (동절기 16:00 폐관, 12월 24일·31일 14:00 폐관), 1시간 전 입장 마감 ❌ 월요일, 1월 1일, 12월 25일 ⓔ 무료 📞 +39-06-0608

고대 로마의 레저 시설 ⋯⋯ ⑭
카라칼라 욕장

Terme di Caracalla 로마 패스 적용 명소

단순한 목욕탕이 아니다. 냉온탕, 사우나, 온실, 체육관, 도서관 등을 갖춘 고대 로마의 대형 찜질방 또는 스파라고 할 수 있다. 카라칼라 황제가 서기 212년에서 216년에 걸쳐 건설했다. 물을 끌어오기 위해 수도를 새로 건설했을 정도로 엄청난 규모였으나 6세기에 서고트족의 침입으로 완전히 폐쇄되었다. 16세기에 현재 나폴리 국립 고고학 박물관에서 소장 중인 〈파르네세의 황소〉가 발견되며 본격적으로 발굴을 시작했고, 여전히 발굴을 진행 중이다. 바닥 모자이크가 잘 보존되어 있고, 매년 여름 카라칼라 축제Caracalla Festival 땐 오페라, 발레 등 다양한 공연의 무대로 변신한다.

📍 Viale delle Terme di Caracalla, 00153 Roma 🚶 지하철 B라인 치르코 마시모Circo Massimo역에서 도보 11분 🕐 (※기준은 모두 화~일) 1~2월 09:30~16:30, 3월 09:00~17:30, 3월 말~8월, 09:00~19:15, 9월 09:00~19:00, 10월 1일~10월 마지막 일요일 09:00~18:30, 10월 마지막 일요일 다음 화요일~12월 09:00~16:30 ❌ 월요일 ⓔ €8 📞 +39-06-5717-4520

초록이 가득한 아벤티노 언덕

로마의 7개 언덕 중 최남단에 위치한 아벤티노 언덕Aventino은 테베레강과
거의 닿을 만큼 가깝다. 언덕의 오렌지 정원Giardino degli Aranci에서 테베레강과
로마 시내가 내려다보인다. 로마 도심의 번잡함을 잠시나마 잊을 수 있는 공간이다.

📍 지하철 B라인 치르코 마시모Circo Massimo역에서 도보 7분

테베레강 동쪽에 자리한 7개의 언덕을 중심으로 도시 로마가 형성되었다. 현재도 라틴어 이름을 이탈리아어로 바꿔서만 부를 뿐 옛 지명을 그대로 사용하고 있다. 최남단의 아벤티노 언덕부터 시계 방향으로 팔라티노, 캄피돌리오, 퀴리날레, 비미날레, 에스퀼리노, 첼리오 언덕이 위치한다.

바티칸이 보이는 천주교 기사단의 건물
몰타 기사단 열쇠 구멍
Buco della serratura dell'Ordine di Malta

아벤티노 언덕에는 몰타 기사단의 본부가 위치
한다. 몰타 기사단은 7세기경 예루살렘에서 구
호 활동을 담당하던 조직으로 출발해 12세기
에 교황의 명으로 기사단이 되었다. 관계자 외
출입 금지인 건물의 굳게 닫힌 철문 앞에 긴 줄
이 늘어선 게 의아할 수 있는데, 그 이유는 문의
열쇠 구멍에 있다. 이 열쇠 구멍 너머로 바티칸
의 산 피에트로 대성당의 돔 지붕이 또렷하게
보인다. 초점을 맞춰서 사진 찍기가 쉽지 않아
사람이 별로 없어도 꽤 오래 기다릴 수 있다. 한
가한 오전 중에 방문하는 걸 추천한다.

📍 Piazza dei Cavalieri di Malta, 4, 00153 Roma

로마의 성수동,
트라스테베레

트라스테베레Trastevere는 '테베레강 건너'라는
뜻이다. 테레베강은 로마 시내를 남북으로
가로지르며 흐른다. 7개의 언덕이 위치한 강동은
로마 건국 당시부터 도심이었기 때문에
강동을 중심으로 했을 때 강서의 땅은 단순히
'강 건너'일 뿐이었다. 도시 국가에서
영토 국가로 발전하며 로마로 유입되는 인구가
많아졌고, 강에서 생계를 유지하는 선원,
어부들과 함께 유대인 등 이민족이
트라스테베레에 정착하기 시작했다.
아우구스투스 시대부터 트라스테베레는
로마 시가지로 완전히 인정되었고, 강 건너의
고립된 공간에 다양한 민족이 거주하며
그들만의 문화를 발전시킬 수 있었다.
로마의 젊은이들이 주말 저녁을 보내는
'힙'한 공간이 많고, 로마의 새로운 면면을
보고자 하는 여행자도 즐겨 찾는다.

🚶 트라스테베레 지역은 로마 구도심보다 면적이
훨씬 넓다. 북쪽으로는 바티칸 시국, 남쪽으로는
아벤티노 언덕과 접한다. 테르미니역에서
트라스테베레로 바로 가려면 500인 광장에서
시내버스(40·64·H번)를 탄다. 25~35분 소요.

매주 일요일 로마에서 가장 규모가 큰 벼룩시장
인 포르타 포르테세Porta Portese가 열린다. 골동
품 시장이 아닌 평범한 생활용품을 파는 시장이
라 여행자의 흥미를 끌 만한 상품은 많지 않다. 소
매치기가 굉장히 많으니 구경할 때 주의하자.

산타 마리아 인 트라스테베레 성당 Basilica di Santa Maria in Trastevere

트라스테베레 지역의 구심점과 같은 곳으로 성당 앞 광장에서 많은 골목이 뻗어나간다. 로마 시내에 최초로 마련된 공식적인 기독교 시설이었을 거라 추정된다. 340년경에 축성되었고 여러 번 증축 및 복원했지만 초기 모습에서 큰 변형 없이 유지되었다. 13세기에 만든 주 제단 후진의 모자이크는 성모의 생애를 표현했다. 내부는 3개의 복도로 나뉘어 있고 22개의 화강암 기둥이 서 있는데 카라칼라 욕장에서 가져온 것으로 보인다.

📍 Piazza di Santa Maria in Trastevere, 00153 Roma
🕐 월~목·토·일 07:30~21:00(8월 주말 20:00), 금 09:00~21:00 💶 무료
📞 +39-06-581-4802 🏠 www.santamariaintrastevere.it

빌라 파르네시나 Villa Farnesina

시에나 출신 은행가 아고스티노 키지의 저택으로 16세기에 지었다. 예술가의 후원자이기도 했던 그는 라파엘로, 줄리오 로마노, 세바스티아노 델 피옴보 등에게 저택 장식을 맡겼다. 이후 16세기 말 알레산드로 파르네세 추기경이 저택을 구입해 '빌라 파르네시나'라는 이름이 붙었다. 라파엘로의 프레스코화 〈갈라테이아의 승리〉는 저택 1층 '로지아 디 갈라테이아'에서 볼 수 있다. 안정적인 구도 속에서도 역동적인 움직임을 표현해낸 걸작으로 평가받는다. 구글 맵스에 위치 등록이 잘못되어 있다. 'Loggia di Galatea'로 검색하면 매표소가 위치한 저택 입구로 갈 수 있다.

📍 Via della Lungara, 230, 00165 Roma 🕐 월~토 09:00~14:00
(매월 두 번째 일요일 17:00), 45분 전 입장 마감 ❌ 일요일
💶 일반 €12, 65세 이상 €10, 10~18세 €7, 10세 미만 무료
📞 +39-06-6802-7268 🏠 www.villafarnesina.it

저택 맞은편에 위치한 코르시니 궁전Palazzo Corsini은 국립 고대 미술관(바르베리니 궁전) P.171의 입장권으로 들어갈 수 있다.

라 누오바 피아체타 La Nuova Piazzetta

콜로세오 근처 음식점 중 가장 잘나가는 곳이다. 여행자, 현지인 모두 많이 찾고 평일, 휴일 할 것 없이 오픈 전부터 긴 줄이 늘어선다. 하절기엔 기다리는 손님을 위해 파라솔과 물을 제공하고, 대기 중에 QR코드로 메뉴를 미리 볼 수 있다. 피자(€8.5~14.5)와 파스타(€12~18) 모두 고르게 인기 있고 직접 뽑은 생면을 사용한다. 모카 포트에 담겨 나오는 찐득한 티라미수(€7~8)는 시그니처 디저트. 자릿세 €1.5. 나보나 광장 근처에 지점이 하나 더 있고 본점보다 한산한 편이다.

📍 Via del Buon Consiglio, 23/a, 00184 Roma 🏃 지하철 B라인 콜로세오Colosseo
역에서 도보 5분 🕐 11:30~20:30 📞 +39-06-699-1640

톤나렐로 Tonnarello

요즘 로마에서 가장 '힙'한 동네인 트라스테베레에 오래도록 터를 잡고 손님을 맞이하는 음식점. 전형적인 로마 요리를 맛볼 수 있다. 파스타 종류 중 카르보나라(€12.5)와 카초 에 페페(€11)가 특히 유명하고 로마식 피자인 핀사(pinsa, 메뉴판엔 복수형인 pinse로 표기)도 인기가 많다. 오픈 전부터 대기 줄이 생기는데, 매장 앞이 아닌 건너편 골목PIAZZA DI S. EGIDIO에 벽을 따라 줄을 선다. 기다리고 있으면 직원이 인원을 확인하고 자리로 안내한다. 실내외 모두 넓어서 오픈 20분 전쯤 줄을 서면 바로 들어갈 수 있다.

📍 V. della Paglia, 1/2/3, 00153 Roma
🏃 산타 마리아 인 트라스테베레
성당에서 도보 1분
🕐 11:00~23:00
🏠 tonnarello.it

나보나 광장에서
포폴로 광장까지

#나보나광장 #트레비분수 #바로크로마 #쇼핑천국

웅장하고 강건했던 고대의 시간을 지나 침략과 약탈의 시간을 견뎌낸 로마에 화려하고 섬세한
바로크의 시간이 도래했다. 고대 로마의 도심과 바티칸 시국의 중간에 놓인 이 지역은 현대 로마의 중심지로
르네상스, 바로크 시대의 랜드마크들이 줄을 잇는다. 좁은 골목엔 버스도, 지하철도 들어오지 않기
때문에 두 발로 걸을 수밖에 없고, 모퉁이를 돌 때마다 책으로, 영상으로, 사진으로 봤던 명소들을 만난다.

ACCESS

⊖ 테르미니역

⋮ 버스 20~25분

⊖ 나보나 광장

⊖ 테르미니역

⋮ 지하철 A라인 5분

⊖ 스페인 광장

⊖ 테르미니역

⋮ 지하철 A라인 6분

⊖ 포폴로 광장

⊖ 나보나 광장

⋮ 도보 15분

⊖ 트레비 분수

나보나 광장에서 포폴로 광장까지
상세 지도

트리니타 데이 몬티 성당

Spagna Ⓜ

오드스토어 06
로마 피아차
디 스파냐

10 스페인 광장

안티코 카페 그레코 13

파스티피치오 구에라 11

비알레띠 03

13 핀초 언덕

Via del Babuino

산타 마리아 델 포폴로 성당

12

Ⓜ flaminio

11 포폴로 광장

코르소 거리

Via Luisa Di Savoia

테베레강

0   100m

● 명소
● 식당/카페
▦ 상점

07 리모네

01 리나센테 백화점 로마 비아 델 트리토네

산탄드레아
델레
프라테 성당

09 트레비 분수

콜로세오 ▲

Via del Plebiscito

15 폼피 트레비
05 파네 에 살라메

02 갈레리아 알베르토 소르디

18 벤키

05 산티냐치오 디 로욜라 성당

06 제수 성당

아칠레 알 판테온 **01**

Via del Seminario

10 파스타잇

04 산타 마리아 소프라
미네르바 성당

카페 타차 도로 **04**

16 지올리티

라르고 디 토레 아르겐티나 **07**

마누팩투스 **04**

젤라테리아 델라 팔마 **17**

02 판테온

• 북티크

• 펠트리넬리 서점

14 산테우스타키오 카페

Corso Vittorio Emanuele

산 루이지 데이 프란체시 성당 **03**

• 스탕달 책방

로시올리 살루메리아 콘 쿠치나

산타고스티노 성당 •

05

Corso del Rinascimento

나보나 광장 **01**

이 돌치 디 논나
빈첸차 **12**

웍 투 워크

09

03 투 사이즈스

02 칸티나 에 쿠치나

08 캄포 데 피오리

미미 에 코코 **07**

• 책방 알트로콴토

06 바르눔 카페

08 수플리지오

오픈 도어 북숍 • ▶

나보나 광장 Piazza Navona

로마에서 가장 우아하고 아름다운 광장으로 여행자와 현지인 모두 사랑한다. 서기 86년에 도미티아누스 황제가 세운 전차 경기장이 있던 자리에 만들었기 때문에 모양이 길쭉한 타원형이다. 15세기 중반까지 광장에 노천시장이 있었고, 매년 12월 약 한 달 일정으로 로마에서 가장 규모가 큰 크리스마스 마켓이 열린다. 경기장의 관중석 계단이 있던 자리에 오늘날 광장을 빙 둘러싼 건물들이 세워졌다. 옛 팜필리 저택(현재 브라질 대사관), 베르니니의 경쟁자 보로미니가 설계한 산타녜제 인 아고네 성당 등 바로크 양식의 건물로 둘러싸여 있으며 광장 중앙과 양끝에 분수가 있다.

📍 Piazza Navona, 00186 Roma　🚶 테르미니역 앞 500인 광장에서 40·62·70번 버스를 타고 20~25분

나보나 광장
자세히 들여다보기

산타녜제 인 아고네 성당
Sant'Agnese in Agone

4대 성녀로 추앙받는 성 아녜스에게 바친 성당으로 로마의 대표 바로크 건축물 중 하나. 주 제단 왼쪽에 있는 지하 묘지에 교황 인노첸시오 10세를 비롯해 팜필리 가문 사람들이 묻혀 있다.

📍 Via di Santa Maria dell'Anima, 30/A, 00186 Roma ⏰ 화~금 09:00~13:00, 15:00~19:00, 토·일 09:00~13:00, 15:00~20:00 ❌ 월요일
🏠 www.santagneseinagone.org

네투노 분수 Fontana di Nettuno

북쪽 끝에 위치한다. 1574년에 자코모 델라 포르타의 설계로 만들었으나 300년 동안 조각이 없는 상태로 있다가 1878년에 완성했다.

4개의 강 분수 Fontana dei Quattro Fiumi

성당 바로 앞에 있는 4개의 강 분수는 베르니니가 설계했으며 1651년에 완공했다. 팜필리 가문 출신 교황 인노첸시오 10세가 가문의 저택이 위치한 나보나 광장을 장식하기 위해 의뢰했다. 당시 알려진 4개의 대륙을 대표하는 강(유럽의 다뉴브강, 아프리카의 나일강, 아시아의 갠지스강, 남미의 리플라타강)을 의인화해 표현했다. 베르니니는 4명의 주인공을 360도로 관람할 수 있도록 극적인 구성을 취했다. 중앙의 오벨리스크는 옛 아피아 가도에서 발견한 것이다.

모로의 분수 Fontana del Moro

남쪽 끝에 위치한다. 1570년에 건축가 자코모 델라 포르타Giacomo della Porta가 설계했고 17세기 중반 베르니니가 수정했다. 분수 이름은 아프리카인(당시 모로라 칭함)을 닮은 중앙의 인물에서 따왔다.

모든 신을 위한 신전 ⸻ ②

판테온 Pantheon

'가장 위대한 고대 건축물'로 여겨지며 브루넬레스키(피렌체 두오모 돔 지붕 설계), 미켈란젤로(바티칸 산 피에트로 대성당 돔 지붕 설계) 등 후대의 예술가에게 지대한 영향을 미쳤다. 판테온이란 이름은 '모든 신을 위한 신전'이란 뜻의 그리스어 '판테이온'에서 왔다고 전해진다. 최초의 판테온은 아우구스투스 황제의 오른팔이자 군단 지휘관인 아그리파의 주도로 기원전 27년에 건설했다. 화재 등으로 소실되어 여러 번 재건했고, 현재의 판테온은 서기 114년에 하드리아누스 황제가 재건했다고 추정한다. 판테온은 현존하는 고대 로마의 건축물 중 가장 보존이 잘된 건축물이다. 608년 교황 보니파시오 4세가 동로마 제국 황제에게

기증 받은 후 천주교 성당으로 용도가 바뀌면서 다른 로마 시대 건축물처럼 채석장으로 전락하는 상황을 면했기 때문이다. 성당으로 쓰이며 추가된 기독교적 장식은 19세기 후반에 철거했다. 성수기엔 온라인 예약을 추천한다.

📍 Piazza della Rotonda, 00186 Roma
🚶 나보나 광장에서 도보 5분 🕐 09:00~19:00 (입장 마감 18:30, 매표소 마감 18:00)
💶 일반 €5, 18세 미만 무료, 매월 첫 번째 일요일 무료 📞 +39-06-6830-0230
🏠 예약 사이트 www.museiitaliani.it/en/buy-tickets

판테온
자세히 들여다보기

주랑 현관에는 화강암으로 만든 **코린토스 양식 기둥** 16개가 서 있다.

정면 프리즈에는 **"루키우스의 아들 마르쿠스 아그리파가 세 번째 집정관 임기에 지었다"**라는 라틴어 문장이 쓰여 있다. 하드리아누스 황제가 재건할 때 새긴 것이다.

원형으로 된 내부 오른쪽에 이탈리아 왕국의 초대 왕 **비토리오 에마누엘레 2세의 묘**가 있다.

1520년에 37세의 나이로 사망한 라파엘로는 생전의 바람대로 판테온에 묻혔다. **라파엘로의 묘**는 주 제단 왼쪽에 위치한다.

판테온은 현존하는 가장 오래된 돔 건축물로 후대의 많은 건축물에 영향을 끼쳤다. 미켈란젤로가 판테온의 **돔 지붕**을 보고 "천사의 설계"라며 극찬했을 정도. 바닥에서 돔에 뚫린 원형 구멍까지의 높이와 돔 내부 원의 지름은 43.4m로 동일하다. 판테온의 돔에는 저밀도 콘크리트를 사용했고, 돔 안쪽에 사각형 모양의 홈을 일정하게 파 돔의 중량을 줄이는 한편 장식적 효과까지 얻었다. 돔에 뚫린 구멍은 라틴어로 '눈'이란 뜻의 오쿨루스Oculus라 불리는데 지름이 9m에 달한다. 오쿨루스에서 들어오는 빛은 판테온 내부를 밝히는 유일한 광원이며, 매년 오순절 행사가 끝나면 오쿨루스에서 빨간 장미 꽃잎이 쏟아져 내린다.

카라바조의 성당 ⋯⋯⋯ ③

산 루이지 데이 프란체시 성당

Chiesa di San Luigi dei Francesi

로마에 거주하는 프랑스인을 위해 16세기에 지었으며 프랑스 역사상 가장 기독교적인 성군으로 꼽히고 사후 성인으로 시성된 프랑스 왕 루이 9세에게 봉헌되었다. 프랑스 왕 앙리 2세의 왕비이며 메디치 가문 출신인 카테리나 데 메디치가 부지를 기부했다. 규모는 그리 크지 않으나 카라바조의 성 마태오 연작(1599~1600)을 볼 수 있어 많은 이가 찾는다. 카라바조의 작품은 주 제단 바로 왼쪽에 위치한 콘타렐리 예배당Cappella Contarelli에서 볼 수 있다. 왼쪽은 〈성 마태오의 소명〉, 중앙은 〈성 마태오와 천사〉, 오른쪽은 〈성 마태오의 순교〉다. 평소엔 암전 상태라 작품이 전혀 보이지 않으며, 예배당 오른쪽에 있는 기계에 돈(€1 2분, €2 4분)을 넣으면 조명이 들어온다.

성 마태오의 소명　성 마태오와 천사　성 마태오의 순교

📍 Piazza di S. Luigi de' Francesi, 00186 Roma 🚶 나보나 광장에서 도보 3분 🕐 월~금 09:30~12:45, 토 09:30~12:15, 일 11:30~12:45, 매일 14:30~18:30 💶 무료 📞 +39 -06-688271 🏠 saintlouis-rome.net

구속의 예수

미켈란젤로의 '예수'가 있는 성당 ⋯⋯⋯ ④

산타 마리아 소프라 미네르바 성당

Basilica di Santa Maria Sopra Minerva

로마에서 유일한 고딕 양식의 성당이다. 간결한 외관과 달리 내부는 꽤 화려하다. 천장에는 푸른 바탕에 황금별이 그려져 있다. 주 제단엔 시에나의 성녀 카타리나(머리는 시에나의 산 도미니코 성당에 안치)가 안치되어 있다. 주 제단 왼쪽엔 미켈란젤로가 1512년에 만든 〈구속의 예수(또는 미네르바의 예수)〉 조각상이 있다. 오른쪽 복도 가장 안쪽에 위치한 카라파 예배당 Cappella Carafa은 토마스 아퀴나스에게 헌정되었다. 로렌초 일 마니피코의 추천을 받은 필리피노 리피가 수태고지, 성모 승천을 주제로 예배당에 프레스코화를 그렸다. 한때 피렌체 공화국에 속하는 성당이었기 때문에 메디치 가문 출신의 교황 레오 10세, 클레멘스 7세와 메디치 가문의 후원을 받은 프라 안젤리코가 성당에 안장되었다. 성당 앞에는 오벨리스크를 진 코끼리 조각상이 있는데 베르니니가 디자인하고 그의 제자가 완성했다.

📍 Piazza della Minerva, 42, 00186 Roma 🚶 판테온에서 도보 3분 🕐 월~금 08:00~20:00, 토·일 10:30~13:00, 14:00~19:30 💶 무료 📞 +39-333-746-8785 🏠 www.santamariasopraminerva.it

카라파 예배당

로마에 깃든 바로크의 두 거장, 카라바조와 베르니니

르네상스가 피렌체에서 활짝 꽃피웠다면, 바로크 시대로 들어서며 로마가 문화 예술의 중심지가 되었다. 강력한 권력, 막대한 부를 가진 교황과 추기경들은 자신의 거처, 성당을 더욱 화려하게 꾸미기 위해 당대 최고의 예술가들을 후원했다. 그중에서도 특출났던 2명의 예술가, 회화의 카라바조와 조각의 베르니니의 작품을 로마 시내 곳곳에서 만날 수 있다.

카라바조 1571~1610

본명은 미켈란젤로 메리시Michelangelo Merisi. 고향의 지명에서 따온 카라바조라는 이명으로 잘 알려져 있다. 바로크 회화의 개척자이며 빛과 어둠을 극적으로 사용한 명암법의 대가다. 괴팍한 성격, 방탕한 사생활로 인해 사형선고까지 받았으며 도피 중 나폴리 근교에서 사망했다.

카라바조의 작품을 만날 수 있는 명소

도리아 팜필리 미술관 P.107, 카피톨리니 박물관 P.109, 산 루이지 데이 프란체시 성당 P.124, 산타 마리아 델 포폴로 성당 P.133, 바티칸 박물관 P.153, 국립 고대 미술관 P.171, 보르게세 미술관 P.173

산타고스티노 성당 Basilica di Sant'Agostino

왼쪽 복도에 위치한 카발레티 예배당에서 카라바조의 〈순례자의 성모(또는 로레토의 성모)〉를 볼 수 있다. 중앙 통로 기둥에는 라파엘로가 그린 프레스코화가 있다.

📍 Piazza di S. Agostino, 00186 Roma 🚶 판테온에서 도보 5분 🕐 월~금 07:15~12:00, 16:00~19:00, 토·일 07:45~12:45, 16:00~19:45 💶 무료 📞 +39-06-6880-1962

잔 로렌초 베르니니 1598~1680

바로크 로마를 만든 가장 위대한 예술가. 나폴리에서 태어나 조각가인 아버지와 함께 어릴 때 로마로 이주했고, 교황 바오로 5세의 조카 시피오네 보르게세 추기경의 전폭적인 후원을 받으며 성장한다. 조각이든 건축이든 일부러 찾아가지 않아도 로마 시내 구석구석에서 그의 작품을 만날 수 있다.

베르니니의 작품을 만날 수 있는 명소

도리아 팜필리 미술관 P.107, 나보나 광장 P.120, 산타 마리아 소프라 미네르바 성당 P.124, 산타 마리아 델 포폴로 성당 P.133, 산 피에트로 대성당과 광장 P.148, 산타 마리아 델라 비토리아 성당 P.170, 바르베리니 광장, 보르게세 미술관 P.173

산탄드레아 델레 프라테 성당
Basilica Sant'Andrea delle Fratte

1699년 베르니니는 교황 클레멘스 9세의 의뢰를 받고 산탄젤로 다리를 장식할 천사 조각상 10점을 디자인했고, 그중 2점(〈가시 면류관을 쓴 천사〉, 〈두루마리를 든 천사〉)을 직접 만들었다. 현재 다리에 놓인 작품은 복제품이고 진품은 산탄드레아 델레 프라테 성당의 주 제단 앞에 있다.

📍 Via di Sant'Andrea delle Fratte, 1, 00187 Roma 🚶 트레비 분수에서 도보 5분 🕐 07:30~13:00, 16:00~19:30 💶 무료 📞 +39-06-679-3191

웅장하고 화려한 천장화 ⑤

산티냐치오 디 로욜라 성당
Chiesa di Sant'Ignazio di Loyola

예수회 창립자 성 이냐시오 데 로욜라에게 바친 성당으로 1650년에 세웠다. 예수회 소속 예술가 안드레아 포초Andrea Pozzo가 그린 화려하고 웅장한 중앙 천장화 〈성 이냐시오의 천국 승천〉이 보는 이를 압도한다. 중앙 통로에 놓인 거울로도 천장화를 볼 수 있다. 라틴 십자

가가 교차하는 부분에 그려진 지름 13m의 가짜 돔 천장화도 그의 작품. 1685년에 화재로 소실되었지만 포초가 남긴 도면과 연구를 바탕으로 1823년에 충실히 재현했다. 가짜 돔 천장화는 암전되어 있지만, 동전을 넣으면 불이 들어온다.

📍 Piazza S. Ignazio, 00186 Roma 🚶 판테온에서 도보 4분
🕐 월~목 09:00~20:00, 금~일 09:00~23:30 💶 무료
📞 +39-06-679-4406 🏠 santignazio.gesuiti.it

전 세계 예수회의 본거지 ⑥

제수 성당 Chiesa del Gesù

전 세계 예수회 성당의 모델이 되는 성당이다. 예수회 창립자 성 이냐시오 데 로욜라가 구상했고 1580년에 완공했다. 자코모 델라 포르타가 설계한 정면 파사드는 '세계 최초의 진정한 바로크 양식 파사드'로 평가받는다. 화려함의 극치를 보여주는 내부 장식 중에서 가장 눈에 띄

는 건 조반니 바티스타 가울리Giovanni Battista Gaulli가 그린 천장화 〈예수의 이름의 승리〉다. 어두운 경계에서 시작해 끝없이 하늘로 올라가는 것 같은 착시 효과를 일으킨다. 천장화를 가장 잘 볼 수 있는 위치에 거울이 놓여 있다.

📍 Piazza del Gesù, 00186 Roma 🚶 테르미니역 앞 500인 광장에서
40·64·70·170·H번 버스를 타고 20분, 판테온에서 도보 8분
🕐 월~토 07:30~12:00, 17:00~19:30, 일 08:45~12:30, 17:00~20:00
💶 무료 📞 +39-06-697001 🏠 www.chiesadelgesu.org

라르고 디 토레 아르겐티나 Largo di Torre Argentina `로마 패스 적용 명소`

나보나 광장, 판테온, 캄포 데 피오리, 제수 성당 등을 오가는 길목에 위치해 한 번쯤은 지나가게 되는 유적으로 1926년에 주변을 재개발하던 중 발견되었다. 기원전 4세기에서 2세기에 걸쳐 만든 4개의 신전이 모여 있고 아직까지도 어떤 신전인지 밝혀지지 않았다. 부지 중 일부는 카이사르의 정적 폼페이우스가 세운 극장이며 여기서 카이사르가 암살당했다. 개방되어 있어 광장에서 내려다볼 수 있으며, 로마에서 길고양이가 가장 많은 유적으로 유명하다.

📍 Largo di Torre Argentina, 00186 Roma 🚶 제수 성당에서 도보 3분
🕐 화~금·일 09:30~19:00, 10월 마지막 일~3월 마지막 토 09:00~16:00, 3월 마지막 일~10월 마지막 토 09:30~19:00, 12월 24일·31일 09:30~14:00
❌ 월요일, 1월 1일, 5월 1일, 12월 25일
💶 일반 €5, 예약 수수료 €1
📞 +39-06-0608

캄포 데 피오리 Campo de' Fiori

'꽃의 들판'이라는 뜻의 캄포 데 피오리는 월요일부터 토요일까지 노천시장이 서는 광장이다. 이름에서 알 수 있듯 오랜 시간 동안 공터였는데 15세기부터 정비되었다. 광장 중앙엔 철학자 조르다노 브루노Giordano Bruno의 동상이 있는데, 그는 이단 혐의로 동상이 서 있는 자리에서 화형당했다. 시장은 19세기 후반에 들어섰다. 식료품을 파는 가게가 많은데 몇몇 가게는 여행자에게 바가지를 씌우니 쇼핑 전에 가격을 검색해보는 게 좋다. 채소와 과일이 신선하고 기념품으로 살 만한 제품이 꽤 있어 현지인, 여행자 모두 많이 찾는다. 상품 진열을 둘러보는 재미도 쏠쏠하다. 가능하면 오전 중에 방문하자.

📍 Campo de' Fiori, 00186 Roma 🚶 나보나 광장에서 도보 5분

트레비 분수 Fontana di Trevi

로마에서 가장 크고 유명한 분수이자 전 세계에서 가장 유명한 분수이기도 하다. 교황 클레멘스 12세가 주최한 경연에서 선정된 건축가 니콜라 살비 Nicola Salvi가 설계했으며, 1732년에 착공해 1762년에 완공했다. 폴리궁 한쪽 벽에 면한 분수로 바로크 양식의 정수를 보여주는 분수의 중앙엔 반인반수의 해신 트리톤이 이끄는 전차 위에 올라탄 오케아노스가 서 있다. 오케아노스 왼쪽은 풍요의 여신, 오른쪽은 건강의 여신이다. 상단의 부조는 분수에 물을 대는 수도의 기원을 표현한다. 영화 〈로마의 휴일〉에서 오드리 헵번이 분수에 동전을 던지는 장면 덕분에 트레비 분수를 찾는 사람은 누구나 동전을 던진다. 동전을 한 번 던지면 로마에 다시 올 수 있고, 두 번 던지면 사랑이 이루어지고, 세 번 던지면 사랑이 깨진다는 속설이 있다. 동전은 교황청 산하 자선활동 기구에서 수거한다.

★ 2025년부터 유료화 될 가능성 있음

📍 Piazza di Trevi, 00187 Roma

🚶 지하철 A라인 바르베리니Barberini역에서 도보 9분

트레비 분수를 비롯해 로마 도심의 분수에 물을 대는 수도는 기원전 11년에 마르쿠스 아그리파의 명으로 만든 비르고 수도Aqua Virgo가 기원이다. 비르고는 '처녀, 소녀'라는 뜻이다. 전설에 따르면 로마 군인들이 한 소녀에게 물을 부탁했고, 그 소녀가 나중에 수도의 수원이 되는 샘으로 그들을 안내했다고 한다. 트레비 분수 상단에 명령을 내리는 아그리파, 수원을 가리키는 소녀의 모습(하단 사진)이 조각되어 있다. 1453년 교황 니콜라오 5세는 서로마 제국 멸망 후 사용하지 않던 비르고 수도를 재건해 베르지네 수도Acqua Vergine라 이름 붙였고 지금까지 사용 중이다. 도심을 걷다 보면 계속해서 물이 흐르는 수도꼭지를 볼 수 있는데 베르지네 수도에서 물을 끌어온다. 수질이 좋아서 그냥 마셔도 된다.

129

스페인 대사관이 있던 자리 ……⑩
스페인 광장 Piazza di Spagna

영화 〈로마의 휴일〉에 오드리 헵번이 스페인 계단에 앉아 젤라토를 먹는 장면이 나온다. 하지만 문화재 보존 등의 이유로 계단에서의 취식은 금지하고 있으며 적발되면 벌금을 문다.

로마에서 가장 우아한 바로크 광장으로 꼽힌다. 광장의 중심부는 언덕의 경사면을 이용해 만든 스페인 계단이다. 1726년에 완공되었으며 직선과 곡선, 테라스를 짜 맞추어 극적인 효과를 내는 공간을 만들었다. 매년 4월 중순부터 5월 중순까지 계단에 철쭉 화분을 가져다놓아 더욱 아름답다. 계단 아래엔 잔 로렌초 베르니니의 아버지 피에트로 베르니니가 1626년에서 1629년 사이에 만든 바르카차 분수Fontana della Barcaccia가 있다. 바르카차는 '작은 배'라는 뜻이며, 선체에는 제작을 의뢰한 교황 우르바노 8세의 출신 가문 바르베리니가의 문장이 조각되어 있다. 분수에서 코르소 거리에 닿을 때까지 일자로 쭉 뻗은 콘도티 거리에는 명품 브랜드 매장이 모여 있다. 계단 꼭대기에 위치한 트리니타 데이 몬티 성당Chiesa e Convento di Trinità dei Monti은 프랑스 왕 루이 12세의 명으로 1585년에 건설했다. 성당 앞 오벨리스크는 이집트의 것을 본떠 로마 시대에 만든 것이다. 성당 앞에서 로마 시내의 전경을 감상할 수 있다.

◉ Piazza di Spagna, 00187 Roma　🏃 지하철 A라인 스파냐Spagna역에서 도보 2분

쇼핑은 여기에서, 코르소 거리와 콘도티 거리

코르소 거리와 콘도티 거리는 로마 시내의 중심에 위치한다.
주변에 명소가 많고 다양한 브랜드의 매장이 모여 있어 현지인, 여행자로 항상 북적인다.

코르소 거리
Via del Corso

베네치아 광장과 포폴로 광장을 잇는 일자로 쭉 뻗은 거리. 1.5km 정도 되는 거리 양옆에 누구나 알 만한 다양한 유명 브랜드의 매장이 모여 있고, 브랜드의 본점 또는 플래그십 스토어가 많아 마치 서울의 명동 거리를 보는 것 같다. 코르소 거리를 중심으로 동쪽엔 트레비 분수와 스페인 광장, 서쪽엔 나보나 광장과 판테온이 위치한다.

🛍 **주요 매장** AS 로마 스토어, 세포라, 갭, 아디다스, 나이키, H&M, 펜디 본점, 키코 밀라노, 루이 비통, 망고, 뉴 발란스, 갈레리아 알베르토 소르디, 자라, 애플 스토어, 디즈니 스토어, 비알레띠, 이솝, 폴로 랄프 로렌, 레이밴, 제옥스

콘도티 거리
Via dei Condotti

스페인 광장에서 코르소 거리의 펜디 본점까지 일자로 쭉 뻗은 거리. 수십 개의 명품 브랜드 매장이 모여 있고 각 브랜드의 신상품을 전 세계에서 가장 빨리 구매할 수 있는 곳이다. 운이 좋으면 우리나라에서 구할 수 없는 모델, 한정 상품 등도 구매할 수 있다. 일부 브랜드 매장은 입점 인원을 조절하기 때문에 기다려야 하는 경우도 있다.

🛍 **주요 매장(스페인 광장에 위치한 브랜드 포함)** 샤넬, 로에베, 롱샴, 몽클레어, 예거 르쿨트르, 디올, 발렌시아가, 불가리 본점, 구찌, 까르띠에, 생 로랑, 파텍 필립, 조르지오 아르마니, 막스 마라, 몽블랑, 지미 추, 에르메스, 페라가모, 셀린느, 쇼메, 로로피아나, 알렉산더 맥퀸, 브루넬로 쿠치넬리, 부첼라티, 태그호이어, 롤렉스, 티파니앤코, 안티코 카페 그레코

옛 로마의 관문 ...... ⑪
포폴로 광장 Piazza del Popolo

코르소 거리의 북쪽 끝에 위치한 포폴로 광장은 고대 로마 시대부터 철도가 놓이기 전까지 2000년이 넘는 세월 동안 북쪽에서 로마로 들어오는 관문이었다. 광장에서 가장 가까운 지하철역의 이름을 로마와 이탈리아 북부를 연결하는 도로인 플라미니아 가도Via Flaminia에서 따왔을 정도다. 포폴로는 '시민, 인민, 백성'을 뜻한다. 광장에 있는 성당이 시민의 헌금으로 만든 예배당에서 시작되었기 때문에 포폴로 광장으로 불린다. 사자 조각 분수에 둘러싸인 광장 중앙의 오벨리스크는 아우구스투스 황제가 이집트에서 가져왔다. 포폴로 광장에서 캄피돌리오 언덕 방향으로 3개의 길이 삼지창처럼 뻗어 있고 길의 초입에는 쌍둥이처럼 닮은 2개의 성당이 있다. 왼쪽에 있는 산타 마리아 데이 미라콜리 성당Santa Maria dei Miracoli이 오른쪽에 있는 산타 마리아 인 몬테산토 성당Santa Maria in Montesanto보다 규모가 약간 작은데, 교묘한 설계 덕에 광장쪽에서 바라보면 완벽한 데칼코마니로 보인다.

◎ Piazza del Popolo, 00187 Roma
🚶 지하철 A라인 플라미니오Flaminio역에서 도보 2분

산타 마리아 델 포폴로 성당
Basilica di Santa Maria del Popolo

키지 예배당

로마 시민들의 헌금으로 지은 작은 예배당이었는데 1472년부터 1477년 사이에 르네상스 양식으로 재건, 확장했다. 내부는 라파엘로, 베르니니, 카라바조 등의 작품으로 장식되어 있다. 주 제단 왼쪽에 위치한 체라시 예배당Cappella Cerasi 좌우측 벽에는 카라바조의 〈성 베드로의 십자가형〉과 〈성 바오로의 회심〉이, 중앙에는 안니발레 카라치Annibale Carracci의 제단화 〈성모승천〉이 있다. 입구에서 왼쪽 두 번째에 위치한 키지 예배당Cappella Chigi은 1513년에 은행가 아고스티노 키지를 위해 라파엘로가 설계했고, 17세기 중반에 키지 가문 출신 교황 알렉산데르 7세의 의뢰를 받은 베르니니가 증축했다.

📍 Piazza del Popolo, 12, 00187 Roma 🚶 포폴로 광장
🕐 내부 공사 중으로 운영 시간 유동적 ⓔ 무료
📞 +39-06-4567-5909

성 바오로의 회심

핀초 언덕 Pincio

도심의 북동쪽에 위치한 핀초 언덕은 로마에서 손꼽히는 노을 명소. 발아래로는 포폴로 광장이 펼쳐지고 시내에서 가장 높은 건물인 산 피에트로 대성당의 돔 지붕이 시야의 끝에 놓인다. 산타 마리아 델 포폴로 성당을 왼쪽에 끼고 난 도로를 조금 올라가면 나오는 계단을 통해 올라가는 게 가장 빠르다. 보르게세 공원과 하나의 공원처럼 느껴질 정도로 가깝다.

📍 전망 테라스 Piazza del Popolo, 19, 00187 Roma
🚶 포폴로 광장에서 도보 5분

로마식 소꼬리찜이 별미 ······ ①

아칠레 알 판테온 Achille Al Pantheon di Habana

우리나라 사람들 입맛에 잘 맞는 로마식 소꼬리찜coda alla vaccinara(€16)이 인기가 많다. 한 가지 메뉴만 시킨다면 소꼬리찜 파스타rigatoni con coda alla vaccinara(€18)를 추천한다. 대표 메뉴는 메뉴판에 사진이 있어서 고르기 어렵지 않다. 샐러드만으로 배가 부를 정도로 어떤 메뉴를 시켜도 양이 넉넉한 편이며, 이탈리아의 다른 음식점에 비해 간이 덜 짠 편이다. 식전 빵은 없고 자릿세를 받지 않는다.

📍 Via dei Pastini, 120, 00186 Roma 🚶 판테온에서 도보 3분
🕐 월·화·목~일 11:40~23:30 ✖ 수요일 📞 +39-06-678-1983
🏠 achillealpantheon.eatbu.com/?lang=de

손님이 많은 이유가 있다 ······ ②

칸티나 에 쿠치나 Cantina e Cucina

'힙'한 가게가 모인 고베르노 베키오 거리에서 가장 사랑받는 음식점이다. 현지인, 여행자 모두 많이 찾고 식사시간엔 20~30분 정도 기다릴 수도 있다. 피자를 포함해 토마토소스가 들어간 모든 메뉴의 맛이 좋다. 우리나라 여행자에게 가장 인기 있는 라자냐 볼로녜제Lasagna Bolognese(€14)는 고소한 치즈와 상큼한 토마토소스가 잘 어우러지고 간이 세지 않다. 직원들은 유쾌하고 친절하며, 바쁘지 않은 시간대엔 식후주, 스파클링 와인 등의 서비스도 있다.

📍 Via del Governo Vecchio, 87, 00186 Roma 🚶 나보나 광장에서 도보 2분 🕐 11:00~23:30 📞 +39-06-689-2574 🏠 www.cantinaecucina.it

로마 최고의 티라미수 ······ ③

투 사이즈스 Two Sizes

오픈 30분 전부터 대기 줄이 생기는 로마 최고의 티라미수 전문점이다. 매장에 먹고 갈 공간이 없고 포장만 가능해서 줄은 빨리 줄어든다. 가게 이름 그대로 티라미수 크기는 빅(€3.5), 스몰(€2.5) 2가지이며 오리지널, 피스타치오, 딸기, 땅콩버터, 캐러멜 5가지 맛이 있다. 포장할 땐 보냉제 없이 종이봉투에 담아주므로 티라미수 맛을 제대로 느끼고 싶다면 그 자리에서 바로 먹는 걸 추천한다.

📍 Via del Governo Vecchio, 88, 00186 Roma 🚶 나보나 광장에서 도보 2분
🕐 화~일 11:00~22:00 ❌ 월요일 📞 +39-06-6476-1191

'황금의 컵'이란 뜻의 카페 ······ ④

카페 타차 도로 La Casa del Caffè Tazza d'Oro

1944년에 문을 연 곳으로 에스프레소 €1.2, 크루아상 €1.2 등 이른바 로마 3대 카페 중 가장 저렴하다. 대표 메뉴 중 하나인 그라니타 카페 콘 판나granita caffe con panna(€4)는 생크림과 얼린 에스프레소가 잘 어울리지만 크림 양이 많아 호불호가 갈린다. 원두가 저렴(250g €6.5)하고 포장이 예뻐서 대량 구매하는 여행자도 많다. 원두는 진하게 볶은 편이다. 노천 테이블에 앉으려면 직원의 안내를 받아야 하며, 판테온 바로 앞에 위치해 이른 아침이 아니면 항상 붐빈다.

📍 Via degli Orfani, 84, 00186 Roma
🚶 판테온에서 도보 1분 🕐 월~토 07:00~
20:00, 일 10:00~19:00 📞 +39-06-678-
9792 🏠 www.tazzadorocoffeeshop.com

누구나 만족할 한 끼, 한잔 ······ ⑤

파네 에 살라메 Pane e Salame

샌드위치(€6.5~8)가 가격 대비 양이 푸짐하고 신선한 재료가 듬뿍 들어가 맛도 뛰어나다. 종류가 매우 많은데 영어로 된 메뉴판에 설명이 잘 나와 있어 고르기 어렵지 않다. 잔 와인(€3.5~8)의 가격대가 합리적이라 치즈, 프로슈토 플레이트를 안주삼아 와인을 마시는 사람도 많다. 모든 메뉴가 비슷한 다른 음식점에 비해 양이 많고 저렴하며 재료 본연의 맛을 잘 살려 조리한다. 직원이 친절하고 매장도 청결해 항상 붐빈다. 자릿세 €1.

📍 Via Santa Maria in Via, 19, 00187 Roma
🚶 트레비 분수에서 도보 3분
🕐 12:00~22:00　📞 +39-06-679-1352

로마에서 마시는 스페셜티 커피 ······ ⑥

바르눔 카페 Barnum Cafè

싱글 오리진 원두로 내린 스페셜티 커피를 마실 수 있는 카페. 커피 추출 방법도 핸드드립, 에어로프레스, 에스프레소 머신 중 선택할 수 있다. 바에서 마시면 에스프레소 €1.5, 카푸치노 €2. 카푸치노의 거품이 매우 쫀쫀하고 부드럽다. 모든 메뉴가 테이크아웃 가능하며 아이스커피도 있다. 오믈렛, 베이글 등의 브런치 메뉴는 현지인도 줄을 서서 먹을 정도로 인기가 많고 크루아상(€2.5~), 퀸아망 등 패스트리도 맛있다.

📍 Via del Pellegrino, 87, 00186 Roma　🚶 캄포 데 피오리에서 도보 3분　🕐 08:00~15:30　📞 +39-06-6476-0483

의외의 빵 맛집 ····· ⑦
미미 에 코코 Mimì e Cocò

우리나라 여행자에게는 가지 그라탱 melanzane alla parmigiana(€16)이 인기가 많다. 주문할 때 빵을 먹을 거냐고 묻는데, 식전 빵이 아닌 포카치아(€7)의 주문 여부를 묻는 것이다. 로즈메리가 들어간 포카치아는 그 자체로도 굉장히 맛있고 파스타 소스 등을 찍어 먹어도 맛있어 주문해도 후회하진 않는다. 다만 양이 많은 편이라 둘 이상 갔을 때 주문하는 걸 추천한다.

📍 Via del Governo Vecchio, 72, 00186 Roma 🚶 나보나 광장에서 도보 2분 🕐 10:00~25:00 📞 +39-06-9357-7886
🏠 www.mimiecoco.com

로마의 길거리 음식 ····· ⑧
수플리지오 Supplizio

토마토소스, 돼지고기, 모차렐라 치즈와 밥을 타원형으로 뭉쳐 튀긴 수플리는 로마의 대표적인 길거리 음식이다. 수플리지오의 수플리(€3)는 클래식, 토마토와 바질, 카르보나라 등 5가지 맛이 있다. 테이블이 몇 개 없어 갓 튀긴 수플리를 포장해 가게 앞에서 먹는 사람이 많다.

📍 Via dei Banchi Vecchi, 143, 00186 Roma 🚶 나보나 광장에서 도보 8분 🕐 월~토 12:00~15:30, 17:00~21:30 ❌ 일요일
📞 +39-06-8987-1920 🏠 www.supplizioroma.it

불 맛 입힌 국수 ····· ⑨
웍 투 워크 Wok To Walk

우동면, 쌀면 등 먼저 국수(€5.5) 종류를 고르고 두부, 새우, 양파 등 토핑(€0.6~2.6)을 고른 다음 소스를 고르면 센 불에서 빠르게 볶아준다. 팟타이, 야키소바 등과 맛이 비슷하고 음식 가격은 토핑 선택에 따라 달라진다. 셀프 서비스라 자릿세는 없고 화장실이 깨끗하다.

📍 Campo de' Fiori, 38, 00186 Roma 🚶 캄포 데 피오리 내부 🕐 화~일 12:00~23:30 ❌ 월요일 📞 +39-06-9480-8980 🏠 www.woktowalk.com/it

로마의 분식은 파스타 ……⑩
파스타잇 Pastaeat

로마의 학생들이 많이 찾는 우리나
라 분식집 같은 파스타 전문점. 파
스타 가격은 €8~9.5이며 메뉴판에
번호, 사진이 있어 주문하기 쉽다. 주문할
때 번호표를 주고 조리가 끝나면 모니터에 번호가 표시되며, 바
쁘지 않을 땐 5분 이내로 파스타가 나온다. 식기 정리까지 전부
셀프서비스. 2층이 넓고 테이블에 USB A 충전 단자도 있다.

📍 Corso Vittorio Emanuele II, 22, 00186 Roma 🏃 나보나 광장에서
도보 9분 🕐 11:30~22:00 📞 +39-06-8983-0216

동전 하나로 한 끼 식사 ……⑪
파스티피치오 구에라 Pastificio Guerra

1918년에 문을 연 생면 파스타 전문
점. 매일 2종류의 파스타를 판매하
며 가격은 €5. 앉을 자리가 없고 일
회용 용기에 나오는 파스타지만 물
가 비싼 로마에서 든든한 한 끼 식사
로 손색이 없다. 파스타 종류는 매일 달
라지며, 오픈 시간인 오후 1시엔 따끈한 파스타를 먹기 위해 기
다리는 사람이 많다.

📍 V. della Croce, 8, 00187 Roma 🏃 스페인 광장에서 도보 2분
🕐 13:00~20:00 📞 +39-06-679-3102

로마에서 만나는 시칠리아 디저트 ……⑫
이 돌치 디 논나 빈첸차
I Dolci di Nonna Vincenza

시칠리아 토박이 빈첸차 할머니의 비법으로 만드는 시칠리아 디
저트 전문점. 튀긴 빵에 리코타 치즈 크림을 넣은 시칠리아 대표
디저트 칸놀로cannolo(€1.6, €3.2)는 크기가 2가지이며 기본, 피
스타치오, 레몬 맛 등이 있다. 케이크의 일종으로 보석상자 모양
인 카사타cassasta(€1.7)도 인기가 많다. 앉아서 먹을 공간이 있
다. 칸놀로는 늦게 가면 품절되곤 한다.

📍 Via dell'Arco del Monte, 98/A/B/98/A/B, 00186 Roma
🏃 캄포 데 피오리에서 도보 3분 🕐 화~일 08:00~19:00 ❌ 월요일
📞 +39-06-9259-4322 🏠 www.dolcinonnavincenza.com

유서 깊은 카페 ······ ⑬

안티코 카페 그레코 Antico Caffè Greco

이탈리아에서 세 번째로 오래된 카페로 1760년에 개업했다. 스탕달, 괴테, 카사노바 등이 다녀간 유서 깊은 공간. 로마에 있는 카페 중 음료 가격대(에스프레소 바 €2.5, 테이블 €7)가 가장 높지만 고풍스런 공간을 즐기는 값이라 생각하면 납득이 간다. 커피를 주문하면 초콜릿으로 코팅한 커피 원두를 내어주며 기념품으로 사가는 사람도 많다.

📍 Via dei Condotti, 86, 00187 Roma
🚶 스페인 광장에서 도보 2분
🕐 09:30~21:00 📞 +39-06-679-1700
🏠 anticocaffegreco.eu

크레마가 풍부한 에스프레소 ······ ⑭

산테우스타키오 카페 Sant'Eustachio Caffè

타차 도로, 그레코와 함께 로마 3대 카페로 불린다. 1938년 오픈했으며 판테온과 나보나 광장 중간 지점에 위치한다. 다른 카페에 비해 에스프레소(€1.5)의 크레마가 풍부하고 신맛이 있는 편. 빵 종류는 추천하지 않는다. 노란색 인테리어와 소품들이 눈에 띄고 기념품으로 살 만한 제품이 많다.

📍 Piazza di S. Eustachio, 82, 00186 Roma 🚶 판테온에서 도보 3분
🕐 월~금•일 07:30~24:00, 토 07:30~25:00 📞 +39-06-6880-2048 🏠 caffesanteustachio.com

한 번은 맛보는 티라미수 ······ ⑮

폼피 트레비 Pompi Trevi

신규 강자들이 등장해 예전만큼의 명성은 아니지만 여전히 폼피 티라미수를 최고로 꼽는 사람도 많다. 클래식, 딸기, 피스타치오 등의 맛이 있고 가격은 동일(€5)하다. 클래식을 추천한다. 본점은 도심에서 떨어져 있고 시내 중심부에 위치한 매장 중 트레비 분수 앞 지점에는 앉아서 먹을 공간이 있다.

📍 Via Santa Maria in Via, 17, 00187 Roma
🚶 트레비 분수에서 도보 2분 🕐 10:00~22:00
📞 +39-06-678-0002 🏠 www.barpompi.it

과일 맛 젤라토 추천 ⋯⋯ ⑯

지올리티 Giolitti

확실하게 맛있는 젤라토(€3.5~6)를 맛볼 수 있다. 복숭아, 수박 등 여름 제철 과일 젤라토와 피스타치오 맛이 특히 맛있다. 무료로 얹어주는 생크림은 달아서 호불호가 갈린다. 공간이 넓지 않아 사람이 몰릴 때 직원들이 빨리 고르라고 재촉하는 일이 종종 있다. 잘 알려지지 않았지만 유명한 카페 못지않게 커피와 빵 맛이 좋다.

📍 Via degli Uffici del Vicario, 40, 00186 Roma
🚶 판테온에서 도보 5분 🕐 07:30~24:00
📞 +39-06-699-1243 🏠 www.giolitti.it

150가지 젤라토 맛 ⋯⋯ ⑰

젤라테리아 델라 팔마 Gelateria Della Palma

젤라토 맛이 무려 150가지, 크기는 스몰(€3.5)부터 몬스터(€15)까지 4가지다. 골라 먹는 재미가 있지만 너무 많아서 고르기 힘들기도 하다. 입구에 150가지 맛이 적힌 입간판이 있다. 캐러멜 팝콘, 아이리시 커피 등 다른 곳에선 찾기 힘든 맛을 시도해보길 권한다. 화장실 비밀번호는 영수증에 있으니 잘 챙길 것.

📍 Via della Maddalena, 19-23, 00186 Roma 🚶 판테온에서 도보 3분 🕐 08:30~24:00 📞 +39-06-6880-6752

초콜릿 천국 ⋯⋯ ⑱

벤키 Venchi Cioccolato e Gelato

1878년에 작은 초콜릿 가게로 시작해 전 세계로 진출했다. 로마 도심엔 코르소 거리, 스페인 광장 앞, 판테온 앞, 테르미니역 내부 등 4개의 매장이 있다. 가격은 좀 비싸도 포장이 고급스럽고 맛이 뛰어나 선물하기 좋다. 젤라토(€3.7~5.9)에 €1.5를 추가하면 초콜릿 코팅 콘으로 바꿀 수 있다.

📍 Via del Corso, 335, 00186 Roma 🚶 판테온에서 도보 6분
🕐 09:00~25:30 📞 +39-06-6926-0597 🏠 it.venchi.com

리나센테 백화점
로마 비아 델 트리토네

RINASCENTE Roma Via del Tritone

지하 1층부터 지상 7층 규모이며, 우리나라 백화점보다 작지만 패션 잡화, 화장품, 생활 잡화, 식료품 등 다양한 제품군의 다양한 브랜드가 한자리에 모여 있어 쇼핑하기 편리하다. 공간도 널찍하고 쾌적하며 쇼핑하지 않아도 화장실은 무료로 쓸 수 있다. 6층에 발사믹 식초, 올리브유, 송로버섯, 와인 등을 판매하는 푸드마켓이 있는데 할인 행사를 자주 해서 질 좋은 제품을 합리적인 가격에 구매할 수 있다. 계산대에 회원가입 QR코드가 있고, 회원가입을 하면 일부 상품은 추가로 10% 할인을 받을 수 있다. 같은 층에 전망이 좋은 테라스를 갖춘 카페와 음식점이 있다. 백화점 내 한 매장에서 하루에 €70 이상 구매하면 택스 리펀드(수수료 있음)를 받을 수 있다. 택스 리펀드 카운터는 지하 1층이고 한국어가 지원되는 키오스크가 있어 절차가 간단하다.

📍 Via del Tritone, 61, 00187 Roma　🏃 트레비 분수에서 도보 5분
🕐 월~금·일 10:00~ 21:00, 토 10:00~22:00, 푸드 홀 10:00~23:00　❌ 부정기
📞 +39-02-9138-7388　🏠 www.rinascente.it

우아한 아케이드 쇼핑몰 ····· ②

갈레리아 알베르토 소르디
Galleria Alberto Sordi

입구가 코르소 거리에 면한 아케이드 쇼핑몰이다. 캘빈클라인, 망고, 유니클로 등 익숙한 의류 브랜드의 매장과 세계에서 가장 오래되고 유명한 장난감 가게 햄리스Hamleys의 로마 지점이 있다. 인테리어가 멋지고 위치가 좋아 쇼핑을 하지 않아도 오며 가며 구경하기 좋다.

📍 Piazza Colonna, 00187 Roma 🏃 트레비 분수에서 도보 4분, 판테온에서 도보 7분 🕐 매장마다 다름 ✖ 매장마다 다름 📞 +39-06-6919-0769 🏠 www.galleriaalbertosordi.com

커피 좋아하는 사람에겐 ····· ③

비알레띠 Bialetti

흔히 모카포트로 불리는 모카 익스프레스를 처음 개발한 브랜드로, 테르미니역을 비롯해 로마 도심에 6개의 매장이 있다. 한국에도 정식 수입되고 환율을 고려했을 때 일부 모델은 한국이 저렴하지만 이탈리아 한정판, 다른 브랜드와의 협업 제품 등 이탈리아에서만 구할 수 있는 제품도 많다. 산탄젤로성 근처 비알레띠 홈의 제품군이 가장 다양하다.

📍 Via del Corso, 99, 00187 Roma 🏃 지하철 A라인 스파냐Spagna 역에서 도보 7분 🕐 10:00~20:30 📞 +39-06-6937-4728 🏠 www.bialetti.com

수공예 문구 전문점 ····· ④

마누팩투스 Manufactus

로마 도심에 3개의 매장이 있으며 모두 나보나 광장에서 도보 5분 거리라 접근성이 좋다. 수공예 문구 전문점으로 특히 가죽 장정 노트, 책갈피 등 가죽 제품의 종류가 다양하고 품질이 뛰어나다. 잉크, 깃펜, 실링 왁스 등도 한국에서 보기 어려운 디자인의 제품이 많다.

📍 Via del Pantheon, 50, 00186 Roma 🏃 판테온에서 도보 2분 🕐 11:00~20:00 📞 +39-06-687-5313 🏠 www.manufactus.it

로시올리 살루메리아 콘 쿠치나
Roscioli Salumeria con Cucina

'살루메리아'는 햄, 소시지, 치즈 등을 파는 식료품점을 뜻하는 이탈리아어로 로시올리는 1992년에 문을 열었다. 대를 이어 운영 중이고 자체 제작 상품은 백화점에도 입점될 정도로 품질이 좋다. 식료품점과 같은 공간에서 음식도 함께 운영하는데, 인기가 많아서 1~2개월 전부터 홈페이지를 통해 예약해야 식사를 할 수 있다.

📍 Via dei Giubbonari, 21, 00186 Roma
🏃 캄포 데 피오리에서 도보 4분 🕐 09:00~21:00
📞 +39-06-687-5287 🏠 www.salumeriaroscioli.com

오드스토어 로마 피아차 디 스파냐
ODStore Roma Piazza di Spagna

우리나라의 '세계 과자 전문점'과 비슷한 느낌의 식료품점이다. 테르미니역, 코르소 거리, 스페인 광장, 트레비 분수 근처에 매장이 있어 접근성이 좋다. 할인 행사를 하지 않으면 똑같은 제품이 슈퍼마켓보다 비싼 편이지만 초콜릿, 사탕, 과자 등의 종류가 훨씬 다양하고 품절되는 일도 거의 없다. 구경하는 것만으로도 재밌는 공간이다.

📍 Vicolo del Bottino, 11/12, 00187 Roma 🏃 스페인 광장에서
도보 1분 🕐 09:00~22:00 📞 +39-06-8716-5128
🏠 www.odstore.it

리모네 Limon'è

남부에 가지 못해 아쉬운 여행자나 레몬 기념품을 양껏 사오지 못한 여행자에게 추천한다. 리몬첼로, 레몬사탕, 레몬 스프레드, 레몬 비누 등등 로마 시내 그 어디보다 레몬 관련 제품이 많다. 시식이 가능한 제품도 있으며 슈퍼마켓, 공항 면세점보다 저렴하다.

📍 Via in Arcione, 91, 00187 Roma 🏃 트레비 분수에서 도보
3분 🕐 10:00~21:30 📞 +39-06-3974-2246
🏠 www.limon-e.com

로마 책방 탐사

이탈리아어를 몰라도 재미있게 둘러볼 수 있고, 번역기의 도움을 받으면 더욱 흥미진진한
로마 시내의 서점들. 최근에 이탈리아어로 번역, 소개되는 우리나라 작가의 작품의 많아졌다.
서가에서 발견하면 괜스레 뿌듯하고 자랑스럽게 느껴질 것이다.

이탈리아의 교보문고
펠트리넬리 서점 Feltrinelli Librerie

로마 시내에서 가장 큰 서점으로 이탈리아 전국에 지점이 있
다. 3층 규모로 지상 0층에 로마·로마 여행에 관한 책, 영어 서
적, 소설, 만화, 문구 매대가 있고, 지상 1층에 아동서 및 예술
서 매대가 있다. 지상 1층의 예술서 서가에서 한국에 없거나 비
싼 화보 등을 득템할 수도 있다. 지하 1층에선 음반을 판매하
고 청음이 가능하다.

📍 Largo di Torre Argentina, 5/A, 00186 Roma 🚶 나보나 광장에서
도보 7분 🕐 월~토 09:30~20:30, 일 10:00~20:30 📞 +39-02-
9194-7777 🏠 www.lafeltrinelli.it

깔끔하고 센스 있는 책과 기념품
북티크 Booktique

판테온에서 도보 5분 거리에 2개의 지점을 운영한
다. 로마와 이탈리아에 관한 책 중 디자인이 예쁜 책
을 골라두었다. 자체 제작한 에코백, 컵, 노트 등은
기념품으로 인기가 많다. 다른 곳에선 볼 수 없는 포
스터, 엽서, 식기 등 센스 넘치는 상품이 가득하다.

📍 Via della Stelletta, 17, 00186 Roma 🚶 판테온에서
도보 5분 🕐 10:30~20:00 📞 +39-06-8897-8778
🏠 www.booktique.info

**추천하는
작은 책방들**
트라스테베레에 위치한 중고 책방 **오픈 도
어 북숍**Open Door Bookshop은 인테리어가
예뻐 공간을 구경하는 재미가 있고, 운이
좋으면 귀한 고서, 화보 등을 구할 수도 있다. 산 루이지 데이
프란체시 성당 바로 옆에 있는 **스탕달 책방**Libreria Stendhal은
프랑스어 책을 파는 곳인데 카라바조 작품의 엽서와 포스터도
판매한다. 나보나 광장에서 도보 2분 거리의 **책방 알트로콴도**
Altroquando에는 그림책이 많은데 우리나라 작가의 책을 꽤 많
이 볼 수 있다. 지하에서 펍을 함께 운영한다.

바티칸 시국

#천주교의총본산 #산피에트로대성당 #바티칸박물관 #시스티나예배당

세상에서 가장 작은 나라지만 전 세계에서 가장 강력한 영향력을 가진 나라 중 하나이며
13억 7800여 명의 천주교 신자가 일생에 한 번쯤은 꼭 가보고 싶어 하는
바티칸. 전 세계 천주교의 총본산인 화려하고 웅장한 성당, 역대 교황들이 몇백 년간 수집해온
최고의 예술품이 모인 박물관은 천주교 신자가 아니라도 감동할 수밖에 없다.

ACCESS

⇨ 테르미니역

　　지하철 A라인 10분+도보 10분

⇨ 바티칸 시국

⇨ 산 피에트로 광장

　　도보 13분

⇨ 산탄젤로성

명소
식당/카페
상점

Lepanto Ⓜ

Via Leone IV

Viale delle Milizie

02 시아시아 카페 1919

Ⓜ Ottaviano

05 트레 카페 바티카노

Ⓜ Cipro

Via Ottaviano

젤라테리아 올드 브리지

Via dei Gracchi

바티칸 박물관 03   04

01 핀사 mpo

03 파니노 디비노

Via Crescenzio

Viale Vaticano

Via Angelo Emo

산탄젤로성 04

산 피에트로 대성당 01
(성 베드로 대성당)

02 산 피에트로 광장
(성 베드로 광장)

• 콘칠리아초네 거리

산탄젤로 다리 • 테베레강

비토리오 에마누엘레 2세 다리 •

테베레강

N

0   100m

바티칸에
대해서
알아보자!

이탈리아에 속한 지자체가 아니다.
세상에서 가장 작지만 엄연히
하나의 독립 국가인 바티칸의 기본 정보와
어떻게 둘러보면 좋을지 살펴본다.

하얀 바탕 위의 문장은 베드로의 상징인 천국의
열쇠와 교황의 상징인 삼중관으로 이루어져 있다.

여행 중 엽서 보내기는 여
행자의 로망 중 하나! 엽서
와 우표는 기념품점과 우체
국에서 판매한다. 우표 가격
에 따라 크기가 다르므로 엽
서에 우표를 먼저 붙이고 내
용, 주소를 쓰는 게 좋다. 볼펜
이 구비되어 있지 않으니 펜을
준비해 가자. 한국까지 보내는
우표 가격은 €2.45. 약 2~3주
후에 도착한다.

바티칸은 어떤 나라?

- **명칭** 바티칸(이탈리아어 Stato della Città del Vaticano,
  라틴어 Status Civitatis Vaticanæ)
- **위치** 테베레강 서쪽, 로마 도심의 북서쪽
- **면적** 0.44㎢(여의도 면적의 약 6분의 1)
- **인구** 764명(2023년, 대부분 성직자)
- **언어** 이탈리아어, 라틴어
- **통화** 유로(€)
- **역사** 바티칸 시국 이전에는 교황령이 있었다. 8세기 중반
  부터 근대까지 유지되었던 교황령은 도시 국가를 넘어서는
  영토를 통치한 적도 있지만 이탈리아 통일 이후 소멸했다.
  1929년 2월 11일 교황 비오 11세와 무솔리니가 라테라노 조
  약(교황은 신생 이탈리아 왕국을 승인해주고 기존 교황령을
  포기하는 대신, 이탈리아 정부는 바티칸 및 라테라노 궁전과
  그 부속령을 포함하는 독립 국가 바티칸 시국을 인정)을 맺
  으며 바티칸 시국이 탄생했다. 1984년에 바티칸 시국 전체
  가 유네스코 세계 문화유산에 등재되었다.

어떻게 둘러볼까?

- 편한 신발, 생수, 간식거리(빵, 초콜릿, 사탕 등)를 챙겨가는
  걸 추천한다.
- 이동을 최소화하기 위해 산 피에트로 대성당, 산 피에트로
  광장, 바티칸 박물관, 산탄젤로성(외관만 관람, 야경)을 하루
  에 둘러보는 일정으로 짜는 여행자가 많은데 산 피에트로 대
  성당, 바티칸 박물관 모두 굉장히 규모가 크고 입장 대기시간
  이 길다. 따라서 시간 여유를 넉넉하게 잡는 걸 추천한다.
- 바티칸 박물관은 공식 홈페이지를 통해 입장시간 지정 예약
  이 가능하니 반드시 사전 예약을 하자. 우선 바티칸 박물관
  을 예약한 후 시간대를 보고 대성당 방문시간을 결정한다.
- 대성당의 돔 지붕에 올라가고 싶은 여행자는 돔 지붕 운영시
  간도 체크하자.

산 피에트로 대성당(성 베드로 대성당)

Basilica di San Pietro

서기 64년 네로 황제 시대에 로마에 유례없는 대화재가 발생했다. 황제는 기독교도에게 방화 혐의를 뒤집어씌우고 그들을 온갖 잔혹한 방법으로 처형했다. 예수의 12제자 중 베드로와 바오로도 이때 순교했고, 베드로는 로마 도심의 북서쪽에 위치한 바티칸 언덕의 공동묘지에 묻혔다고 전해진다. 산 피에트로 대성당의 역사는 바로 베드로의 무덤에서 시작된다. 기독교를 공인한 콘스탄티누스 1세는 베드로의 무덤이 있는 곳에 교회를 세울 것을 명했다. 4세기에 완공된 옛 대성당은 교황청이 아비뇽으로 옮겨갔던 시기(1309~1377)에 급속히 노후화되었다. 16세기 초 교황 율리오 2세는 새로운 대성당을 짓기로 결정하고 밀라노 등에서 이미 최고의 건축가로 인정받은 도나토 브라만테에게 건축의 총책임을 맡겼으며 공사는 1506년에 시작되었다. 21명의 교황과 브라만테, 미켈란젤로, 라파엘로, 자코모 델라 포르타, 베르니니 등 르네상스와 바로크의 거장들이 건축에 참여했고 1626년 새로운 대성당이 완공되었다.

산 피에트로 대성당은 전 세계에서 가장 규모가 큰 성당이지만 전 세계에서 가장 지위가 높은 성당은 아니다. 가장 오래된 대성당이자 로마 교구의 주교좌성당은 산 조반니 인 라테라노 대성당 P.177이다. 하지만 교황의 거처(사도궁)와 가깝고 그 역사성, 상징성을 따져봤을 때 단연코 천주교의 중심이라고 할 수 있다.

📍 Piazza San Pietro, 00120 Città del Vaticano
🚶 지하철 A라인 오타비아노Ottaviano역에서 도보 10분 🕐 07:00~19:10 💶 무료
📞 +39-06-6982 🏠 www.basilicasanpietro.va

●

산 피에트로 대성당
자세히 들여다보기

산 피에트로 대성당은 르네상스, 바로크 예술가들이 혼신의
힘을 다해 이뤄낸 하나의 예술 작품이다. 실내에 있다는
사실이 믿기지 않을 정도로 넓은 데다 그 넓은 공간에서
조금의 여백도 찾을 수 없을 정도로 화려하다.

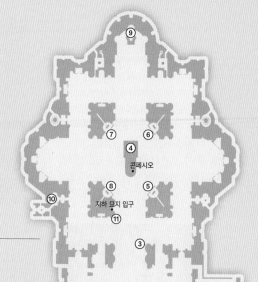

출입

대성당을 바라본 상태에서 우측에 위치한 열주랑에서 보안 검사를
한다. 사람이 몰리는 시간대에는 1시간 이상 기다린다. 보안 검사 후
에는 복장 검사를 하며 다른 성당보다 검사가 철저하다. 노출이 심한
옷, 슬리퍼, 샌들 등은 피한다. 모자도 벗는다. 복장 검사까지 마치면
성당으로 들어갈 수 있다. 입구로 올라가는 계단 오른쪽에 화장실과
짐 보관소가 있다.

강복의 발코니 Loggia benedizioni

대성당 정면 2층에 광장을 향
해 돌출된 3개의 발코니가 있
는데 중앙부의 발코니를 '강복
의 발코니'라 부른다. 추기경
단이 새 교황의 선출을 선언하
고 새 교황이 군중 앞에서 첫
강복을 내린다.

① 성년의 문 Porta Santa

입구에 5개의 거대한 문이 있다. 이 중 가장 오
른쪽에 있는 성년의 문은 평소에는 닫혀 있고
25년마다 돌아오는 정기 희년(2025년)이나 특
별 희년에 열린다. 로마의 4대 대성당 모두에
성년의 문이 있다.

② 피에타 Pietà vaticana

들어가자마자 바로 오른쪽에 위치한다. 1499년 당시 24세의 미켈란젤로가 교황청 주재 프랑스 대사의 의뢰를 받아 만들었다. 피에타는 이탈리아어로 슬픔, 비탄이란 뜻이며, 십자가형을 당한 후 내려진 예수를 안고 있는 성모 마리아의 모습을 표현한 작품을 말한다. 산 피에트로 대성당의 피에타는 그중 가장 유명한 작품이다. 미켈란젤로의 3대 조각상으로 꼽히며 그가 자신의 이름을 남긴 유일한 작품이기도 하다. 안정적인 삼각형 구도, 부드럽게 흐르는 옷감 등 작가의 천재성이 유감없이 발휘된 걸작이다.

④ 발다키노 Baldacchino

교황만이 미사를 집전할 수 있는 교황의 제대를 덮은 발다키노는 20대의 베르니니가 1624년부터 1633년에 걸쳐 만들었다. 청동을 주재료로 만든 후 금박을 입혀 제작한 바로크 양식의 걸작. 대성당의 돔 바로 아래 위치하며 높이 29m, 무게 39t에 달한다. 발다키노의 지붕을 떠받치는 4개의 물결무늬 기둥은 인간의 영혼이 천상에 도달하는 것을 형상화했다. 천장 내부엔 성령을 상징하는 비둘기가 조각되어 있다.

③ 성 베드로 청동상

주 제대 바로 앞 오른쪽 벽에 위치한다. 조각가이자 건축가인 아르놀포 디 캄비오가 13세기에 만들었다고 전해진다. 로마에서 순교한 성 베드로는 로마의 초대 주교이자 초대 교황이다. 의자에 앉은 성 베드로는 오른손으로 축복을 내리고 왼손에는 천국의 열쇠를 들고 있다. 수많은 순례자가 동상의 오른발에 입을 맞추고 손으로 만져 그 부분만 반질반질하다.

성인상

쿠폴라를 받치는 4개의 기둥 벽감에는 ⑤ 성 론지노(베르니니, 1639), ⑥ 성녀 베로니카, ⑦ 성녀 헬레나, ⑧ 성 안드레아의 조각상이 놓여 있다.

콘페시오 Confessio

교황의 제대 밑에는 성 베드로의 무덤이 자리한다. 무덤의 정확한 위치에 대해선 긴 시간 논란이 있었다. 제2차 세계 대전 중 교황 비오 12세가 발굴을 진행했고 1950년에 성당 지하실에서 성 베드로의 무덤을 확인했다고 정식으로 공표했다.

⑨ 성 베드로의 의자

교황의 제대 뒷부분에 위치한다. 베드로가 로마에서 선교할 때 앉았던 나무 의자라는 설이 있지만, 사실은 875년에 서프랑크 왕국 카를 2세가 로마에서 대관식을 할 때 기증한 의자다. 교황 알렉산드르 7세의 의뢰를 받은 베르니니가 1647년부터 1653년까지 기존 의자에 청동을 입히고 금박과 조각으로 장식했다.

⑩ 보물실, 성구실

교황 비오 8세의 기념비 아래로 난 문을 통해 갈 수 있다. 대리석 벽에 산 피에트로 대성당에 안치된 교황의 명단이 새겨져 있다.

돔 지붕

1547년 교황 바오로 3세는 70대의 미켈란젤로에게 성당 건축을 맡겼다. 전임자들의 설계 중 취사 선택하고 초대 책임자 브라만테의 초안을 살린 미켈란젤로의 설계는 현재의 산 피에트로 대성당의 기본 설계가 되었다. 그의 가장 큰 공헌은 돔 지붕을 올린 것이다. 로마의 판테온, 고향 피렌체 두오모의 돔 지붕에서 영감을 얻어 돔을 설계했다. 그의 사후 그가 남긴 설계를 바탕으로 1590년에 돔이 완공되었다. 돔 내부 둘레엔 마태복음의 다음 구절이 새겨져 있다. "너는 베드로라. 내가 이 반석 위에 내 교회를 세우리니 음부의 권세가 이기지 못하리라."

⑪ 지하 묘지

성 안드레아 조각상 부근에 지하 묘지로 내려가는 입구가 있다. 사람들이 줄을 서 있기 때문에 찾기 어렵지 않다. 지하 묘지를 돌아본 후에는 성년의 문 쪽에 위치한 기념품점으로 나온다.

⑫ 성 김대건 신부 조각상

산 피에트로 대성당 외부 벽감에 동양 성인 최초로 첫 한국인 천주교 사제 성 김대건 안드레아 신부의 조각상이 세워졌다. 조각상이 들어선 곳은 성당 우측 외벽 벽감이다. 지하 묘지의 출구로 나오면 바로 볼 수 있고 맞은 편에는 기념품점이 있다. 위치를 찾기 어렵다면 입구에서 직원에게 물어보면 친절하게 안내해준다.

돔 올라가기

매표소, 입구는 대성당의 5개 문 중 가장 왼쪽 문 쪽에 위치한다. 대성당 내외부에 안내판이 여러 개 있어 찾기 어렵지 않다. 계단은 총 551개이며 1차 계단 231개, 2차 계단 320개로 나뉜다. 1차 계단은 폭이 넓고 경사가 심하지 않으며, 2차 계단은 위로 올라갈수록 폭이 좁아지고 경사도 가파르다. 1차 계단은 엘리베이터를 타고 올라갈 수 있고 1차 계단이 끝나는 지점에 카페, 화장실, 테라스가 있어 쉬어가기 좋다. 2차 계단이 시작되기 전에 성당 내부로 들어가 돔 안쪽을 가까이서 볼 수 있다. 돔 정상에서 산 피에트로 광장을 내려다보면 열쇠구멍 형태라는 것을 알 수 있다.

🕐 4~9월 07:30~18:00, 10~3월 07:30~17:00, 인파가 몰리면 조기 마감 ⓔ 엘리베이터+계단 €10, 계단 €8

산 피에트로 광장(성 베드로 광장)

Piazza San Pietro

베르니니가 설계했으며 1667년에 완공했다. 최대 30만 명까지 수용할 수 있는 거대한 타원형 광장을 372개의 원 기둥이 둘러싼다. 베르니니는 광장을 설계할 때 산 피에트로 대성당의 돔을 머리로, 반원형의 회랑을 두 팔로 묘사했다. 원기둥 위에는 성인과 역대 교황의 조각상 140대가 늘어서 있다. 광장 중앙의 오벨리스크는 성 베드로가 처형당했다고 전해지는 네로 경기장에 있던 것이다. 오벨리스크 양옆의 분수 중 오른쪽에 위치한 것은 대성당의 건축 책임자 중 한 명인 카를로 마데르노Carlo Maderno가 만들었다. 광장에서 산탄젤로성까지 '화해의 길'이란 뜻을 가진 콘칠리아초네 거리Via della Conciliazione가 뻗어 있다.

📍 Piazza San Pietro, 00120 Città del Vaticano

스위스 근위대는 교황을 경호하기 위한 경찰 조직이다. 1503년 교황 율리오 2세가 스위스로부터 200명의 용병을 파견받아 근위대를 창설한 게 시초로 알려져 있다. 근위대 제복은 미켈란젤로가 디자인했다.

바티칸 박물관 Musei Vaticani

2023년 전 세계의 박물관 중 루브르 박물관에 이어 두 번째로 많은 관람객(약 676만 명)이 찾은 박물관으로 역대 교황이 몇백 년에 걸쳐 수집한 방대한 예술품을 전시하고 있다. 박물관의 역사는 500년이 넘었다. 1506년 교황 율리오 2세가 로마 시내에서 발견된 라오콘 군상을 사도궁의 안뜰에 진열해 일반에 공개한 것이 바티칸 박물관의 시작이라 본다. 18세기 후반에 피오 클레멘티노 박물관이 설립되면서 현재와 같은 모습을 갖추었고 지금도 계속 확장 중이다. 소장품은 이집트의 유물부터 고대 그리스와 로마의 조각, 에트루리아의 유물, 르네상스와 바로크 시대의 예술품, 근현대의 회화까지 망라하며 그 수는 약 7만 점에 이른다.

📍 Viale Vaticano, 00165 Roma 🚶 지하철 A라인 오타비아노Ottaviano 역에서 도보 8분 🕐 월~토 08:00~19:00(입장 마감 17:00), 하절기 연장 운영 금·토 08:00~20:00(입장 마감 18:00), 매월 마지막 일요일 무료입장 09:00~14:00(입장 마감 12:30) ✖ 일요일, 공휴일 임시 휴관 있음 💶 일반 €20, 7~18세·25세 이하 학생 €8, 오디오 가이드 €8 📞 +39-06-6988-4676 🏠 www.museivaticani.va

바티칸 박물관 방문, 똑똑하게 준비하기

가기 전에 체크

① **가이드 투어 이용 여부를 결정하자** 바티칸 박물관 투어는 이탈리아 여행자가 가장 많이 선택하는 당일 투어일 것이다. 워낙 넓고 많은 작품을 소장하고 있어 전문가의 도움을 받으면 효율적으로 둘러볼 수 있다. 투어를 선택할 땐 다음과 같은 사항을 고려하자.

・패스트트랙 입장 여부

	패스트트랙	일반 입장
집합시간	08:00 이후	06:00~06:30
특징	일반 입장 투어보다 비싸지만 줄을 서지 않고 바로 입장 가능	보통 1~2시간 정도 기다린 후 입장, 기다리는 동안 가이드의 설명을 들을 수 있음
	가이드투어 팀은 시스티나 대성당에서 산 피에트로 대성당으로 바로 이동할 수 있음	

・**산 피에트로 대성당 투어 포함 여부** 산 피에트로 대성당으로 이동한 다음 해산하고 자율 관람을 하는지, 가이드와 함께 대성당 투어까지 하는지 살펴본다.

② **티켓을 예약하자** 이탈리아 내 그 어떤 명소보다 현장 구매 대기시간이 길다. 비수기, 성수기 할 것 없이 사람이 많고 평일에도 주말과 별 차이가 없이 항상 사람이 많다. 성수기엔 개관시간 2시간 전인 6시부터 줄을 서기 시작한다. 6시 30분쯤 줄을 서면 1시간 30분~2시간 정도 기다리고 9시 이후부터는 평균 3시간의 기다림은 기본이다. 시간도 아깝지만 기다리는 동안 체력도 떨어진다. 그러니까 일정이 확정되면 가장 먼저 바티칸 박물관의 티켓부터 예약하자. 공식 홈페이지의 언어를 영어로 바꾸고 오른쪽 메뉴에서 'TICKETS'를 클릭한 후 스크롤바에서 'Museums and Vatican Collections'를 선택하면 예약 페이지로 이동한다. 티켓은 환불이 불가능하고 예약 수수료(€5)가 있다.

③ **예약하지 못했다면?** 대행사에서 판매하는 패스트트랙 티켓을 알아본다. 공식 홈페이지에서 예약할 때보다 비싸지만 기다리지 않고 들어갈 수 있다. 한국어로 예약을 진행할 수 있다는 것도 장점이다. 패스트트랙 티켓 예약도 실패했다면 개관 전 '오픈 런'을 해야 그나마 덜 기다린다. 16시 이후에 줄을 서면 비교적 한가한 편인데 기다리는 중간에 입장 마감 시간(17시)이 될 수도 있다는 점을 고려하자. 접이식 의자를 갖고 가면 기다릴 때 꽤 유용하다. 관람할 땐 박물관 내 물품 보관소에 맡기면 되는데, 타포린 백 등 커다란 가방에 넣어 맡기는 게 좋다.

현지에 도착해서 체크

・공식 홈페이지로 예약한 사람, 대행사의 패스트트랙 티켓을 예약한 사람은 입장시간 10~15분 전에 입구로 가서 직원에게 바우처를 보여주면 바로 내부로 들어갈 수 있다. 내부 매표소에서 실물 티켓으로 교환하거나 바우처로 바로 입장한다.
・예약을 하지 못한 사람은 성벽을 따라 줄을 선다. 혼자인 사람은 줄을 서기 전에 미리 화장실에 다녀오는 걸 추천한다.
・종교 시설이기 때문에 적당한 복장을 갖추지 않으면 입장을 제지한다. 노출이 심한 옷, 슬리퍼, 샌들 등은 피하고 모자는 벗는다.

・가장 먼저 나오는 전시관인 피나코테카 주변에 푸트 코트가 있고 중간 지점인 솔방울 정원에 카페가 있다. 박물관 내부에서는 생수 이외의 취식은 금지되어 있지만 솔방울 정원에선 먹을 수 있으니 간식거리를 챙겨가는 걸 추천한다.

●

바티칸 박물관 꼼꼼하게 둘러보기

바티칸 박물관은 동선이 복잡하고 작품 수와 사람도 많다. 하루 종일 있어도 모든 작품을 다 보는 건 불가능하기 때문에 선택과 집중이 필요하다. 바티칸 박물관의 주요 작품을 동선 낭비 없이 둘러볼 수 있는 코스와 팁을 소개한다.

바티칸 박물관 방문 팁

오디오 가이드를 활용하자

박물관에서 한국어 오디오 가이드를 빌릴 수 있다. 400여 개의 녹음 파일로 구성되었으며 전체 재생시간은 10시간 정도 된다. 작품 소개뿐만 아니라 공간 소개도 해준다. 오디오 가이드를 대여하려면 여권이 필요하고 줄 이어폰을 준비해가면 편하게 들을 수 있다.

약도보다는 표지판을 잘 따라다니자

약도는 참고용일 뿐 내부에서 약도를 보면서 길을 찾는 건 쉽지 않다. 구조가 복잡한 만큼 표지판이 굉장히 많아 표지판만 잘 따라다녀도 주요 작품은 놓치지 않을 수 있다. 참고로 박물관에서 종이 지도는 나눠주지 않는다. 안내 데스크에서 QR코드를 스캔하면 약도를 볼 수 있다.

추천 작품 100선 표지판에 주목하자

박물관에서 추천하는 작품 100점에는 눈에 잘 띄는 별도의 안내가 붙어 있다. 동선 안에 이 안내판이 있다면 눈여겨보자.

코스

동선 낭비 없이 주요 작품만 딱딱 찾아본다고 해도 3시간 이상 소요된다. 어차피 부피가 큰 짐은 갖고 들어갈 수 없지만 짐은 최소화하고 가벼운 몸으로 관람하는 걸 추천한다. 그럼 입장부터 퇴장까지 동선을 차근차근 살펴보자.

건물 입장 → 보안 검사 → 매표소 → 오디오 가이드 대여 → 에스컬레이터 타고 위로 이동 → 피나코테카 → 솔방울 정원 → 피오 클레멘티노 박물관(팔각 정원~지도의 갤러리) → 라파엘로의 방 → 근현대 컬렉션 → 시스티나 예배당 → 기념품점 → 나선형 계단 → 출구

① 건물 입장

② 보안 검사

③ 매표소

④ 오디오 가이드 대여

⑤ 에스컬레이터 타고 위로 이동

⑥ 피나코테카 Pinacoteca

피나코테카는 이탈리아어로 미술관, 화랑을 뜻한다. 바티칸 박물관 피나코테카에는 총 18개의 전시실이 있고 12세기부터 19세기까지의 작품(주로 회화)을 연대순으로 전시한다. 조토, 페루지노, 라파엘로, 레오나르도 다빈치, 티치아노, 베로네세, 카라바조, 귀도 레니 등의 작품 460여 점을 감상할 수 있다.

피나코테카 주요 작품

멜로초 다 포를리 Melozzo da Forli
음악 천사 · 1480

남긴 작품 수는 적지만 아름답고 섬세한 인물 묘사, 완벽한 단축법 구사 등으로 초기 르네상스 회화의 수준을 한 단계 끌어올린 멜로초 다 포를리의 작품. 5명의 천사가 각각의 패널에 전시되어 있다. 원래 로마의 한 성당 천장에 '그리스도 승천'을 표현한 프레스코화의 일부였는데 18세기에 성당 증축을 위해 떼어내 바티칸으로 옮겼다.

라파엘로 산치오 그리스도의 변용 · 1520

넓은 전시실 한쪽 벽에 라파엘로의 작품 3점이 나란히 걸려 있다. 오른쪽부터 〈폴리뇨의 성모〉(1511~1512), 〈그리스도의 변용〉(1518~1520), 〈성모대관〉(1502~1504)으로 그중 〈그리스도의 변용〉은 라파엘로의 유작이다. 작품 상단은 그리스도가 거룩하게 변모하는 모습, 하단은 아픈 아이를 고쳐달라는 사람들과 자신들에겐 그런 능력이 없다고 당황하는 제자들의 모습을 표현하고 있다.

레오나르도 다빈치
성 히에로니무스 · 1482경

성 히에로니무스는 히브리어 성경을 라틴어로 번역한 최초의 인물이다. 그는 광야에서 20년 동안 금욕 생활을 하면서 성경을 번역했다고 알려져 있다. 작품 속 성인은 유혹을 떨쳐내기 위해 돌로 가슴을 내려치려 하고 발치에는 그가 구해준 사자가 보인다. 레오나르도 다빈치의 몇 안 되는 귀한 회화 작품이다.

카라바조
그리스도의 매장 · 1604년경

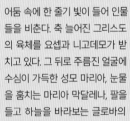

어둠 속에 한 줄기 빛이 들어 인물들을 비춘다. 축 늘어진 그리스도의 육체를 요셉과 니고데모가 받치고 있다. 그 뒤로 주름진 얼굴에 수심이 가득한 성모 마리아, 눈물을 훔치는 마리아 막달레나, 팔을 들고 하늘을 바라보는 글로바의 마리아(추정)가 보인다. 니고데모의 시선은 작품 밖의 관람자를 향하고 있어 보는 사람을 작품 속으로 끌어들인다.

⑦ 솔방울 정원 Cortile della Pigna

높이 4m의 솔방울 청동상이 있어 솔방울 정원이라 불린다. 이 조각은 원래 판테온 근처에 위치한 이시스 신전에 장식되어 있었다고 한다. 정원 중앙에는 이탈리아의 현대 조각가 아르날도 포모도로Arnaldo Pomodoro의 작품 〈구 안의 구〉가 놓여 있다. 깨지고 찢기고 파괴된 지구를 표현한 작품이다. 솔방울 정원엔 평은 좋지 않지만 카페가 있고 곳곳에 벤치가 놓여 있어 한숨 돌리기 좋다. 시스티나 예배당 내부에선 작품 해설을 할 수 없기 때문에 대부분의 가이드 투어팀은 솔방울 정원에서 설명을 하고 이동한다.

⑧ **피오 클레멘티노 박물관** Museo Pio Clementino

바티칸 박물관을 이루는 여러 전시관 중 가장 규모가 크다. 1771년 교황 클레멘스 14세가 세웠고 그의 후임자인 교황 비오 6세가 대대적으로 확장했다. 시스티나 예배당으로 가기 위해선 피오 클레멘티노 박물관의 전시실들을 거쳐야 한다.

● **팔각 정원** Cortile Ottagono

〈라오콘 군상〉, 〈벨베데레의 아폴로〉, 〈강의 신〉 등 바티칸 박물관에서 가장 중요한 고대 그리스 로마 시대의 조각이 전시되어 있다.

벨베데레의 아폴로(기원전 4세기경에 만든 그리스 청동상의 서기 2세기 중반 로마 시대 복제품)

율리오 2세가 추기경 시절부터 소장한 작품이고 적어도 1508년부터 벨베데레 정원(현재 솔방울 정원 일부를 포함)에 전시되었을 것으로 추정한다. 아폴로는 방금 화살을 쏜 궁수의 모습으로 표현되었고 균형 잡힌 몸매와 정확한 비례가 돋보인다. 2024년 현재 복원 공사 중이라 천막으로 가려져 있다.

라오콘 군상(그리스 조각상의 로마 시대 복제품)

1506년 에스퀼리노 언덕 인근의 포도밭에서 발견되었다. 교황 율리오 2세는 즉시 작품을 구매해 벨베데레 정원에 전시했고 이 작품은 바티칸 박물관의 제1호 소장품이 되었다. 트로이의 신관 라오콘과 그의 아들들은 그리스를 응원하는 아테나와 포세이돈이 보낸 바다뱀의 공격에 괴로워하고 있다. 터질 것 같은 근육, 격정적인 움직임과 표정이 인상적이다.

● **뮤즈의 방** Sala delle Muse

정원에서 실내로 들어가 '동물의 방Sala degli Animali'을 지나면 뮤즈의 방이 나온다. 티볼리 근처의 로마 시대 빌라에서 발견된 조각상을 전시하기 위해 만들었다. 조각상들은 하드리아누스 황제 시대의 작품이다.

벨베데레의 토르소(기원전 1세기 추정)

카라칼라 욕장 P.112에서 발견되었고 1530년대에 바티칸 박물관의 소장품이 되었다. 로댕의 〈생각하는 사람〉 등 근현대의 예술가에게까지 지대한 영향을 미쳤다. 교황 율리오 2세는 미켈란젤로에게 조각상의 나머지 부분을 완성해 달라고 요청했으나 미켈란젤로는 이대로도 완벽하다며 거절했다. 조각상의 인물은 트로이 전쟁에 참전했던 그리스의 영웅 아이아스로 추정된다.

원형의 방 Sala Rotonda

천장 돔은 판테온의 돔을 모방해 1779년에 만들었
다. 원형의 방을 둘러싼 벽감에는 유피테르로 분한
클라우디우스 황제, 헤라클레스 등의 조각상이 서
있다. 중앙엔 네로 황제의 황금 궁전 유적에서 가져
온 지름 3.5m의 거대한 붉은 대리석 욕조가 있다.
원형의 방을 나오면 긴 복도 형태의 공간인 촛대의
갤러리Galleria dei Candelabri, 태피스트리의 갤러리
Galleria degli Arrazi, 지도의 갤러리Galleria delle Carte
Geografiche를 통과한다. 시스티나 예배당으로 가는
지름길 표지판이 나와도 무시하고 라파엘로의 방으
로 향한다.

촛대의 갤러리

태피스트리의 갤러리

지도의 갤러리

⑨ 라파엘로의 방 Stanze di Raffaello

지도의 갤러리를 지나면 라파엘로의 방이 나온다. 라파엘
로의 방은 교황의 거처 사도궁 2층에 위치하는 4개의 방을
말한다. 교황 율리오 2세는 1508년 라파엘로에게 자신의
집무실 장식을 의뢰했다. 라파엘로가 세상을 떠난 후에도
제자들이 작업을 계속해 1524년에 완성했다. 콘스탄티누
스의 방, 엘리오도로의 방, 서명의 방, 보르고 화재의 방 순
서로 이동한다.

콘스탄티누스의 방 Sala di Costantino

벽에는 기독교를 공인한 콘스탄티누스 1세의 삶에서 이교
도가 패배하고 기독교의 승리를 증명한 4가지 장면('십자
가의 비전', '밀비오 다리 전투', '콘스탄티누스의 세례', '로
마 기증')이 그려져 있다. 천장화의 주제는 '(이교도에 대한)
기독교의 승리'다. 라파엘로 사후 제자들이 완성했다.

엘리오도로의 방 Stanza di Eliodoro

교황의 개인 알현실로 쓰인 방이다. 원래 다른 예술가들
이 작업하고 있었으나 서명의 방의 프레스코화를 보고
깊은 감명을 받은 교황 율리오 2세의 요청에 따라 라파
엘로가 이어받아 완성했다.

서명의 방 Stanza della Segnatura

라파엘로가 처음 작업한 방으로 율리오 2세의 서재 겸
개인 집무실이었다. 인간 지식의 4가지 영역인 철학, 신
학, 시, 법학을 주제로 벽화를 그렸다. 바티칸 박물관에
서 가장 유명한 작품 중 하나이자 전성기 르네상스를 완
벽하게 구현한 걸작으로 평가되는 〈아네테 학당〉(철학)
을 만날 수 있다. 〈아테네 학당〉 맞은편 벽화는 〈성체 논
의〉(신학), 오른쪽 벽화는 〈신학적 덕목과 법〉(법학), 왼
쪽 벽화는 〈파르나소스〉(시)다.

라파엘로 산치오
아테네 학당 · 1508~1511

고대의 가장 유명한 철학자, 과학자, 수학자, 시인 등 54명의 인물이 한자리에 모였다. 배경은 산 피에트로 대성당의 초대 건축 책임자 브라만테의 설계에서 영감을 받아 그렸다. 인물들 뒤 조각상 중 왼쪽은 아폴로, 오른쪽은 미네르바다. 라파엘로는 그림 속 인물들에 당대 예술가의 얼굴을 그려 넣었다.

● 보르고 화재의 방 Stanza dell'Incendio di Borgo
로마 교황청 최고 법원의 회의실로 사용한 방이다. 라파엘로 사후 제자들이 완성했다.

① 플라톤(레오나르도 다빈치를 모델로 함)
② 아리스토텔레스
③ 디오게네스
④ 유클리드(브라만테를 모델로 함)
⑤ 라파엘로
⑥ 헤라클레이토스(그리스의 철학자, 미켈란젤로를 모델로 함)
⑦ 피타고라스
⑧ 히파티아(그리스의 여성 천문학자)
⑨ 알렉산드로스 대왕

⑩ 근현대 미술 컬렉션 Collezione d'Arte Moderna e Contemporanea

라파엘로의 방에서 시스티나 예배당으로 향하는 길목에 자리한다. 지치기도 했고 빨리 시스티나 예배당으로 가고 싶은 마음에 제대로 보지 않고 빠르게 지나가기 일쑤인데 빈센트 반 고흐, 살바도르 달리, 샤갈, 마티스, 프랜시스 베이컨 등의 작품을 만날 수 있다.

⑪ 시스티나 예배당 Cappella Sistina

바티칸 박물관의 하이라이트. 천주교의 수장인 교황을 선출하는 선거인 콘클라베가 열리는 예배당이다. 15세기에 교황 식스토 4세의 명으로 원래 이 자리에 있던 낡은 예배당을 헐고 다시 지었다. 미켈란젤로의 천장화와 〈최후의 심판〉이 유명하고 보티첼리, 페루지노, 라파엘로, 기를란다요 등 르네상스의 거장들이 성당 내부를 장식했다. 양쪽 벽을 따라 의자가 놓여 있지만 방문객에 비해 자리가 턱없이 부족해 항상 경쟁이 치열하다. 내부 촬영은 매우 엄격하게 금지한다.

⑫ 기념품점

시스티나 예배당에서 산 피에트로 대성당으로 바로 이동하면 규모가 가장 큰 출구 쪽 기념품점에 들르지 못한다는 단점이 있다.

⑬ 나선형 계단

1505년에 브라만테가 설계한 계단에서 영감을 받아 1932년에 건축가 주세페 모모Giuseppe Momo가 설계했다. 박물관 내 대표적인 인증 사진 명소다.

⑭ 출구

박물관 관람 후 산 피에트로 대성당을 방문하고 싶으면 산 피에트로 광장으로 가서 줄을 선다. 대성당은 시간당 입장 인원 제한이 없기 때문에 바티칸 박물관보다 기다리는 시간이 짧다.

시스티나 예배당 주요 작품

미켈란젤로 부오나로티
천장화 · 1508~1512

우리나라엔 흔히 '천지창조'로 알려져 있다. 교황 율리오 2세의 의뢰로 1508년에 제작을 시작해 1512년에 완성했다. 실제로 가서 보면 천장이 굉장히 높고(약 20m) 넓어서(가로 13m, 세로 40m) 깜짝 놀라게 된다. 이 작품은 미켈란젤로의 첫 번째 프레스코화로 작업을 위한 비계까지 직접 만들었다. 그는 4년 동안 서서 목과 머리를 뒤로 젖힌 채 작업했는데, 당시 가족에게 쓴 편지에 그 고통이 절절히 드러나 있다. 처음 의뢰를 받았을 때 자신은 조각가이니 회화는 다른 이들에게 맡기라고 고사했던 미켈란젤로였지만, 타고난 천재성과 뛰어난 성실함으로 세기를 뛰어넘는 걸작을 완성했다.
작품 중앙에는 구약 성경에 기록된 창세기의 9가지 일화가 그려져 있는데 주 제단(최후의 심판)으로 갈수록 그림이 점점 단순해지고 눈에 훨씬 잘 들어온다. 주변에는 메시아의 강림을 예지한 유대인 선지자와 그리스 무녀들, 예수의 조상 등을 그렸다.

> 〈최후의 심판〉을 등지고 양쪽에 출구가 있다. 오른쪽 출구는 가이드 투어 팀 전용이며 산 피에트로 대성당으로 바로 갈 수 있다. 왼쪽 출구는 개인 방문자가 이용하는 출구다. 기념품점, 나선형 계단으로 이어진다.

① 빛과 어둠의 분리
② 해와 달의 창조
③ 대지와 물의 분리
④ 아담의 창조
⑤ 이브의 창조
⑥ 원죄와 에덴 추방
⑦ 노아의 번제
⑧ 대홍수
⑨ 노아의 만취
⑩ 리비아의 무녀
⑪ 다니엘
⑫ 쿠마이의 무녀
⑬ 예언자 이사야
⑭ 델포이의 무녀
⑮ 예언자 예레미야
⑯ 페르시아의 무녀
⑰ 에스겔
⑱ 에리트레아의 무녀
⑲ 요엘
⑳ 요나
㉑ 스가랴

미켈란젤로 부오나로티
최후의 심판 · 1536~1541

제단 뒤쪽 벽을 가득 메운 가로 12m, 세로 13.7m 크기의 거대한 작품으로 60대 미켈란젤로의
역작이다. 신성 로마 제국의 로마 약탈에 분노한 교황 클레멘스 7세가 의뢰했으며 교황 바오로
3세 때인 1541년에 완성되었다. 심판자 그리스도를 중심으로 위쪽은 천당, 아래쪽은 지옥으로
표현했다. 완성된 작품을 본 성직자들은 경악을 금치 못했다고 한다. 그림 속 인물 모두 나체로
그려졌기 때문이다. 결국 미켈란젤로 사후 그의 제자 볼테라Volterra가 일부 수정했다.

① 오른손을 든 심판자 예수와 성모 마리아를 성자들이 원형으로 둘러싸고 있다.

② 세례 요한

③ 성 베드로

④ 산 채로 살가죽이 벗겨지고 십자가에 못 박힌 채 참수형을 당해 순교한 사도 바르톨로메오.
　 손에 든 살가죽의 얼굴은 미켈란젤로의 얼굴이다.

⑤ 천국으로 올라가는 이들

⑥ 왼쪽의 천사가 든 작은 책은 천국으로 가는 이들의 목록, 오른쪽의 천사가 든 큰 책은
　 지옥으로 가는 이들의 목록이다.

⑦ 지옥으로 추락하는 이들

⑧ 지옥의 뱃사공 카론

산탄젤로성

Museo Nazionale di Castel Sant'Angelo

로마 패스 적용 명소

산탄젤로성과 도심을 잇는 다리인 산탄젤로 다리는 하드리아누스 황제가 서기 136년경 영묘와 함께 건설했다. 서로마 제국 멸망 후엔 산 피에트로 대성당으로 향하는 수많은 순례자가 이 다리를 건넜다. 1668년에 베르니니가 설계하고 제자들과 함께 만든 수난의 상징을 지닌 10개의 천사상을 추가했다.

서기 134년에서 139년경 하드리아누스 황제가 자신과 가족의 묘지로 건설했고 217년 카라칼라 황제 시대까지 황가의 영묘로 기능했다. 로마 제국이 쇠락하고 외적의 침입이 잦아지며 영묘는 군사 요새로 사용되었다. 산탄젤로(성 천사)란 이름을 얻은 것은 590년경이다. 교황 그레고리오 1세가 로마를 덮친 흑사병이 물러나기를 바라는 기도를 드리다 대천사 미카엘이 성의 상공에서 칼을 칼집에 넣는 환시를 보았다고 전해진다. 이 일을 기리기 위해 건물 꼭대기에 대천사 미카엘의 조각을 세웠다. 14세기부터 교황들은 산 피에트로 대성당과 가까운 산탄젤로성을 다양한 용도로 사용했다. 교황 니콜라오 3세는 유사시에 이용하기 위해 대성당과 산탄젤로성을 잇는 비밀 통로를 만들었고, 1527년 신성 로마 제국 황제 카를 5세의 로마 침공 당시 클레멘스 7세가 실제로 사용했다. 이후 20세기 초반까지 사용하다 박물관으로 개조해 1925년 개관했다. 방문자는 나선형 오르막길을 통해 거대한 원통형 건물을 올라가며 전시를 볼 수 있다. 미카엘 조각이 있는 꼭대기에 오르면 로마 시내가 한눈에 들어온다.

📍 Lungotevere Castello, 50, 00193 Roma 🚶 지하철 A라인 레판토Lepanto역에서 도보 18분, 성 베드로 대성당에서 도보 13분 🕐 화~일 09:00~19:30(입장 마감 18:30) ❌ 월요일, 1월 1일, 12월 25일 💶 일반 €16, 18세 미만 €1, 매월 첫 번째 일요일 무료, 온라인 예약 수수료 €1 📞 +39-06-681-9111
🏠 www.tosc.it/en/artist/museo-nazionale-castel-sant-angelo

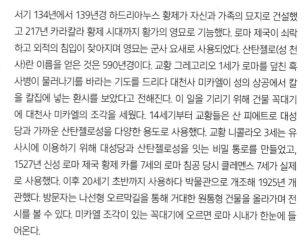

로마 스타일 피자 '핀사' 어때? ⋯⋯⋯ ①

핀사 mpo Pinsa 'm pò!

고대 로마 시대부터 전해 내려오는 조리법을 토대로 만드는 로마 스타일 피자인 핀사를 맛볼 수 있다. 타원형이며 나무 도마에 서브되는 핀사는 토핑은 피자와 비슷하지만 도우의 발효 방식이 다르다. 핀사 mpo의 핀사(€5.5~7)는 크게 토마 토소스가 들어가는 로제rosse와 크림소스가 들어가는 비안케bianche로 나뉘고 다양한 토핑의 조합으로 총 16가지 종류가 있다. 쇼케이스에 있는 핀사를 고르 면 오븐에 데워서 내준다.

📍 Via dei Gracchi, 7, 00192 Roma
🏃 산 피에트로 광장 입구에서 도보 7분,
지하철 A라인 오타비아노Ottaviano역에서
도보 5분 🕐 월~토 10:30~21:00 ❌ 일요일
📞 +39-06-8898-0716 🏠 pinsampo.it

초콜릿 들어간 커피가 명물 ⋯⋯⋯ ②

시아시아 카페 1919 Sciascia Caffè 1919

1937년부터 지금의 자리에서 운영 중인 카페. 매장 한쪽 에서 이탈리아를 대표하는 브랜드의 초콜릿을 모아 판매 한다. 대표 메뉴는 에스프레소에 다크 초콜릿을 넣은 카 페 시아시아(€2.3)로 진한 커피와 진한 초콜릿이 잘 어우 러진다. 이 외에도 다른 카페에선 찾을 수 없는 커피에 초 콜릿을 더한 음료 종류가 다양하다. 크루아상(€1.5)은 크 기가 크고 필링도 가득 들어 있으며 피스타치오 맛이 인 기가 많다. 편하게 쉴 공간은 없지만 방문할 가치가 있는 공간이다.

📍 Via Fabio Massimo, n.80/a, 00192 Roma
🏃 산 피에트로 광장 입구에서 도보 15분, 지하철 A라인
오타비아노Ottaviano역에서 도보 5분
🕐 월~토 07:00~21:00, 일 07:30~21:00
📞 +39-06-321-1580 🏠 www.sciasciacaffe1919.it

매콤한 파니니가 인기 ······ ③
파니노 디비노 Panino Divino

입구에 붙은 수많은 스티커가 맛을 보
증한다. 파니니 종류가 30가지가 넘는
데 우리나라 여행자에게 인기가 많은 건 매
콤하고 달콤한 칠리 잼이 들어간 치로cirò(€8.5). 파니니를 주문
하면 생프로슈토를 호쾌하게 잘라 만드는 모습을 볼 수 있다.
병에 든 칠리 잼(€7.5)은 따로 판매도 한다.

📍 Via dei Gracchi, 11a, 00192 Roma 🚶 산 피에트로 광장 입구에서
도보 7분, 지하철 A라인 오타비아노Ottaviano역에서 도보 5분
🕐 월~토 10:00~17:00 ❌ 일요일 📞 +39-06-3973-7803
🏠 www.paninodivino.it

고단한 일정 후 당 충전 ······ ④
젤라테리아 올드 브리지 Gelateria Old Bridge

바티칸 시국을 둘러보고 당이 떨어진 여행자들이 참새 방앗간
처럼 들르는 젤라테리아. 위치도 바티칸 박물관과 산 피에트로
대성당 중간 지점이다. 젤라토 사이즈는 3가지(€3~6)이며 넘치
도록 듬뿍 담아준다. 어떤 맛을 골라도 실패가 없고 한가한 시
간대에는 추천도 잘해준다. 직원들이 친절하다.

📍 Viale dei Bastioni di Michelangelo, 5, 00192 Roma
🚶 산 피에트로 광장 입구에서 도보 5분, 지하철 A라인 오타비아노
Ottaviano역에서 도보 6분 🕐 월~토 10:00~24:30, 일 11:00~24:30
🏠 gelateriaoldbridge.com

바티칸 투어 전에 들르기 좋은 카페 ······ ⑤
트레 카페 바티카노 Trecaffè - Vaticano

지하철역, 바티칸 박물관의 줄 서는 지점과 가까워 새벽같이 바
티칸 투어를 나서는 여행자가 들르기 좋다. 바에서 마시면 에스
프레소 €1.2, 카푸치노 €1.4, 파니니 €4.5 정도로 가격대도 저
렴하다. 샌드위치, 팬케이크 등 아침 식사 메뉴가 다양하고 세트
메뉴도 있다.

📍 Via Leone IV, 10, 00192 Roma 🚶 산 피에트로 광장 입구에서
도보 7분, 지하철 A라인 오타비아노Ottaviano역에서 도보 4분
🕐 월~목 06:30~16:30, 금·토 06:30~17:30, 일 07:00~16:00
📞 +39-06-3972-3466 🏠 www.trecaffe.it

테르미니역에서
보르게세 공원까지

#테르미니역 #교통의요지 #보르게세공원

콜로세오나 트레비 분수처럼 크게 눈에 띄는 명소는 없지만 로마를
여행하는 사람은 반드시 들르는 구역이다. 특히 역에서 걸어갈 수 있는 성당,
박물관은 여행 첫날이나 마지막 날 시간이 애매하게 뜰 때 방문하기
적당하고, 교통이 편리해 다른 구역과 묶어서 일정을 짜기도 수월하다.

ACCESS

⊂⊃ 테르미니역

⋮ 버스 20~25분

⊂⊃ 보르게세 미술관

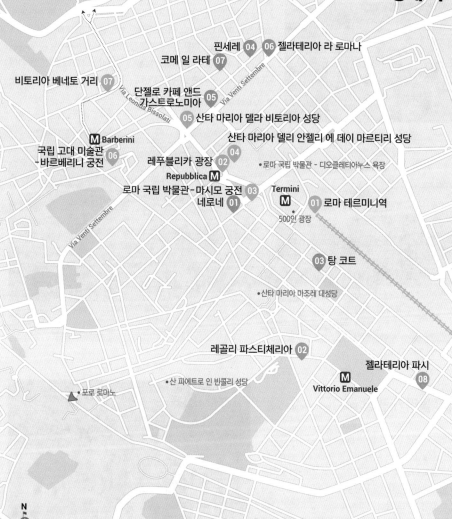

08 보르게세 공원

09 보르게세 미술관

핀세레 04   06 젤라테리아 라 로마나

코메 일 라테 07

비토리아 베네토 거리 07

단젤로 카페 앤드 05
가스트로노미아

Via Leonida Bissolati

Via Venti Settembre

05 산타 마리아 델라 비토리아 성당

M Barberini

산타 마리아 델리 안젤리 에 데이 마르티리 성당

국립 고대 미술관 06
-바르베리니 궁전

레푸블리카 광장 02   04

• 로마 국립 박물관 - 디오클레티아누스 욕장

Repubblica M

로마 국립 박물관-마시모 궁전 03
네로네 01

Termini
M

01 로마 테르미니역

• 500인 광장

Via Venti Settembre

03 탕 코트

• 산타 마리아 마조레 대성당

레골리 파스티체리아 02

젤라테리아 파시

M

08

Vittorio Emanuele

• 포로 로마노

• 산 피에트로 인 빈콜리 성당

N

0   100m

• 산 파올로 푸오리 레 무라 대성당

• 스칼라 산타

• 산 조반니 인 라테라노 대성당 •

San Giovanni M

● 명소   ● 식당/카페

로마 여행의 시작과 끝 ⸺ ①

로마 테르미니역 Roma Termini

원래 이 자리엔 디오클레티아누스 욕장(라틴어로 thermae)이 있었다고 한다. 고대 로마의 대중목욕탕 중 가장 웅장했던 욕장의 유적은 지금도 테르미니역 주변 곳곳에 남아 있다. 이탈리아 전역으로 이동하기가 편하고, 지하철 2개 노선이 만나며, 많은 시내버스 노선이 지나가기 때문에 역 주변에 숙소를 잡는 여행자가 많다. 역 앞 광장은 1887년 에티오피아와의 전투에서 사망한 500명의 이탈리아 병사들을 기리기 위해 친퀘첸토 광장Piazza dei Cinquecento(500인 광장)이라 부른다. 시내버스의 터미널 역할을 하며 시티 투어 버스의 매표소도 모여 있다.

◎ Via Giovanni Giolitti, 40, 00185 Roma

500인 광장

공화국 광장 ⸺ ②

레푸블리카 광장 Piazza della Repubblica

우아한 반원형 열주로 둘러싸였으며 야경이 아름답다. 광장 중앙에 위치한 나이아디 분수Fontana delle Naiadi에는 물의 다양한 형태(대양, 강, 호수, 지하수)를 표현한 님프의 조각상이 있다. 분수에서 열주를 지나 일자로 쭉 뻗은 나치오날레 거리Via Nazionale를 따라가면 황제들의 포룸까지 갈 수 있다. 열주 뒤쪽으로 고급 호텔 등이 위치하지만 노숙자가 많으니 너무 늦게 다니지 않는 게 좋다.

◎ Piazza della Repubblica, 12, 00185 Roma
🚶 지하철 A라인 레푸블리카Repubblica역에서 도보 1분

고대 로마의 유물이 한자리에 ⋯⋯ ③

로마 국립 박물관 - 마시모 궁전

Museo Nazionale Romano - Palazzo Massimo [로마 패스 적용 명소]

시내에 있는 4개의 로마 국립 박물관 중 고대 로마의 생활상을 엿볼 수 있는 유
물을 가장 방대하게 소장하고 있다. 0층에는 중정을 둘러싸고 로마 시대 조각을
전시해놓았고 지하 1층에는 이탈리아에서 가장 규모가 큰 화폐 컬렉션이 전시
되어 있다. 지상 1층에는 박물관에서 가장 유명한 작품인 〈원반 던지는 사람〉 조
각상이 있다. 고대 그리스 조각가 미론이 제작한 청동상을 기원후 2세기경 로마
에서 복제한 작품으로 같은 유형의 작품 중 가장 보존 상태가 좋다. 지상 2층에
서는 아우구스투스의 아내 리비아의 별장에서 떼어온 선명한 프레스코화를 볼
수 있다. 또 다른 박물관은 마시모 궁전에서 도보 5분 거리의 디오클레티아누스
욕장 터Terme di Diocleziano, 나보나 광장 근처의 알템프스 궁전Palazzo Altemps에
위치한다.(크립타 발비Crypta Balbi는 장기 휴관 중)

📍 Largo di Villa Peretti, 2, 00185 Roma 🏃 테르미니역에서 도보 5분 🕐 화~일
09:30~19:00 ❌ 월요일 💶 국립 박물관 통합권(3일 유효) 일반 €12, 국립 박물관
개별권 일반 €8, 18세 미만 무료, 매월 첫 번째 일요일 무료 📞 +39-06-480201

산타 마리아 델리 안젤리 에 데이 마르티리 성당

Basilica di Santa Maria degli Angeli e dei Martiri

레푸블리카 광장 한쪽에 위치하며 외관만 보면 고대 로마의 유적처럼 보인다. 1561년 교황 비오 4세는 고대 로마의 욕장 터에 "가장 복된 성모와 모든 천사 및 순교자"에게 바치는 성당을 짓기로 하고 86세의 미켈란젤로에게 건축을 의뢰한다. 미켈란젤로는 욕장의 구조를 바꾸지 않고 내부에 성당을 통합하는 방식으로 설계했고, 그의 사후 제자들이 작업을 이어받았다. 18세기에 개조를 한 번 했으며 20세기 초에 기존 파사드를 헐고 디오클레티아누스 욕장의 벽면을 다시 끄집어냈다. 일반적인 성당이 세로축이 긴 라틴십자가 형태인 반면, 욕장의 구조를 살린 이 성당은 가로축과 세로축의 길이가 똑같은 그리스십자가 형태에 가깝다.

📍 Piazza della Repubblica, 00185 Roma 🚶 테르미니역에서 도보 9분, 지하철 A라인 레푸블리카Repubblica역에서 도보 2분
🕐 월~금 08:00(토·일 10:00)~13:00, 16:00~19:00 💶 무료
📞 +39-06-488-0812 🏠 www.santamariadegliangeliroma.it

산타 마리아 델라 비토리아 성당

Chiesa di Santa Maria della Vittoria

1620년에 세운 바로크 양식의 성당으로 '승리의 성모'에게 봉헌되었다. 규모는 작지만 코르나로 예배당Cappella Cornaro 에 있는 베르니니의 조각 〈성녀 테레사의 법열(또는 환희)〉 하나만 보기 위해서라도 방문할 가치가 있다. 주 제단 왼쪽에 위치한 코르나로 예배당은 베르니니가 디자인부터 완성까지 총괄한 바로크 미술의 걸작이다. 1647년부터 1652년에 걸쳐 제작한 〈성녀 테레사의 법열〉은 천사가 황금 화살로 심장을 찌르는 생생한 환영을 경험했고 그로 인해 큰 기쁨과 고통을 동시에 느꼈다는 성녀의 자서전 내용을 바탕으로 한다. 코르나르 가문 사람들이 극장의 박스석에서 그 장면을 감상하듯 조각되어 있고, 예배당 상단에 설치된 창문에서 자연광이 들어와 신비로운 분위기를 자아낸다.

📍 Via Venti Settembre, 17, 00187 Roma
🚶 지하철 A라인 레푸블리카Repubblica역에서 도보 5분
🕐 월~토 06:30(일 09:00)~12:00, 16:00~19:00
💶 무료 📞 +39-06-4274-0571

국립 고대 미술관 - 바르베리니 궁전

Gallerie Nazionali di Arte Antica - Palazzo Barberini 로마 패스 적용 명소

바르베리니 가문 출신의 교황 우르바노 8세가 가문을 위해 지은 궁전이다. 보로미니와 베르 니니가 건축에 참여했고 1633년 완공했다. 현 재는 트라스테베레의 코르시니 궁전과 함께 국립 고대 미술관으로 운영한다. 라파엘로, 카 라바조, 티치아노, 귀도 레니, 한스 홀바인 등 13세기부터 18세기까지 활동한 작가들의 작 품 약 1400점을 전시한다. 로마에 워낙 많은 명소가 있어 우선순위에서 밀리곤 하는데, 작 품의 질과 양은 세계 최고 수준이고 다른 미술

나르키소스

라 포르나리아

관에 비해 비교적 여유롭게 명작을 감상할 수 있다. 대표작으로는 라파엘로의 〈라 포르나리아〉(1518~1519), 카라바조의 〈나르키소스〉(1597~1599), 〈홀로 페르네스를 베는 유디트〉(1599년경), 귀도 레니의 〈베아트리체 첸치의 초상〉 (1650년경), 한스 홀바인Hans Holbein의 〈헨리 8세의 초상〉(1540) 등이 있다.

📍 Via delle Quattro Fontane, 13, 00184 Roma
🚶 지하철 A라인 바르베리니Barberini역에서 도보 5분
🕐 화~일 10:00~19:00(입장 마감 18:00)
❌ 월요일, 12월 25일, 1월 1일
💶 일반 €15, 18세 미만 무료, 매월 첫 번째 일요일
무료 📞 +39-06-482-4184
🏠 barberinicorsini.org

홀로페르네스를 베는 유디트

베아트리체 첸치의 초상

로마에서 가장 사치스러운 거리 ······⑦

비토리아 베네토 거리
Via Vittorio Veneto

바르베리니 광장Piazza Barberini에서 보르게세 공원 앞 핀치아나 문Porta Pinciana까지 750m 정도 되는 길이다. 5성급 호텔, 고급 레스토랑 등이 모인 로마에서 가장 화려한 거리. 1950년대와 1960년대에 오드리 헵번, 코코 샤넬, 장 콕토 등 유명 인사들이 방문하며 더욱 유명해졌고 페데리코 펠리니의 영화 〈달콤한 인생〉의 주요 배경이 되었다. 바르베리니 광장 중앙에 있는 트리토네 분수Fontana del Tritone는 교황 우르바노 8세의 의뢰를 받아 1643년경 베르니니가 만들었다. 돌고래의 꼬리 쪽에 바르베리니 가문의 상징인 꿀벌이 있다.

🚶 지하철 A라인 바르베리니Barberini역에서 보르게세 공원 앞 핀치아나 문까지

로마의 오아시스 ······⑧

보르게세 공원 Villa Borghese

로마 도심과 인접한 공원 중 가장 넓다. 17세기에 현재 보르게세 미술관으로 쓰이는 빌라 보르게세의 정원으로 조성되었고 1903년 로마시에서 매입해 공원으로 개방했다. 공원 내부에는 미술관, 동물원, 경마장, 영화관, 신전 유적, 호수, 놀이터, 자전거 대여소 등 다양한 시설이 위치하며 길목마다 안내판이 마련되어 있다. 공원에 있는 매점은 가격대가 비싸니 물이나 간식은 미리 준비하는 게 좋다. 여행자가 많이 찾는 보르게세 미술관부터 핀초 언덕까지는 걸어서 15분 정도 걸린다.

🚶 테르미니역 앞 500인 광장에서 버스로 20~25분, 포폴로 광장에서 핀초 언덕을 지나 도보 15분

보르게세 미술관 Galleria Borghese `로마 패스 적용 명소`

보르게세 공원의 북동쪽 끄트머리에 위치한다. 1903년 개관했고 로마에서 두 번째로 많은 작품을 소장한 미술관이다. 교황 바오로 5세의 조카이자 베르니니의 후원자 시피오네 보르게세 추기경의 컬렉션에서 출발했고, 고대 로마의 조각부터 베르니니, 라파엘로, 보티첼리, 티치아노, 카라바조, 루벤스 등의 작품을 감상할 수 있다. 귀족 가문의 별장으로 지은 건물이라 실내 장식도 굉장히 화려하다. 예약하지 않으면 관람이 힘드니 반드시 예약하고 방문하자. 운이 좋으면 현장 발권이 가능하지만 최근에는 방문객이 늘어 그마저도 개관 전에 '오픈 런'을 해야 가능하고 현장 발권을 하지 않는 날도 있다. 예약하는 날로부터 30일 후의 입장권까지 예약할 수 있고, 로마 패스가 있는 사람은 별도의 예약 사이트(romapass.ticketone.it/en)를 통해 예약해야 관람할 수 있다. 마지막 입장시간(17:45~19:00, 1시간 15분 관람 가능, €10) 입장권이나 이탈리아어·영어 가이드 투어가 딸린 입장권(€23)이 그나마 경쟁이 덜한 편이다.

📍 Piazzale Scipione Borghese, 5, 00197 Roma 🏃 보르게세 공원 내
🕐 화~일 09:00~19:00(입장 마감 17:45) ✖ 월요일 💶 일반 €13, 18~25세
€2, 온라인 예약 수수료 €2, 매월 첫 번째 일요일 무료 📞 +39-06-841-
3979 🏠 www.ticketone.it/en/artist/galleria-borghese/galleria-
borghese-2253937

보르게세 미술관
꼼꼼하게 둘러보기

입구로 들어가면 지하 1층으로 이어지고 지하에 매표소, 기념품점, 카페, 짐 보관소,
화장실이 있다. 관람시간은 2시간으로 정해져 있다. 퇴장시간 즈음에 맞춰
안내방송을 하고 관람객을 전부 내보낸 후 다음 시간의 관람객을 입장시킨다.
지각하면 그만큼 관람시간이 짧아지니 입장시간 전에 가서 짐을 맡기고 줄을 서 있자.

잔 로렌초 베르니니
Gian Lorenzo Bernini

〈아폴론과 다프네〉, 〈페르
세포네의 납치〉는 미술관의
대표작이다. 그 외에도 〈다
비드〉, 〈시피오네 보르게세
추기경 흉상〉, 〈자화상〉 등
10점을 감상할 수 있다.

아폴론과 다프네
• 1622~1625

맞은 직후 처음 본 사람을
사랑하게 되는 아모르의 황
금 화살을 맞은 아폴론, 맞
은 직후 처음 본 사람을 싫
어하게 되는 아모르의 납 화
살을 맞은 다프네. 베르니니
는 다프네가 아폴론의 손아
귀에 붙들리는 순간 아버지인 강의 신에게 간청해 월계수
로 변하는 바로 그 순간을 극적으로 표현했다.

페르세포네의 납치
• 1621~1622

지하 세계를 다스리는 플
루토(그리스 신화의 하데
스)가 봄과 씨앗의 여신
페르세포네에게 반해 억
지로 끌고 가는 순간을 표
현했다. 페르세포네를 움
켜잡은 손의 핏줄과 눌린
피부의 표현 등이 대리석으로 만든 작품이라고 생각되지
않을 정도로 생생하다.

카라바조 Caravaggio

시피오네 추기경은 카라바조의 작품도 열정적으로 수집했다. 〈과일 바구니를 든 소년〉, 〈병든 바쿠스〉, 〈골리앗의 머리를 들고 있는 다비드〉 등 6점을 감상할 수 있다.

과일 바구니를 든 소년 • 1593~1595

카라바조의 초기작으로 동료 화가를 모델로 그렸다. 당시 정물화는 회화 가운데 가장 급이 낮다는 평을 들었지만 카라바조의 과일 바구니는 그를 싫어하던 사람들마저 실력을 인정할 수밖에 없을 정도로 생생하게 살아 있다.

티치아노 베첼리오 Tiziano Vecellio
신성한 사랑과 세속적인 사랑 • 1515~1516

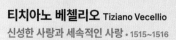

작품 곳곳에 숨겨진 의미가 많아 다양한 해석이 가능하다. 옷을 입은 비너스는 세속적인 사랑, 나체의 비너스는 신성한 사랑을 나타낸다. 신성한 사랑은 순수하기 때문에 옷을 걸쳐 스스로를 꾸밀 필요가 없다는 뜻을 담고 있다.

안토니오 카노바 Antonio Canova
승리의 비너스로 묘사된 파올리나 보나파르트 • 1808

파올리나 보나파르트는 나폴레옹의 여동생이며 이 조각상은 남편인 카밀로 보르게세의 의뢰로 제작했다. 그녀의 손에 들린 사과는 파리스의 심판에서 비너스가 승리를 거둔 사실을 표현한다.

리얼 가이드

바티칸의 또 다른 영토,
로마의 대성당 성지순례

바티칸 외부에도 바티칸의 영토로 인정되는 구역이 있는데, 그중에는 산 피에트로 대성당과 함께
'로마의 4대 대성당(또는 교황 대성당)'으로 불리는 성당들이 있다. 초기 기독교의 역사에서
중요한 역할을 했던 대성당들은 1980년에 유네스코 세계 문화유산으로 등재되었다. 아우렐리아누스 성벽 밖에
위치한 산 파올로 푸오리 레 무라 대성당을 제외하면 테르미니역에서 걸어서 갈 수 있는 거리에 위치한다.

한여름 '눈의 기적'이 만든 성당
산타 마리아 마조레 대성당 Basilica Papale di Santa Maria Maggiore

서방 기독교 세계에서 처음으로 성모 마리아에게 바친 성당. 전설에 따르면, 서기
352년 자녀가 없어 걱정하던 부유한 로마 귀족 부부의 꿈에 성모가 나타나 "내일
아침 눈 내리는 곳에 성당을 지으면 소원이 이루어질 것이다"라고 알려주었다. 같
은 꿈을 꾼 교황 리베리오가 다음 날 에스퀼리노 언덕에 가보니 눈이 쌓여 있었고
그 자리에 성당을 지었다. 지금도 매년 8월 5일 '눈의 기적'을 기념하는 행사가 열
린다. 성당은 수세기 동안 여러 번 개축했으며, 내부 천장은 아메리카 대륙에서 유
럽에 처음으로 가져온 금으로 장식했다. 주 제단에는 예수 탄생 때 사용한 구유로
알려진 성유물이 보관되어 있고, 주 제단 왼쪽에 베르니니의 묘가 있다.

📍 Piazza di Santa Maria Maggiore, 00100 Roma 🏃 테르미니역에서 도보 8분
🕐 월~토 09:00~18:00, 일 12:30~17:30 💶 무료 📞 +39-06-6988-6800
🏠 www.basilicasantamariamaggiore.va/it.html

전 세계 모든 교회의 어머니
산 조반니 인 라테라노 대성당
Basilica di San Giovanni in Laterano

콘스탄티누스 1세가 기독교를 공인한 직후 세워졌으며 324년에 축성되었다. 로마 시내의 성당 중 가장 오래된 대성당이고, 로마 교구의 주교좌성당으로 산 피에트로 대성당보다 지위가 높다. 주 제단의 발다키노 바로 아래에는 교황만이 미사를 집전할 수 있는 교황 제대가 있다. 중앙 통로 양옆으로 보로미니가 설계한 벽감에는 12사도의 성상이 놓여 있다. 대성당 옆에 위치한 라테라노 궁전(현재 박물관)은 교황의 거처가 바티칸으로 정해지기 전까지 약 1000년 동안 교황이 기거하던 장소였다.

📍 Piazza. San Giovanni In Laterano, 00184 Roma
🏃 지하철 A·C라인 산 조반니San Giovanni역에서 도보 6분
🕐 07:00~18:30 💶 무료 📞 +39-06-6988-6433

산 조반니 인 라테라노 대성당 길 건너에는 '성스러운 계단'이란 뜻을 가진 스칼라 산타Pontificio Santuario della Scala Santa가 있다. 콘스탄티누스 1세의 어머니 헬레나의 요청으로 예루살렘의 총독 관저에서 계단을 옮겨왔고, 예수가 사형 선고를 받던 날 오르내렸던 계단이라고 전해진다. 지금도 수많은 신자가 무릎으로 28개의 돌계단을 오른다. 계단이 있는 내부의 사진 촬영은 엄격하게 금지된다.

📍 Piazza di S. Giovanni in Laterano, 14, 00185 Roma
🕐 월~금 06:00(토·일 07:00)~13:30, 15:00~18:30
💶 일부 유료 🏠 www.scala-santa.com

산 파올로 푸오리 레 무라 대성당
Basilica di San Paolo fuori le Mura

로마에서 산 피에트로 대성당 다음으로 규모가 큰 성당이다. 4대 대성당 중 유일하게 로마 도심의 경계인 아우렐리아누스 성벽 밖fuori le mura에 위치한다. 4세기에 콘스탄티누스 1세의 주도로 성 바오로가 묻혔다고 전해지는 장소에 세워졌다. 열주로 둘러싸인 회랑에 성 바오로의 동상이 서 있다. 중앙 통로의 거대한 화강암 기둥 위쪽에 역대 교황의 원형 모자이크 초상화가 장식되어 있다. 기념품점이 넓고 카페, 화장실이 잘 갖춰져 있다.

📍 Piazzale San Paolo, 1a, 00146 Roma 🏃 지하철 B라인
바실리카 산 파올로Basilica S. Paolo역에서 도보 7분
🕐 07:00~18:30 💶 무료 📞 +39-06-6988-0800
🏠 www.basilicasanpaolo.org

뿔 달린 모세상이 있는 성당
산 피에트로 인 빈콜리 성당
Basilica of San Pietro in Vincoli

성 베드로가 예루살렘 감옥에 갇혔을 때 그를 묶었던 쇠사슬vincoli을 보관하기 위해 5세기 중반경 지었다. 미켈란젤로의 3대 조각상 중 하나로 평가받는 모세상(1513)을 볼 수 있는데, 모세 머리의 뿔은 번역의 오류로 인해 생긴 결과물이다. 4대 대성당은 아니지만 산타 마리아 마조레 대성당과 가까워 함께 둘러보기 좋다.

📍 Piazza di San Pietro in Vincoli, 4/a, 00184 Roma
🏃 지하철 B라인 카보우르Cavour역에서 도보 4분, 산타 마리아 마조레 대성당에서 도보 10분 🕐 월~토 07:15~12:20(일 09:00~12:00), 15:00~17:50 💶 무료

모든 메뉴 추천! ······· ①

네로네 Nerone

전채부터 디저트까지 모든 메뉴가 고르게 맛있다. 로마의 다른 음식점에 비해 간이 짜지 않은 편이다. 이메일, 전화, 방문 예약만 가능하며 저녁 6시 이전에 방문하면 기다리지 않고 식사를 할 수 있다. 직원이 모두 친절하고 담당 테이블 하나씩 세심하게 신경 쓴다. 퍼스트 코스의 메뉴 중 알리오 올리오(€15, 메뉴판 표기 4)와 카르보나라(€16, 메뉴판 표기 5)가 우리나라 여행자에게 인기가 많다. 탄산음료 가격이 비싸지만 물은 무료로 주고 와인 추천을 잘해준다. 자릿세 €2.

📍 Via del Viminale, 7A, 00184 Roma
🚶 테르미니역에서 도보 8분, 지하철 A라인 레푸블리카Repubblica역에서 도보 5분
🕐 월~토 16:30~22:00 ❌ 일요일
📞 +39-06-488-0737
🏠 neronealviminale.it

로마 100년 가게의 디저트 ······· ②

레골리 파스티체리아 Regoli Pasticceria

1916년에 개업해 100년 넘게 사랑받고 있는 디저트 전문점. 가게 벽에 역사와 명성을 보여주는 기사가 붙어 있고 현지인도 아침 일찍부터 줄을 서서 사 먹는다. 대표 메뉴인 마리토초(€3.5), 산딸기 타르트(€7)는 점심시간만 지나도 품절되는 날이 많다. 브리오슈 빵을 갈라 우유 크림을 가득 채운 마리토초는 달콤하면서 고소하다. 입구가 2개인데 'PASTICCERIA'라고 쓰인 베이커리에서 빵을 사고 바로 옆 카페에서 커피(카푸치노 €1.5)를 주문하면 빵을 먹을 수 있다. 카페에선 미니 마리토초를 판매한다.

📍 Via dello Statuto, 60, 00185 Roma 🚶 테르미니역에서 도보 13분, 산타 마리아 마조레 대성당에서 도보 5분
🕐 월·수~일 07:00~14:00, 16:00~19:00 ❌ 화요일
📞 +39-06-487-2812 🏠 www.pasticceriaregoli.com

골라 먹는 재미가 있는 중식 ……③
탕 코트 T'ang Court

현지인도 즐겨 찾는 깔끔한 중식당. 면 요리와 볶음밥 종류는 어떤 메뉴를 시켜도 한국인 입맛에 잘 맞는다. 소고기 볶음밥(€8.5)은 간이 많이 세지 않다. 탕수육, 베이징 덕, 마파두부 등 요리 종류가 다양한데 양이 좀 적게 나오는 편. 그래도 비슷한 분위기의 이탤리언 레스토랑보다는 저렴하다. 자릿세 €2.

📍 Via Filippo Turati, 54, 00185 Roma 🚶 테르미니역에서 도보 5분 🕐 월·수~일 12:00~15:00, 18:00~22:00 ❌ 화요일 📞 +39-06-8398-8804

테르미니역 근처 피자 맛집 ……④
핀세레 Pinsere

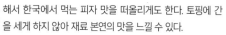

넓진 않지만 매장 내외부에 앉을 자리가 있다. 쇼케이스 안에 있는 피자(€5~7.5)를 고르면 오븐에 데워서 내어준다. 피자 도우가 나폴리 스타일보다 살짝 두껍고 토핑이 다양해서 한국에서 먹는 피자 맛을 떠올리게도 한다. 토핑에 간을 세게 하지 않아 재료 본연의 맛을 느낄 수 있다.

📍 Via Flavia, 98, 00187 Roma 🚶 테르미니역에서 도보 18분, 지하철 A라인 레푸블리카Repubblica역에서 도보 10분 🕐 월~금 10:00~21:00 ❌ 토·일요일 📞 +39-06-4202-0924

아침 식사부터 브런치까지 ……⑤
단젤로 카페 앤드 가스트로노미아
D'Angelo Caffè & Gastronomia

현지인의 사랑방 같은 카페. 바에서 마실 때와 테이블에서 마실 때의 가격이 같다. 주변의 다른 카페보다 저렴하다. 아침엔 크루아상(€1.7)과 카푸치노(€1.3)로 식사하는 사람이 많다. 점심시간 즈음 쇼케이스에 파니니, 채소나 달걀 요리 등이 채워져 브런치를 즐기는 사람이 많다.

📍 Via Venti Settembre, 25, 00185 Roma 🚶 테르미니역에서 도보 15분, 지하철 A라인 레푸블리카Repubblica역에서 도보 7분 🕐 월~금 06:00~16:00, 토·일 07:00~15:00 📞 +39-06-4201-0325

중동까지 진출한 젤라토 맛! ······ ⑥

젤라테리아 라 로마나 Gelateria La Romana

북부의 해안 도시 리미니Rimini에서 1947년에 개업해 유럽 전역, 중동까지 진출했다. 로마에 6개의 매장이 있으며 테르미니역 근처 지점이 가장 처음 생겼다. 젤라토(€3~5) 맛이 이탈리아어로만 적혀 있고 뚜껑이 덮여 있어 고르기 어려운데 홈페이지에 사진과 영어 설명이 있다. 현지인도 줄 서서 먹는 집인 만큼 어떤 맛을 골라도 실패가 없다. 앉을 자리가 많지는 않다.

📍 Via Venti Settembre, 60, 00184 Roma 🚶 테르미니역에서 도보 17분, 지하철 A라인 레푸블리카Repubblica역에서 도보 11분
🕐 일~목 12:00~24:00, 금·토 12:00~25:00 📞 +39-06-4202-0828
🏠 www.gelateriaromana.com/34-gelateria-roma.php

우유 맛 진한 젤라토 ······ ⑦

코메 일 라테 Come il Latte

우유 베이스의 젤라토(€3~8) 종류가 많고 맛이 진하다. 무가당 젤라토도 있다. 매장에서 직접 구운 와플 콘으로 변경 가능하고, 젤라토를 주문하면 기본적으로 초콜릿 코팅한 와플 과자 하나를 무료로 준다. 우유 맛과 솔티드 캐러멜 맛이 인기가 많다.

📍 Via Silvio Spaventa, 24/26, 00187 Roma
🚶 테르미니역에서 도보 20분, 지하철 A라인 레푸블리카 Repubblica역에서 도보 10분 🕐 일~목 12:00~23:00,
금·토 12:00~24:00 📞 +39-06-4290-3882

로마에서 가장 저렴한 젤라테리아 ······ ⑧

젤라테리아 파시 Gelateria Fassi

1880년에 개업한 오랜 세월 사랑받은 곳으로 로마에서 가장 저렴하게 젤라토(€2~3.5)를 맛볼 수 있다. 실내가 넓어 종류를 고르기 편하고 앉을 자리도 많다. 파시의 명물은 쌀알이 톡톡 씹히는 고소한 쌀 맛(리소riso) 젤라토. 손님이 원하면 젤라토 위에 생크림을 듬뿍 얹어준다.

📍 Via Principe Eugenio, 65-67, 00185 Roma 🚶 테르미니역에서 도보 16분 🕐 월~토 12:00~24:00, 일 10:00~24:00
📞 +39-06-446-4740 🏠 www.gelateriafassi.com

물소리와 녹음 속에 쉬어가는

티볼리 Tivoli

로마에서 북동쪽으로 약 30km 떨어진 티볼리는 고대부터
황제와 귀족들의 휴양지로 널리 사랑받았다. 시내를 흐르는 아니에네강은
테베레강의 지류 중 하나이며 수질이 좋아 고대 로마 시대
수도의 수원이었다. 맑은 물과 녹음에 둘러싸인 티볼리는 현지인도 즐겨 찾는
당일치기 여행지 중 하나다. 티볼리의 명소 중 빌라 아드리아나는
1999년, 빌라 데스테는 2001년 유네스코 세계 문화유산으로 등재되었다.

가는 방법

로마 지하철 B라인 폰테 맘몰로Ponte Mammolo역에서 티볼리로 가는 코트랄버스Cotral bus를 탈 수 있다. 버스 매표소는 지하철역 개찰구가 있는 지하 1층에 있다. 티볼리에서는 버스표 파는 곳을 찾기 힘드니 왕복으로 구매하는 게 좋다. 버스 승차장은 지상에 있으며 자판기 위 전광판에서 승차장 번호를 확인할 수 있다. 버스를 탈 때 운전석 옆 개찰기에 승차권을 넣어 탑승 일시를 개찰하는 걸 잊지 말자. 코트랄버스의 시간표, 정류장 위치는 코트랄버스의 애플리케이션에서 확인한다.

로마 폰테 맘몰로역 버스 정류장 ········· 코트랄버스 50분~1시간, €2.2 ········· **빌라 데스테**

로마 폰테 맘몰로역 버스 정류장 ····· 코트랄버스 30분 이상+도보 20분, €1.3 ····· **빌라 아드리아나**

여행 방법

로마에서 출발한 코트랄버스는 빌라 아드리아나, 빌라 데스테 순으로 정차하기 때문에 빌라 아드리아나를 먼저 보고 빌라 데스테로 이동하는 게 효율적이다. 빌라 아드리아나에서 빌라 데스테까지 티볼리 시내버스(CAT) 4번을 타면 10분 정도 소요된다. 요금(€1.5)은 탈 때 현금으로 내거나 무니고 애플리케이션으로 승차권을 구입한 후 보여준다. 빌라 데스테 주변에 음식점, 기념품점이 모여 있고 로마로 돌아오는 코트랄버스를 타기도 편하다.

로마 황제의 취향

빌라 아드리아나 Villa Adriana

로마 제국의 전성기를 이끌었던 오현제 중 한 명인 하드리아누스 황제가 서기 120년경 지은 별장이다. 서로마 제국 멸망 후 버려진 빌라는 이폴리토 2세 추기경이 빌라 데스테를 건설할 때 장식할 조각상을 찾기 위해 발굴 작업을 지시하면서 다시 주목받았고, 19세기 이후 계속해서 발굴을 진행 중이다. 매표소에서 나눠주는 지도에 여러 가지 관람 경로가 안내되어 있고 부지가 넓어 가장 짧은 경로도 2시간 정도 걸린다. 빌라 내 건물 중 나일강 삼각주에서 영감을 받아 만든 연회장 카노푸스와 세라피움canopo e serapeo, 원형의 해상 극장teatro marittimo은 놓치지 말자.

📍 Largo Marguerite Yourcenar, 1, 00010 Tivoli 🏃 로마 폰테 맘몰로역 버스 정류장에서 코트랄버스를 타고 약 30분, 하차 후 도보 약 20분 🕐 하절기 08:15~19:30, 동절기 08:15~17:00, 1시간 15분 전 입장 마감 💶 일반 €12, 18세 미만 무료, 매월 첫 번째 일요일 무료 📞 +39-0774-530203
🏠 www.coopculture.it/en/products/ticket-for-villa-adriana

분수의 저택
빌라 데스테 Villa d'Este

페라라의 에스테 가문 출신인 추기경 이폴리토 2세가 1550년 교황의 명을 받아 티볼리 주지사로 임명된 후 자신의 거처로 지은 저택이다. 티볼리와 주변 지역이 훤히 내려다보이는 고지대에 위치한 저택은 빌라 아드리아나를 발굴한 건축가 피로 리고리오Pirro Ligorio가 설계한 후기 르네상스를 대표하는 아름다운 정원으로 유명하다. 매표소를 지나면 지상층을 포함해 3층 규모 저택의 2층으로 이어진다. 저택 내부는 화려한 프레스코화로 꾸며져 있다. 빌라 데스테의 백미인 정원엔 500여 개의 분수가 있다. 정원은 상층부와 하층부로 나뉘며, 저택에서 아래로 내려가면서 분수를 볼 수 있다. 오르간 분수, 올빼미 분수, 100개의 분수 등 비슷한 모양의 분수가 단 하나도 없으며 그늘이 많고 계속 물이 흘러 여름에도 시원하다. 기술적인 문제나 가뭄 등으로 분수가 분출하지 않을 때도 있는데 별도의 공지가 없어 직접 가야만 알 수 있다.

📍 Piazza Trento, 5, 00019 Tivoli 🚶 빌라 아드리아나 매표소 앞 버스 정류장에서 티볼리 시내버스(CAT) 4번을 타고 10분
🕐 하절기 화~일 08:45(월 14:00)~19:15, 동절기 화~일 08:45(월 14:00)~17:15, 1시간 전 입장 마감 ❌ 1월 1일, 12월 25일
💶 일반 €15(분수가 나오지 않을 때 €12), 18세 미만 무료, 매월 첫 번째 일요일 무료
🏠 www.coopculture.it/en/products/ticket-for-villa-deste

로마로 가는 코트랄버스는 빌라 데스테에서 도보 5분 거리에 위치한 주세페 가리발디 광장 옆에 위치한 주차장(구글 맵스 검색어 Parcheggio Della Panoramica) 앞 버스 정류장에서 탈 수 있다.

슬로시티 운동이 시작된 도시

오르비에토 Orvieto

#슬로시티 #화이트와인 #절벽위마을

지역 고유의 음식 지키기를 넘어 일상생활 전체에 느림을 도입하자는
치타슬로Cittaslow 운동 본부가 위치한 도시. 이 지역에는 선사 시대부터 사람이
살았던 것으로 보이며, 지금과 같이 절벽 위에 사람이 터를 이루고 산 것은
기원전 10세기 중반경이다. 중세 시대 이후엔 교황의 별장이자 피난처인
교황궁을 지었다. 느리게 흘러가는 도시엔 여전히 중세의 모습이 남아 있고
어느 음식점에서나 오르비에토의 특산품을 맛볼 수 있다. 오르비에토의
화이트 와인은 교황이 특히 즐겨 마시는 것으로 알려져 있다.

오르비에토 가는 방법

로마 테르미니역에서 지역 열차와 인터시티 열차를 타면 오르비에토역까지 환승 없이 한 번에 갈 수 있다. 소요시간은 지역 열차를 타면 1시간 30분 내외, 인터시티 열차를 타면 1시간 10분 내외. 오르비에토역이 최종 목적지가 아닌 경우가 많으니 내릴 역을 지나치지 않도록 주의하자.

지역 열차는 고정 요금이고 인터시티 열차는 탑승일에 가까워질수록 요금이 올라간다. 두 종류의 열차를 합해 하루에 10대 정도 다니고 동절기에는 운행 횟수가 줄어든다. 열차를 타기 전 역 구내에 있는 개찰기를 이용해 승차권에 탑승 일시를 반드시 개찰하자.

오르비에토로 가는 지역 열차는 로마 테르미니역의 1est 또는 2est 승강장에서 탄다. 1번 승강장보다 5분 정도 더 걸어 들어가야 하고 길을 헤맬 수 있으니 시간 여유를 두고 역에 도착해 탑승 준비를 하자.

| 로마 테르미니역 | ⋯⋯⋯⋯⋯ 지역 열차 1시간 30분, €9.45 ⋯⋯⋯⋯⋯ | 오르비에토역 |
| 로마 테르미니역 | ⋯⋯⋯⋯⋯ 인터시티 열차 1시간 10분, €13.9~ ⋯⋯⋯⋯⋯ | 오르비에토역 |

오르비에토역에서 두오모 광장 가기

오르비에토 시가지는 해발 280m(카엔 광장Piazza Cahen)에서 325m 높이의 절벽 위에 자리한다. 역 정면으로 나가면 길 건너편에 푸니콜라레Funicolare 정류장과 코트랄버스의 정류장이 있다. 푸니콜라레를 타면 시가지 입구의 카엔 광장까지 5분이면 갈 수 있다. 푸니콜라레의 배차 간격은 10~15분이며 요금은 €1.3(개찰 후 90분 유효). 승차권은 역 안 매점이나 푸니콜라레 정류장의 매표소에서 구매할 수 있다. 카엔 광장의 푸니콜라레 정류장에서 시가지의 중심인 두오모 광장까지는 걸어서 15분 정도 걸린다. 오르막길이 완만하고 골목이 예뻐 구경하면서 걸어가기 좋지만, 걷기 싫다면 푸니콜라레 정류장 바로 앞에 위치한 버스 정류장에서 두오모행 순환 버스Circolare A를 타자. 유효시간이 지나지 않은 푸니콜라레 승차권을 갖고 있다면 별도의 요금 지불 없이 버스를 탈 수 있다.

카엔 광장

오르비에토
여행 방법

오르비에토의 모든 명소는 두오모를 중심으로 걸어서 10분 이내 거리에 모여 있어 서너 시간이면 충분히 둘러볼 수 있다. 사람이 가장 많이 몰리는 두오모 광장을 조금만 벗어나도 한산하고 조용한 소도시의 정취를 느낄 수 있다. 로마에서 출발해 오르비에토와 치비타 디 반뇨레조를 당일치기로 둘러볼 예정이라면 오르비에토와 치비타 디 반뇨레조의 왕복 버스 시간표, 오르비에토에서 로마로 가는 열차 시간을 미리 확인하고 로마에서 가능하면 이른 시간에 출발한다.

두오모 광장

오르비에토역 앞 코트랄버스 정류장

여행 안내소

오르비에토의 여행 안내소는 구글 맵스에 등록되어 있지 않지만 두오모 광장에 있어 찾기 쉽다. 여행 안내소에서 오르비에토 지하 도시의 투어를 신청할 수 있다. 여행 안내소 옆에 두오모 매표소가 있다.

구석기 시대부터 사람이 살았다고 알려져 있는 오르비에토 지하 도시. 여전히 발굴이 진행 중인 공간이며 영어, 이탈리아어 가이드 투어로만 돌아볼 수 있다. 여행 안내소에서 투어를 신청하고 예약한 시간에 지하 도시 입구에서 만나 투어를 시작한다. 투어는 1시간 정도 소요된다.

최후의 심판

기적의 증거를 모신 곳 ⋯⋯⋯ ①

오르비에토 두오모 Duomo di Orvieto

1236년 볼세나Bolsena에 위치한 성당의 미사 중 한 성
직자가 성찬에 나오는 빵과 포도주가 각각 예수의 몸
과 피로 바뀌는 성변화에 의심을 품자 빵에서 피가 뿜
어져 나와 제단의 천을 물들였다는 '볼세나의 기적'을
기리기 위해 세웠다. 1290년에 공사를 시작해 300년
후인 1591년에 완공했고 로마네스크 양식과 고딕 양
식의 조화가 돋보인다. 정면 파사드는 모자이크, 조각
으로 장식되어 있다. 모자이크의 주제는 성모의 일생
으로 중앙에 성모의 대관식이 표현되어 있다. 3개의 출
입문 주위를 장식하는 부조는 성경의 내용을 담고 있
고, 그 위에는 4대 복음서의 저자를 상징하는 천사, 황
소, 사자, 독수리의 청동상이, 중앙 출입문 위에는 성모
자상이 놓여 있다. 주 제단 왼쪽에는 '볼세나의 기적'의
성체포를 모신 성체 예배당이 위치한다. 주 제단 오른
쪽의 산 브리치오 예배당Cappella di San Brizio에서는 미
켈란젤로의 〈최후의 심판〉에 영향을 준 루카 시뇨렐리
Luca Signorelli의 〈최후의 심판〉을 감상할 수 있다. 매표
소는 두오모 입구 맞은편, 여행 안내소 옆에 위치한다.

📍 Piazza del Duomo, 26, 05018 Orvieto 🚶 오르비에토역
앞에서 푸니콜라레를 타고 카엔 광장 정류장에서 하차 후
도보 15분 🕐 월~토 09:30~19:00(1~2·11~12월 17:00,
3·10월 18:00), 일 13:00~17:30(11~2월 16:30)
💶 일반(두오모+두오모 박물관) €5, 10세 미만 무료
📞 +39-0763-341167 🏠 www.duomodiorvieto.it

마리아 막달레나

성 모자

작지만 알찬 공간 ⋯⋯ ②

두오모 박물관 Museo dell'Opera del Duomo

두오모 통합권으로 들어갈 수 있는 박물관은 교황궁Palazzi Papali(구글 맵스 검색어 Museo Archeologico Nazionale di Orvieto)과 솔리아노 궁전Palazzo Soliano 2곳이다. 그중 중요한 보물들이 전시된 교황궁은 두오모를 바라보고 오른쪽에 위치한 골목 안으로 들어가면 입구가 나온다. 놓치지 말아야 할 작품은 루카 시뇨렐리의 〈마리아 막달레나〉(1504)와 시모네 마르티니의 〈성 모자〉. 솔리아노 궁전에는 1970년에 두오모 중앙의 청동 문을 만든 시칠리아 출신 조각가 에밀리오 그레코Emilio Greco의 작품이 전시되어 있다.

📍 두오모에서 도보 2분 🕐 두오모와 동일
🏠 www.museomodo.it

시내 중심의 시계탑 ⋯⋯ ③

모로 탑 Torre del Moro Orvieto

시내 정중앙 가까이 위치한 시계탑이다. 탑의 중간까지는 엘리베이터를 타고 올라갈 수 있고 그 이후엔 계단으로 올라가야 하지만 경사가 완만해 쉽게 올라갈 수 있다. 탑 꼭대기에서 오르비에토 시가지와 주변 풍경이 한눈에 내려다보인다.

📍 Corso Cavour, n° 87, 05018 Orvieto 🚶 두오모에서 도보 5분 🕐 10:00~19:00 💶 일반 €3.8, 6~18세·18~25세 학생 €3, 6세 미만 무료 📞 +39-342-105-2834

옛 성벽을 걸으며 ⋯⋯ ④

오르비에토 시립 정원
Giardini Comunali Di Orvieto

카엔 광장의 푸니콜라레 정류장 옆에 있는 공원이다. 1364년에 지은 성벽의 유적을 활용해 만들었으며, 넓게 잔디가 깔려 있어 현지인의 휴식 공간으로 사랑받고 있다. 남아 있는 성벽을 따라 걸으며 풍경을 감상할 수 있다.

📍 Str. Fontana del Leone, 05018 Orvieto 🚶 카엔 광장의 푸니콜라레 정류장에서 도보 2분 🕐 08:00~19:30

송로버섯 한가득 ······ ①
트라토리아 라 팔롬바 Trattoria la Palomba

1965년에 문을 연 가족 레스토랑으로 오르비에토의 전통 요리를 맛볼 수 있다. 어설픈 번역이지만 한국어 메뉴판이 있으며, 송로버섯을 넣은 요리가 인기가 많다. 송로버섯 파스타Umbrichelli al tartufo(€16)를 주문하면 우동 면처럼 굵은 움브리아 스타일 면에 송로버섯을 갈아 올려준다. 송로버섯 스테이크(€22)도 마찬가지. 예약을 하지 못했다면 오픈 시간에 맞춰 방문하는 걸 추천한다. 자릿세 €2.5.

📍 Via Cipriano Manente, 16, 05018 Orvieto
🚶 두오모에서 도보 6분 🗓 월·화·목~일
12:30~14:15, 19:30~20:00 ❌ 수요일
📞 +39-0763-343395

구시가의 사랑방 ······ ②
로피치나 델 젤라토 L'Officina Del Gelato

모로 탑 바로 옆에 자리한 카페로 현지인도 오며 가며 자주 찾는다. 특별할 건 없지만 직원이 친절하고 커피, 빵, 젤라토 등 모든 메뉴(에스프레소 €1.3, 젤라토 €2.5)가 무난하다. 자릿세가 없고 화장실이 깨끗해 쉬어가기 좋다.

📍 Corso Cavour, 81, 05018 Orvieto 🚶 두오모에서 도보 5분
🕐 월~금 08:00~23:00, 토 08:00~24:00, 일 08:30~22:00
📞 +39-328-123-2762 🏠 www.lofficinadelgelatoorvieto.it

구시가의 좁은 골목마다 오르비에토의 기념품을 파는 가게들이 빼곡하게 모여 있다. 그중 모로 탑에서 두오모 광장까지 뻗어 있는 두오모 거리Via del Duomo가 쇼핑하기 좋다. 오르비에토의 특산품인 화이트 와인을 구매하고 싶다면 두오모 거리의 보테가 베라 오르비에토Bottega Vèra Orvieto를 추천한다.

천공의 성
어쩌면
죽어가는 마을
치비타 디
반뇨레조
Civita di Bagnoregio

애니메이션 〈천공의 성 라퓨타〉의 모티프가 된
아주 작은 마을로 2500년 전부터 에트루리아인이
터를 잡고 살던 곳이다. 마을이 위치한 절벽이
침식으로 점점 깎여 나가면서 '죽어가는 마을'로도
불린다. 실제 거주하는 사람은 평균 10명
남짓으로 사람보다 고양이가 더 많이 보일 정도.
여행 성수기인 여름철에는 인구가 좀 더 늘어난다.
고립된 위치와 불편한 교통 덕분에 중세 시대의
모습이 잘 남아 있다. 한 바퀴 도는 데 10분
정도 걸리는 작은 마을이고 주변에 다른 도시 없이
절벽 위에 우뚝 솟아 있어 전망대에서 시원하게
풍경이 내려다보인다. 성 프란체스코의 전기를
집필했고 프란체스코 수도회 제2의 창설자로
불리는 보나벤투라Sanctus Bonaventura의
고향이라 그를 기리는 성당이 있다.

오르비에토에서 치비타 디 반뇨레조까지

오르비에토역에서 코트랄버스를 타고 가는 방법 외에
는 없다. 버스 정류장은 오르비에토역 길 건너 푸니콜라
레 정류장 앞에 있다. 승차권(€1.3)은 역 안에 있는 매점
에서 판매하니 왕복으로 구매하자. 버스 시간표는 코트
랄버스 애플리케이션으로 미리 확인한다. 검색할 때 오
르비에토는 'orvieto scalo'로, 치비타 디 반뇨레조는
'bannoregio'로 입력해야 시간표를 볼 수 있다. 오르비에
토에서 치비타 디 반뇨레조까지는 버스로 50분 정도 걸
린다.

반뇨레조 버스 정류장에서 마을까지

버스에서 내려 'CIVITA'라고 쓰인 표지판을 따라 20분 정
도 걸어가면 매표소가 나온다. 입장료(€5)를 내고 마을로
가는 유일한 길인 보행자 다리를 건넌다. 다리에서 보는
마을의 모습이 치비타 디 반뇨레조를 대표하는 이미지로
잘 알려져 있다. 오전에 방문하면 역광이라 사진이 잘 나
오지 않는다. 오르비에토로 돌아갈 때는 내렸던 정류장에
서 코트랄버스를 타면 된다.

코트랄버스 시간표(* 일요일엔 운행하지 않으며 시간표는 변동 가능성이 있다.)

오르비에토 → 반뇨레조												
평일	06:30	07:35	08:00	08:40	13:15	14:10	15:55	17:50	18:35			
토요일	06:30	08:00	09:10	13:00	14:10	15:55	17:50	18:30				

반뇨레조 → 오르비에토												
평일	05:20	06:10	06:30	06:50	07:00	10:00	10:10	12:30	13:00	13:10	14:00	14:40	16:00	17:30
토요일	05:30	06:10	06:50	09:55	10:10	12:25	13:00	14:40	17:25			

지극히 성스러운 도시

아시시 Assisi

#성프란체스코 #성녀키아라 #고요한평화

맨발의 탁발 수도사 프란체스코가 나타나기 전까지는,
에트루리아인이 건설하고 로마인의 지배를 받은 주변 마을과
다를 바 없는 시간을 보낸 평범한 마을이었다. 천주교 신자뿐만
아니라 종교를 믿지 않는 사람도 프란체스코의 일생에
감화되어 그의 고향이자 그가 묻힌 아시시를 찾는다. 도시 전체에
흐르는 고요하고 정적인 기운은 아시시를 찾는 이들에게 평화의
순간을 선사한다. 아시시의 성 프란체스코 성당과 프란체스코회의
유적은 2000년에 유네스코 세계 문화유산으로 등재되었다.

아시시
가는 방법

로마 테르미니역과 피렌체 산타 마리아 노벨라역에서 지역 열차를 타면 아시시역까지 환승 없이 한 번에 갈 수 있다. 로마에서 출발했을 때 소요시간은 2시간 10분 내외이며 하루에 3~5대 정도 운행한다. 요금은 €13.3.

피렌체에서 출발했을 때 소요시간은 2시간 30분 내외이며 하루에 4~6대 정도 운행한다. 요금은 €16.35. 아시시역이 최종 목적지가 아닌 경우가 많으니 내릴 역을 지나치지 않도록 주의하자. 지역 열차는 고정 요금이라 탑승 당일 승차권을 구매해도 된다. 열차에 타기 전에 개찰하는 것을 잊지 말자.

로마 테르미니역	········ 지역 열차 2시간 10분, €13.3(하루 3~5대) ········	아시시역
피렌체 산타 마리아 노벨라역	····· 지역 열차 2시간 30분, €16.35(하루 4~6대) ·····	아시시역

아시시로 가는 지역 열차는 로마 테르미니역의 1est 또는 2est 승강장에서 탄다. 1번 플랫폼보다 5분 정도 더 걸어 들어가야 나오고 길을 헤맬 수 있으니 시간 여유를 두고 역에 도착해 탑승 준비를 하자.

아시시역에서 성 프란체스코 성당 가기

아시시의 시내는 언덕 위에 위치한다. 역에서 시내로 가려면 역 앞에서 C라인lineaC 버스 또는 택시를 탄다. 버스 정류장은 역 정문을 나서자마자 바로 앞에 있으며, C라인 표지판이 2개 있는데 그중 'STAZIONE FS ASSISI'에서 'ASSISI CENTRO' 방향으로 화살표가 되어 있는 표지판의 정류장에서 타야 시내로 간다. 승차권은 역 구내 매점(06:30~12:30, 13:00~19:30)에서 판매하며 요금은 €1.3. 왕복으로 구매하는 걸 추천한다. 참고로 매점에서 짐 보관 업무도 한다. 승차권은 탈 때 개찰기에 넣어 개찰한다. 매점이 닫혀 있어 승차권을 구매하지 못했다면 버스에 탈 때 요금을 지불한다. 역에서 시내까지 버스로 10분 정도 걸린다.

아시시 시내의 정류장

C라인 버스는 시내의 2개 정류장에 정차한다. 내릴 정류장을 헷갈릴까 봐 걱정된다면 종점인 마테오티 아시시 광장Piazza Matteotti Assisi 정류장에서 내리자. 성 프란체스코 대성당까지 걸어서 25분 정도 걸리며 가는 길에 아시시의 주요 명소들을 들를 수 있다. 성 프란체스코 성당과 가까운 정류장은 우니타 디탈리아 광장Piazza Unità d'Italia 정류장이다. 성당까지 걸어서 7분 정도 걸리며 오르막길이다.

우니타 디탈리아 광장 정류장

아시시
여행 방법

아시시의 가장 큰 볼거리는 성 프란체스코 성당이다. 시내의 명소는 성 프란체스코 성당에서 걸어서 20분 내외 거리에 모여 있다. 명소를 오가는 중에 만나는 골목들은 조용하고 운치가 넘친다. 명소 중 산 다미아노 수도원과 산타 마리아 델리 안젤리 성당은 중심부에서 떨어져 있기 때문에 아시시에서 1박 이상 하는 여행자에게 추천한다. 당일치기 여행자는 아시시에서 로마, 피렌체로 돌아가는 열차 시간을 확인한 후 일정을 짜는 걸 추천한다.

수녀원에서 보내는 하룻밤

아시시에는 수녀원에서 운영하는 숙소가 있다. 이탈리아의 그 어떤 숙소보다 숙박비가 저렴하고 조식과 석식까지 포함되어 있다. 화려한 호텔에 비할 바는 아니지만 매우 깔끔하고 한국인 수녀님도 계셔 소통이 원활하다. 구글 맵스에는 'Maria Immacolata Suore Francescane Missionarie di Assisi(Del Giglio)'로 등록되어 있다. 이메일(casamaria.assisi@yahoo.it)로 예약할 수 있다. 메일에 영어로 이름, 성별, 숙박 인원, 체크인·체크아웃 날짜, 식사 선택 여부를 적어 보낸다. 다인실에는 여성만 숙박할 수 있다.

📍 Via San Francesco, 13B, 06081 Assisi 🚶 성 프란체스코 대성당에서 도보 5분
📞 +39-075-812267

프란체스코 수도회의
중심지 ……… ①

성 프란체스코 대성당

Basilica di San Francesco d'Assisi

성 프란체스코가 묻힌 언덕 위에 세운 프란체스코 수도회의 중심지로 연중 순례자들의 발길이 끊이지 않는다. 1226년에 성인이 숨을 거두자 1228년에 교황 그레고리오 9세가 프란체스코를 시성했고, 이를 기리고자 성인이 묻힌 곳에 성당을 짓기로 결정했다. 로마네스크 양식과 고딕 양식이 결합된 성당은 1253년에 완공, 축성되었다. 거대한 성당이 성 프란체스코의 청빈한 삶과 어울리지 않는다는 의견도 있었지만 성인의 업적을 기리며 그의 가르침을 존중한다는 의미로 외관만큼은 간결하게 꾸몄다. 경사면에 지은 건물은 상부 성당, 하부 성당으로 나뉘고 성당 내부에는 조토, 치마부에, 시모네 마르티니 등 거장들의 작품이 빼곡하다. 그중 상부 성당 벽면을 가득 채운 조토의 연작(1297~1300)이 가장 유명하다. 조토는 성 프란체스코의 일생을 주제로 한 28점의 프레스코화를 그렸다. 1997년에 발생한 지진으로 상부 성당의 프레스코화는 큰 피해를 입었다. 벽화는 30만 개 이상으로 산산 조각났고, 8만 개는 아직도 제자리를 찾지 못해 계속해서 복원을 진행 중이다. 지하 묘소에는 성 프란체스코의 유해가 안치되어 있다. 성당 내부 사진 촬영은 엄격하게 금지된다.

📍 Piazza Inferiore di S. Francesco, 2, 06081 Assisi 🚶 우니타 디탈리아 광장 정류장에서 도보 7분 🕐 상부 성당 08:30~18:45, 하부 성당 06:00~19:00, 지하 묘소 06:00~18:30 💶 무료 📞 +39-075-819001 🏠 www.sanfrancescoassisi.org

성흔을 받는 성 프란체스코

새들에게 설교하는 성 프란체스코

아시시의 성 프란체스코

아시시의 성 프란체스코는 시에나의 성녀 카타리나와 함께 이탈리아의 수호성인이다. 그는 1181년 아시시의 부유한 집안에서 태어나 청소년기를 보냈고, 전쟁에서 포로가 되었다 풀려난 후 크게 앓고 나서부터 변하기 시작했다. 세상의 것들에 관심을 거두고 동굴에 찾아가 묵상에 전념하곤 했던 그는 집안의 재산을 털어 산 다미아노 수도원을 수리했고, 이에 크게 노한 아버지 앞에서 하늘에 계신 유일한 아버지 한 분만을 섬길 것이라고 고백했다. 그 후 그를 따르는 사람들이 하나둘 늘어나 '작은 형제들'이란 이름의 공동체를 조직했고, 1209년 교황 인노첸시오 3세가 정식으로 수도회를 인준했다. 그는 평생을 청빈하고 검소한 생활을 했으며 1226년 숨을 거둔 후 성인으로 추대되었다. 모두가 꺼리는 나병 환자에게 기꺼이 옷을 내어주고 작은 동물들에게도 진심을 다해 설교하는 등 헌신적이고 자연을 사랑하는 삶을 살아 기독교 종파를 떠나 폭넓게 존경을 받는다. 그의 상징은 비둘기, 갈색 수도복, 오상(五傷) 등이다.

아시시의 중심 광장 ······ ②

코무네 광장 Piazza del Comune Assisi

아시시의 중심에 위치한 광장이다. 로마 시대에 포룸이 있던 자리에 만들었으며 6개의 코린토스식 기둥이 남아 있는 미네르바 신전이 가장 눈에 띈다. 지금은 성당Chiesa di Santa Maria sopra Minerva ad Assisi으로 쓰이고 있다. 신전 옆 시계탑은 1305년에 완공되었다. 삼거리의 중앙에 놓인 세 마리 사자의 분수는 14세기경 만든 것이다.

♥ Piazza del Comune, 1, 06081 Assisi
🚶 성 프란체스코 대성당에서 도보 15분

성 프란체스코가 세례를 받은 성당 ······ ③

산 루피노 성당 La Cattedrale di San Rufino

로마의 유적이 있던 곳에 세운 로마네스크 양식의 성당. 1253년에 축성되었다. 바닥이 유리로 되어 있어 로마의 유적을 볼 수 있다. 오른쪽 복도 입구 근처에 성 프란체스코, 성녀 클라라, 신성 로마제국 황제 프리드리히 2세가 세례를 받았다는 세례반이 있고, 지하에는 성 프란체스코가 은둔했던 기도실이 있다.

♥ Piazza San Rufino, 3, 06081 Assisi 🚶 성 프란체스코 대성당에서 도보 20분 ⏰ 월~금 10:00~13:00, 15:00~18:00, 토 10:00~18:00, 일 11:00~18:00 ⊖ 성당 무료, 박물관 일반 €4, 14~18세·대학생 €3, 8~13세 €2, 8세 미만 무료, 종탑 일반 €2, 11세 미만 무료, 통합권(박물관+종탑) €5 ☎ +39-075-812283 🏠 www.assisimuseodiocesano.it

움브리아 평원의 풍경을 한눈에 ······ ④

로카 마조레 Rocca Maggiore

아시시에서 가장 높은 곳에 자리한 명소. 12세기부터 요새가 있었다고 전해지며, 지금의 모습은 교황 인노첸시오 4세의 명으로 14세기에 다시 지은 것이다. 내부에 전시실이 있지만 큰 볼거리 없이 휑한 편이고 탑에서 내려다보는 아시시와 움브리아 평원의 풍경이 아름답다. 내부의 탑에 올라가지 않고 요새 앞에서 보는 풍경도 멋지다.

♥ Via della Rocca, 06081 Assisi 🚶 성 프란체스코 대성당에서 도보 25분, 코무네 광장에서 도보 12분 ⏰ 3·10월 10:00~18:00, 4~5월·9월 10:00~19:00, 6~8월 10:00~20:00, 11~2월 10:00~17:00, 45분 전 입장 마감 ❌ 12월 25일 ⊖ 일반 €8 ☎ +39-075-813-8680

성녀 클라라를 모신 성당 ⋯⋯ ⑤
산타 키아라 성당 Basilica di Santa Chiara

성녀 클라라에게 바친 성당으로 성녀가 세상을 떠난 7년 후인 1260년에 완공되었다. 성녀의 시신은 1872년 성당 지하에 새로 지은 봉안실에 안치되어 있으며, 성녀 클라라의 의복, 성 프란체스코의 의복, 성녀 클라라의 동생인 성녀 아녜스의 유물 등을 보관 중이다. 내부 사진 촬영은 엄격하게 금지된다.

📍 Piazza Santa Chiara, 1, 06081 Assisi
🚶 성 프란체스코 대성당에서 도보 20분　🕐 06:30~12:00, 14:00~18:00　💶 무료　📞 +39-075-812216
🏠 www.assisisantachiara.it

소박하고 경건한 수도원 ⋯⋯ ⑥
산 다미아노 수도원 Santuario San Damiano

성 프란체스코가 기도하는 도중 "무너져가는 나의 교회를 고쳐라"라는 음성을 듣고 사재를 들여 수리했고, 여기서 프란체스코회가 출발했다. 그 후 성녀 클라라와 추종자들의 거처가 되었다. 성녀 클라라는 산 다미아노 수도원 2층에서 숨을 거두었고 성녀가 머물던 방에는 백합과 십자가가 놓여 있다. 시내에서 수도원까지 가는 길은 매우 조용해 경건한 마음이 들게 한다. 내부 사진 촬영은 금지된다.

📍 Via San Damiano, 7, 06081 Assisi　🚶 산타 키아라 성당에서 도보 20분
🕐 10:00~12:00, 14:00~18:00(동절기 16:30)　📞 +39-075-812273
🏠 www.santuariosandamiano.org

프란체스코 수도회의 출발점 ⋯⋯ ⑦
산타 마리아 델리 안젤리 성당
Basilica di Santa Maria degli Angeli

원래 이 자리엔 성 프란체스코가 세속의 삶을 포기하고 프란체스코 수도회를 시작하며 직접 지은 작은 성당이 있었는데 수많은 순례자가 방문하며 16세기에 지금의 모습으로 증축했다. 성당 뒤쪽 장미 정원엔 가시 없는 장미가 자라고, 성 프란체스코의 조각상 옆은 항상 흰 비둘기가 지키고 있다고 전해진다.

📍 Piazza Porziuncola, 1, 06081 Santa Maria degli Angeli
🚶 아시시역에서 도보 10분　🕐 07:30~12:30, 15:00~18:30　💶 성당 무료, 박물관 일반 €4, 11~18세 €3, 11세 미만 무료　📞 +39-075-805-1430
🏠 www.porziuncola.org

피렌체와
주변 도시

피렌체가 속한 토스카나주의 역사는 에트루리아인이 터를 잡고 살던 기원전 900년경까지 거슬러 올라간다. 고대 로마와 중세를 거쳐 르네상스 시대엔 피렌체를 필두로 이탈리아의 경제, 문화의 중심지로 주목받았다. 토스카나는 우리나라 여행자가 가장 사랑하는 여행지다. 주도인 피렌체를 거점삼아 시에나, 산 지미냐노, 피사 등 소도시를 여행하기 좋고 리구리아 해변의 휴양지인 친퀘 테레까지 다녀오기도 편하다.

밀라노

베네치아

2시간 10분

지역 열차 2시간 30분

2시간 15분

친퀘 테레
(라 스페치아)

피사

피렌체

지역 열차 1시간 30분,
버스 1시간 30분

시에나

지역 열차 1시간 20분

1시간 40분

로마

3시간

나폴리

＊ 고속열차 기준

일정 짜기
Tip

비수기엔 비교적 한적한 편이지만 연중 고르게 사람이 많고 딱히 피해야 할 시기는 없다. 매년 1월과 6월에 각각 4일 동안 세계 최대의 남성복 패션 위크인 '피티 이마지네 우오모Pitti Imagine Uomo'가 열린다. 날짜는 매년 바뀌므로 홈페이지에서 확인하고 이 시기 여행 예정이라면 숙소는 서둘러 예약한다.

CITY ····①

화사하게 피어난 르네상스의 꽃

피렌체 Firenze

#르네상스발상지 #천재들의도시 #메디치가문

피렌체는 기원전 59년 율리우스 카이사르가 은퇴한 군인을 이주시켜 도시를
건설하게 하면서부터 역사가 시작되었다. 중세 시대에 무역과 금융으로
쌓아 올린 경제력은 문화 예술의 부흥으로 이어졌고, 한 세기에 한 명이
나오기도 힘든 천재들이 피렌체를 무대로 활약하며 르네상스의 문을 열었다.
예술가를 후원하며 르네상스의 최전성기를 이끈 메디치 가문과 천재들의
발자취는 피렌체 시내 구석구석에 고스란히 남았고 '피렌체 역사 지구'는
1982년 유네스코 세계 문화유산으로 등재되었다. 낭만적인 도시이자
많은 이가 이탈리아에서 가장 사랑하는 여행지로 꼽는 피렌체는 시청에서
펄럭이는 깃발 속 백합처럼 언제나 활짝 피어 있다.

피렌체
가는 방법

이탈리아 반도 중북부에 위치한 토스카나주Regione Toscana의 주도 피렌체는 고속열차를 타면 로마, 베네치아, 밀라노까지 2시간 30분 이내로 갈 수 있고 주변 소도시로 연결되는 교통편도 편리하다.

열차

로마 테르미니역에서 피렌체 중앙역인 피렌체 산타 마리아 노벨라역까지 트랜이탈리아와 이탈로의 고속열차를 타면 1시간 30분~2시간 정도 걸린다. 로마-피렌체 구간은 현지인, 여행자 모두 많이 이용하는 구간으로 고속열차가 1시간에 평균 4~7대 정도로 자주 다닌다. 트랜이탈리아와 이탈로의 고속열차 요금은 탑승일에 가까워질수록 비싸지기 때문에 일정이 정해지면 빠르게 예약하는 게 좋다. 인터시티, 지역 열차도 있지만 소요시간이 길고 운행 횟수가 하루에 5~6대로 적은 편이다. 밀라노, 베네치아와 피렌체를 오가는 노선도 승객이 굉장히 많은 구간이다. 운행 횟수가 로마-피렌체 구간보다 적어서 저렴한 좌석은 금방 빠진다.

주요 역에서 피렌체 산타 마리아 노벨라역으로 가는 고속열차 정보

역	트랜이탈리아	이탈로
로마 테르미니역	1시간 3~4대, €19.9~	1시간 1~3대, €14.9~
베네치아 산타 루치아역	1시간 1대, €22.9~	1일 10편 내외, €14.9~
밀라노 첸트랄레역	1시간 1~2대, €21.9~	1시간 1대, €17.9~

고속열차의 운행 경로로 보면 피렌체 산타 마리아 노벨라역은 우리나라의 대전역과 비슷하다. 서울역에서 출발한 KTX가 대전, 대구를 거쳐 부산역까지 가듯이 로마 테르미니역을 출발한 고속열차는 피렌체를 거쳐 북부의 밀라노 또는 베네치아로 향한다. 산타 마리아 노벨라역에서 출발하거나 산타 마리아 노벨라역이 종점인 고속열차도 있긴 하지만 중간 기착지로 거쳐 가는 열차가 더 많다. 따라서 내가 탈 열차가 피렌체가 종점이 아닐 확률이 상당히 높으니 열차를 탈 때는 편명 확인을 제대로 하고 내릴 땐 피렌체를 지나치지 않게 주의하자.

피렌체 산타 마리아 노벨라역 Firenze Santa Maria Novella

보통 'Firenze S. M. Novella' 또는 'Firenze S.M.N'으로 표기한다. 피렌체 산타 마리아 노벨라역은 역사 지구와 매우 가깝다. 두오모 광장까지 걸어서 15분이면 갈 수 있고 역 바로 앞에서 시내버스, 택시, 트램을 탈 수 있어 편리하다. 이용객 수에 비해 역 규모가 작아서 항상 복잡하고 구내에 위치한 음식점을 제외하면 앉아서 쉴 수 있는 공간이 전혀 없다. 매표소가 있는 구역이 그나마 덜 복잡한 편이고, 승강장이 있는 구역은 음식점과 쇼핑 시설이 모여 있어 상당히 붐비기 때문에 소매치기를 조심해야 한다. 승강장에 들어갈 땐 표를 확인한다.

5번 승강장 옆에 화장실(€1)이 있고 짐 보관소는 16번 승강장 쪽에 위치한다. 16번 승강장 맞은편의 계단을 이용해 지하로 내려가면 쇼핑 시설이 있고 망고, 키코, 스타벅스 등이 입점해 있다.

역에는 출구가 3개 있다. 중앙 출구로 나가면 잔디 광장 길 건너편에 바로 산타 마리아 노벨라 성당의 후면, 여행 안내소가 보인다. 16번 승강장 쪽 출구(맥도날드 쪽, Piazza Adua 방향)로 나가면 길 건너에 트램 정류장과 맥도날드가 보인다. 1번 승강장 쪽 출구

(햄버거 전문점 파이브 가이즈 쪽, Via Luigi Alamanni 방향)로 나가면 길 건너에 트램 정류장, 레스토랑 달오스테가 보이고 그 뒤에 시외버스 터미널이 위치한다. 산타 마리아 노벨라역은 단층 구조이며 넓지 않아서 어느 출구로 나가든 역사 지구로 이동하기 어렵지 않다.

◀ 트램
T1, T2
알라만니 스타치오네
(Alamanni Stazione)
정류장

1번 승강장 •

• 16번 승강장

트램 ▶
T1
발폰다
(Valfonda)
정류장

• 화장실(유료)

짐 보관소 •

경찰서 •

트램 ▶
T2
우니타
(Unità)
정류장

짐 보관소 Kipoint
🕐 07:00~21:00 € 최초 4시간 €6, 5~12시간
시간당 €1, 13시간 이후 시간당 €0.5

역 경찰서 Polizia ferroviaria
📍 Piazza della Stazione, 50123 Firenze
🚶 산타 마리아 노벨라역 내부 🕐 24시간

산타 마리아 노벨라 성당, 여행 안내소
▽

버스

로마, 베네치아, 밀라노, 볼로냐 등의 대도시와 피렌체를 오갈 땐 열차를 타는 사람의 비율이 압도적으로 많기 때문인지 대도시를 오가는 고속버스 정류장은 시내 중심에서 멀리 떨어져 있다. 여행자는 시에나, 산 지미냐노, 아웃렛 더 몰 등 피렌체 근교로 나갈 때 버스를 많이 탄다.

아우토리네 토스카네 터미널 Autostazione Autolinee Toscane

산타 마리아 노벨라역에서 걸어서 5분 거리에 위치해 접근성이 좋다. 시에나, 산 지미냐노 등 피렌체 근교 도시로 가는 버스를 탈 수 있다. 터미널 규모는 크지 않고 매표소 바로 앞에 승강장과 노란색 버스표 개찰 기계가 있다. 입구에 'BIGLIETTERIA – bus ticket office'라고 쓰여 있으며 슈퍼마켓 (까르푸 익스프레스) 입구가 왼쪽에 위치한다. 매표소에 있는 전광판에 출발시간, 목적지, 승강장 번호가 표시된다. 시외버스 탑승 방법은 시에나 가는 방법 P.296에서 자세히 설명한다.

몬테룽고 정류장 Stazione Montelungo

산타 마리아 노벨라역 16번 승강장 쪽 출구에서 걸어서 10분 정도 걸린다. 더 몰 P.260 셔틀버스 정류장이 위치한다.

빌라 코스탄차 정류장 Villa Constanza

피렌체 중심부에서 약 7.5km 떨어진 대형 주차장 내부에 위치하며 플릭스버스, 이타부스 정류장이다. 화장실(무료), 음료 자판기, 카페 등의 편의 시설이 있다. 고속버스의 가장 큰 장점은 저렴한 요금이다. 플릭스버스, 이타부스 모두 열차보다 저렴하며 탑승일에 가까워질수록 요금이 올라간다. 하지만 이동시간이 길고 짐을 분실할 위험이 열차보다 높다. 버스 터미널이나 정류장이 시내 중심에서 멀리 떨어져 있다는 것도 단점이다.

플릭스버스는 대부분 외곽의 빌라 콘스탄차 정류장에서 승하차하는데 아주 드물게 산타 마리아 노벨라역 근처 몬테룽고 정류장에 서는 버스가 있다. 정류장 이름은 'Florence-Piazzale Montelungo'다.

주요 도시에서 피렌체로 가는 버스 정보

	소요시간	최저가	
		플릭스버스	이타부스
로마	3시간 15분~4시간 10분	€7.98	€2.97
베네치아	3시간 20분 4시간 40분	€6.98	€6.97
밀라노	3시간 30분~5시간	€9.98	€5.99

피렌체 산타 마리아 노벨라역 – 빌라 코스탄차 정류장 이동 방법

빌라 코스탄차 정류장은 피렌체 트램 1호선(T1)의 종점이다. 산타 마리아 노벨라역에서 빌라 코스탄차로 갈 땐 산타 마리아 노벨라역 1번 승강장 쪽 출구로 나가 '알라만니 – 스타치오네Alamanni-Stazione' 트램 정류장에서 '빌라 코스탄차Villa Costanza'행 트램을 타고 종점에서 내린다. 약 20~25분 걸린다. 빌라 코스탄차 트램 정류장은 주차장 입구에 있다. 빌라 코스탄차에서 산타 마리아 노벨라역으로 갈 땐 '카레지 – 오스페달레Careggi -Ospedale'행 트램을 타고 가다 '알라만니 – 스타치오네' 정류장에서 내린다.

항공

우리나라에서 피렌체로 가는 직항은 없다. 파리, 런던, 암스테르담, 프랑크푸르트, 취리히 등 유럽의 주요 도시에서 피렌체로 가는 직항 편을 운항 중이다. 이탈리아 국내에서는 바리, 시칠리아섬, 샤르데냐섬 등을 오갈 때가 아니면 비행기를 탈 일이 없다고 봐도 무방하다.

피렌체 페레톨라 공항
Aeroporto di Firenze-Peretola 'Amerigo Vespucci'(FLR)

시내에서 북서쪽으로 약 7km 떨어져 있으며 터미널이 1개뿐인 작은 공항이다. 피렌체 출신 탐험가 아메리고 베스푸치를 기려 '아메리고 베스푸치 공항'이라고도 부른다. 0층에 여행 안내소가 있다.

🏠 www.florence-airport.com

피렌체 페레톨라 공항에서 시내로 이동

· **트램** 트램 2호선(T2)이 산타 마리아 노벨라역과 공항 사이를 오간다. 공항이 종점이라 공항에서 타면 웬만해선 앉아서 갈 수 있지만 큰 짐을 놓을 공간은 따로 없다. 출구로 나가면 바로 페레톨라 아에로포르토Peretola Aeroporto 트램 정류장이 보인다. 승차권 자판기는 정류장에 있으며 신용카드 결제가 가능하다. 산타 마리아 노벨라 성당 옆에 위치한 종점 우니타Unità 정류장까지 25분 정도 걸린다.

💶 €1.7 🕐 **운행시간** 시내 출발 05:00~24:30(금·토 26:00), 공항 출발 05:00~24:04(금·토 25:31) **배차 간격** 4~22분

· **택시** 출구로 나가면 바로 택시 정류장이 보인다. 호객은 무시하고 꼭 정류장에 있는 공인된 택시를 타자. 공항에서 역사 지구까지 고정 요금으로 운행한다. 차가 막히지 않으면 산타 마리아 노벨라역까지 15~20분 정도 걸린다.

💶 기본 €22, 공휴일 €24, 심야(22:00~06:00) €25.3, 추가 요금 짐 1개당(최대 7개까지) €1, 공항 출발 시 €2.7

피렌체
시내 교통

ⓔ 피렌체 시내버스·트램 시내용
승차권Urbano capoluogo €1.7(개찰 후 90분 유효)
🏠 www.at-bus.it

피렌체의 시내버스와 트램, 피사의 시내버스, 시에나의 시내버스, 도시와 도시를 오가는 시외버스 등 토스카나주 전반의 대중교통은 아우토리네 토스카네Autolinee Toscane에서 맡아 운행한다. 따라서 피렌체, 피사, 시에나의 대중교통 승차권 중 시내용 승차권은 공용으로 사용할 수 있으며 승차권 자판기 사용법도 전 지역 동일하다. 회사 홈페이지에 각 도시의 대중교통 노선도, 시간표, 요금과 구입 방법이 자세하게 나와 있다.

시내버스·트램 승차권 구입

사람들이 많이 이용하는 산타 마리아 노벨라역 앞 시내버스·트램 정류장을 비롯해 주요 정류장에는 승차권 자판기가 1~2대 놓여 있다. 첫 화면에서 영어로 변환 후 'Urban ticket'을 누르고 승차권 장수를 선택하고 결제한다. 신용카드 결제가 가능하다.
시내에 'Autolinee Toscane' 안내가 붙은 판매소와 'at bus' 애플리케이션(회원가입 필수)에서도 승차권을 살 수 있다. 참고로 애플리케이션을 통해 한국에서 구매한 승차권은 현지에서 사용하지 못했다는 경우도 있으니 꼭 이탈리아에 도착해서 승차권을 구매한다. 차 내에서 승차권을 구매할 경우 요금(€3)이 비싸니 탑승 전에 미리 준비하자.

승차권 사용 방법

시내버스, 트램을 탈 때 운전석 옆에 있는 노란 기계에 종이 승차권을 넣어 탑승 일시를 개찰한다. 최초 개찰 후 90분 동안 환승이 가능하다. 'at bus' 애플리케이션으로 승차권을 구매한 경우 'Buy' 탭을 터치하면 구매한 승차권 내역을 확인할 수 있다. 승차권을 선택하고 'Use'를 터치하면 90분 동안 시간 카운트가 되는 화면으로 변환한다. 애플리케이션으로 구매한 승차권 화면을 운전사에게 보여줄 필요는 없지만 탑승 전에 확실하게 사용 활성화를 해야 한다. 불시 검문 시 유효한 승차권을 소지하지 않은 경우 최소 €40의 벌금을 물 수 있다.

한국에서 발급한 콘택트리스 카드로 요금을 낼 수 있다. 종이 승차권 개찰 기계 말고 'tip tap'이라고 쓰인 기계에 카드를 태그해 초록불이 들어오면 요금이 제대로 결제된 것이다. 카드 1장으로 1명의 요금만 결제할 수 있다. 콘택트리스 카드 결제 기계는 현재 보급 단계이며 고장 난 기계도 많기 때문에 아직까지는 종이 승차권을 추천하지만, 앞으로 자리를 잡으면 더욱 편리하게 피렌체 시내의 대중교통을 이용할 수 있을 것이다.

시내버스

피렌체의 명소는 대부분 두오모 광장에서 도보로 20분이면 갈 수 있는 거리에 모여 있어 역사 지구 내에서 대중교통을 이용할 일은 거의 없다. 역사 지구 북동쪽에 위치한 피에솔레에 갈 때(7번 버스), 산타 마리아 노벨라역과 미켈란젤로 광장을 오갈 때(12·13번

버스) 시내버스를 이용한다. 현재 트램 새 노선 공사를 하는 중이라 버스 정류장의 위치가 예고 없이 바뀌는 경우도 있다. 여행자가 많이 이용하는 노선의 상세 사항은 피에솔레 가는 법 P.276과 미켈란젤로 광장 가는 법 P.267에서 설명한다.

트램

트램은 피렌체 역사 지구에서 공항, 고속 버스 정류장으로 갈 때 주로 이용한다. 배차 간격은 보통 4~10분이며 23:30 이후에는 16~25분이다. 2개의 노선을 운행 중이며, 산마르코 광장을 기점으로 하는 새로운 노선을 2026년 완공을 목표로 공사 중이다. 트램 1호선(T1)의 종점은 고속버스 터미널 정류장이 있는 빌라 코스탄차, 역사 지구 북쪽에 떨어진 카레지-오스페달레이며 산타 마리아 노벨라역을 지나간다. 트램 2호선(T2)은 산타 마리아 노벨라역과 피렌체 공항 구간을 오간다. 1호선과 2호선은 산타 마리아 노벨라역 1번 승강장 쪽에 위치한 알라만니-스타치오네 정류장에서 교차한다.

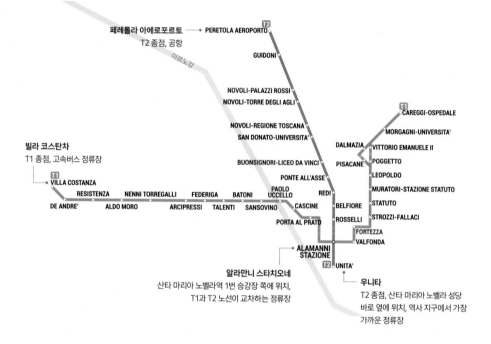

택시

정식으로 허가를 받고 운행하는 택시는 운전석 창문 쪽에 피렌체의 문장과 'COMUNE DI FIRENZE'라고 쓴 노란색 스티커가 붙어 있다. 공항을 오갈 땐 고정 요금, 그 외엔 미터기 요금으로 운행한다. 요금은 한국보다 비싸다. 산타 마리아 노벨라역에서 미켈란젤로 광장까지 보통 €20~25 정도 나온다. 산타 마리아 노벨라역 앞 정류장에서 택시를 잡기가 가장 쉽고 역사 지구 내에도 곳곳에 정류장이 있다. 호텔에서 출발할 때는 호텔에 부탁해 전화로 택시를 부르는 게 편하다. 피렌체에서 보편적으로 사용하는 택시 호출 애플리케이션은 'Taxi Move'와 'appTaxi'다.

€ **기본요금** €3.8(최소 요금 €5.8), 평일 야간(22:00~06:00) €7.7, 일·공휴일 €6.1
주행 요금 시속, 요금 구간에 따라 €1.1~2.1 **추가 요금** 공항 출발 시 €2.7, 짐 1개당(최대 7개까지) €1

피렌체
추천 코스

피렌체의 명소는 유네스코 세계 문화유산에 등재된 피렌체 역사 지구에 모여 있어 건축물 내부엔 들어가지 않고 수박 겉핥기식으로 둘러본다면 하루면 충분하다. 하지만 르네상스의 발상지이자 수많은 천재의 발자취가 여전한 피렌체를 제대로 느끼려면 피렌체 시내만 최소 2박 3일, 근교 도시까지 포함한다면 최소 3박 4일은 잡아야 한다. 주요 명소를 동선에 따라 둘러보는 방식으로 일정을 짤 수도 있고 미술관·박물관 투어, 메디치 가문 명소 투어, 영화나 소설 속 배경 투어 등 취향에 따라 일정을 짜도 좋다. 일정이 정해지면 두오모의 쿠폴라(브루넬레스키 패스), 우피치 미술관, 아카데미아 미술관은 꼭 미리 예약하자.

꼭 미리 예약하자!
브루넬레스키 패스(두오모 쿠폴라),
우피치 미술관, 아카데미아 미술관

피렌체 1일 일정

- 산타 마리아 노벨라역 P.203
  - 도보 10~15분
- 두오모 광장 P.218
  - 도보 1분
- 두오모 내부 P.220
  - 도보 4분
- 레푸블리카 광장 P.228
  - 도보 4분
- 시뇨리아 광장 P.230
  - 도보 1분
- 우피치 미술관 P.234
  - 도보 3분
- 베키오 다리 P.265
  - 도보 25분
- 미켈란젤로 광장 P.266

피렌체 2박 3일 일정

DAY 1

- 두오모 쿠폴라 P.222
  - 도보 1분
- 두오모 내부 P.220
  - 도보 5분
- 메디치 리카르디 궁전 P.241
  또는 산 로렌초 성당 P.242
  또는 메디치 예배당 P.243
  - 도보 8분
- 아카데미아 미술관 P.244
  - 도보 5분
- 산티시마 안눈치아타 광장 P.248
  - 도보 13분
- 레푸블리카 광장 P.228

DAY 2

- 우피치 미술관 P.234
  - 도보 7분
- 조토의 종탑 P.224
  - 도보 1분
- 산 조반니 세례당 P.225
  - 도보 6분
- 시뇨리아 광장 P.230
  - 도보 1분
- 베키오 궁전 P.232
  - 도보 4분
- 베키오 다리 P.265
  - 도보 25분
- 미켈란젤로 광장 P.266

DAY 3

- 산타 마리아 노벨라 성당 P.227
  - 도보 7분
- 피렌체 중앙시장 P.256

친퀘 테레

피에솔레

피렌체

더 몰,
피렌체

지역 열차 2시간 30분

버스 30분

지역 열차
1시간 10분

셔틀버스 50분

피사

지역 열차
50분~1시간 20분

지역 열차 1시간 30분,
버스 1시간 10분~1시간 40분

시에나

산 지미냐노

버스 1시간 15분

근교 도시 포함해 일정 짜기

옵션 ① 피렌체 시내+피에솔레

이동시간을 포함해 3시간 정도면 피에솔레를 둘러볼 수 있기 때문
에 피렌체 시내와 묶어서 하루 일정을 짤 수 있다.

옵션 ② 피사+친퀘 테레

해가 긴 하절기(5~9월)에는 아침 일찍부터 서두른다면 하루에 피
사와 친퀘 테레 모두 둘러볼 수 있다. 지역 열차로 이동하기 때문에
열차표를 예약할 필요 없이 당일에 구매해도 된다. 일기예보를 확
인해 친퀘 테레의 날씨가 좋지 않다면 과감하게 다른 일정으로 변
경하는 걸 추천한다.

옵션 ③ 피렌체 시내+피사

피사의 사탑만 본다면 이동시간을 포함해 3~4시간,
성당 등 다른 명소까지 제대로 둘러본다면 5시간 이
상 걸린다. 오전에 피사에 갔다가 오후에 피렌체 시내
를 둘러볼 수 있다.

옵션 ④ 친퀘 테레

친퀘 테레의 다섯 마을을 모두 둘러보고 물놀이까지 할 예정이라
면 하루 종일 친퀘 테레에 시간을 투자하자.

옵션 ⑤ 시에나+산 지미냐노

아침 일찍부터 서두른다면 두 도시를 모두 둘러볼 수 있다. 한 도시
만 선택한다면 피렌체 시내에서 환승 없이 바로 가는 교통수단이
있는 시에나를 추천한다.

옵션 ⑥ 피렌체 시내+더 몰 아웃렛

오전에 더 몰에 갔다가 오후에 피렌체 시내를 둘러보는 일정을 짤
수 있다.

피렌체 카드

피렌체 시내와 근교의 명소 60여 곳을 72시간 동안 한 번씩 무료로 입장할 수 있다. 우피치 미술관, 아카데미아 미술관을 비롯해 산타 마리아 노벨라 성당, 산타 크로체 성당 등 입장료를 내고 들어가는 대부분의 명소에 무료입장할 수 있어 일정에 따라서는 €30 이상 절약할 수 있다. 두오모와 부속 시설은 피렌체 카드에 포함되어 있지 않다. 피렌체 카드의 장점 중 하나는 모든 명소에 대기 없이 입장할 수 있다는 점이다. 명소 매표소, 입구에 빨간색 피렌체 카드 마크가 있다면 그쪽으로 간다. 없을 경우 직원에게 카드 바코드를 보여주면 앞쪽으로 안내해준다. 공식 홈페이지, 피렌체 카드 애플리케이션, 관광 안내소, 몇몇 명소의 매표소에서 구매할 수 있으며 온라인 구매를 추천한다.

💶 피렌체 카드 €85, 피렌체 카드 리스타트 €28(2024년 말까지 무료, 이후 연장 여부 미정)
🏠 www.firenzecard.it

피렌체 카드 이용 방법

- 18세 이상만 구매할 수 있다. 피렌체 카드 소지자의 18세 미만 자녀는 함께 입장할 경우 무료이며 필요에 따라 여권 등 신분증을 확인할 수 있다.
- 홈페이지 또는 애플리케이션에서 구매한 후 카드를 애플리케이션에 등록해 사용하는 걸 권장한다. 입장 가능한 명소, 이미 입장한 명소 목록을 편하게 확인할 수 있다.
- 애플리케이션에 카드를 등록한 후 첫 번째 명소에 입장한 순간부터 카드 사용이 시작된다.(예: 첫 번째 명소 입장 일시 2024년 9월 1일 14:30, 카드 사용 마감 일시 2024년 9월 4일 14:30)
- 역사 지구의 인터넷 환경이 좋지 않아 애플리케이션이 잘 열리지 않을 수 있다. 미리 카드 바코드를 캡처해두면 편하다.
- 우피치 미술관, 아카데미아 미술관은 피렌체 카드 소지자도 반드시 사전 예약이 필요하다.
- 온라인으로 피렌체 카드를 구매했고 유효기간을 연장하고 싶다면 '피렌체 카드 리스타트'를 구매하자. 사용하던 피렌체 카드의 유효기간이 만료된 후 12개월 이내에 온라인으로 구매할 수 있으며, 구매 후 6개월 이내에 활성화해서 사용해야 한다. 피렌체 카드 리스타트의 유효기간은 활성화한 후 48시간이다.

피렌체 카드로 우피치 미술관, 아카데미아 미술관 예약하는 방법

① 전화 예약

한국에서 여행 준비를 할 때(추천), 또는 이탈리아 현지에 도착해서 피렌체 뮤지엄 Firenze Musei의 콜센터로 전화를 걸어 예약한다. 이탈리아어 자동 메시지가 나오고 언어 선택 영어 2번-피렌체 카드 예약 3번-개인 정보 처리 동의 1번을 누른 후 기다리면 상담원이 연결된다. 상담원에게 피렌체 카드로 우피치 미술관이나 아카데미아 미술관을 예약하고 싶다고 말한 뒤 이름과 성을 알려준다. 전화를 걸기 전에 예약 홈페이지에 들어가 비어 있는 시간을 확인하고 정확한 시간대를 말하면 수월하게 진행할 수 있다. 예약이 완료되면 상담원이 예약 코드를 알려준다. 이메일 등이 발송되지 않으니 잘 적어둔다. 예약 시간보다 여유 있게 우피치 미술관 3번 매표소, 아카데미아 미술관 매표소로 가서 예약 코드와 피렌체 카드를 제시하고 실물 티켓을 받아 입장한다. 18세 미만의 동반자가 있다면 무료 티켓도 잊지 말고 예약하자.

피렌체 뮤지엄 콜센터

- **번호** +39-055-294833
- **운영시간**(이탈리아 시간 기준)
  월~금 08:30~18:30,
  토 08:30~18:00, 일·공휴일
  09:00~18:00

② 현장 예약

- 피렌체 카드 공식 판매소 중 일부(우피치 미술관 2번 매표소, 국립 바르젤로 박물관, 피티 궁전)에서 피렌체 카드를 구매할 때 우피치 미술관, 아카데미아 미술관의 예약도 함께 진행할 수 있다.
- 온라인으로 피렌체 카드를 구매한 사람은 시내의 지정된 매표소(아래 표 참고)에서 미술관을 예약할 수 있다. 하지만 성수기엔 매진이 상당히 빠르기 때문에 비수기에만 현장 예약을 권한다. 현장 예약할 때 종이 티켓을 주기 때문에 미술관에서 매표소에 들를 필요 없이 지정된 시간에 바로 들어가면 된다.

미술관 현장 예약 가능한 매표소

매표소	주소	위치	운영시간
오르산미켈레 매표소 Biglietteria di Orsanmichele	Via dell'Arte della Lana, 50123 Firenze	오르산미켈레 성당 내부, 성당 입구 반대편 칼차이우올리 거리Via dei Calzaiuoli에 매표소 입구가 있음	월~토 08:30~17:50 일 08:30~12:00
마이 아카데미아 매표소 Biglietteria My Accademia	Via Ricasoli, 105, 50122 Firenze	아카데미아 미술관 입구 맞은편	화~일 08:15~17:00 (휴무 월요일)
오페라 유어 프리뷰 매표소 Opera Your Preview	Via Por Santa Maria, 13r, 50122 Firenze	시뇨리아 광장에서 도보 3분	10:00~18:00

우체국 Ufficio Postale
★ ATM기 있음
📍 Via Pellicceria, 3, 50123 Firenze 🏃 레푸블리카 광장에서 도보 2분 🕐 월~토 08:20~19:05 (토 12:35) ❌ 일요일

알아두면 좋은 장소

공식 여행 안내소

- **산타 마리아 노벨라역 앞** Info Point Turistico Stazione
  📍 Piazza della Stazione, 4, 50123 Firenze 🏃 산타 마리아 노벨라역에서 도보 2분
  🕐 09:00~19:00(일 17:00) ❌ 1월 1일, 12월 25일 📞 +39-055-212245

- **카보우르 거리** Info Point Turistico Cavour
  📍 Via Camillo Cavour, 1R, 50129 Firenze 🏃 두오모 정문에서 도보 3분
  🕐 09:00~19:00(일 14:00) ❌ 부정기 📞 +39-055-290832

- **산타 크로체 성당** Info Point Santa Croce
  📍 Borgo Santa Croce, 29/r, 50122 Firenze 🏃 산타 크로체 성당에서 도보 1분
  🕐 09:00~19:00(일 14:00) ❌ 부정기 📞 +39-055-2691207

구역별로 만나는 피렌체

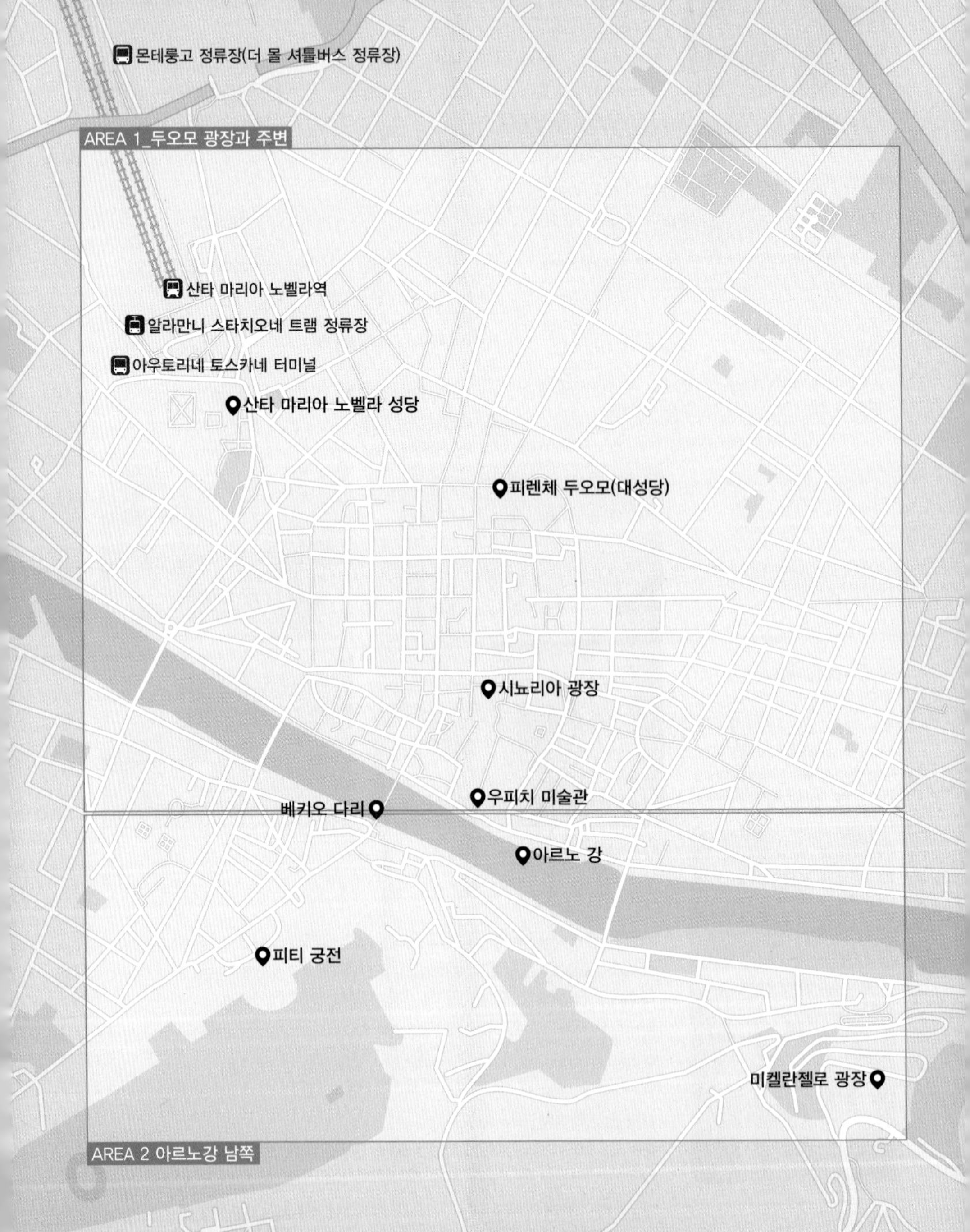

몬테룽고 정류장(더 몰 셔틀버스 정류장)
AREA 1_두오모 광장과 주변
산타 마리아 노벨라역
알라만니 스타치오네 트램 정류장
아우토리네 토스카네 터미널
산타 마리아 노벨라 성당
피렌체 두오모(대성당)
시뇨리아 광장
우피치 미술관
베키오 다리
아르노 강
피티 궁전
미켈란젤로 광장
AREA 2 아르노강 남쪽

두오모 광장과 주변

주교좌성당, 각종 관청이 모인 아르노강 북쪽은 오래전부터 피렌체의
도심 중 도심이었다. 좁은 골목을 빠져나오면 어디서나 두오모의 붉은 지붕이
엄청난 존재감을 드러낸다. 모든 명소가 두오모 광장을 중심으로 걸어서
10분 내외로 갈 수 있는 구역에 모여 있어 동선을 짜기도 어렵지 않다.

ACCESS

⊃ 산타 마리아 노벨라역 ⊃ 베키오 다리 북단

┊ 도보 10~15분 ┊ 도보 10분

⊃ 두오모 광장 ⊃ 두오모 광장

🚌 몬테룽고 정류장(더 몰 셔틀버스 정류장)

산마르코 박물관 **18**

07 모시 카페테리아

아카데미아 미술관 **16**

🚉 산타 마리아 노벨라역

🚃 발폰다 트램 정류장   **01** 피렌체 중앙시장   **04** 일 파피로

알라만니
스타치오네
🚃 트램 정류장

🚌 7번 버스 정류장(피에솔레행)

아우토리네
토스카네
터미널 🚌

여행 안내소 ℹ️   여행 안내소 ℹ️

메디치 예배당 **15**   메디치 리카르디
궁전 **13**

🚃 우니타 트램 정류장

산타 마리아 노벨라 성당 **05**   치로 앤드 손스 **09**   **14** 산 로렌초 성당

산타 마리아 노벨라
약국 본점 **02**   온라토리아 달오스테   **08** 일 그란데 누티 트라토리아

니노 앤드 프렌즈 **03**   **01**   **06** 이탈리 피렌체

브루넬레스키의
쿠폴라   **04** 파니니 토스카니

• 산 살바토레 인 온니산티 성당   산 조반니 세례당 **03**

조토의 종탑 **02**

01   두오모
오페라
박물관 **04**

피렌체 두오모(대성당)

카페 질리 **06**   **03** 페르케 노

레푸블리카 광장 **06**   안티코 리스토란테
파올리 1827 **02**

구찌 본점 •   • 스트로치 궁전   단테의 집
박물관 **07**

지운티 오데온-치네마

우체국 🏤   국립 바르젤로
박물관 **08**

오르산미켈레

산타 트리니타 성당 •   포르첼리노 시장   시뇨리아
광장 **09**   비볼리 **10**

페라가모 본점 •   **10** 베키오 궁전

산타 트리니타 다리   알란티코 비나이오 **05**

시그눔 피렌체 **05**

아르노강   • 베키오 다리   **12** 우피치 미술관

N

0   100m

멜라레우카 파스티체리아 에 비스트로 **12**

그라치에 다리 •

214

● 명소
● 식당/카페
● 상점

두오모 광장과 주변
상세 지도

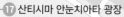

17 산티시마 안눈치아타 광장
11 카페 델 베로네

Via della Colonna

Via degli Alfani

Via dei Pepi

13 콤 사이공
V. dell'Agnolo

Piero Bargellini

11 산타 크로체 성당
ℹ️ 여행 안내소
• 파치 예배당
  • 스쿠올라 델 쿠오이오 가죽 공방

07 더 몰 피렌체 ▲

르네상스의 설계자

피렌체의 많은 가문이 자신들의 취향에 맞는 수많은 예술가를
후원했지만 메디치 가문은 그 양과 질이 압도적인 수준이었고,
피렌체의 역사 지구 구석구석에 그들의 흔적이 가득하다.
메디치 가문이 본격적으로 두각을 드러낸 것은
조반니 디 비치Giovanni di Bicci의 시기부터다. 그 후 로렌초 일
마니피코 때까지가 가문의 전성기였고, 이는 곧 피렌체의
전성기이기도 했다. 귀족 가문보다 더 막대한 물량을 동원해
예술가를 후원하는 교황들이 나타나며 문화 예술의 중심지는
로마로 옮겨갔다. 그 중심엔 메디치 가문 출신 교황들도 있었다.
16세기에 메디치의 방계 가문 출신인 코시모 1세가 피렌체의
권력을 잡으며 가문을 부흥시켰다. 초대 토스카나 대공에
오른 그는 선조들과 달리 정치 권력의 전면에 나서 피렌체와 주변
지역을 통치했다. 선조들을 본받아 예술가를 후원하는 일도
잊지 않았다. 메디치 가문의 부흥을 이끈 코시모 일 베키오가
친구에게 남긴 말은 메디치 가문의 가풍을 대변한다.
"요즘 우리나라 정치가 돌아가는 걸 보면 반세기가 지나가기도 전에
우리 집안은 쫓겨날 것 같네. 비록 우리 집안이 쫓겨나더라도
나의 미술품들은 여기에 계속 남아 있을 것이네."

인용문 출처 양정무 『난처한 미술 이야기 2』

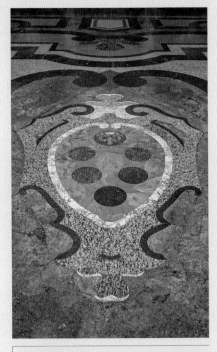

역사 지구 곳곳에서 노란 바탕에 붉은 원이 그려진 메디치
가문의 문장을 볼 수 있다. '메디치'라는 가문 이름 때문에
붉은 원을 알약으로 해석하기도 한다. 중세 시대 피렌체 은
행가 길드의 문장과 비슷하기도 하다.

메디치 가문의 가계도

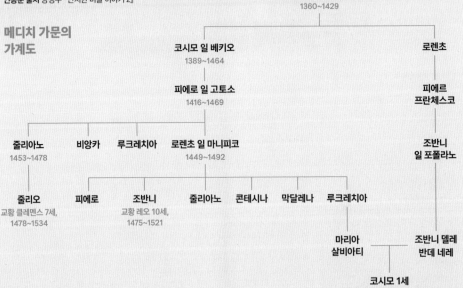

조반니 디 비치
1360~1429

코시모 일 베키오
1389~1464

로렌초

피에로 일 고토소
1416~1469

피에르
프란체스코

줄리아노
1453~1478

비앙카

루크레치아

로렌초 일 마니피코
1449~1492

조반니
일 포폴라노

줄리오
교황 클레멘스 7세,
1478~1534

피에로

조반니
교황 레오 10세,
1475~1521

줄리아노

콘테시나

막달레나

루크레치아

마리아
살비아티

조반니 델레
반데 네레

코시모 1세
초대 토스카나 대공, 1519~1574

코시모 일 베키오

코시모 일 베키오 Cosimo il Vecchio • 1389~1464

사후 '국가의 아버지Pater Patriae'라는 칭호를 얻었다. 탁월한 수완으로 메디치 은행의 지점을 전 유럽으로 확장했고 그렇게 번 돈을 아낌없이 예술에 투자했다. 토스카나 대공이 되는 후손 코시모와 구분하기 위해 이름 뒤에 '오래된'이란 뜻의 '일 베키오'를 붙여 표기하기도 한다.

후원한 예술가 ┤ 브루넬레스키, 도나텔로, 보티첼리, 필리포 리피, 프라 안젤리코, 미켈로초

피에로 일 고토소 Piero il Gottoso • 1416~1469

후원한 예술가 ┤ 베로키오, 보티첼리, 베노초 고촐리

로렌초 일 마니피코

로렌초 일 마니피코 Lorenzo il Magnifico • 1449~1492

'위대한 자 로렌초'라 불리며 메디치 가문의 최전성기를 이끌었다. 하지만 그의 사후 메디치 가문은 쇠락의 길을 걷는다.

후원한 예술가 ┤ 미켈란젤로, 보티첼리

줄리아노 Giuliano de' Medici • 1453~1478

로렌초 일 마니피코의 동생으로 정적에게 암살당해 요절했다. 사망 당시 법적으로 미혼이었으나 애인이 임신한 상태였다. 형인 로렌초가 조카를 거둬 친아들처럼 키웠고 사생아 줄리오는 후에 교황 클레멘스 7세가 된다.

조반니(교황 레오 10세) Giovanni di Lorenzo de' Medici • 1475~1521

로렌초 일 마니피코의 둘째 아들이다. 라파엘로가 그린 그의 초상화가 유명하다.

후원한 예술가 ┤ 미켈란젤로, 라파엘로

줄리아노

줄리오(교황 클레멘스 7세)
Giulio di Giuliano de' Medici • 1478~1534

사촌형인 교황 레오 10세에 의해 피렌체의 대주교 겸 추기경에 임명되었다. 사생아라는 약점을 뛰어넘고 메디치 가문 출신으로는 두 번째로 교황이 되었다.

후원한 예술가 ┤ 미켈란젤로, 라파엘로

조반니(교황 레오 10세)

줄리오(교황 클레멘스 7세)

코시모 1세 Cosimo I de' Medici • 1519~1574

상비군을 양성하고 시에나를 합병하는 등 피렌체를 영토국가 토스카나 대공국의 수도로 부흥시켰다. 선조들의 뜻을 이어받아 예술가를 후원하는 일에도 적극적이었다.

후원한 예술가 ┤ 조르조 바사리, 브론치노

안나 마리아 루이자 Anna Maria Luisa de' Medici • 1667~1743

마지막 후손이다. 절대 피렌체 밖으로 반출할 수 없다는 조건하에 가문의 모든 재산을 토스카나 정부에 기증했다. 베키오 궁전, 산 로렌초 성당에 그녀의 동상이 있다.

코시모 1세

피렌체 두오모(대성당) Cattedrale di Santa Maria del Fiore

피렌체의 주교좌성당으로 중세를 지나 르네상스의 문을 활짝 열어젖힌 기념비적 건축물이다. 정식 명칭은 '꽃의 성모 마리아 대성당'이다. 원래는 이 자리에 성녀 레파라타를 모시는 성당이 있었다. 13세기 말 상공업의 발달로 도시가 커지고 인구가 늘자 그에 걸맞은 성당의 필요성이 대두되었고, 1296년 아르놀포 디 캄비오가 설계한 새로운 성당 공사가 시작되었다. 아르놀포 이후에도 조토, 안드레아 피사노 등 당대 최고의 예술가가 공사 책임을 맡았다. 경쟁 관계에 있는 시에나의 성당보다 더 크게 짓기 위해 설계를 바꾸고, 흑사병이 피렌체를 초토화시켜 공사가 중단되는 등 우여곡절 끝에 1380년경 본당이 세워졌다. 필리포 브루넬레스키가 설계했으며 "세계에서 가장 아름다운 돔"이라 찬사를 받는 지붕은 1436년에 얹었다. 흰색, 녹색, 분홍색 등 다채로운 색상의 대리석으로 장식한 화사한 파사드는 1887년에 완성되었다.

📍 Piazza del Duomo, 50122 Firenze 🚶 산타 마리아 노벨라역에서 도보 10~15분
💶 무료 🕐 내부 월~토 10:15~15:45, 쿠폴라 월~금 08:15~18:45, 토 08:15~16:30,
일·공휴일 12:45~16:30 산타 레파라타 유적 월~토 10:15~16:00, 일·공휴일 13:30~16:00
❌ 내부 일요일 📞 +39-055-230-2885 🏠 duomo.firenze.it/en/home

> 피렌체 시내의 많은 성당 내부에는 귀족 가문의 예배당이 있다. 유력한 귀족들은 예배당에 일가의 묘소를 마련하고 예술가를 고용해 화려하게 장식하며 부와 권력을 자랑했다. 하지만 두오모에는 메디치 가문조차 예배당을 둘 수 없었다. 성당 건설에 필요한 자금은 귀족 가문의 후원이 아닌 길드의 후원, 시민의 세금, 십일조, 헌금으로 마련했다. 피렌체 두오모는 시민들이 만든 성당으로 공동체적 신앙의 상징이었다.

쿠폴라는 건물 위쪽 작은 둥근 지붕을 뜻한다. 피렌체 두오모의 쿠폴라는 어떻게 봐도 매우 거대해 쿠폴라라는 이름이 어색하지만 이탈리아에선 보통 돔 지붕 그 자체를 쿠폴라라고 칭한다.

●

피렌체 두오모 자세히 들여다보기

역사 지구에서 제일 거대한 건축물인 두오모는 크게 성당 내부와 지붕인 쿠폴라로 나누어 둘러볼 수 있다. 한 건물이지만 출입문, 입장 방법 등이 다르다. 성당 내부는 별도의 절차, 입장료 없이 방문할 수 있다. 하지만 쿠폴라에 올라가려면 '브루넬레스키 패스' P.223 예약이 필요하다. 성당 내부, 쿠폴라에 입장할 때 간단한 짐 검사가 있다. 부피가 큰 짐은 물품 보관소에 맡긴다. 두오모 부속 시설인 조토의 종탑, 산 조반니 세례당, 두오모 오페라 박물관은 두오모를 중심으로 도보 1분 이내의 거리에 모여 있다.

성당 내부

두오모 내부로 들어가려면 예약할 필요 없이 현장에서 줄을 선다. 정면에 있는 3개의 문 중에서 가장 오른쪽 문으로 들어간다. 종교 시설이라 노출이 심한 옷을 입고 들어갈 수 없다. 거대한 규모, 화려한 외관에 비해 내부는 간소하다.

① 〈신곡을 든 단테〉
La Divina Commedia di Dante Alighieri (1465)

『신곡』을 들고 선 단테 뒤로 피렌체 시내, 천국, 연옥, 지옥이 그려져 있다. 단테의 오른쪽으로 피렌체 두오모의 모습이 보인다. 돔 지붕은 올라가 있지만 아직 외벽 장식이 완성되지 않은 상태다. 주 제단을 바라보고 왼쪽 벽면에 위치한다.

② 기마상 벽화
Monumenti Equestre

왼쪽은 파올로 우첼로Paolo Uccello의 〈존 호크우드 경의 기마상〉(1436), 오른쪽은 안드레아 델 카스타뇨Andrea del Castagno의 〈니콜로 다 톨렌티노의 기마상〉(1456)이다. 두 사람 모두 피렌체에 고용되어 싸운 용병대장이다. 〈신곡을 든 단테〉와 같은 벽면에 위치한다.

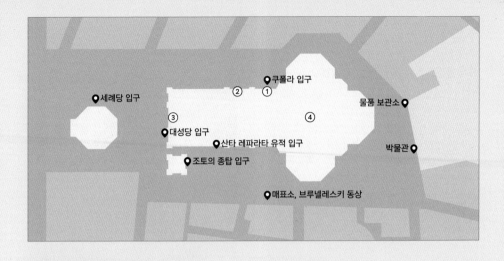

세례당 입구

② 쿠폴라 입구 ①

물품 보관소

③ 대성당 입구

④

산타 레파라타 유적 입구

조토의 종탑 입구

박물관

매표소, 브루넬레스키 동상

③ 파올로 우첼로의 시계
Orologio di Paolo Uccello

파올로 우첼로가 제작했다. 숫자판이 12시간이 아
닌 24시간제로 되어 있고 시곗바늘이 반시계 방향
으로 돈다. 시계의 네 모서리에는 4명의 복음사가
(마태오, 마르코, 루카, 요한)의 초상화가 있다.

④ 천장화 〈최후의 심판〉

쿠폴라 내부의 천장화 〈최후의 심판〉(1572~1579)은 코시모
1세의 명을 받아 조르조 바사리가 그리기 시작했고, 그의 사후
제자인 페데리코 주카리Federico Zuccari가 완성했다. 쿠폴라에
올라가면서 자세하게 볼 수 있다.

산타 레파라타 성당 유적
Cripta Santa Reparata [피렌체 두오모 부속 시설]

1965년에 두오모 지하를 조사하던 중 4세기 말에서 5세기 초
에 세워진 산타 레파라타 성당의 유적이 발견되었다. 9년에 걸친
발굴 작업의 결과 지금은 성녀 레파라타의 유골함과 조각상, 피
렌체 최초의 주교인 성 자노비의 시신을 안장했던 묘실 등을 볼
수 있다. 두오모 건축에 참여했던 예술가들도 본당 지하에 매장
되었다고 전해지나 현재는 브루넬레스키의 묘소만 발견되었다.
유적 입구 옆에 기념품점이 있다. 기베르티 패스 소지자는 두오
모 정문 쪽에 줄을 설 필요 없이 예약 시간에 맞춰 성당 오른쪽
측면의 전용 출입구로 입장한다.

221

쿠폴라

브루넬레스키의 쿠폴라 Cupola di Brunelleschi

직경 45.5m, 높이 107m의 거대한 돔 지붕이다. 당시엔 지름이
40m가 넘는 돔 지붕을 올릴 기술이 없었던 탓에 피렌체 두오모
는 본당 완공 후 40년 가까이 지붕이 없는 상태로 방치되었다.
1418년 피렌체 정부는 쿠폴라 설계 공모전을 열었고, 세례당 청
동문 공모전에서 고배를 마신 후 로마에서 건축 공부를 하고 돌
아온 브루넬레스키가 책임자로 선정되었다. 고대 로마의 건축
물(특히 판테온)에서 영감을 받은 그는 혁신적인 방법으로 쿠
폴라를 만들었다. 수직과 수평을 교차시키며 벽돌을 쌓아 올려
돔에 가해지는 하중을 분산시켰고, 위로 갈수록 지붕의 두께가
점점 얇아지도록 설계했다. 또한 무게를 줄이기 위해 돔을 이중
으로 만들고 그 사이 1m 남짓한 공간을 비워두었다. 그 빈 공간

덕분에 돔으로 올라가 피렌체의 풍경을 감상할 수 있게 되었다.
좁고 가파른 463개의 계단을 올라 정상에서 마주하는 피렌체
의 풍경은 여행자가 피렌체를 방문하는 단 한 가지 이유라고 해
도 될 정도로 감동적이다. 올라가는 도중에 천장화를 가까이에
서 감상할 수 있다. 돔 꼭대기에서 균형을 잡아주는 랜턴과 청
동 성물함은 브루넬레스키 사후에 완성되었다. 바티칸 산 피에
트로 대성당의 쿠폴라 제작을 의뢰받은 미켈란젤로는 "브루넬
레스키의 쿠폴라보다 더 크게 만들 수는 있지만 더 아름답게 만
들 수는 없다"고 말했다고 한다. 두오모의 오른쪽에 위치한 매
표소 입구에는 쿠폴라를 올려다보는 브루넬레스키의 동상과
두오모 본당의 첫 번째 설계자인 아르놀포의 동상이 있다.

쿠폴라 올라가기

• 아무리 강조해도 모자라다. 쿠폴라에 올라
  가고 싶다면 '브루넬레스키 패스'를 미리 예
  약하자.
• 쿠폴라 입구는 두오모 왼쪽 측면에 위치한
  다. 두오모 내부 입장을 기다리는 줄이 길어
  지면 쿠폴라 대기 줄과 겹치기도 하므로 맨
  뒤로 가서 줄을 서기 전에 꼭 입구로 가서 직
  원에게 확인하자.
• 쿠폴라 입장은 45분 간격으로 이루어진다.
  입장 시간이 08:15~09:00라고 되어 있어도
  9시에 가서 줄을 서면 예약한 시간대에 입
  장하지 못할 수 있다. 입장 시작 시간 10분
  전에는 줄을 서서 티켓 확인, 짐 검사 등을
  마쳐야 제시간에 올라갈 수 있다.

●

두오모 통합권 예약과 입장

피렌체 두오모의 부속 시설 티켓은 3가지 통합권 형태로 판매한다. 대성당의 지붕인 쿠폴라 입장이 포함된 브루넬레스키 패스는 매진이 상당히 빠르기 때문에 일정이 정해지면 바로 온라인 예약을 하는 걸 추천한다.
모든 패스는 예약 변경, 환불이 안 되며, 매표소에서는 현금 결제가 불가능하다.

온라인으로 예약한 경우 실물 티켓으로 교환할 필요 없이 이메일로 받은 바코드를 각 시설 입구에서 스캔한다. 모든 명소에 입장할 때 간단한 짐 검사가 있으며 부피가 큰 짐은 물품 보관소에 맡긴다.

🏠 **예약** tickets.duomo.firenze.it/en/store#/en/buy?skugroup_id=3006
🕐 **매표소** 월~토 08:00~19:15, 일 10:00~17:45, **물품 보관소** 07:30~20:15

패스 종류	브루넬레스키 패스 Brunelleschi Pass	조토 패스 Giotto Pass	기베르티 패스 Ghiberti Pass
요금	일반 €30, 7~14세 €12	일반 €20, 7~14세 €7	일반 €15, 7~14세 €5, 학생증을 제시하고 매표소에서 구매 €5
입장 가능 시설	쿠폴라, 조토의 종탑	조토의 종탑	
	산 조반니 세례당, 두오모 오페라 박물관, 산타 레파라타 유적		
예약 시 입장시간 지정	쿠폴라, 예약 필수	조토의 종탑, 예약 권장	산타 레파라타 유적
유효기간	• 입장시간을 지정한 시설에서 패스 사용을 시작하고 그 순간부터 3일 동안 유효하다. (예: 쿠폴라 입장 2024년 9월 1일 09:00, 패스 사용 마감 2024년 9월 3일 23:59) • 모든 시설은 유효기간 동안 1회만 입장할 수 있다. • 1월 1일, 부활절, 12월 25일 전 시설 휴무		

두오모 통합권 중 브루넬레스키 패스는 현장 구매가 거의 불가능하다고 보면 된다. 공식 홈페이지에 브루넬레스키 패스가 매진이라면 우리나라의 대행사에서 판매하는 티켓을 알아보자. 보통 오디오 가이드와 세트로 판매하며 공식 홈페이지의 요금보다 1.5~2배 정도 비싸다. 대행사에서 판매하는 티켓의 사용법, 교환, 환불 등은 판매처의 규정에 따른다.

쿠폴라를 가장 가까이에서 보고 싶다면 ...... ②

조토의 종탑 Campanile di Giotto

피렌체 두오모 부속 시설

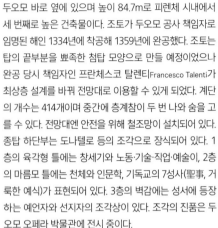

두오모 바로 옆에 있으며 높이 84.7m로 피렌체 시내에서 세 번째로 높은 건축물이다. 조토가 두오모 공사 책임자로 임명된 해인 1334년에 착공해 1359년에 완공했다. 조토는 탑의 끝부분을 뾰족한 첨탑 모양으로 만들 예정이었으나 완공 당시 책임자인 프란체스코 탈렌티Francesco Talenti가 최상층 설계를 바꿔 전망대로 이용할 수 있게 되었다. 계단의 개수는 414개이며 중간에 층계참이 두 번 나와 숨을 고를 수 있다. 전망대엔 안전을 위해 철조망이 설치되어 있다. 종탑 하단부는 도나텔로 등의 조각으로 장식되어 있다. 1층의 육각형 틀에는 창세기와 노동·기술·직업·예술이, 2층의 마름모 틀에는 천체와 인문학, 기독교의 7성사(聖事, 거룩한 예식)가 표현되어 있다. 3층의 벽감에는 성서에 등장하는 예언자와 선지자의 조각상이 있다. 조각의 진품은 두오모 오페라 박물관에 전시 중이다.

🚶 두오모 정문을 바라보고 오른쪽 🕐 08:15~18:45, 45분 단위로 입장

산 조반니 세례당 Battistero di San Giovanni

피렌체 두오모 부속 시설

11~12세기에 세운 것으로 추정하는 피렌체에서 가장 오래된 종교 건축물이다. 피렌체의 수호성인 세례자 요한(이탈리아어로 산 조반니 바티스타)에게 바쳐졌고 두오모 공사 중에는 실질적으로 대성당 역할을 했다. 이곳에서 세례를 받은 단테가 "나의 사랑하는 세례당"이라 읊었을 정도로 피렌체 사람들에게 친근한 공간이다. 세례당에는 3개의 청동 문이 있는데 가장 오래된 남문은 안드레아 피사노의 작품, 동문과 북문은 기베르티의 작품이다. 문의 진품은 두오모 오페라 박물관에서 볼 수 있다. 내부의 주 제단 바로 위 천장은 비잔틴 양식의 화려한 금빛 모자이크로 장식되었고 최후의 심판, 창세기 등의 내용이 담겼다. 2024년 12월 현재 복원 공사 중이라 천막이 천장 전체를 덮고 있어 볼 수 없다.

🚶 두오모 정문 맞은편 🕐 08:30~19:30(매월 첫 번째 일요일 13:30)

1401년 피렌체 정부는 세례당의 청동 문을 제작할 작가를 뽑는 공모전을 개최했다. '이삭의 희생'을 주제로 규격에 맞게 청동 조각을 만드는 게 과제였고 시민평가위원회가 심사를 맡았다. 기베르티와 브루넬레스키의 작품이 경합을 벌인 끝에 기베르티가 제작자로 선정되었다. 이 공모전은 최초의 근대적 의미의 미술 공모전이라 할 수 있으며, 두 예술가의 작품은 국립 바르젤로 박물관에 전시 중이다.

마리아 막달레나

피에타 반디니

두오모의 역사를 한눈에 ⋯⋯⋯ ④

두오모 오페라 박물관 Museo dell'Opera del Duomo

피렌체 두오모 부속 시설

피렌체의 수많은 미술관, 박물관 중 관람 환경이 가장 쾌적하다. 0층(그
라운드 플로어)부터 3층까지 28개의 전시실에 750여 점의 작품이 전시
되어 있다. 두오모, 종탑, 세례당 내외부 장식의 진품을 볼 수 있으며 모
형, 설계도 등 두오모의 역사에 관한 다양한 자료를 충실히 갖췄다. 그중
에서도 '천국의 문'이라 불리는 세례당의 동문(1425~1452, 0층 전시실
6), 도나텔로의 〈마리아 막달레나〉(1453~1455, 0층 전시실 8), 미켈란
젤로의 〈피에타 반디니〉(1547~1555, 0층 전시실 10)는 놓치지 말자. 박
물관 매표소에서도 두오모 부속 시설 통합권을 구매할 수 있다.

📍 Piazza del Duomo, 9, 50122 Firenze 🚶 두오모 후면 맞은편, 두오모
정문에서 도보 3분 🕐 08:30~19:00, 매월 첫 번째 화요일 휴관

이탈리아어 '오페라'는 '작업', '일', '작품'을 뜻한다. '오페라 델 두오모'는 어떤 도
시의 대성당, 즉 두오모의 건설과 보존을 담당하는 기관을 의미한다. 두오모 오
페라 박물관은 '오페라 델 두오모'가 보유한 예술품을 전시하는 박물관이다.

산타 마리아 노벨라 성당 Basilica di Santa Maria Novella

**피렌체 카드
무료입장**

도미니크회 수도원 성당이다. 정면 파사드의 하단은 피렌체 스타일로 재해석한 고딕 양식, 상단은 피렌체를 대표하는 '르네상스인' 레온 바티스타 알베르티Leon Battista Alberti가 설계해 1470년에 완공했다. 성당 내부에도 거장의 작품이 즐비하다. 조토의 〈십자고상〉(1290년경)이 성당 중앙 통로의 천장에 걸려 있으며, 주 제단을 바라보고 서서 왼쪽엔 미술사에서 가장 중요한 작품 중 하나인 마사초의 〈성 삼위일체〉(1424~1425) 벽화(2024년 12월 현재 복원 중이라 천막으로 가려져 있으며 €1.5 지불 후 관람 가능)가 있다. 원근법이 적용된 최초의 회화 작품으로 소실점은 십자가 바로 아래 있으며, 약 7m 떨어진 거리에서 보면 완벽한 입체감을 느낄 수 있다. 주 제단에 위치한 토르나부오니 가문 예배당은 기를란다요 공방의 작품이다. 성모 마리아와 세례자 요한의 일생을 주제로 그렸다. 주 제단 왼쪽에 위치한 곤디 가문 예배당에는 브루넬레스키의 〈십자고상〉(1410~1415)이 있다.

📍 Piazza di Santa Maria Novella, 18, 50123 Firenze 🏃 산타 마리아 노벨라역에서 도보 3분, 두오모 정문에서 도보 7분 💶 일반 €7.5, 11~17세 €5, 11세 미만 무료
🕐 월~목 09:00~17:30, 금 11:00~17:30, 토·공휴일 전날 09:00~17:00, 일·기독교 축일 13:00~17:00, 1시간 전 입장 마감 ❌ 부정기 📞 +39-055-219257 🏠 www.smn.it

조토 십자고상

성 삼위일체

오래된 새로운 광장 ······· ⑥
레푸블리카 광장 Piazza della Repubblica

고대 로마 시대부터 피렌체의 중심지였다. 피렌체가 이탈리아 왕국의 수도였던
시절(1865~1870)에 재정비해 반듯한 직사각 모양의 광장으로 탈바꿈했다. 카
페 질리 등 피렌체를 대표하는 유서 깊은 카페 서너 곳이 모여 있으며 리나센테
백화점, 애플 스토어, 대형 서점 등 핫스폿을 접하고 있고, 명품 매장이 모인 토
르나부오니 거리와도 가깝다. 광장 한쪽에 놓인 회전목마가 낭만적인 분위기를
자아낸다.

📍 Piazza della Repubblica, 50123 Firenze 🚶 두오모 정문에서 도보 4분

이탈리아 최고 시성의 발자취 ······· ⑦
단테의 집 박물관 Museo Casa di Dante

> 피렌체 카드
> 무료입장

단테의 생가로 추정되는 건물에 조성한 박물관이다.
3층 규모지만 각 층의 면적이 좁아 금방 둘러볼 수 있
다. 단테의 생애와 작품 세계, 단테가 살던 13세기 피렌체의 생활상
등이 전시되어 있다. 전 세계의 언어로 번역된 『신곡』을 모아놓은 공
간엔 한국어 서적도 있다. 박물관 앞 광장에 단테의 흉상이 놓여 있다.

📍 Via Santa Margherita, 1, 50122 Firenze 🚶 두오모 정문 또는 레푸블리카
광장에서 도보 5분 💶 일반 €8, 7~18세 €5, 7세 미만 무료 🕐 4~10월
10:00~18:00, 11~3월 월~금 10:00~17:00, 토·일 10:00~18:00 ✖ 12월
24~25일 📞 +39-055-219416 🏠 www.museocasadidante.it

국립 바르젤로 박물관 Museo Nazionale del Bargello

피렌체 카드
무료입장

전 세계에서 가장 뛰어난 르네상스 조각 컬렉션을 소장하고 있다. 건물은 1255년에 세워졌으며, 경찰서 및 사법기관 등으로 쓰이다 1865년에 통일 이탈리아 왕국 최초의 국립 박물관으로 개관했다. 입구로 들어가 매표소, 기념품점, 사물함을 지나면 조각품으로 둘러싸인 안뜰이 나온다. 그라운드 플로어에서 가장 넓은 전시실은 미켈란젤로의 방이다. 미켈란젤로의 〈바쿠스〉(1496~1497), 〈브루투스〉 등을 비롯해 잠볼로냐의 〈메르쿠리우스〉, 벤베누토 첼리니의 〈코시모 1세 흉상〉 등이 전시되어 있다. 1층에서 가장 넓은 전시실인 도나텔로의 방은 이 박물관의 하이라이트. 초기 르네상스 조각의 걸작이며 고대 그리스, 로마의 청동상 이후 첫 남성 누드 조각상인 도나텔로의 〈다비드〉(1440년경)를 비롯해 그의 작품이 다수 전시되어 있다. 세례당 청동 문 공모전에 제출했던 기베르티와 브루넬레스키의 작품도 같은 전시실에 있다.

📍 Via del Proconsolo, 4, 50122 Firenze 🚶 두오모 정문에서 도보 7분, 시뇨리아 광장에서 도보 3분 💶 일반 €10, 18~25세 €2, 18세 미만 무료, 매월 첫 번째 일요일 무료 🕐 월·토 08:15~18:50, 수~금요일 08:15~13:50 ❌ 화요일, 1월 1일, 12월 25일 📞 +39-055-064-9440 🏠 bargellomusei.it

도나텔로 다비드

도나텔로의 방

시뇨리아 광장 Piazza della Signoria

대성당이 자리한 두오모 광장이 종교의 중심지라면 시뇨리아 광장은 정치의 중심지다. 메디치 가문의 복귀, 수도사 사보나롤라의 화형 등 피렌체의 역사를 되짚어볼 때 중요한 사건들이 시뇨리아 광장에서 일어났다. 시청과 박물관으로 쓰이는 베키오 궁전, 우피치 미술관, 상업 시설이 들어선 옛 귀족의 저택으로 둘러싸였으며 구석구석에서 거장들의 작품을 볼 수 있다. 베키오 궁전 입구엔 미켈란젤로의 〈다비드〉(복제품)와 바치오 반디넬리Baccio Bandinelli의 〈헤라클레스와 키쿠스〉가 서 있고, 두 조각상 왼쪽에 도나텔로의 〈유디트와 홀로페르네스〉 청동상(진품은 베키오 궁전 '백합의 방'에 전시 중)이 있다. 다비드와 유디트는 피렌체 공화국에서 중요하게 생각하는 가치인 자유와 용기를 상징한다. 베키오 궁전 왼쪽엔 바다의 신 넵투누스의 분수가 있으며, 분수 앞쪽 바닥에 사보나롤라가 화형당한 자리를 나타낸 표식이 있다. 분수 옆 청동 기마상의 주인공은 초대 토스카나 대공인 코시모 1세 데 메디치다.

📍 Piazza della Signoria, 50122 Firenze 🚶 두오모 정문에서 도보 6분

야외 조각 갤러리
로지아 데이 란치 Loggia dei Lanzi

시뇨리아 광장에서 우피치 미술관으로 향하는 방향에 있다. 시원스레 뚫린 3개의 아치 아래 놓인 화려한 조각상들이 눈길을 사로잡는다. 1382년에 완공되었으며, 원래는 비바람과 햇볕을 피해 국가 행사를 진행하는 공간이었다. 지금은 15점의 작품이 전시된 야외 조각 갤러리가 되었다. 가운데 아치 아래로 난 계단 양옆을 지키는 사자는 '메디치의 사자'라 불리며 계단을 올라가면 작품 정보가 쓰인 안내판을 볼 수 있다. 눈여겨볼 작품은 로지아 전면, 양끝 아치 아래 놓인 두 작품이다. 왼쪽의 청동상은 그리스 신화에 등장하는 〈메두사의 머리를 들고 있는 페르세우스〉(1545, 진품은 국립 바르젤로 박물관에 전시 중)로 벤베누토 첼리니Benvenuto Cellini가 만들었다. 3명의 나신이 역동적 움직임을 보여주는 오른쪽의 〈사비니 여인의 납치〉(1579~1583)는 잠볼로냐Giambologna의 작품으로 고대 로마 건국 설화 중 한 장면을 담고 있다. 다른 작품은 대부분 로마 시대에 만든 것이다.

메두사의 머리를 들고 있는 페르세우스

사비니 여인의 납치

베키오 궁전 Palazzo Vecchio

피렌체 카드
무료입장

13세기부터 피렌체 공화국의 청사로 사용되었으며 지금도 일부 구역은 피렌체 시청으로 쓰인다. 원래 시뇨리아 궁전으로 불렸고, 메디치 가문이 머물다가 거처를 강 건너 피티 궁전으로 옮기면서 '오래된, 옛'을 뜻하는 베키오 궁전이라 불리게 됐다. 중정을 지나 안(0층)으로 들어가면 매표소, 기념품점, 화장실, 사물함이 나온다. 궁전 오른쪽 입구의 계단으로 올라가면 박물관 1층 '500인의 방Salone dei Cinquecento'이 나온다. 과거엔 도시의 평의회가 열렸고, 지금도 여전히 다양한 행사가 열리는 중요한 공간이다. 마주 보는 동서 벽면의 벽화는 조르조 바사리의 작품이며, 과거엔 레오나르도 다빈치와 미켈란젤로의 작품이 있었다고 한다. 금으로 장식한 천장엔 초대 토스카나 대공 코시모 1세의 생애와 업적을 표현한 작품이 있다. 500인의 방 한쪽 구석에는 '프란체스코 1세의 서재'가 있다. 2층엔 21개의 전시실이 있고, 그중 19번 전시실인 '백합의 방Sala dei Gigli'은 파란색 벽면에 백합이 빼곡하게 장식된 가장 아름다운 공간이다. 궁전에 딸린 94m 높이 시계탑에 오르면 탁 트인 전망을 감상할 수 있다. 탑에 올라갈 수 있는 인원이 제한되기 때문에 상황에 따라 매표소에서 입장시간을 예약하고 기다려야 한다. 박물관과 탑의 입구가 다르므로 각각의 티켓을 확인한다.

📍 Piazza della Signoria, 50122 Firenze ㅤ🚶 시뇨리아 광장 내부, 두오모 정문에서 도보 7분 ㅤ💶 박물관, 탑 각각 일반 €12.5, 18~25세의 대학생 €10, 18세 미만 무료 ㅤ🕐 **박물관** 월·수~일 09:00~19:00, 화 09:00~14:00, **탑** 월·수~일 09:00~17:00, 화 09:00~14:00 ㅤ❌ 부정기 ㅤ📞 +39-055-276-8325 ㅤ🏠 cultura.comune.fi.it/pagina/musei-civici-fiorentini/museo-di-palazzo-vecchio

프란체스코 1세의 서재

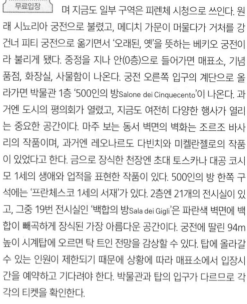

백합의 방

500인의 방

산타 크로체 성당 Basilica di Santa Croce di Firenze

단테 기념비

| 피렌체 카드 |
| 무료입장 |

산타 크로체 성당은 전 세계에서 규모가 가장 큰 프란체스코회 성당이다. 13세기 초 수도사들이 이 지역에 정착했고, 1294년에 아르놀포의 설계로 확장했다. 내부에는 미켈란젤로, 마키아벨리, 갈릴레오 등의 무덤과 망명 중 라벤나에서 사망한 단테의 기념비가 있다. 주 제단을 바라보는 상태에서 바로 오른쪽에 나란히 위치한 바르디 가문 예배당(복원 중이라 천막으로 가려져 있음), 페루치 가문 예배당은 조토의 작품이다. 각각 성 프란체스코의 일생, 세례자 요한의 일생을 주제로 한 프레스코화로 장식되어 있다.

📍 Piazza di Santa Croce, 16, 50122 Firenze 🚶 두오모 정문에서 도보 11분, 시뇨리아 광장에서 도보 6분 💶 일반 €8, 12~17세·대학생 €6, 12세 미만 무료 🕐 월~토 09:30~17:30 일 12:30~17:45, 입장 마감 17:00 ❌ 1월 1일, 부활절, 6월 13일, 10월 4일, 12월 25~26일 📞 +39-055-200-8789 🏠 www.santacroceopera.it

갈릴레오 갈릴레이의 무덤 기념비

본당을 다 둘러보고 회랑으로 나오면 브루넬레스키가 설계한 파치 예배당 Cappella dei Pazzi이 있다. 파치 가문은 한때 메디치 가문에 필적할 정도의 세력을 자랑했으나 메디치 가문에 대항한 파치 음모 이후 몰락했다. 브루넬레스키는 완공을 보지 못하고 세상을 떠났지만 간결한 실내, 정사각형 평면 위에 얹은 돔 지붕 등은 르네상스 건축의 진수를 보여준다.

우피치 미술관 Galleria degli Uffizi

전 세계에서 가장 훌륭한 르네상스 회화 컬렉션을 소장한 이탈리아 최고의 미술관이다. 우피치 미술관은 메디치 가문이 피렌체에 남긴 유무형 유산의 집합이다. 당시 여기저기에 흩어져 있던 관청을 한 군데로 통합할 필요성을 느낀 초대 토스카나 대공 코시모 1세가 바사리에게 건물 설계를 맡겨 1560년에 착공했다. 그러나 코시모 1세와 바사리 모두 세상을 떠나고 코시모 1세의 후계자 프란체스코 1세 시대인 1581년에 완공됐다. 프란체스코 1세는 청사 꼭대기 층에 메디치 가문이 모은 예술품을 전시하기 시작했고 1591년에 이를 일부 공개한 것이 미술관의 출발점이다. 가문의 마지막 상속자 안나 마리아 루이자가 가문의 소장품을 피렌체에서 반출하지 않는다는 조건을 걸고 토스카나 정부에 기증했고, 그 컬렉션이 우피치 미술관의 바탕이 되었다. 미술관이 대중에게 공개된 것은 1769년이다. 우피치 미술관은 오늘날 미술관·박물관 작품 배치의 기본 원칙을 확립한 곳이며 작품에 이름표를 단 최초의 미술관이다. 제대로 감상하려면 하루 종일 있어도 시간이 부족하고 주요 작품만 빠르게 둘러본대도 2시간은 걸린다.

📍 Piazzale degli Uffizi, 6, 50122 Firenze 🚶 두오모 정문에서 도보 7분, 시뇨리아 광장에서 도보 1분 💶 18세 미만 무료, 매월 첫 번째 일요일 무료, **우피치 미술관 성수기** €25(08:15 입장 €19), 비수기 €12, **우피치 미술관+피티 궁전+보볼리 정원 통합권 (5일 유효)** 성수기 €38, 비수기 €18 🕐 화~일 08:15~19:30, 입장 마감 18:30(3월 말~ 12월 중순 화요일 22:00까지, 입장 마감 20:30) ❌ 월요일, 1월 1일, 12월 25일 📞 +39-055-294883 🏠 www.uffizi.it/gli-uffizi

🔍 가기 전에 체크

① **가이드 투어 이용 여부를 결정하자** 가이드가 티켓을 직접 예매하는 투어도 있다. 관련 내용을 정확하게 확인한다.

② **티켓을 예약하자** 성수기, 특히 6~8월엔 평일 주말 할 것 없이 예약을 추천한다. 주말엔 2~3시간 동안 기다릴 수도 있다. 건물 내부가 아닌 외부에서 줄을 서기 때문에 미술관에 들어가기도 전에 더위에 지친다. 현지에 가서 긴 줄을 보면 사전 예약 수수료(€4)가 아깝다는 생각은 들지 않을 것이다. 18세 미만의 티켓을 예약할 때도 예약 수수료를 낸다. 공식 홈페이지 언어를 영어로 바꾸고 오른쪽 상단의 'tickets'를 클릭한 후 'Gli Uffizi' 항목 하단의 'Buy online'을 클릭하면 예약 페이지로 이동한다.

③ **예약하지 못했다면?** 피렌체에 도착하자마자 오르산미켈레 매표소 P.211에서 현지 예약을 시도해보자. 운이 좋으면 바로 다음 날 티켓을 구할 수도 있다. 현지 예약도 여의치 않다면 관람하는 날 오전 8시 이전이나 오후 4시 이후에 방문하는 걸 추천한다. 비교적 오래 기다리지 않고 들어갈 수 있고, 오전보다는 오후가 좀 덜 붐빈다. 예약을 못 했고 3월 말~12월 중순 화요일에 방문한다면 야간 개관을 적극 추천한다. 오후 6시쯤 방문하면 10분 내외로 들어갈 수 있고 내부에 사람도 적어 쾌적하게 관람할 수 있다.

🔍 현지에 도착해서 체크

① **매표소에서 실물 티켓으로 교환하자** 공식 홈페이지를 통해 예약한 사람, 피렌체 카드로 예약한 사람 모두 예약자 전용 창구(Porta 3)에 가서 실물 티켓으로 교환한다. 예약시간 15분 전까지 티켓 교환을 마쳐야 한다. 실물 티켓을 가지고 1번 문(Porta 1)으로 가서 입장한다.

② **소지품 검사가 엄격한 편** 피렌체의 다른 명소보다 소지품 검사를 꼼꼼하게 한다. 페트병에 담긴 500ml 음료 이외의 음식물은 반입되지 않으니 미리 체크하자. 커터 칼, 삼각대 등 날카롭고 뾰족한 물품도 당연히 반입 금지.

③ **편의 시설 위치** 화장실은 모든 층에 다 있고, 0층(그라운드 플로어)에 물품 보관소(18:45 운영 종료), 기념품점, 우체국이 있다. 2층에 카페(09:20~18:00)가 있다.

미술관 외부 회랑에 단테, 미켈란젤로, 마키아벨리 등 피렌체를 빛낸 인물들의 동상이 있어 아는 인물을 찾아보는 재미가 있다. 공사 중이라 일부만 볼 수 있다.

우피치 미술관
꼼꼼하게 둘러보기

우피치 미술관은 ㄷ자 형태의 3층짜리 건물이다.
편의 시설은 0층PIANO TERRA, 전시실은
1~2층(우리나라의 2~3층)에 위치한다.
복도를 따라 전시실이 일렬로 배치되어 있어
동선은 복잡하지 않지만 내부 공사, 작품 복원 등의
이유로 작품 전시 위치가 수시로 바뀐다.

2층(우리나라의 3층)
PIANO SECONDO

크고 무거운 짐은 물품 보관소에 맡기고 가벼운
몸으로 관람을 시작한다. 기본적으로 연대순으로
작품을 전시했고 2층의 A섹션부터 시작하니 바
로 2층으로 올라가자. 보티첼리, 미켈란젤로, 레
오나르도 다빈치, 라파엘로 등 르네상스를 대표
하는 예술가의 작품은 전부 2층에 전시 중이다.
시간이 빠듯한 여행자는 2층만 둘러봐도 좋다.

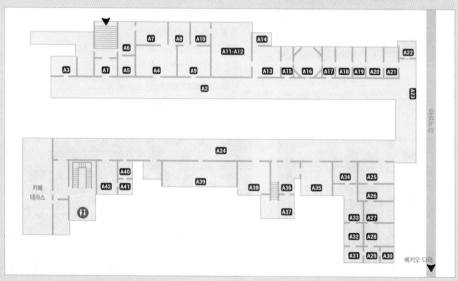

조토 Giotto
마에스타 • 1300~1305년경

'서양 회화 예술의 아버지'라 칭송되는 조토의 걸작. 장엄함, 기품, 고상이라는 뜻의 '마에스타'는 마리아의 덕을 기리는 대형 제단화로 조토 이전에도 수많은 작가가 비슷한 작품을 남겼다. 마리아의 인자하고 온화한 표정, 볼륨감이 느껴지는 옷 등 자연스럽게 인물을 묘사하려고 시도하면서 기존의 획일화된 표현에서 벗어났다. 같은 전시실에 전시된 치마부에, 두초의 작품과 비교하면 그 차이를 확연하게 알 수 있다.

A7 전시실

젠틸레 다 파브리아노 Gentile da Fabriano
동방박사의 경배 • 1423

필리포 리피 Filippo Lippi
성모자와 두 천사 • 1460~1465

A9 전시실

A4 전시실

피에로 델라 프란체스카 Piero della Francesca
우르비노 공작 부부의 초상 • 1473~1475

바티스타 스포르차 공작 부인과 남편 페데리코 다 몬테펠트로 공작이 마주 보고 있다. 공작 부인의 피부가 핏기 하나 없이 창백한 건 그녀의 사후에 그렸기 때문이다. 공작 부인의 장신구, 공작의 주름과 점 하나하나까지 사실적으로 묘사했다. 뒷면에는 우르비노 공작 부부가 마차를 탄 모습이 그려져 있다.

A9 전시실

237

A11~12 전시실에는 〈프리마베라〉과 〈비너스의
탄생〉뿐만 아니라 〈동방박사의 경배〉, 〈석류의 성
모〉, 〈미네르바와 켄타우로스〉, 〈아펠레스의 명예
훼손〉 등 보티첼리의 작품을 다수 전시 중이다.

A11~12 전시실

산드로 보티첼리 Sandro Botticelli
라 프리마베라(봄) · 1480

화면 오른쪽에 서풍의 신 제피로스가 요정 클로리
스에게 다가가고 서풍을 맞은 그녀는 꽃의 여신 플
로라로 변한다. 중앙엔 미의 여신 비너스와 그의
아들 에로스가 보인다. 화면 왼쪽엔 먹구름을 몰
아내는 메르쿠리우스와 원을 그리며 춤을 추는 삼
미신이 있다. 〈봄〉은 메디치 가문에서 의뢰한 작품
이다. 비너스 뒤로 메디치 가문을 상징하는 오렌지
나무 숲이 보이고 발치에는 꽃이 만발하다. 봄의
피렌체와 토스카나 지방에서 피어나는 170여 종
의 꽃을 섬세하게 표현했다.

비너스의 탄생 · 1485

〈봄〉과 함께 메디치 가문의 별장에 나란히 걸려 있었다고 전해
진다. 이 작품은 르네상스 최초의 나체화다. 바다 한가운데서
태어난 비너스가 조개껍데기를 타고 키프로스섬 해안에 다다
랐다. 비너스의 왼쪽에서 제피로스와 플로라가 바람을 불어 비
너스를 육지로 보내주고, 계절의 여신 호라이가 꽃무늬 천으로
알몸의 비너스를 덮어주려 하고 있다. 비너스의 모델은 당대 최
고의 미녀 시모네타 베스푸치라고 알려져 있다.

A11~12 전시실

휘호 판 데르 후스 Hugo van der Goes
포르티나리 제단화 · 1478

A13 전시실

A11~12 전시실

미네르바와 켄타우로스

A16 전시실

베르나르도 부온탈렌티 Bernardo Buontalenti
트리부나 · 1581~1583

토스카나 대공의 보석과 장식을 보관하기 위해 만든 팔각형의
방이다. 중앙에 〈메디치의 비너스〉 조각상이 서 있다. 성수기엔
내부 관람을 위한 긴 줄이 늘어서 있다.

238

동쪽 회랑 전시실 관람을 마치면 한쪽 벽을 채운 커다란 창이 나오고 창밖으로 베키오 다리가 보인다. 다리에 있는 상점의 2층은 건물이 아닌 통로 역할을 하는 바사리 회랑Corridoio Vasariano의 일부. 1565년 코시모 1세의 요청으로 바사리가 설계해 지었다. 베키오 궁전과 피티 궁전을 이어주는 폐쇄된 통로로, 외부인의 눈에 띄지 않고 공적인 공간과 사적인 공간을 오갈 수 있도록 만들었다. 2024년 12월 현재 바사리 통로는 공사중이라 들어갈 수 없다.

안드레아 델 베로키오 Andrea del Verrocchio, 레오나르도 다빈치 Leonardo da Vinci
예수 세례 · 1470~1475

베로키오 공방의 문하생으로 있던 레오나르도 다빈치가 작품 가장 왼쪽에 위치한 천사를 그렸다고 전해진다. 제자의 천재성에 좌절한 스승은 이 작품 이후 붓을 꺾고 조각에만 전념했다고 한다.

A35 전시실

A35 전시실

레오나르도 다빈치 Leonardo da Vinci
수태고지 · 1472

대천사 가브리엘(왼쪽)이 마리아(오른쪽)에게 찾아와 성령으로 잉태해 하느님의 아들 예수를 낳을 것이라는 소식을 전하는 장면이다. 마리아의 어색한 앉은 자세와 이상하게 긴 오른팔, 마리아 뒤편의 어긋난 대리석 장식 등 때문에 논란이 많았다. 오른쪽 아래쪽에서 서서 작품을 올려다보면 자연스럽게 보이는데, 애초에 성당의 오른쪽 벽 위에 걸릴 것을 고려하고 그렸기 때문이다.

라파엘로 산치오
Raffaello Sanzio
검은 방울새의 성모
· 1506

A38 전시실

라파엘로가 피렌체에 머물 때 친하게 지낸 상인에게 결혼 선물로 그려준 작품이다. 안정적인 삼각형 구도, 따스한 색감, 온화한 마리아와 아기들까지 어느 하나 모난 곳 없이 다정한, '성모의 화가'라 불리는 라파엘로의 대표작 중 하나다.

2층의 서쪽 회랑 끝까지 가면 카페가 나오고 테라스에서 두오모와 종탑이 보인다.

미켈란젤로 부오나로티 Michelangelo Buonarroti
성가족(톤도 도니) · 1505~1506

아버지 요셉, 어머니 마리아, 아들 예수를 그렸다. 미켈란젤로가 바티칸의 시스티나 예배당에 남긴 그림 외에 유일하게 패널에 완성한 회화 작품이다.

1층(우리나라의 2층)
PIANO PRIMO

시간이 없다면 B, C섹션은 빠르게 지나가도 무방하다.
D, E섹션의 마지막 부분에 중요한 작품이 몇 점 있다.

C섹션 자화상 컬렉션
Collezione degli Autoritratto

D섹션 16세기 Cinquecento

파르미자니노 Parmigianino
목이 긴 성모 · 1534~1540

D4 전시실

D12 전시실

로소 피오렌티노
Rosso Fiorentino
음악의 천사 · 1521

D23 전시실

브론치노 Bronzino
엘레오노라와 아들 조반니의
초상화 · 1545

브론치노는 코시모 1세의 결혼식
장식을 맡으며 메디치 가문과 인
연을 맺어 궁정 화가가 되었다. 코
시모 1세의 부인 '톨레도의 엘레오
노라'와 아들 조반니의 초상이다.

D15 전시실

B섹션 콘티니 보나코시 컬렉션
Collezione Contini Bonacossi

잔 로렌초 베르니니 Gian Lorenzo Bernini
산 로렌초 · 1617

B8 전시실

티치아노 베첼리오 Tiziano Vecellio
우르비노의 비너스 · 1517

신화 속 비너스를 속세의 여인으로 묘
사해 논란을 일으킨 문제작이다. 보티
첼리의 비너스와 달리 자신의 알몸을
부끄러워하지 않고 당당한 표정으로
화면 밖을 응시하는 티치아노의 비너
스는 고야, 마네 등 후대의 화가들에게
영향을 미쳤다.

E섹션 17세기 이후 Seicento

아르테미시아 젠틸레스키
Artemisia Gentileschi
홀로페르네스의 목을 베는
유디트 · 1620

적진에 잠입해 적장 홀로페르네스의 목을
베어 이스라엘을 위기에서 구해낸 유디트.
수많은 예술가가 자신만의 방식으로 유디
트를 그렸지만 작품 속 그녀는 언제나 연약
하고 겁 많은 여성이었다. 하지만 아르테미
시아의 유디트는 다르다. 피가 낭자한 와중
에도 눈 하나 깜짝하지 않는 강인한 한 인
간의 모습이다. 편견과 유리 천장을 깨고 피
렌체 최고의 미술 단체 첫 여성 회원 자격
을 얻기까지 화가의 삶이 그대로 녹아 있는
듯하다.

카라바조 Caravaggio
메두사 · 1597

E4 전시실

E4 전시실

메디치 리카르디 궁전

Palazzo Medici Riccardi

피렌체 카드
무료입장

코시모 일 베키오 시대부터 1540년에 베키오 궁전으로 이주하기 전까지 100년이 넘게 메디치 가문의 '우리 집'이었다. 1659년에 리카르디 가문으로 소유권이 넘어갔고, 지금은 피렌체시가 소유해 공간 일부를 박물관으로 개방하고 있다. 3층 규모의 저택은 미켈로초가 설계했다. 투박한 외벽이 유럽의 다른 국가 궁전과 비교된다. 오르페우스의 동상이 서 있는 안뜰에선 과거에 수많은 예술가와 학자가 교류했다. 궁전의 백미는 1층의 동방박사 예배당Cappella dei Magi이다. 피렌체 공의회(1439~1442)를 기념하기 위해 베노초 고촐리Benozzo Gozzoli가 그린 〈동방박사의 행렬〉(1459~1460)이 벽을 메우고 있다. 작품 속에서 메디치 가문 사람들, 화가 자신, 공의회 때 방문한 인물들의 모습을 찾을 수 있다. 같은 층에 위치한 거울의 갤러리La Galleria degli Specchi엔 루카 조르다노Luca Giordano의 작품 〈메디치 가문의 신격화〉(1683)가 전시되어 있다.

📍 Via Camillo Cavour, 3, 50129 Firenze 🚶 두오모 정문에서 도보 3분
💶 일반 €16.5, 18~25세의 대학생 €11.5, 18세 미만 무료 🕐 월·화·목~일 09:00~19:00
❌ 수요일, 12월 25일 📞 +39-055-276-0552 🏠 www.palazzomediciriccardi.it

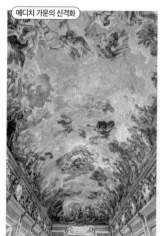
메디치 가문의 신격화

◀ 동방박사의 행렬

오페르우스 석상

청동 설교단

미완으로 완성된 메디치 가문의 성당 ······ ⑭

피렌체 카드 무료입장

산 로렌초 성당 Basilica di San Lorenzo

393년에 축성되었으며 오랫동안 피렌체의 주교좌성당이었다. 1418년 조반니 디 비치 데 메디치가 성당 재건을 지원했고 브루넬레스키에게 설계를 맡겼다. 브루넬레스키는 완공을 보지 못한 채 사망했고 후에 미켈란젤로 등이 공사를 맡았으나 성당 정면은 결국 미완으로 남았다. 중앙 통로 좌우에는 말년의 도나텔로가 만든 청동 설교단이 놓여 있다. 주 제단 왼쪽에는 브루넬레스키가 설계하고 도나텔로가 장식한 옛 성구실Sagrestia Veccia(사진 촬영 금지)이 위치한다. 필리포 리피, 기를란다요, 브론치노 등의 작품들을 볼 수 있다. 중정으로 나가면 지하 박물관으로 갈 수 있다. 코시모 일 베키오와 그가 사랑한 예술가 도나텔로가 나란히 묻혀 있다.

📍 Piazza di San Lorenzo, 9, 50123 Firenze 🏃 두오모 정문에서 도보 4분
€ 일반 €9, 13세 미만 무료 🕐 월~토 10:00~17:30 ❌ 일요일 📞 +39-055-214042
🏠 sanlorenzofirenze.it

라우렌치아나 도서관
Biblioteca Medicea Laurenziana

성당 중정에서 회랑 1층으로 올라가면 미켈란젤로가 설계한 라우렌치아나 도서관이 나온다. 성당과는 별도의 티켓(€5)으로 들어갈 수 있다. 도서관 전실의 '라우렌치아나의 계단'이 유명하다.

🕐 월~토 10:00~13:00
❌ 일요일, 기독교 축일, 부정기

메디치 예배당

Museo delle Cappelle Medicee

산 로렌초 성당의 부속 건물로 성당 뒤쪽에 입구가 있다. 신 성구실Sagrestia Nuova에는 로렌초 일 마니피코와 그의 동생 줄리아노의 무덤이 있다. 메디치 가문이 갑작스레 추방되는 바람에 제대로 된 영묘를 마련하지 못했는데 로렌초 일 마니피코의 조카인 교황 클레멘스 7세가 미켈란젤로에게 의뢰해 만들었다. 그런데 미켈란젤로가 〈최후의 심판〉 작업에 착수하기 위해 1534년에 급하게 로마로 떠나게 돼 신 성구실의 일부 조각은 미완으로 남았다. 왕자의 예배당Cappella dei Principi에는 토스카나 대공 6명의 거대한 석관이 놓여 있는데 내부는 비어 있다. 메디치 가문의 마지막 직계인 안나 마리아 루이자 데 메디치를 비롯한 대공과 가족들의 유해는 지하에 안치되어 있다.

📍 Piazza di Madonna degli Aldobrandini, 6, 50123 Firenze 🚶 두오모 정문에서 도보 5분
💶 일반 €9, 18세 미만 무료, 매월 첫 번째 일요일 무료
🕐 월·수~일 08:15~18:50(40분 전 입장 마감)
❌ 화요일, 12월 25일 📞 +39-055-064-9430
🏠 sanlorenzofirenze.it/le-cappelle-medicee

왕자의 예배당

신 성구실

다비드 진품을 만나러! ······ ⑯

아카데미아 미술관
Galleria dell'Accademia di Firenze

피렌체 카드
무료입장

팔레스트리나의 피에타

피렌체에서 가장 많은 이가 방문하는 미술관은 우피치지만 인구밀도가 가장 높은 미술관은 아카데미아일 것이다. 1563년에 지은 미술학교 건물을 18세기에 미술관으로 개조했으며, 2층 규모로 그리 넓지는 않다. 입장 후 가장 먼저 보티첼리, 기를란다요 등 13~16세기 거장들의 회화 작품을 만난다. 회화 작품 안쪽엔 악기 박물관이 있다. 미켈란젤로의 〈다비드〉까지 일자로 쭉 뻗은 홀 양옆에도 거장들의 작품이 전시돼 있다. 미켈란젤로의 〈팔레스트리나의 피에타〉, 〈아틀라스〉, 〈젊은 노예〉 등이 눈길을 끈다.

미술관의 슈퍼스타인 〈다비드〉(1501~1504)는 돔 지붕으로 자연광이 들어오는 공간에 놓여 있다. 로마에서 〈피에타〉를 만들고 이미 젊은 천재 예술가로 칭송받던 미켈란젤로는 다비드상을 통해 서른도 되기 전에 최고의 예술가란 명성을 얻는다. 시의회의 의뢰를 받아 만든 다비드상은 원래 두오모 지붕 언저리에 놓일 예정이었다. 하지만 높이 517cm, 무게 5560kg이 넘는 대리석상을 옮기다 사고가 발생할 것을 우려해 새로운 장소를 찾아야 했고, 레오나르도 다빈치, 보티첼리 등이 속한 위원회의 논의 끝에 시뇨리아 광장에 놓이게 됐다. 1873년 작품 손상을 막기 위해 진품은 아카데미아 미술관으로 옮겼고, 1910년에 복제품을 시뇨리아 광장에 세웠다.

📍 Via Ricasoli, 58/60, 50129 Firenze 🏃 두오모 정문에서 도보 7분 💶 일반 €16, 18세 미만 무료, 온라인 예약 수수료 €4 🕐 화~일 08:15~18:50(입장 마감 18:20), 6월 초~9월 말 화 ~22:00, 목 ~21:00(45분 전 입장 마감), 15분 단위 예약 ❌ 월요일, 1월 1일, 12월 25일 📞 +39-055-098-7100 🏠 www.galleriaaccademiafirenze.it

젊은 노예

아틀라스

아카데미아 미술관 예약, 입장

아카데미아 미술관은 방문객 수에 비해 규모가 작다. 미술관 부지 안에 기다리는 사람을 전부 수용할 수 없어 미술관 앞 골목에 줄을 세운다. 사전 예약한 사람은 '레드 포인트'로 가서 자신이 예약한 시간대가 적힌 팻말 뒤에 줄을 선다. 6명씩 끊어서 입장을 시키기 때문에 예약했어도 기다리는 경우가 생긴다. 하지만 예약하지 않으면 아예 티켓 자체를 구하지 못하거나 하염없이 기다려야 하므로 성수기(5~10월)엔 가능하면 온라인 예약을 권장한다. 예약하지 않은 사람은 '블루 포인트'로 가서 줄을 선다.

피렌체와 다비드

시뇨리아 광장, 미켈란젤로 광장, 아카데미아 미술관, 국립 바르젤로 박물관 등 피렌체 시내 곳곳에서 다비드상을 만날 수 있다. 왜 피렌체엔 다비드상이 많은 걸까? 다비드는 구약성경에 등장하는 소년 영웅으로 몸집이 거대한 적장 골리앗을 돌팔매질로 쓰러뜨려 이스라엘에 승리를 안겨줬다. 미켈란젤로가 다비드상을 제작하던 시기를 전후로 피렌체에는 메디치 가문의 추방, 참주정치에서 공화정으로의 전환 등의 사건이 있었다. 스스로 정치 구조를 바꾼 피렌체 시민들은 거대한 골리앗을 쓰러뜨린 다비드에 자신들의 모습을 투영했다.

미켈란젤로의 다비드상 이전에도 도나텔로, 안드레아 델 베로키오(두 작품 모두 바르젤로 국립 박물관에 전시 중) 등이 만든 다비드 조각이 있었다. 그들의 다비드는 가냘픈 몸매에 누가 봐도 어린 소년이며 적장의 머리를 발치에 두고 승리의 영광을 누리고 있다. 하지만 다부진 근육질의 몸매를 가진 미켈란젤로의 〈다비드〉는 적을 쓰러뜨리기 직전의 모습이다. 상대를 노려보는 부리부리한 눈동자와 핏줄이 도드라진 오른손에서 긴장감이

도나텔로 다비드

느껴진다. 미켈란젤로의 다비드상은 몸집에 비해 머리와 오른손이 커서 비율이 어색하다. 원래 이 작품이 놓일 곳이 사람들이 고개를 한껏 젖히고 올려다볼 위치였다는 점을 감안해 만들었기 때문이다.

베로키오 다비드

●

지나치기 아쉬운 예술 공간

유네스코가 인정했듯 피렌체 역사 지구 전체가 미술관이자 박물관이다. 아무렇지 않게
지나가는 여느 골목의 한 성당에서도 거장들의 작품을 만날 수 있고 오래된 이야기를 들을 수 있다.
시내 중심에 있어 오가며 들르면 좋은 문화 예술 공간을 알아보자.

오르산미켈레 Orsanmichele

피렌체 역사 지구에서 가장 번화한 거리 한복판에 자리
하며 원래 곡물 시장과 창고로 쓰던 건물이었다. 시장 한
쪽에 있는 예배당에 모신 〈성모자상〉이 병든 자를 낫게
하는 치유의 기적을 보이며 많은 순례자가 찾게 되었다.
1304년 화재로 소실된 건물을 상공업의 발달로 세력이
커진 길드들이 후원해 다시 세웠다. 건물 외벽에 있는 조
각들은 피렌체를 대표하는 길드의 수호성인을 나타내며
도나텔로, 기베르티 등이 제작했다. 진품은 성당 2층 박물
관, 국립 바르젤로 박물관 등에 전시 중이다.

📍 Via dell'Arte della Lana, 50123 Firenze 🚶 두오모 정문에서
도보 5분, 시뇨리아 광장에서 도보 2분 💶 €8, 매월 첫 번째
일요일 무료 🕐 월·수~일 08:30~18:30 ❌ 화요일, 12월 25일
📞 +39-055-064-9450

산 살바토레 인 온니산티 성당
Chiesa di San Salvatore in Ognissanti

피렌체 시내에 지은 최초의 바로크 양식 건축물이다.
1250년경에 지은 성당을 17세기에 바로크 양식으로 재건
축했다. 르네상스를 대표하는 화가 보티첼리와 당대 최고
의 미인이자 그의 작품에 영감을 준 시모네타 베스푸치의
무덤이 있다. 베스푸치 가문의 예배당에는 탐험가 아메리
고 베스푸치의 무덤도 있다. 보티첼리와 기를란다요의 프
레스코화, 조토의 〈십자고상〉을 볼 수 있다.

📍 Borgo Ognissanti, 42, 50123 Firenze 🚶 산타 마리아
노벨라역에서 도보 12분 💶 무료 🕐 4~9월 월·수~일 09:00~
13:00, 15:00~20:00, 10~3월 월·수~일 09:00~13:00,
15:00~19:30 ❌ 화요일 📞 +39-055-239-8700
🏠 chiesaognissanti.it

스트로치 궁전 Palazzo Strozzi

피렌체 카드 무료입장 1489년에 메디치 가문의 경쟁 상대였던 필리포 스트로치가 도시에서 가장 크고 아름다운 궁전을 짓겠다는 야망을 품고 지은 궁전이다. 1937년까지 스트로치 가문이 소유하다가 피렌체시에 양도했다. 피렌체에서 가장 쾌적한 전시 공간 중 하나이며 안뜰까지 무료로 들어갈 수 있다.

📍 Piazza degli Strozzi, 50123 Firenze 🚶 레푸블리카 광장에서 도보 3분
💶 일반 €15, 30세 미만 €12, 6~18세 €5, 6세 미만 무료
🕐 10:00~18:00, 전시에 따라 다름 ❌ 전시에 따라 다름
📞 +39-055-264-5155 🏠 www.palazzostrozzi.org

지운티 오데온-치네마 Giunti Odeon - Cinema

레푸블리카 광장에서 가까운 조용한 뒷골목에 자리한다. 피렌체에서 설립한 출판사 지운티에서 운영하며, 서점과 영화관이 함께하는 문화 공간이다. 이벤트가 없을 때는 2층 객석은 누구나 무료로 들어갈 수 있다. 현지인은 책을 읽거나 영화를 보고 노트북을 사용하는 등 자유롭게 이용한다.

📍 Piazza degli Strozzi, 50123 Firenze 🚶 레푸블리카 광장에서 도보 2분
🕐 09:30~20:00 📞 +39-055-214068 🏠 giuntiodeon.it

산타 트리니타 성당
Basilica di Santa Trinita

페라가모 본점 맞은편에 있다. 주 제단 오른쪽에 미켈란젤로의 스승으로 알려진 기를란다요가 성 프란체스코의 생애를 그려 장식한 사세티 가문 예배당이 있다. 우피치 미술관에서 소장하고 있는 두초의 〈마에스타〉는 원래 산타 트리니타 성당의 제단화였다.

📍 Piazza di Santa Trinita, 50123 Firenze
🚶 시뇨리아 광장에서 도보 5분, 산타 트리니타 다리 북단에서 도보 2분 💶 무료 🕐 07:00~12:00, 16:00~18:00 📞 +39-055-216912

스냅 사진 촬영의 성지 ⑰
산티시마 안눈치아타 광장
Piazza della Santissima Annunziata

르네상스 양식의 주랑이 삼면을 둘러싸고 한쪽은 두오모 광장을 향해 열려 있다. 한복판에 3대 토스카나 대공 페르디난도 1세의 기마상이 두오모를 바라보며 서 있다. 기마상을 바라보고 오른쪽에 위치한 건물은 유럽 최초로 세워진 공립 고아원 오스페달레 델리 인노첸티Ospedale degli Innocenti로 브루넬레스키가 설계했다. 영화 〈냉정과 열정 사이〉에 두 주인공이 광장에서 재회하는 장면이 나온다. 개봉한 지 20년이 넘은 지금도 같은 구도로 사진을 찍는 사람이 많다.

📍 Piazza della SS. Annunziata, 50122 Firenze
🚶 두오모 정문에서 도보 10분

천사 화가의 작품이 있는 ⑱
산마르코 박물관 Museo di San Marco

피렌체 카드
무료입장

15세기 초중반 코시모 일 베키오의 후원을 받아 대대적으로 개축한 도미니크회 수도원으로 1869년부터 박물관으로 사용 중이다. 미켈로초가 설계한 건물은 성당, 중정, 도서관, 수도사의 기숙사다. 온화한 성품 덕분에 '천사 같은 수도사'라 불리던 프라 안젤리코Fra Angelico가 수도원 내부를 프레스코화로 장식했다. 0층과 1층을 잇는 계단 층계참에 그린 〈수태고지〉(1443)가 그의 대표작. 메디치 가문의 독재를 비난했던 수도사 사보나롤라가 머물던 방도 있다.

📍 Piazza San Marco, 3, 50121 Firenze
🚶 두오모 정문에서 도보 10분, 아카데미아 미술관에서 도보 3분 💶 일반 €8, 18세 미만 무료 🕐 화~일 08:15~13:50 ❌ 월요일
📞 +39-055-088-2000

트라토리아 달오스테 Trattoria Dall'Oste

본점은 산타 마리아 노벨라역에서 도보 1분 거리에 있으며 피렌체 시내에 4개의 지점을 운영한다. 한국어 메뉴판, 한국인 직원이 있다. 가장 인기 있는 메뉴는 피렌체식 티본스테이크인 비스테카 알라 피오렌티나이며 1kg(€69.8~) 이상부터 주문할 수 있다. 18시 이전까지 주문 가능한 립아이 스테이크 1인 세트Solo Bistecca(€25.8)에는 스테이크(450, 500g 중 선택), 생수, 구운 감자 또는 샐러드가 포함되어 있다. 세트 메뉴는 할인 및 프로모션 적용이 안 된다. 자릿세 €3.9.

📍 Borgo S. Lorenzo, 31, 50121 Firenze 🏃 두오모 정문에서 도보 2분
🕐 12:00~22:30 📞 +39-055-202-6862 🏠 www.trattoriadalloste.com

홈페이지, 구글 맵스, 더 포크 애플리케이션을 통해 예약할 수 있다. 특정 시간대에 예약하면 20~30%까지 할인을 받을 수 있다. 구글 맵스로는 할인 가능한 시간대를 확인할 수 없으니 홈페이지, 애플리케이션 예약을 추천한다. 주류는 할인되지 않는다.

역사를 품은 고기 요리,
비스테카 알라 피오렌티나

피렌체의 전통 요리인 비스테카 알라 피오렌티나bistecca alla fiorentina는 '피렌체식 스테이크'라는 뜻이다. 피렌체에서 가장 오래된 축제로 알려진 산 로렌초 축제Festa di San Lorenzo 중 많은 양의 소고기를 모닥불에 구워 함께 나눠먹었던 데서 그 기원을 찾을 수 있다. 요리법 자체는 단순하지만 피렌체 티본스테이크 아카데미의 까다로운 규정을 지켜야 한다. 토스카나에서 자란 흰 소 키아니나chianina 종의 고기만 사용하며 굽는 방법과 서빙하는 방법도 정해져 있고 올리브유, 소금, 후추를 제외하고 일체의 간을 하지 않는다. T자 모양의 뼈를 살리기 위해 최소 1kg 이상부터 주문할 수 있고, 현지인은 주로 레어로 익혀 먹는다.

안티코 리스토란테 파올리 1827
Antico Ristorante Paoli 1827

천장과 벽에 그린 프레스코화가 고풍스러운 멋을 뽐는 낭만적인 공간이다. 한국어 메뉴판이 있다. 비스테카 알라 피오렌티나는 최소 1kg(€90~)부터 주문할 수 있다. 송로버섯 파스타Tagliolino al Tartufo(€26.8)도 인기 메뉴. 그 외에 다양한 토스카나 전통 요리를 맛볼 수 있다. 더 포크 애플리케이션을 통해 예약하면 시간대에 따라 20~30% 할인을 받을 수 있다. 자릿세 €3.9.

📍 Via dei Tavolini, 12/R, 50122 Firenze 🚶 두오모 정문에서 도보 5분, 시뇨리아 광장에서 도보 3분 🕐 12:00~22:30 📞 +39-055-216215 🏠 ristorantepaoli.com

페르케 노 Perché no!...

80년 역사의 젤라테리아. 입구에 그날의 맛이 적힌 메뉴판(이탈리아어, 영어)이 있어 맛을 고르기가 한결 수월하다. 젤라토(€3~) 중 가장 인기 있는 맛은 꿀이 들어간 우유 맛 젤라토에 깨를 뿌린 '꿀깨 맛' 젤라토. 수박 맛 젤라토, 얼음과 함께 간 수박 맛 그라니타(€3~5)도 인기가 많다.

📍 Via dei Tavolini, 19r, 50122 Firenze
🚶 두오모 정문에서 도보 4분 🕐 월·수~일 11:00~23:00
❌ 화요일 📞 +39-055-239-8969

대성당을 바라보며 크게 한입 ······④
파니니 토스카니 Panini Toscani

대성당의 쿠폴라가 올려다 보이는 위치에 자리한 파니노(€10~12) 전문점. 빵, 치즈, 채소, 햄 등을 직접 고를 수 있다. 기다리는 동안 주문 안내 종이를 나눠주고 1명씩 매장에 들어가 선택지를 말하는데 고민하고 있으면 재료들을 조금씩 맛보여준다. 야외 테이블이 있다.

📍 Piazza del Duomo, 34/R, 50122 Firenze
🚶 두오모 정문에서 도보 3분
🕐 10:00~19:00 📞 +39-335-572-5544

흥겹게 맛보는 이탈리아식 샌드위치 ······⑤
알란티코 비나이오 All'antico Vinaio

이탈리아식 샌드위치인 파니노 전문점. 언제 방문해도 사람들로 북적인다. 시뇨리아 광장에서 산타 크로체 성당으로 가는 골목에 지점 3개가 모여 있으니 줄이 가장 짧은 곳으로 들어가자. 장사가 잘되는 곳이라 재료가 신선하고 포카치아 빵도 수시로 구워낸다. 빵은 커팅해주며 안쪽에 앉을 공간과 화장실이 있다. 영어로 메뉴 안내가 잘되어 있다. 우리나라 여행자에게 인기 있는 메뉴는 서머(€8)와 인페르노(€9). 산타 마리아 노벨라역에도 지점이 있다.

📍 Via dei Neri, 65r, 50122 Firenze 🚶 두오모 정문에서 도보 8분,
시뇨리아 광장에서 도보 2분 🕐 10:00~20:00 📞 +39-055-238-2723
🏠 www.allanticovinaio.com

피렌체를 대표하는 카페 ……⑥

카페 질리 Caffè Gilli

피렌체에서 가장 오래된 카페로 1733년
에 개업했다. 단정하게 차려입은 직원, 고풍스
러운 인테리어 등이 인상적이지만 뛰어난
커피 맛이야말로 카페 질리의 가장 큰 장점.
테이블에 앉고 싶다면 직원에게 안내를 부
탁하자. 야외 테이블은 레푸블리카 광장의 회
전목마 바로 앞에 위치하며 차양이 있어 날이 궂어도 앉을 수 있다.
카페 에스프레소(바 €1.5, 테이블 €4.5)와 티라미수(바 €7, 테이블
€10)가 인기가 많다. 일부 음료는 테이크아웃이 가능하다.

📍 Via Roma, 1r, 50123 Firenze 🚶 레푸블리카 광장 내, 두오모 정문에서
도보 4분 🕐 08:00~24:00 📞 +39-055-213896 🏠 www.caffegilli.
com

아이스아메리카노와 남부 디저트의 조화 ……⑦

모시 카페테리아

Mò Sì caffetteria alla vecchia maniera

피렌체 중앙시장에서 가까우며 아침부터
현지인으로 북적인다. 아이스커피(€2)를
주문하면 아이스아메리카노를 마실 수 있
다. 시칠리아의 칸놀로(€1.1), 캄파니아의 전통
빵 등 이탈리아 남부의 디저트가 다양하고 가격이 저렴하다. 빈자
리에 자유롭게 앉아서 먹을 수 있다는 것도 장점이다.

📍 Via Nazionale, 106r, 50123 Firenze 🚶 두오모 정문에서 도보
9분, 산타 마리아 노벨라역에서 도보 7분 🕐 월~금 07:00~18:30,
토 07:00~20:00, 일 08:00~19:00 📞 +39-055-614-5323

파스타 만드는 모습을 직접 볼 수 있는 ⋯⋯⑧
일 그란데 누티 트라토리아
Il Grande Nuti Trattoria

큰 통창으로 파스타 만드는 모습을 볼 수 있다. 우리의 만두처럼 소를 채운 파스타인 토르텔리tortelli(€17.8)와 카펠라치cappellacci(€24.8)가 인기가 많다. 그중 리코타 치즈와 시금치 또는 감자와 버섯을 넣은 카펠라치를 추천한다. 피렌체식 스테이크인 비스테카 알라 피오렌티나는 1kg(€69.8~) 이상부터 주문할 수 있다. 더 포크 애플리케이션을 통해 예약하면 시간대에 따라 20~30% 할인을 받을 수 있다. 한국어 메뉴판이 있다. 자릿세 €3.9.

📍 Borgo S. Lorenzo, 22/24, 50123 Firenze 🚶 두오모 정문에서 도보 2분 🕐 12:00~22:30 📞 +39-055-210145
🏠 www.ristorantenuti.com

피렌체에서 만나는 정통 나폴리 피자 ⋯⋯⑨
치로 앤드 손스 Ciro and Sons

1948년 나폴리의 노점으로 시작해 피렌체에서 가장 유명한 피자집이 되었다. 우리나라 여행자에겐 살짝 매콤한 디아볼라 피자Diavola(€12)와 로브스타 파스타Spaghetti all'astice(€27)가 인기가 많다. 피자를 주문할 때 글루텐프리 밀가루, 락토프리 또는 비건 모차렐라 치즈 옵션을 선택(각 €1.5 추가)할 수 있다. 홈페이지, 더 포크 애플리케이션을 통해 예약할 수 있다. 자릿세 €2.5.

📍 Via del Giglio, 28/r, 50123 Firenze 🚶 두오모 정문에서 도보 5분, 산 로렌초 성당에서 도보 2분
🕐 12:00~15:00, 18:00~22:30 📞 +39-055-289694 🏠 www.ciroandsons.com

젤라토와 커피의 만남 ......⑩
비볼리 Vivoli

피렌체에서 가장 오래된 젤라테리아로 1929년에 문을
열었다. 카페를 함께 운영하며 소셜 미디어를 통해 아
포가토(€6)가 엄청나게 유명해져 젤라토(€2.5~)를 제
치고 대표 메뉴가 되었다. 커피 맛(에스프레소 €1.2)도
뛰어나다. 젤라토를 퍼주는 공간 뒤쪽으로 테이블이
있으며 빈자리에 자유롭게 앉으면 된다.

📍 Via Isola delle Stinche, 7r, 50122 Firenze
🚶 두오모 정문에서 도보 10분, 시뇨리아 광장에서 도보 5분
🕐 화~토 08:00~21:00, 일 09:00~20:00 ❌ 월요일
📞 +39-055-292334 🏠 www.vivoli.it

맛보다 대성당 전망이 중요하다면 ......⑪
카페 델 베로네 Caffè del Verone

산티시마 안눈치아타 광장에 있는 오스페달레 델리 인노첸티 5
층에 있다. 입구가 좀 헷갈리는데 건물을 바라본 상태에서 오른
쪽 끝까지 내려가면 박물관 입구와 엘리베이터가 나온다. 테라
스에서 대성당의 쿠폴라와 역사 지구의 풍경을 감상할 수 있다.
계절에 따른 차이가 있지만 오후 늦게 가면 역광이다. 자리에 앉
으면 직원이 와서 주문을 받고 계산할 땐 계산대로 가서 테이블
번호를 말한다. 아이스아메리카노(€4)가 있는데 한국보다 많이
연한 편이다.

📍 Museo degli Innocenti, P.za della SS. Annunziata, 13, 50121
Firenze 🚶 두오모 정문에서 도보 8분 🕐 10:00~21:30
📞 +39-345-167-8267

건강한 브런치 어때 ······ ⑫

멜라레우카 파스티체리아 에 비스트로 Melaleuca pasticceria e bistrò

베키오 다리 동쪽에 위치한 그라치에 다리Ponte alle Grazie 근처에 있다. 현지인
들에게 유명한 브런치 카페로 시간대에 따라 기다리는 경우도 있다. 콜드 브루
(€3.5), 아이스아메리카노(€3.5), 아이스라테(€4.5) 등 차가운 음료 메뉴가 다양
하고 맛도 좋다. 가장 인기 있는 메뉴는 아보카도 오픈 샌드위치인 그린 가디스
green goddess(€13). 가격대는 비싸지만 자릿세가 없고 직원들이 친절하다.

📍 Lungarno delle Grazie, 18, 50122 Firenze 🏃 두오모 정문에서 도보 15분,
산타 크로체 성당에서 도보 5분 🕐 월~금 07:30~16:00, 토·일 09:00~16:00
📞 +39-055-614-6894 🏠 melaleucaflorence.it

뜨끈한 국물이 생각날 땐 ······ ⑬

콤 사이공 Com Saigon

베트남 요리 전문점으로 베트남인, 이탈리아인 부부가
운영한다. 메뉴판에 사진이 있어 고르기 쉽고 메뉴 종
류가 굉장히 많다. 소고기 쌀국수poh tai(€14)를 주문
하고 고추를 요청하면 얼큰하게 먹을 수 있다. 매장이
깔끔하고 직원도 친절하다. 자릿세 €2.

📍 V. dell'Agnolo, 93r, 50122 Firenze 🏃 두오모 정문에서
도보 12분, 산타 크로체 성당에서 도보 3분
🕐 월 19:30~22:30, 수~일 12:30~15:00, 19:30~22:30
❌ 화요일 📞 +39-055-263-8648 🏠 comsaigon.it

눈과 입이 즐거운 시장 ⋯⋯⋯ ①
피렌체 중앙시장
Mercato Centrale Firenze

1층은 대부분 식료품점이고 음식점이 몇 곳 있다. 2층은 전체가 거대한 푸드 코트다. 실내 시장 밖에는 가죽시장이 위치한다. 식료품점에서는 날고기, 채소와 과일 등 신선식품을 팔지만 송로버섯 가공품, 토스카나 전통 과자 등 기념품으로 사기 좋은 제품도 많다. 하지만 완벽하게 밀봉되어 있지 않고 식품 성분표가 없으면 국내 반입 시 문제가 될 수 있으니 주의하자. 1층 음식점 중 가장 유명한 가게는 곱창 버거Panino con Lampredotto(€5)를 파는 다 네르보네Da Nerbone. 점심시간 이전에 가면 오래 기다리지 않는다. 2층 푸트 코트에선 다양한 음식을 시내 음식점보다 저렴하게 먹을 수 있다. 시장 내 화장실은 무료.

📍 Piazza del Mercato Centrale, 50123 Firenze 🚶 두오모 정문 또는 산타 마리아 노벨라역에서 도보 7분 🕐 1층 08:30~15:00, 2층 09:00~24:00 ❌ 부정기
📞 +39-055-239-9798 🏠 www.mercatocentrale.it/firenze

왜 피렌체
가죽 제품이
유명할까?

피렌체는 상인과 장인의 도시였고, 그들은
직종에 따라 중세 유럽의 동업자조합인
길드guild(이탈리아어로 arte)에 속해
있었다. 모든 직종이 길드를 만들었던 것은
아니며 도시의 근간이 되는 업종 위주로
길드가 결성되었다. 가죽을 다루는
무두장이 길드Arte dei Cuoiai e Galigai는
1282년에 설립된 유서 깊은 길드. 당시부터
피렌체의 가죽 산업이 발달했다는 사실을
알 수 있고 길드를 통해 품질 관리,
전통 기술의 계승이 이루어졌다. 피렌체
시내를 관통하는 아르노강이 풍부한 수자원,
재료와 상품이 오가는 뱃길을 제공해
피렌체의 가죽 산업이 더욱 번성할 수 있었다.

포르첼리노 시장에 갔다면 명물 멧돼지 동
상을 찾아보자. 이탈리아어 포르첼리노는
영어의 피글렛piglet, 즉 새끼 돼지란 뜻이
다. 멧돼지 동상의 코를 만지면 부를 가져
다주고 피렌체에 다시 돌아온다는 속설이
있어 코 부분만 반짝반짝 빛난다.

가죽 제품 어디서 살까?

역사 지구 골목 구석구석에서 가죽제품 전문점, 가죽 공방을 쉽게
찾아볼 수 있다. 여행자가 많이 찾는 곳은 피렌체 중앙시장 앞 골
목에 위치한 가죽시장과 시뇨리아 광장 근처에 위치한 포르첼리노
시장Mercato del Porcellino이다. 하지만 장인이 정성스레 만든 가죽
제품을 기대하고 갔다가는 실망하기 십상이다. 구경하는 재미는
있으나 색상과 디자인이 비슷한 제품이 즐비하고 호객 행위가 심
해 하나하나 꼼꼼하게 둘러보기 어렵다. 가죽시장, 포르첼리노 시
장에서 가죽 제품을 구매할 예정이라면 흥정은 필수! 산타 크로체

성당 주변, 베키오 다리
남단에서 피티 궁전으
로 가는 길목에도 가죽
제품 전문점이 모여 있
으며 비교적 질 좋은 제
품을 찾을 수 있다.

수도원에서 운영하는 가죽 공방이 궁금하다면?
스쿠올라 델 쿠오이오 가죽 공방
Scuola del Cuoio S.r.l.

아르노강과 가까운 산타 크로체 성당 주변에는 예부터 무두장이
나 염색업자의 작업장이 많이 모여 있었는데 지금도 거리 이름에
그 흔적이 남아 있다. 스쿠올라 델 쿠오이오 가죽 공방은 1930년대
에 산타 크로체 성당의 프란체스코회 수도원과 가죽 장인들이 협
력해 설립했다. 수업이 이루어지는 공방(관계자 외 출입 금지)은 중
정을 둘러싸고 0층에 모여 있고, 중정 안쪽의 계단을 올라가면 제
품을 판매하는 공간이 나온다. 의류, 벨트, 지갑, 가방, 소품 상자
등 다양한 제품이 있고 €50 이상을 구매하면 무료로 각인을 해준
다. 벨트는 사이즈 조절이 가능하다. 한국어가 가능한 장인이 있으
며 일정 금액 이상 구매할 시 세금 환급을 받을 수 있다.

📍 Via di S. Giuseppe, 5/R, 50122 Firenze 🏃 산타 크로체 성당에서 도보
4분 🕐 10:00~18:30 📞 +39-055-244533 🏠 scuoladelcuoio.it

산타 마리아 노벨라 약국 본점
Officina Profumo - Farmaceutica di Santa Maria Novella

산타 마리아 노벨라 성당의 도미니크회 수녀들이 정원에서 기르던 식물로 약제를 만들던 것을 기원으로 1612년에 약국 문을 열었다. 환율을 고려할 때 우리나라 면세점 가격과 큰 차이가 없거나 오히려 비싸지만 인테리어가 화려한 본점은 쇼핑을 하지 않더라도 들러볼 만하다. 브랜드의 역사를 전시한 공간도 있고 모든 제품을 자유롭게 시향 및 사용해볼 수 있다. 구매를 원할 땐 직원에게 말하면 상품 카드를 주며, 그 카드를 계산대로 가지고 가서 결제하고 물건을 받는다. 본점을 포함해 피렌체 시내에 3개의 매장이 있다.

📍 Via della Scala, 16, 50123 Firenze 🏃 산타 마리아 노벨라역에서 도보 5분
🕐 09:30~20:00 📞 +39-055-216276 🏠 eu.smnovella.com/it

니노 앤드 프렌즈 Nino and friends

입구의 커다란 초콜릿 폭포가 눈길을 끌며 안으로 들어가면 직원들이 묻지도 따지지도 않고 시식부터 권한다. 레몬으로 만든 식료품이 많고 스프레드, 꿀, 초콜릿, 사탕, 술 등 기념품으로 좋은 다양한 제품을 판매한다. 소렌토, 아말피, 카프리 등 남부에 매장이 많고 북부엔 피렌체, 시에나, 산 지미냐노, 베네치아에 매장이 있다.

📍 Borgo S. Lorenzo, 26 R, 50123 Firenze 🏃 두오모 정문에서 도보 2분 🕐 10:30~21:00 📞 +39-055-022-7387
🏠 www.ninoandfriends.it

아름다운 문구의 공간 ⋯⋯ ④

일 파피로 Il Papiro

1976년에 개업했으며 17세기 장인의
기술을 계승해 전통적인 방법으로 종
이를 만든다. 역사 지구에 5개의 매장이 있
으며, 운이 좋으면 물과 유성물감으로 마블링을 만들어 종이에
입히는 모습을 직접 볼 수도 있다. 노트, 엽서, 지우개, 만년필 등
다양한 문구를 판매하며 홈페이지에서 가격을 확인할 수 있다.

📍 (본점) Via Camillo Cavour, 49, 50129 Firenze
🚶 두오모 정문에서 도보 5분   🕐 10:30~19:00   📞 +39-055-215262
🏠 www.ilpapirofirenze.it

가죽 문구 쇼핑은 여기서 ⋯⋯ ⑤

시그눔 피렌체 Signum Firenze

문구점이지만 달력, 포스터, 장식품 등 다양한 제품을
판매한다. 가죽으로 된 노트, 책갈피 등은 품질이 뛰어
나며, '작은 도서관Minilibrerie'이라 불리는 책꽂이 미니
어처는 정교하고 아름답다. 역사 지구에 3개의 매장이
있으니 접근성이 좋은 곳으로 방문하자.

📍 Lungarno degli Archibusieri, 14R, 50122 Firenze
🚶 두오모 정문에서 도보 10분, 우피치 미술관에서 도보 3분
🕐 09:30~19:30   📞 +39-055-244590
🏠 www.signumfirenze.it

믿고 방문하는 ⋯⋯ ⑥

이탈리 피렌체 Eataly Firenze

로마, 밀라노보다 규모는 작지만 오며
가며 들를 수 있을 정도로 접근성이
뛰어나다. 시장이나 슈퍼마켓에 비해
가격대는 좀 비싸도 품질 좋은 식료품
을 믿고 구매할 수 있다. 보냉백, 에코백,
앞치마 등 자체 제작 상품은 꽤 실용적이다. 음식점과
카페 운영을 병행해 간단하게 요기하기에도 좋다.

📍 Via de' Martelli, 22R, 50122 Firenze   🚶 두오모 정문에서
도보 2분   🕐 09:30~22:00   📞 +39-055-015-3610
🏠 www.eataly.net/it_it/negozi/firenze

더 몰 피렌체 The Mall Firenze

접근성이 좋고 다양한 브랜드가 모여 있어 많은 사람이 선호하는 아웃렛이다. 할인 폭은 브랜드, 시즌 등에 따라 다르다. 현재 더 몰 피렌체에는 구찌, 버버리, 셀린느, 보테가 베네타, 펜디, 페라가모, 생 로랑 등 38개의 브랜드가 입점해 있고 홈페이지에서 자세한 내용을 확인할 수 있다.

📍 Via Europa, 8, 50066 Leccio 🕐 10:00~20:00 ✕ 부정기 🏠 firenze.themall.it/it

🔍 더 몰 가는법

피렌체 시내에서 출발하는 셔틀버스가 있다. 온라인으로 미리 예약한 사람이 먼저 탑승하니 예약하는 걸 추천한다. 출발시간보다 10분 정도 여유를 두고 가는 게 좋고, 예약 내역을 캡처해 기사에게 보여주면 된다. 시간표 확인, 버스 예약은 공식 홈페이지에서 가능하다. 2층짜리 대형 버스이며 수트 케이스 등 무거운 짐을 실을 수 있다.

피렌체 시내 정류장은 산타 마리아 노벨라역에서 걸어서 10분 거리에 위치한 몬테룽고 정류장(구글 맵스 검색어 the mall 아웃렛 버스 정류장 또는 Florence Piazzale Montelungo)이며 더 몰 안내판이 있어 찾기 쉽다. 더 몰 하차 정류장은 구찌 매장 건너편, 승차 정류장은 아웃렛 안쪽에 위치한 주차장이며 더 몰 지도에 'Bus Pick-up point'라고 쓰여 있다. 택스 리펀드 사무실과 가깝다.

공식 셔틀버스 외에 일명 '중국 버스'로 불리는 사설 셔틀버스가 있다. 승하차 정류장은 공식 셔틀버스와 같고 예약이 불가능하지만 교통비(편도 €5)를 절약할 수 있다. 피렌체 출발 첫차는 08:50, 이후 18시까지 매시 30분에 출발한다.

🅔 편도 €8, 왕복 €15 🕐 편도 50분

시간표(변동 가능성 있음)

피렌체 출발	08:50	09:10	09:30	10:00	11:00	12:00	13:00	14:00	15:30	16:00	17:00
더 몰 출발	09:45	10:10	13:00	14:00	14:30	15:00	16:00	17:00	18:00	19:20	20:20

🔍 더 몰 야무지게 이용하기

아웃렛인 더 몰엔 신상품이 없다. 신상품을 한국보다 저렴하게 구매하고 싶은 여행자에겐 로마 피우미치노 공항 면세점이 꽤 괜찮은 선택지가 될 수 있다. 특히 대한항공, 아시아나항공, 티웨이항공이 출발하는 3터미널의 면세점에는 더 몰에 없는 에르메스, 막스 마라 등의 매장도 있다. 면세점이기 때문에 따로 세금 환급 절차를 거칠 필요가 없고 시내 매장보다 면세 비율이 높다는 것도 장점이다. 귀국할 때 관세는 고려하자.

- 가기 전에 방문할 브랜드의 원하는 제품을 살펴보고 우선순위를 정해두자. 원하는 제품이 없을 수도 있으니 2순위, 3순위 등까지 고려해야 우왕좌왕하지 않고 쇼핑할 수 있다. 최근 유로 환율이 많이 올라 할인을 해도 우리나라와 별 차이가 없을 수 있다. 귀국할 때 내는 관세까지 고려해 가격을 보자.

- 더 몰에 입점한 브랜드 중 구찌 매장이 가장 넓고 인기도 가장 많다. 구찌 매장 '오픈 런'을 하려면 셔틀버스 첫차를 타는 걸 추천한다. 공식 홈페이지와 안내 지도엔 나와 있지 않지만 부지 내에 프라다, 몽클레어 매장도 있으며 규모가 큰 편이다. 그중 프라다 매장도 '오픈 런'을 하는 사람이 많다.

- 매장마다 새로운 제품이 입고되는 일자가 다르며, 입고 요일 등에 대한 정보는 브랜드에서 공식적으로 밝히고 있지 않다. 상황에 따라 오전보다 오후에 물건이 더 많은 경우도 있기 때문에 가장 정확한 사실은 '그때그때 다르다'는 것뿐이다.

- 한 매장에서 €70 이상 구매하면 세금 환급을 받을 수 있으며 구매 금액에 따라 환급 비율이 다르다. 영수증과 환급 서류를 갖고 셔틀버스 승차장 옆에 위치한 택스 리펀드 사무실로 간다. 0층에 셀린느, 베르사체, 에트로 등의 브랜드가 입점한 건물 1층이다. 한국어 안내가 되어 있다. 보증용으로 필요한 본인 명의 비자 또는 마스터카드의 신용카드가 있어야 환급을 받을 수 있다. 신용카드로 환불 받거나 그 자리에서 바로 현금으로 받을 수도 있다. 수수료는 제외하고 환급해준다. 더 몰에서 절차를 마친 후 EU 국가 출국 공항에서 반드시 세관 스탬프를 받고 환급 절차를 마쳐야 한다.

- 아웃렛 안에 음식점이 있다. 시내보다 가격대는 높지만 시설이 깨끗해 쉬어가기 좋다.

- 아메리칸 익스프레스 카드가 있다면 셔틀버스 하차 정류장에 위치한 안내 라운지에서 추가 할인 쿠폰 등을 받을 수 있다.

구찌와 페라가모의 탄생지,
토르나부오니 거리

피렌체는 구찌와 페라가모가 태어난 도시로 두 브랜드의 본점이 토르나부오니 거리Via de' Tornabuoni에 나란히 자리하고 있다. 토르나부오니 거리는 산타 트리니타 다리 북단에서 안티노리 광장Piazza degli Antinori까지 350m 정도 되는 거리이며, 거리 양옆으로 구찌와 페라가모를 비롯해 몽블랑, 버버리, 알렉산더 맥퀸, 셀린느, 발렌시아가, 펜디, 로로피아나, 프라다, 불가리, 조르지오 아르마니, 베르사체, 브루넬로 쿠치넬리 등의 브랜드가 빼곡하게 모여 있다. 또한 산타 트리니타 성당P.247, 스트로치 궁전P.247, 살바토레 페라가모 박물관 등의 명소도 위치한다.

구찌 본점 📍 Via de' Tornabuoni, 73R, 50123 Firenze 🕐 월~토 10:00~19:30, 일 10:00~19:00
📞 +39-055-264011

페라가모 본점

📍 Via de' Tornabuoni, 14r, 50123 Firenze
🕐 월·수·금·토 10:30~19:30, 목·일 11:00~19:00
📞 +39-055-292123

살바토레 페라가모 박물관 [피렌체 카드 무료입장]
Museo Salvatore Ferragamo

본점 지하에 위치하며 그다지 넓지 않다. 살바토레 페라가모의 역사와 구두 제조 과정에 대해 전시한다.

📍 Piazza di Santa Trinita, 5R, 50123 Firenze
€ 일반 €8, 대학생 €4, 17세 이하 무료
🕐 10:30~19:30 ❌ 1월 1일, 8월 15일, 12월 25일
📞 +39-055-356-2846 🏠 museo.ferragamo.com/it

아르노강 남쪽

현지인들은 아르노강 남쪽을 '아르노강 건너편'이라는 뜻의 '올트라르노Oltrarno'라고 부른다.
종교, 정치, 경제의 중심지가 모인 아르노강 북쪽보다 한적하며 현지인의 일상을 들여다볼 수 있는 지역이다.
미켈란젤로 광장과 주변의 언덕에서 아르노강과 피렌체 역사 지구가 한눈에 들어온다.

ACCESS

산타 마리아 노벨라역	두오모 광장	두오모 광장
버스 20~30분	도보 15분	도보 30분
미켈란젤로 광장	피티 궁전	미켈란젤로 광장

아르노강 남쪽
상세 지도

🚶 피렌체 두오모(대성당)

아르노강

04 라 카라이아

• 산타 트리니타 다리

06 젤라테리아 산타 트리니타

04 브란카치 예배당   **01** 베키오 다리

02 젤라티피치오 콘타디노

트라토리아
다 지노네   **01**   **05** 산토 스피리토 성당   **05** 라 스트레가 노촐라
1949

Via Sant'Agostino

Via del Serragli

Costa S. Giorgio

03 구스타 피자

Ponte alle Grazie

아르노강

Via Maggio

피티 궁전
03

Via di S. Niccolo

Via Romana

• 바르디니 정원

미켈란젤로 광장
02

• 보볼리 정원   Via di Belvedere   장미 정원 •

Viale Francesco Petrarca

Via del Monte alle Croci

Viale Machiavelli

Viale Galileo

Viale del Poggio Imperiale

N

0   100m

● 명소   ● 식당/카페

오랜 세월 피렌체를 지켜봐 온 ⋯⋯⋯ ①
베키오 다리 Ponte Vecchio

피렌체 시내를 관통하는 아르노강에 걸린 다리 중 가장 오래
됐다. 1218년까지는 피렌체에서 유일한 다리였으며, 제2차
세계 대전 중에도 피렌체에서 파괴되지 않은 유일한 다리이
자 도시 역사상 최악의 홍수로 꼽히는 1966년 홍수도 이겨냈
다. 돌다리 위에 푸줏간, 가죽 공방 등이 자리 잡은 것은 1440
년대. 상점에서 나오는 오폐수, 쓰레기 등으로 강의 오염이 심
해지자 1593년 3대 토스카나 대공 페르디난도 1세가 다리 위
상점을 전부 귀금속점으로 바꾸라고 명령하면서 오늘에 이르
렀다. 다리 중앙에 조각가이자 금속 세공가인 벤베누토 첼리
니의 흉상이 있으며 이 자리에서 보는 저녁노을이 아름답다.

🚶 두오모 정문에서 도보 10분, 우피치 미술관에서 도보 3분

산타 트리니타 다리

베키오 다리에서 서쪽으로 250m 정도 떨어진 산타 트리니타 다리
Ponte Santa Trinita에서 베키오 다리의 모습이 잘 보인다. 16세기에
세운 르네상스 양식의 석조 다리로 양쪽 끝에 사계절을 나타내는 4
개의 조각상이 있다. 다리 근처에 위치한 성당에서 이름을 따왔다.

미켈란젤로 광장 Piazzale Michelangelo

아르노강의 남쪽, 그다지 높지 않은 언덕에 피렌체 역사 지구와 저 멀리 굽이치는 산세까지 넉넉하게 눈에 들어오는 광장이 있다. 광장 중앙에 미켈란젤로의 대표작 〈다비드상〉의 청동 복제품이 놓여 있어 미켈란젤로 광장이라 불린다. 광장에서 보는 저녁노을과 야경이 아름다워 해가 질 때쯤엔 사람이 굉장히 많이 몰린다. 해가 서서히 넘어가며 역사 지구에 불이 하나씩 들어오는 모습을 보고 싶다면 일기예보의 예상 일몰 시간 30분 전에는 가서 자리 잡는 게 좋다. 일정에 여유가 있다면 낮에도 방문하는 걸 추천한다. 역사 지구 뒤쪽으로 펼쳐진 숲의 풍경이 시원하다. 피렌체는 이탈리아의 다른 도시에 비해 치안이 좋은 편이고 야경을 본 후 많은 사람이 함께 내려오기 때문에 크게 위험한 일은 없겠지만, 너무 이르거나 늦은 시간에는 여럿이 함께 다니거나 버스로 이동하는 방법을 추천한다.

📍 Piazzale Michelangelo, 50125 Firenze

미켈란젤로 광장 오가기

- **도보** 피렌체 역사 지구의 중심에서 가장 멀리 떨어진 명소다. 베키오 다리 북단에서 도보 25분, 두오모 광장에서 도보 30분 정도 걸린다. 오르막이 심하지 않고 올라가는 길목에 위치한 장미 정원에도 들를 겸 역사 지구 내부에 위치한 명소에서 출발한다면 되도록 걸어서 올라가는 걸 권한다.

- **버스** 너무 이르거나 늦은 시간, 또는 역사 지구 중심부가 아닌 다른 곳에서 출발한다면 시내버스를 이용하자. 12·13번 버스가 미켈란젤로 광장으로 간다. 가장 가까운 정류장을 검색할 땐 구글 맵스보다 'at bus' 애플리케이션이 더 정확한 편이다. 낮에는 광장 자체가 한가한 편이라 문제가 발생할 일이 거의 없지만 밤에는 야경을 보고 내려가는 사람들이 몰리기 때문에 상당히 혼잡하다. 미켈란젤로 광장을 오가는 구간은 검표원이 표 검사를 가장 엄격하게 하니 버스를 타면 잊지 말고 꼭 노란 기계에 승차권을 넣어 개찰을 하자. 또한 광장 내에 승차권을 판매하는 시설이 없으니 시내에서 미리 구매하고, 깜빡했다면 'at bus' 애플리케이션으로 구매한다.

미켈란젤로 광장까지 갔는데 시간 여유가 있거나 덜 붐비는 곳에서 풍경을 감상하고 싶다면, 조금만 더 힘을 내 산 미니아토 알 몬테 성당Abbazia di San Miniato al Monte까지 올라가보는 것을 추천한다. 피렌체 최초의 순교자인 성 미니아토를 봉헌한 성당이다. 1014년에 착공해 1200년대 후반에 완공했으며 산 조반니 세례당과 함께 현재 피렌체에 남아 있는 가장 오래된 종교 건축물 중 하나로 꼽힌다.

전부 다 가보고픈 피렌체의 전망대

아르노강
북쪽

브루넬레스키의 쿠폴라 Cupola di Brunelleschi P.222

시내 중심에서 가장 높은 건축물. 오로지 브루넬레스키의 쿠폴라에 오르기 위해 피렌체를 찾는 여행자가 있을 정도로 사랑받는다. 한 사람이 겨우 지나갈 수 있을 정도로 좁은 계단을 463개나 올라야 한다는 사실과 정작 쿠폴라에서는 쿠폴라의 모습이 보이지 않는다는 단점이 있지만, 전성기를 구가하던 피렌체를 온몸으로 느낄 수 있는 가장 확실한 방법이다.

조토의 종탑 Campanile di Giotto P.224

두오모 바로 옆에 위치하기 때문에 피렌체의 상징인 쿠폴라를 가장 가까이에서 볼 수 있는 전망대. 쿠폴라보다 높이가 낮고 계단 공간이 여유 있어 오르기가 수월한 편이다. 전망대인 최상층에 쇠창살이 설치되어 있어 시야를 방해하지만 쿠폴라의 아름다움까지 해치진 못한다.

베키오 궁전의 시계탑 P.232

과거에 도시의 파수꾼 역할을 하던 탑에 올라 피렌체 시내의 모습을 내려다볼 수 있다. 두오모와 종탑의 모습이 나란히 눈에 들어오고 강 건너 풍경과의 거리도 적당하다. 시계탑 입구까지 궁전 내부의 넓은 계단을 이용하기 때문에 올라가기 수월하며, 쿠폴라나 종탑보다 사람이 적어 여유롭게 즐길 수 있다.

높은 곳에 올라 꽃의 도시 피렌체의 전경을 한눈에 담는 일은 수많은 여행자의 버킷리스트 중 하나! 고요하게 흐르는 아르노강을 기준으로 북쪽에는 평탄한 지형에 두오모 등 높은 건물이 있고 남쪽엔 적당한 높이의 언덕이 모여 있어 강북과 강남에서 다양한 구도로 전망을 즐길 수 있다.

피렌체 역사 지구엔 공사 중인 시설이 많다. 아르노강 남쪽의 전망대에서 도심인 북쪽을 내려다보면 기중기가 시야에 들어온다.

아르노강 남쪽

미켈란젤로 광장 Piazzale Michelangelo P.266

아르노강 남동쪽에 있는 언덕에 위치한 탁 트인 광장이다. 이탈리아에서 가장 아름다운 일몰과 야경을 감상할 수 있는 전망대로 가장 큰 사랑을 받는 공간이다.

장미 정원 Giardino delle Rose

베키오 다리 북단에서 미켈란젤로 광장으로 올라가는 길목에 있다. 장미뿐만 아니라 다양한 식물이 자연스럽게 정원을 채우고 있으며, 5월에 방문하면 활짝 핀 장미와 어우러진 피렌체의 풍경을 볼 수 있다.

📍 Viale Giuseppe Poggi, 2, 50125 Firenze
🚶 미켈란젤로 언덕에서 도보 3분 💶 무료
🕐 09:00~계절에 따라 다름 ❌ 12월 24~25일

바르디니 정원 Giardino Bardini

피렌체 카드 무료입장

피렌체의 풍경을 가장 느긋하게 즐길 수 있다. 13세기에 조성한 정원으로 조각상 등 인공 구조물과 자연의 높낮이가 적당히 조화를 이루며 다채로운 풍경을 보여준다. 연보라색 등나무 꽃이 활짝 피는 4월 중순에서 말까지가 가장 아름답다.

📍 매표소 Via de' Bardi, 1/r, 50125 Firenze 🚶 베키오 다리 남단에서 도보 8분 💶 바르디니 정원+보볼리 정원 통합권 €10, 18세 미만 무료, 매월 첫 번째 일요일 무료 🕐 10:00~20:00, 입장 마감 19:00 ❌ 매월 첫 번째·마지막 월요일 🏠 www.villabardini.it

피티 궁전 Palazzo Pitti

1458년에 은행가 루카 피티가 메디치 가문의 저택보다 더 훌륭한 저택을 짓겠다며 공사를 시작했다. 그러나 1472년에 그의 죽음과 함께 궁전 건설도 중단되었고, 1550년경 초대 토스카나 대공 코시모 1세가 궁전을 매입해 공사를 재개했다. 16세기 말 현재의 우피치 미술관이 집무실 역할을 하게 되자 메디치 일가는 피티 궁전으로 이사해 공적인 공간과 사적인 공간을 분리했다. 가문의 대가 끊긴 후엔 합스부르크로트링겐가의 대공들, 사보이 왕가의 이탈리아 왕들이 이곳에 머물렀으며, 1919년에 국유화되어 박물관과 정원을 일반에 공개하고 있다.

피티 궁전 티켓으로 팔라티나 미술관Galleria Palatina, 왕과 황제의 아파트Appartamenti Imperiali e Reali, 대공의 보물관Tesoro dei Granduchi, 현대 미술관Galleria d'Arte Moderna, 의상 미술관Museo della Moda e del Costume 등에 들어갈 수 있다. 궁전 뒤쪽으로 펼쳐진 보볼리 정원Giardino di Boboli까지 둘러보려면 통합 티켓이 필요하다. 각 박물관과 정원에 들어갈 때마다 티켓을 확인하니 잃어버리지 않도록 주의하자. 궁전 앞 광장이 넓고 쾌적해 잠시 쉬어가기 좋다. 매표소는 궁전 정문을 바라보고 광장의 오른쪽에 위치한다. 피렌체 카드 소지자는 매표소에 들르지 말고 입구에서 카드를 보여주고 입장한 후 중정 내 기념품점에서 별도의 티켓을 받는다.

📍 Piazza de' Pitti, 1, 50125 Firenze 🚶 베키오 다리에서 도보 7분 💶 18세 미만 무료, 매월 첫 번째 일요일 무료, **피티 궁전** 성수기 €16, 비수기 €10, **보볼리 정원** 성수기 €10, 비수기 €6, **피티 궁전+보볼리 정원 통합권** 성수기 €22, 비수기 €14 🕐 **피티 궁전** 화~일 08:15~18:30, 11~2월 08:15~16:30, 3·10월 08:15~17:30, 4~5월· 9~10월 08:15~18:30, **보볼리 정원** 08:15~18:30, 6~8월 08:15~19:10 ✖ **피티 궁전** 월요일, 1월 1일, 12월 25일, **보볼리 정원** 매월 첫 번째·마지막 월요일, 12월 25일 📞 +39-055-294883 🏠 **피티 궁전** www.uffizi.it/palazzo-pitti, **보볼리 정원** www.uffizi.it/giardino-boboli

피티 궁전 자세히 들여다보기

소지품 검사를 마치고 궁전으로 들어가면 넓은 안뜰이 나온다.
팔라티나 미술관으로 가려면 소지품 검사가 끝나는 지점 오른쪽에 있는 계단으로 올라간다.
중정을 둘러싼 0층엔 토스카나 대공의 보물관, 기념품점, 카페, 보볼리 정원 입구가 있다.

팔라티나 미술관

피티 궁전 1층 전체를 차지한다. 소장품 규모가 우피치 미술관에 뒤지지 않을 정도로 훌륭하다. 라파엘로의 작품을 세계에서 가장 많이 소장 중이고 보티첼리, 티치아노, 귀도 레니, 루벤스, 틴토레토, 카라바조, 필리포 리피 등의 작품을 볼 수 있다. 액자 하단에 작품 정보가 붙어 있을 뿐 몇몇 작품을 제외하고는 별도의 이름표가 없다. 팔라티나 미술관에서 왕과 황제의 아파트로 바로 이어지는데, 현재 보수 중이라 일부 공간엔 들어갈 수 없다.

추천 작품

· **라파엘로** ① 〈의자에 앉은 성모〉 1512년경 ② 〈대공의 성모〉 1506~1507년경 ③ 〈베일을 쓴 여인〉 1512~1515년경
· **티치아노** ④ 〈마리아 막달레나〉 1531~1535년

대공의 보물관

1637년 토스카나 대공 페르디난도 2세의 결혼을 기념해 프레스코화로 장식한 공간이다. 로렌초 일 마니피코와 그가 후원한 예술가를 함께 그린 프레스코화를 볼 수 있다. 화려한 가구, 보석, 식기 등도 전시 중이다.

보볼리 정원

초대 토스카나 대공 코시모 1세가 피티 궁전을 확장하면서 아내를 위해 조성한 정원이다. 토스카나 대공국의 궁정 건축가인 베르나르도 부온탈렌티가 설계했다. 이탈리아에서 가장 유명한 정원으로 이후에 조성된 유럽 각지의 정원에 영감을 주었다. 정원 곳곳에 조각상, 분수 등이 있고 도심 속 정원이라는 생각이 들지 않을 정도로 울창한 숲을 이루고 있다. 다만 굉장히 넓어서 피티 궁전과 함께 전체를 다 둘러보려면 시간과 체력이 필요하다.

피렌체 카드
무료입장

초기 르네상스 회화의 걸작 ······ ④
브란카치 예배당 Cappella Brancacci

산타 마리아 델 카르미네 성당Chiesa di Santa Maria del Carmine에 있는 브란카치 가문의 예배당이다. 예배당 입구는 성당 입구 오른쪽에 있으며 입장 인원이 정해져 있어 매표소에서 입장시간을 예약해야 한다. 예약시간에 매표소로 가면 직원과 함께 들어가서 30분 동안 관람할 수 있다. 1423년 마사초와 마솔리노Masolino가 함께 작업을 시작했고 마사초 사후 필리피노 리피가 이어받아 완성했다. 마사초의 〈성전세〉, 〈에덴동산에서 추방당하는 아담과 하와〉가 유명하다.

에덴동산에서 추방당하는 아담과 하와

성전세

📍 Piazza del Carmine, 14, 50124 Firenze
🚶 피티 궁전에서 도보 10분 💶 일반 €10,
18~25세의 대학생 €7, 17세 이하 무료, 성당
무료 🕐 월·수~일 10:00~17:00(45분 전 입장
마감) ✖ 화요일, 1월 1일, 1월 6일, 부활절,
7월 16일, 8월 15일, 12월 25일
📞 +39-055-276-8224
🏠 예약 사이트 bigliettimusei.comune.fi.it

거장의 초기작을 볼 수 있는 곳 ······ ⑤
산토 스피리토 성당 Basilica di Santo Spirito

13세기경 강북보다 한적한 피렌체의 강남 지역에 아우구스티노 수도원이 자리를 잡았다. 이후 개축을 위해 브루넬레스키가 설계를 맡아 1446년에 사망할 때까지 성당 건설에 매달렸으며, 그의 설계를 최대한 존중하며 1487년에 완공했다. 중앙 통로 왼쪽 공간에 미켈란젤로가 17세에 만든 〈십자고상〉이 있다. 성당 내부 사진 촬영은 철저하게 금지한다. 성당 앞 산토 스피리토 광장에는 현지인이 즐겨 찾는 가게들이 모여 있다.

📍 Piazza Santo Spirito, 30, 50125 Firenze 🚶 피티 궁전에서 도보
4분 💶 무료, 십자고상 관람 일반 €2, 10세 미만 무료 🕐 월·화·목~토
10:00~13:00, 15:00~18:00, 일·공휴일 11:30~13:30, 15:00~18:00
✖ 수요일 📞 +39-055-210030 🏠 www.basilicasantospirito.it

트라토리아 다 지노네 1949 Trattoria Da Ginone 1949

가족이 운영하는 음식점으로 토스카나 지방의 전통 요리와 '집밥'을 맛볼 수 있다. 아르노강 남쪽에 위치하며 점심, 저녁 오픈 시간에 방문하면 기다리지 않고 조용한 분위기에서 식사할 수 있다. 잘려서 나오는 스테이크인 탈리아타 Tagliata(€18)의 만족도가 높다. 토끼 고기가 들어간 파스타(€13) 등 이곳에서만 먹을 수 있는 메뉴와 디저트 중에서는 티라미수(€6)를 추천한다. 더 포크 애플리케이션을 통해 예약할 수 있다. 자릿세 €2.5.

📍 Via dei Serragli, 35/R, 50124 Firenze 🚶 두오모 정문에서 도보 17분, 피티 궁전에서 도보 10분 🕐 12:00~15:00, 19:00~23:00 📞 +39-055-218758 🏠 ginone.it

젤라티피치오 콘타디노

Sbrino - Gelatificio Contadino

주요 명소에서 조금 떨어진 곳이지만 현지인이 많이 찾는 개성 있는 작은 가게들이 모인 골목에 자리한 젤라테리아. 과일이 들어간 젤라토(€4~) 종류가 많고 전체적으로 그다지 달지 않다. 다른 젤라테리아보다 가격이 비싸다는 게 단점이다.

📍 Via dei Serragli, 32r, 50124 Firenze 🚶 두오모 정문에서 도보 16분 🕐 월~금 13:00~24:00, 토·일 12:30~24:00 📞 +39-055-012-2286

줄 서서 먹는 피자집 ······ ③
구스타 피자 Gustapizza

아르노강 남쪽에서 가장 '힙'한 가게들이 모인 산토 스피리토 광장에 위치한 피자집으로 현지인도 오픈 전부터 줄을 서고 영업시간 내내 손님이 끊이지 않는다. 매장 중앙의 커다란 화덕이 눈에 띈다. 야외 테이블을 바라보고 서면 입구가 2개 있는데 왼쪽이 매장에서 먹고 가는 줄, 오른쪽이 포장 줄이다. 주문을 하면 번호표를 나눠준다. 마르게리타 피자(€8)와 구스타 피자(€12)가 가장 인기가 많다.

📍 Via Maggio, 46r, 50125 Firenze 🚶 두오모 정문에서 도보 15분, 피티 궁전에서 도보 3분 🕐 화~일 11:30~15:30, 19:00~23:00 ❌ 월요일 📞 +39-055-285068

독창적인 맛이 많은 ······ ④
라 카라이아 Gelateria La Carraia

아르노강 남쪽의 애매한 위치임에도 줄을 서서 먹는 젤라테리아. 산타 크로체 성당 근처에 지점이 하나 더 있다. 우유가 들어간 젤라토(€2.5~) 종류가 많고 여러 가지 재료를 조합해 독창적인 새로운 맛을 계속 만들어낸다. 가격에 비해 양이 많은 편이다.

📍 Piazza Nazario Sauro, 25/r, 50124 Firenze 🚶 두오모 정문 또는 산타 마리아 노벨라역에서 도보 13분 🕐 11:00~24:00 📞 +39-055-280695 🏠 www.gelaterialacarraia.it

라 스트레가 노촐라 La Strega Nocciola Gelateria Artigianale

베키오 다리 남쪽에 있다. 피렌체에만 지점이 4개 있고 로마에도 지점이 있다. 가장 인기 있는 젤라토(€3~) 맛은 상호에도 들어간 헤이즐넛(노촐라). 젤라토 하나하나에 뚜껑이 덮여 있어 메뉴 구분이 힘들지만 영어로도 쓰여 있어 주문이 어렵지는 않다. 앉아서 먹을 공간이 있다.

📍 Via de' Bardi, 51/r, 50125 Firenze 🏃 두오모 정문에서 도보 11분
🕐 월~금 11:30~22:30, 토·일 11:00~23:00 📞 +39-055-238-2150
🏠 www.lasreganocciola.it

젤라테리아 산타 트리니타
Gelateria Santa Trinita

산타 트리니타 다리 남쪽에 있다. 다른 곳에선 맛볼 수 없는 흑임자 맛sesamo nero 젤라토(€2.9~)가 매우 유명하다. 맛이 이탈리아어로만 쓰여 있는 게 단점. 매장 한쪽에선 토스카나 지방의 식료품을 판매하고 앉아서 먹을 수 있는 공간이 있다.

📍 Piazza de' Frescobaldi, 11/red, 50125 Firenze 🏃 두오모 정문에서 도보 12분 🕐 11:00~24:00 📞 +39-055-238-1130 🏠 www.gelateriasantatrinita.it

피렌체의
번잡함에서
잠시 벗어나자
피에솔레 Fiesole

피에솔레는 피렌체 역사 지구에서 북동쪽으로
5km 정도 떨어진 마을이다. 피렌체에서
시내버스로 쉽게 다녀올 수 있고, 피렌체 도심보다
한산해 인파에 지쳤을 때 훌쩍 다녀오기 좋다.
마을 중심에 있는 로마 시대 원형극장은
피에솔레의 오랜 역사를 웅변한다.
한때는 피렌체의 적수가 될 정도의 세력을
자랑했으나 1125년 피렌체에 정복된 이후
귀족들의 휴양지로 사랑받았다.

피에솔레 가기

⇨ 피렌체 산타 마리아 노벨라역 길 건너편의 코나드 시티
슈퍼마켓 앞(정류장명 Stazione Nazionale)

　7번 버스, 30분 소요(승차권 €1.7, 개찰 후 90분 유효)

⇨ 피에솔레의 미노 광장(정류장명 Fiesole Piazza Mino)

＊두 정류장은 버스의 기점이자 종점이라 대부분 시간표대로 버
스가 오지만 교통 체증 등으로 늦을 때도 있다. 피에솔레에서 피렌
체 시내로 돌아갈 때는 내린 정류장에서 그대로 7번 버스를 탄
다. 하절기에 버스가 좀 더 자주 다니고 평균 1시간에 3~4대 정
도 운행한다. 시간표와 노선도는 각 정류장, 'at bus' 홈페이지와
애플리케이션에서 확인할 수 있다.

여행 방법

피에솔레는 작은 마을이다. 산 프란체스코 수도원과 전
망대, 로마 원형극장Teatro Romano이 대표적인 명소다. 원
형극장, 고고학 박물관Museo Archeologico, 반디니 박물관
Museo Bandini이 붙어 있고 규모가 작다. 위의 세 명소는 피
렌체 카드가 있으면 무료입장이 가능하다. 전망대로 올라
가면 화장실이 없으므로 버스 정류장 근처에서 다녀오자.

토스카나의 풍경이 내 발아래
산 프란체스코 전망대 San Francesco Panorama (Fiesole)

산 프란체스코 수도원으로 올라가는 길목에 위치한 뷰 포인트. 화창한 날은 피렌체 도심 너머의 산세까지 훤히 보이고, 토스카나 시골길의 상징처럼 여겨지는 일자로 쭉 뻗은 사이프러스 길을 가까이에서 내려다볼 수 있다. 역사 지구의 스카이라인을 배경으로 해가 지는 모습도 아름답다. 근경이 숲이라 조명이 없어 야경은 좀 심심한 편이고, 오가는 길에 가로등이 없기 때문에 너무 어두워지기 전에 내려오는 걸 추천한다. 전망대 뒤로 난 계단 위쪽에 자리한 수도원은 소박한 본당과 안뜰로 이루어져 있다. 특별한 일이 없으면 매일 오전 9시부터 해가 질 때까지 열려 있고 누구나 들어갈 수 있다. 프란체스코 성인의 벽화가 그려진 안뜰은 주말에만 개방한다.

📍 Via S. Francesco, 1, 50014 Fiesole 🚶 미노 광장의 버스 정류장에서 도보 5분

사탑에 깃든 중세 해상 강국의 영광

피사 Pisa

아르노강 하구에 위치한 피사는 고대부터 중요한 항구였다. 중세 시대에
도시 국가로서 독자적인 세력을 갖추고 군사력을 키운 피사 공화국은
지중해 동서를 오가며 활약했다. 전성기인 12~13세기엔 자신들의 세력을 과시하기 위한
건축물을 많이 지었다. 하지만 13세기 말에 경쟁자인 제네바와의 해전에서
패하며 쇠락의 길을 걷다 1406년에 피렌체에게 정복당했다.
피사의 명소가 모인 웅장한 두오모 광장엔 피사가 보낸 영광의 시간이 남아 있다.

여행 안내소 Infopoint turistico Pisa Turismo - Duomo
📍 Piazza del Duomo, 7, 56126 Pisa 🚶 두오모 광장 내부 🕐 09:30~19:30
📞 +39-050-550100 🏠 www.turismo.pisa.it

가는 방법·시내 교통

피렌체 산타 마리아 노벨라역에서 피사의 중앙역인 피사 첸트랄레Pisa Centrale역까지 지역 열차로 환승 없이 한 번에 갈 수 있다. 1시간에 3~4대 정도로 자주 다니는 편이다. 피사 첸트랄레역은 피사의 사탑이 위치한 두오모 광장에서 약 1.7km 떨어져 있다. 열차 시간대가 맞으면 피사의 사탑과 더 가까운 피사 산 로소레Pisa S.Rossore역으로 가는 지역 열차를 타도 된다. 피사 산 로소레역으로 가는 열차는 하루에 10대 정도로 자주 다니는 편은 아니다. 지역 열차는 고정 요금이라서 예매할 필요 없이 당일에 구매해도 된다. 열차를 타기 전에 역 구내에 있는 개찰기를 이용해 승차권에 탑승 일시를 반드시 개찰하자.

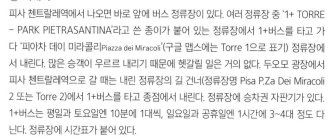

| 피렌체 산타 마리아 노벨라역 | ⋯⋯ 지역 열차 50분~1시간 20분, €9.3 ⋯⋯ | 피사 첸트랄레역 |
| 피렌체 산타 마리아 노벨라역 | ⋯⋯ 지역 열차 1시간 20분~, €9.3 ⋯⋯ | 피사 산 로소레역 |

피사 첸트랄레역에서 시내로 나가기

① 시내버스

피사 첸트랄레역에서 나오면 바로 앞에 버스 정류장이 있다. 여러 정류장 중 '1+ TORRE – PARK PIETRASANTINA'라고 쓴 종이가 붙어 있는 정류장에서 1+버스를 타고 가다 '피아차 데이 미라콜리Piazza dei Miracoli'(구글 맵스에는 Torre 1으로 표기) 정류장에서 내린다. 많은 승객이 우르르 내리기 때문에 헷갈릴 일은 거의 없다. 두오모 광장에서 피사 첸트랄레역으로 갈 때는 내린 정류장의 길 건너(정류장명 Pisa P.Za Dei Miracoli 2 또는 Torre 2)에서 1+버스를 타고 종점에서 내린다. 정류장에 승차권 자판기가 있다. 1+버스는 평일과 토요일엔 10분에 1대씩, 일요일과 공휴일엔 1시간에 3~4대 정도 다닌다. 정류장에 시간표가 붙어 있다.

| 피사 첸트랄레역 | ⋯⋯ 1+버스 10분, €1.7(개찰 후 70분 유효) ⋯⋯ | 피사의 사탑 |

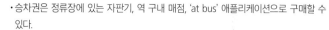

버스 탑승 시 주의할 점

- 승차권은 정류장에 있는 자판기, 역 구내 매점, 'at bus' 애플리케이션으로 구매할 수 있다.
- 피사 첸트랄레역과 피사의 사탑을 오가는 구간은 검표원이 검표를 매우 엄격하게 한다. 탈 때 개찰기에 넣어 탑승 일시를 개찰하는 걸 잊지 말자.
- 버스 내 소매치기도 많은 구간이다. 혼잡할 땐 짐 관리에 더욱 신경 쓰자.

② 도보

피사 첸트랄레역에서 두오모 광장까지 걸어가면 25~30분 정도 걸린다. 걷는 도중에 아르노강 부근에서 산타 마리아 델라 스피나 성당Chiesa di Santa Maria della Spina 등의 명소를 볼 수 있고 강변 풍경(구글 맵스 검색어 Lungarni di Pisa) 자체도 예뻐서 걸어갈 만하다. 피사 산 로소레역에서 두오모 광장까지는 걸어서 10~15분 정도 걸린다.

여행 방법

내부 관람을 하지 않는다면 다른 도시와 함께 일정을 짤 수 있다. 피사 첸트랄레역이 환승역이라서 친퀘 테레와 묶어서 일정을 짜는 여행자가 많다. 사탑을 포함해서 두오모 광장에 있는 명소를 제대로 돌아본다면 최소 3시간은 잡아야 한다. 피사 첸트랄레역과 두오모 광장을 오가는 길과 시내 중심엔 갈릴레오 갈릴레이가 다닌 유서 깊은 피사 대학, 르네상스 양식의 건물로 둘러싸인 카발리에리 광장Piazza dei Cavalieri 등의 명소가 있다.

피사 두오모 광장
Piazza del Duomo di Pisa

이탈리아 작가 가브리엘레 단눈치오Gabriele d'Annunzio가 자신의 소설에서 "기적의 풀밭"이라고 묘사한 이래 '기적의 광장Piazza dei Miracoli'이라고도 불리는 피사 두오모 광장은 1987년 유네스코 세계 문화유산에 등재되었다. 대성당인 두오모를 중심으로 종탑인 피사의 사탑, 세례당, 캄포산토, 두오모 오페라 박물관, 시노피에 박물관이 성벽으로 둘러싸인 광장 내부에 위치한다. 각 건축물은 서로 다른 시기에 세워졌지만 정교한 계획 아래 조성한 것처럼 조화롭고, 한때 지중해를 호령하던 피사의 영광을 보여주듯 찬란하게 빛난다. 광장에 넓게 잔디가 깔려 있고 손상을 방지하기 위해 일부 구역은 들어가지 못하게 막아놓았다. 광장 내 화장실은 유료(€1)이며 박물관 안에만 무료 화장실이 있다.

티켓 종류

여러 명소를 둘러볼 수 있는 통합권과 한 군데의 명소만 들어갈 수 있는 개별권이 있는데, 사탑 외에 명소를 두 군데 이상 둘러볼 예정이라면 통합권을 사는 게 이득이다. 매표소는 시노피에 박물관 내부와 두오모 뒤쪽에 위치하고, 전광판을 통해 당일 사탑 입장권 여유분을 안내한다. 공식 홈페이지를 통해 온라인 예약도 가능하다.

🏠 www.opapisa.it

티켓 종류	사탑+두오모+세례당+오페라 박물관 +캄포산토+시노피에 박물관	사탑+두오모	두오모+세례당+오페라 박물관 +캄포산토+시노피에 박물관
요금	€27	€20	€11
입장시간 지정	사탑, 성수기 예약 권장		
비고	· 두오모+사탑을 제외한 시설의 개별 입장권 €8 · 성인과 함께 입장하는 11세 미만 사탑 외 모든 시설 무료		

운영시간 (수시로 변경되기 때문에 공식 홈페이지에서 확인 필요)

4~9월	09:00~20:00
10월 첫 번째 월요일~	09:00~19:00
11월 첫 번째 월요일~12월 22일	09:00~18:00
12월 23일~1월 6일	09:00~19:00
1월 7~21일	09:00~18:00
1월 22일~3월	09:00~19:00

· 모든 명소의 운영시간은 동일하며 두오모만 오전 10시부터 입장 가능

· 행사 등이 있을 때 운영시간이 달라질 수 있고, 공식 홈페이지에 확인 당일부터 6개월 이후까지 운영시간 공지

① 기울어졌기 때문에 완벽한 탑
피사의 사탑 Torre di Pisa

두오모의 부속 시설인 종탑으로 지었지만 두오모보다 훨씬 유명해진 피사의 사탑. 피사가 번영을 누리던 1173년에 착공했고 3층까지 올린 시점에 기울기 시작해 공사가 중단되었다. 그 후 두 번 더 공사를 재개했으나 탑을 똑바로 세우는 건 불가능해 원래 설계보다 낮은 58.36m, 8층 높이로 1372년에 완공했다. 시간이 지날수록 탑이 점점 기울자 붕괴를 막기 위해 1990년부터 10년 동안 대대적인 보강 공사를 진행해 2001년 일반에 공개했다. 현재 기울기의 각도는 5.1도이며 앞으로 200~300년은 현 상태를 유지할 수 있을 것이라 예상한다. 탑 꼭대기에는 피사 공화국의 깃발이 꽂혀 있다.

🚶 두오모 뒤편

피사의 사탑에 올라가려면 공식 홈페이지 또는 매표소에서 입장시간 지정 티켓을 사야 한다. 15분 단위로 입장하며 한정된 인원만 들어갈 수 있다. 18세 미만은 보호자 동반이 필요하고 8세 미만은 입장할 수 없다. 입장시간 15분 전에 사탑 북쪽, 잔디 광장 너머 매표소에 카메라, 휴대폰을 제외한 모든 짐을 맡기고 줄을 선다. 계단의 개수는 273개이고 피렌체의 쿠폴라, 조토의 종탑보다는 오르기 쉬운 편이다.

② 광장의 중심
피사 두오모 Duomo di Pisa

1064년에 착공해 1118년에 축성했다. 이탈리아 로마네스크 건축의 백미로 꼽힌다. 그리스 출신 건축가 부스게토Buscheto가 설계했으며, 1272년에 피사 출신 건축가 라이날도Rainaldo가 건물을 확장하고 정면 파사드를 완공했다. 주 제단 위 반구형 벽면의 모자이크는 치마부에가 세상을 떠나기 전에 남긴 마지막 작품이다. 중앙 통로 왼쪽엔 조반니 피사노의 설교단이 있다.

③ 이탈리아에서 가장 큰 세례당
세례당 Battistero

두오모 다음으로 지은 건축물이다. 1152년에 착공했으며, 완공하는 데 200년 넘게 걸려 로마네스크 양식과 고딕 양식이 혼재되어 있다. 제단 옆 설교단은 중세의 조각에서 르네상스로 넘어가는 가교 역할을 한 니콜라 피사노의 작품이다. 내부는 소리의 울림이 좋다. 매일 정해진 시간에 성가를 불러 시현한다. 상부 회랑에 오르면 내부를 전체적으로 내려다볼 수 있다.

 두오모 맞은편

④ 피사 공화국의 보물이 가득

두오모 오페라 박물관 Museo dell'Opera del Duomo

1986년에 개관한 피사의 두오모 오페라 박물관은 두오모 광장 전체 건축물에서 가져온 유물을 전시한다. 몇 년의 공사를 거쳐 2019년에 재개관했으며, 이탈리아의 박물관 중 가장 쾌적한 전시 공간이다. 각각 세례당, 두오모의 설교단을 만들고 세례당 건축에 참여한 부자父子 예술가 니콜라 피사노와 조반니 피사노의 작품, 피사 공화국의 전성기 때 해외에서 가져온 유물 등을 볼 수 있다. 안뜰과 2층 카페에서 사탑이 잘 보인다.

박물관 내 카페는 전망이 좋아 인기가 많다. 박물관에 입장할 때 카페 입장 QR코드가 인쇄된 종이를 준다. QR코드를 갖고 있는 사람은 박물관에 가지 않고 카페만 이용하려고 기다리는 사람들보다 먼저 입장하고 자리로 안내 받는다.

🚶 두오모 정문에서 도보 3분

⑤ 성스런 묘지

캄포산토 Camposanto

두오모 광장에서 가장 마지막으로 세워진 건축물로 공동 묘지다. 예루살렘 골고다 언덕에서 가져온 흙 위에 건물을 지었다고 전해진다. 직사각 모양의 회랑이 안뜰을 감싼 형태이며, 회랑의 벽은 〈최후의 심판〉 등의 프레스코화로 장식했다.

🚶 두오모 정문에서 도보 1분

⑥ 대형 프레스코 스케치를 볼 수 있는

시노피에 박물관 Museo delle Sinopie

제2차 세계 대전 때 폭격으로 손상된 캄포산토의 프레스코화를 복원하던 중 발견한 스케치를 전시한다. 0층에는 매표소와 기념품점이 있고 두오모 광장의 축소 모형을 볼 수 있다.

🚶 두오모 정문에서 도보 1분

지중해를 품은 다섯 마을

친퀘 테레 Cinque Terre

#5개의땅 #사랑의길 #하이킹

'5개의 땅들'(cinque는 5, terre는 땅을 뜻하는 terra의 복수형)이라는
뜻을 가진 친퀘 테레는 이탈리아 반도의 북서부 리구리아 해안Mar Ligure을
따라 늘어선 5개의 마을을 가리킨다. 바닷가 절벽 위에 집을 짓고
계단식 밭을 일구며 자연과 인간이 어우러져 사는 풍경의 역사는 벌써
1000년을 넘어섰다. 연간 250만 명이 넘는 여행자가 친퀘 테레를 찾아
하이킹, 해수욕, 풍경 감상 등 각자의 방법으로 여행한다. 친퀘 테레 마을과
리구리아 해안은 1997년 유네스코 세계 문화유산으로 등재되었다.

친퀘 테레
가는 방법

피렌체에서
라 스페치아 가기

국립공원에서 지정한 성수기 기간은 3월 중순부터 11월 초까지. 그중에서도 5~9월은 특히 사람이 많이 몰리기 때문에 피렌체에서 가능하면 아침 일찍 출발하는 걸 추천한다.

열차

친퀘 테레 여행의 거점이 되는 역은 라 스페치아 첸트랄레La Spezia Centrale역이다. 피렌체 산타 마리아 노벨라역에서 라 스페치아 첸트랄레역까지 환승 없이 한 번에 가는 지역 열차는 하루에 8~10회 운행한다. 직행 열차 시간을 맞추기 어렵다면 피사 첸트랄레역에서 환승하는 열차를 타자. 승차권은 피렌체 산타 마리아 노벨라역에서 탑승할 때만 개찰한다. 지역 열차는 고정 요금이라 예약할 필요가 없다.

> 피렌체 산타 마리아 노벨라역에서 출발하는 직행 열차의 첫차는 06:08이며, 이 열차를 타면 오전 9시경 라 스페치아 첸트랄레역에 도착한다.

피렌체 산타 마리아 노벨라역 ······ 지역 열차 2시간 30분, €15 ······ **라 스페치아 첸트랄레역**

★ 환승 대기시간에 따라 소요시간 달라짐

친퀘 테레에서
마을 이동하기

열차

친퀘 테레라는 이름의 역은 없고 친퀘 테레에 속하는 5개 마을에 각각 마을 이름을 딴 역이 있다. 라 스페치아 첸트랄레역에서 가까운 순서대로 요금과 소요시간은 다음과 같다.

출발	소요시간	요금	도착
라 스페치아 첸트랄레역	7~8분	€2.7	리오마조레역
	10~11분		마나롤라역
	15~16분	€3	코르닐리아역
	18~19분		베르나차역
	23~24분	€3.4	몬테로소역

· 3월 중순~11월 초에는 라 스페치아 첸트랄레역~몬테로소역 구간은 몇 개의 역을 이동하든 고정 요금으로 운행한다.(고정 요금 최성수기 €10, 성수기 €8, 준성수기 €5)

친퀘 테레 국립공원 센터는 라 스페치아 첸트랄레역, 레반토역을 포함해 친퀘 테레 5개 마을의 모든 역에 있다. 국립공원 센터에서는 친퀘 테레 카드 구매는 물론 가장 정확한 열차와 페리 시간표, 하이킹 코스 개방 여부도 알 수 있다.

열차 이용 팁

· 라 스페치아 첸트랄레역 → 리오마조레역 → 마나롤라역 → 코르닐리아역 → 베르나차역 → 몬테로소역 방향으로 이동할 땐 '레반토Levanto'행 열차를 타고, 반대 방향으로 이동할 땐 라 스페치아행 열차를 탄다.
· 하루에 몇 개의 마을을 둘러보느냐에 따라 개별 승차권 구매보다 친퀘 테레 트레노 카드 P.289 구매가 더 저렴할 수 있다.
· 성수기에 사람이 몰리면 열차를 타지 못할 수도 있다.
· 성수기엔 1시간에 3~4대 정도 왕복 열차가 다니는데 연착이 매우 잦은 편이니 시간표대로 오지 않아도 너무 걱정하지 말자.
· 라 스페치아 첸트랄레역에 도착하면 곧바로 친퀘 테레 국립공원 센터에 들러 열차 시간표를 확인하자. 온라인으로 미리 확인할 수도 있다.

♠ 열차 시간표 확인 www.cinqueterre.eu.com/en/cinque-terre-timetable

선박

매년 3월 말~11월 초까지 운항한다. 열차보다 운항 횟수가 적고 요금이 비싸지만 훨씬 쾌적하게 이동할 수 있고, 친퀘 테레를 바다에서 바라볼 수 있다는 장점이 있다. 페리 운항 시간표는 친퀘 테레 국립공원 센터, 각 마을의 항구, 관련 홈페이지에서 확인할 수 있으며, 2회 이상 탄다면 데일리 티켓이 이득이다. 참고로 코르닐리아에는 정박하지 않는다.

♠ 페리 시간표 확인 www.cinqueterre.eu.com/en/boat-excursions

요금

종류		일반	6~11세
데일리 티켓 친퀘 테레 Giornaliero Cinque Terre	라 스페치아-친퀘 테레-포르토 베네레Porto Venere 구간의 페리 1일 동안 무제한 탑승	€41	€15
애프터눈 티켓 친퀘 테레 Pomeridiano Cinque Terre	오후 2시 이후부터 사용 가능	€28	€15
라 스페치아-리오마조레 또는 마나롤라 편도		€22	€10
라 스페치아-베르나차 또는 몬테로소 편도		€30	€15

친퀘 테레 야무지게 둘러보기

피렌체에서 왕복 5시간 이상 걸리는 데도 많은 사람이 방문할 만큼 독특한 풍광을 자랑하는 지역이지만,
날씨와 여행 스타일에 따라 실망할 수도 있다. 친퀘 테레 여행의 만족도를 좌우하는 변수에 대해서 알아보자.

친퀘 테레, 갈까 말까?

날씨가 나쁘다는데 갈까 말까

푸른 바다와 어우러진 원색의 마을 풍경을 즐기러 가는데 날이 흐리면 이동시간 최소 5시간, 교통비 최소 6만원의 가치를 못 하고 시간과 돈이 아깝다는 생각만 들 수도 있다. 날이 흐릴 때를 대비한 다른 일정을 세워놓는 걸 추천한다. 다행히 왕복 열차, 친퀘 테레 카드는 예약하지 않고 여행 당일에 구매해도 되기 때문에 유동적으로 일정을 조율할 수 있다.

남부(소렌토, 포시타노, 아말피)를 다녀왔거나 갈 예정인데 갈까 말까

개인차는 있지만 남부가 여행자의 만족도가 높은 편이다. 남부를 이미 다녀왔고 풍경을 보러 가는 거라면 친퀘 테레에서 실망할 수 있지만, 마을과 마을 사이 하이킹 코스를 걷기 위해서 간다면 친퀘 테레만의 색다른 매력을 발견할 수 있을 것이다. 레몬 기념품은 남부의 기념품점이 훨씬 종류가 다양하고 저렴하다.

여행을 준비할 때 도움이 되는 사이트
🏠 친퀘 테레 국립공원 공식 홈페이지 www.parconazionale5terre.it/index.php
🏠 친퀘 테레 여행 안내 홈페이지 www.cinqueterre.eu.com/en

친퀘 테레 카드
Cinque Terre Card
살까 말까?

구매

각 역의 국립공원 센터, 친퀘 테레 공식 홈페이지를 통해 구매할 수 있다. 오프라인에서 구매한다면 라 스페치아 첸트랄레역의 국립공원 센터에서 친퀘 테레 카드를 구매해야 가장 효율적으로 사용할 수 있다. 온라인으로 구매했다면 QR코드가 들어간 바우처를 받는다.

🏠 구매 페이지 card.parconazionale5terre.it/en

사용

당일 24시까지 사용할 수 있다. 실물 카드는 카드 아래쪽에 사용자의 실명을 쓴다. 인터넷 연결이 되지 않을 경우를 대비해 온라인으로 받은 바우처는 미리 캡처해서 휴대폰 사진첩에 저장해놓는다. 화장실, 하이킹 코스 입구에서 친퀘 테레 카드를 확인한다. 열차에서 검표할 때 신분증을 요구하는 경우도 있으니 여권을 지참한다.

종류(가격 기준 일반 12~69세, 아동 4~11세, 실버 70세 이상, 가족 성인 2명+아동 2명)

• 친퀘 테레 트레킹 카드 Cinque Terre Trekking Card

포함 사항	친퀘 테레 내 하이킹 코스 입장, 코르닐리아 마을버스, 리오마조레역~몬테로소역(5개 역) 화장실 무료 사용
장점	하이킹 코스 어디든 입장 가능하다.
단점	열차를 탈 때마다 표를 사고 개찰하는 번거로움이 있다.
추천	마을 1~2개만 여유롭게 둘러볼 여행자 / 마을과 마을 사이 하이킹 코스를 이용할 여행자

가격(국립공원에서 지정한 특정 일자에는 기본요금의 2배를 받음)

	1일권	2일권
성인	€7.5	€14.5
아동	€4.5	€7.2
실버	€6	€10
가족	€19.6	€31.5

• 친퀘 테레 트레노 카드 Cinque Terre Treno MS Card

포함 사항	라 스페치아 첸트랄레역~레반토역 사이 지역 열차 2등석 무제한 탑승 + 트레킹 카드 포함 내역
장점	열차를 탈 때마다 표를 사고 개찰하는 수고를 덜 수 있다.
단점	사람이 몰려 열차를 타지 못하거나 열차가 연착해 계획대로 되지 않는 경우 본전을 뽑지 못할 수도 있다.
추천	3개 이상의 마을을 둘러보고 싶은 여행자 / 열차를 최소 4회 이상 탈 계획인 여행자

가격 성수기(3월 중순~11월 초)

	준성수기	성수기	최성수기
성인 1일권	€19.5	€27	€32.5
성인 2일권	€34	€48.5	€59
아동 1일권	€12.5	€17.5	€21
아동 2일권	€22	€31	€38
실버 1일권	€16	€22.5	€27
실버 2일권	€28	€40	€48.5
가족 1일권	€49	€69.5	€84
가족 2일권	€86.5	€124.5	€151.5

비수기(11월 초~3월 중순)

	1일권	2일권
성인	€14.8	€26.5
아동	€8.5	€11.2
실버	€11.2	-
가족	€36.2	-

★ 3일권도 있음.

하이킹하기

5개 마을을 열차나 페리로 이동할 수도 있지만, 바다에 면한 깎아지른 절벽 길을 따라 걸어서 이동할 수도 있다. 마을과 마을을 이어주는 하이킹 코스를 소개한다.

하이킹 전에 준비하자

- 포장되지 않은 흙길, 돌길이며 경사가 심한 구간도 있으니 편한 신발을 신자.
- 하이킹 코스에 화장실이 없으니 역이나 음식점에서 미리 해결하자.
- 하이킹 코스 안에 음식점, 슈퍼마켓이 없다. 물과 간식거리를 챙겨 가자.
- 햇볕을 피할 구조물이 없다. 모자, 선글라스, 선크림을 챙기면 도움이 된다.

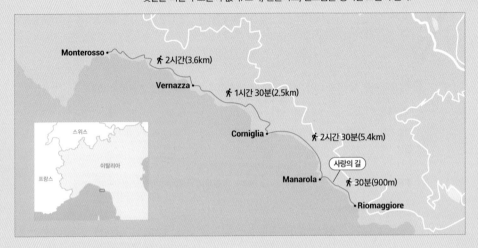

Monterosso •
🚶 2시간(3.6km)

Vernazza •
🚶 1시간 30분(2.5km)

Corniglia •
🚶 2시간 30분(5.4km)

사랑의 길

Manarola •
🚶 30분(900m)

• Riomaggiore

스위스
이탈리아
프랑스

사랑의 길(비아 델라모레) Via dell'Amore

친퀘 테레에서 가장 유명한 하이킹 코스로 리오마조레와 마나롤라를 잇는 약 900m의 길이다. 2012년에 발생한 산사태로 폐쇄했다가 2024년 8월 무렵 12년 만에 복구를 마치고 재개방했다. 예전엔 친퀘 테레 카드만 있으면 입장할 수 있었지만 재개방 이후 '사랑의 길' 공식 홈페이지에서 사전 예약하고 별도의 입장료를 지불한 사람만 들어갈 수 있다. 홈페이지에서 예약할 때 친퀘 테레 트레킹 카드 또는 트레노 카드와 결합된 티켓을 선택할 수 있다. 입장 인원은 시간당 400명으로 제한한다.

€ €10, 4세 미만 무료 ⏰ 개방 시간 4~10월 08:00~21:30, 11~3월 09:30~17:00, 30분 전 입장 마감
소요시간 약 30분 🏠 www.viadellamore.info

주의 사항
- 일방통행이다. 입구는 리오마조레, 출구는 마나롤라이며 반대 경로로는 걸을 수 없다.
- 온라인으로 예약하자. 하이킹 코스 입구에 갔을 때 표가 남아 있어도 그 자리에서 홈페이지에 접속해 예약해야 들어갈 수 있다. 친퀘 테레 국립공원 센터에서 오프라인 구매도 가능하다.

그 외 하이킹 코스

구간	거리, 소요시간	난이도	입장료
코르닐리아-베르나차	2.5km, 약 1시간 30분	중, 코르닐리아에서 출발하면 내리막길이라 좀 더 수월함	친퀘 테레 카드
베르나차-몬테로소	3.6km, 약 2시간	중상, 베르나차에서 출발하면 계단을 덜 올라감	친퀘 테레 카드

친퀘 테레
여행 방법

- 리오마조레, 마나롤라에 기념품점, 음식점이 많고 뷰포인트의 접근성이 좋아 가장 인기가 많고 만족도가 높다. 해수욕을 즐기고 싶은 여행자에게는 몬테로소를 추천한다. 베르나차의 뷰포인트에서 바라보는 풍경도 좋으니 시간 여유가 있다면 들러보자.
- 코르닐리아는 접근성이 좋지 않고 마을 규모가 매우 작아 상대적으로 한산한 편이다.
- 라 스페치아 첸트랄레역은 기점이라 성수기에도 열차를 타기가 수월하다. 오후 시간에 열차에 사람이 가장 많이 몰리는 구간은 리오마조레역에서 마나롤라역으로 가는 구간이다. '사랑의 길' 하이킹 코스를 예약했다면 걸어서 가는 것도 방법이다.
- 라 스페치아 첸트랄레역에서 열차를 타고 가장 멀리 있는 마을인 몬테로소까지 간 다음 마을을 하나씩 돌아보며 라 스페치아로 돌아오는 일정으로 둘러보는 여행자가 많다. 피렌체에서 출발한 당일치기라면 돌아가는 열차 시간을 확인하고 시간을 여유롭게 잡자.

친퀘 테레에서 숙소 잡기

친퀘 테레를 방문하는 여행자 수에 비해 숙소의 개수가 부족하고 숙박비도 비싸다. 그나마 라 스페치아, 몬테로소에 숙소가 많은 편이라 친퀘 테레 여행의 거점으로 삼기 좋다. 나머지 4개의 마을은 숙소의 개수가 적은 데다 그마저도 대부분 계단이 많은 고지대에 위치한다. 예약하기 전에 가는 방법, 짐을 옮겨주는 서비스가 있는지를 확인한다.

친퀘 테레에서 식사하기

휴양지라서 물가가 비싸다. 리오마조레, 마나롤라, 몬테로소에 음식점 수가 많지만 다른 도시의 비슷한 음식점에 비해 만족도는 떨어지는 편이다. 전망이 좋은 곳에 위치한 음식점일수록 가격이 비싸다. 하이킹을 하면서 미리 준비한 샌드위치, 과일 등으로 식사를 하는 경우도 많다.

가장 붐비는 마을 ⋯⋯⋯ ①
리오마조레 Riomaggiore

라 스페치아에서 가장 가까운 마을로 접근성이 좋고 깎아지른 절벽 틈새에 자리
한 마을의 풍광이 아름다워 친퀘 테레의 5개 마을 중 가장 북적인다. 역을 나오
면 정면에 마을의 중심가로 향하는 오르막길, 오른쪽에 항구로 내려가는 계단이
보인다. 기념품점, 음식점이 모인 중심가에서 오르막길을 따라 10분 정도 올라
가면 뷰포인트인 카스텔로 디 리오마조레Castello di Riomaggiore가 나온다. '마리
나marina' 또는 '첸트로centro'라고 쓰인 표지판을 따라가면 항구로 내려갈 수 있
다. 가장 인기 있는 하이킹 코스인 '사랑의 길' P.290 입구는 리오마조레역 바로 옆
에 위치해 찾기 쉽다.

◉ 라 스페치아 첸트랄레역에서 열차로 7~8분

해 지는 모습이 아름다운 마을 ⋯⋯ ②
마나롤라 Manarola

해발 70m 높이의 바위 위에 지은 마을이다. 절벽 위에 옹기종기 모인 원색 건물
이 만들어내는 풍경은 친퀘 테레를 대표하는 이미지 중 하나다. 마나롤라와 코
르닐리아를 잇는 하이킹 코스 입구 부근에 해안 절벽과 마을을 한눈에 내려다볼
수 있는 뷰포인트(구글 맵스 검색어: 마나롤라 전망대)가 나온다. 이 자리에서 보
는 노을이 굉장히 아름답다.

📍 리오마조레역에서 열차로 2분, 사랑의 길 하이킹 코스를 따라 도보로 약 30분

> 뷰포인트로 가는 길목에 위치한 음식점 네순 도르마Nessun Dorma는 음식 맛은 평범하고
> 가격은 비싸지만 전망이 좋아 인기가 많다. 가게 입구의 QR코드를 스캔하거나 애플리케
> 이션을 다운받아 웨이팅 등록을 할 수 있다.

언덕 위 작은 마을 ⋯⋯ ③
코르닐리아 Corniglia

친퀘 테레의 다른 마을들과 달리 바다
와 직접 맞닿아 있지 않다. 역에서 마을로
가려면 가파른 계단 380여 개를 올라가거나
역 앞에서 마을버스를 타면 된다. 버스 요금은 €1.50이고 역 내부의
매점에서 표를 판다. 친퀘 테레 카드가 있으면 무료로 버스를 탈 수
있다. 곶 위에 자리한 마을의 중심가는 걸어서 10분이면 다 둘러볼
수 있을 정도로 소박하다. 코르닐리아 마을이 고지대에 있어 걸어
서 베르나차로 갈 때는 내리막길이라 수월하다.

📍 마나롤라역에서 열차로 2분

의외의 뷰포인트가 있는 마을 ······ ④

베르나차 Vernazza

마을의 중심 거리인 로마 거리Via Roma에 위치한 '피제리아 프라텔리 바소Pizzeria Fratelli Basso'와 '베르나차 스포츠 Vernazza sport' 사이로 난 좁은 골목을 따라 올라가면 베르나차와 몬테로소를 잇는 하이킹 코스에 들어갈 수 있다. 입구에서 친퀘 테레 카드를 확인한다. 입구를 지나 계속 걸어가면 레몬나무, 포도나무를 심은 풍경을 낀 길이 몬테로소까지 이어진다. 베르나차 마을의 풍경만 내려다보고 중간에 돌아올 수도 있다.

📍 코르닐리아역에서 열차로 3~4분

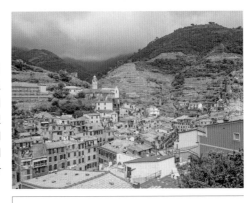

하이킹 코스 맞은편에 유료(€2, 현금 결제만 가능) 전망대가 있다. 구글 맵스에 '도리아 타워의 폐허Ruins of Doria Tower'로 등록되어 있다.

해수욕하기 가장 좋은 마을 ······ ⑤

몬테로소 Monterosso

절벽 위나 절벽 틈바구니에 건물이 옹기종기 모여 마을을 이룬 다른 곳과는 달리 시원하게 탁 트인 풍경을 즐길 수 있다. 풍경이 주는 박진감은 없지만 넓은 백사장에서 해수욕을 즐기기 좋고, 다른 마을에 비해 숙소가 많아 친퀘 테레 여행의 거점으로 삼기 좋다. 역 근처의 해변은 유료 선베드가 놓인 구역이고, 역에서 베르나차 방향으로 오르막길을 5분 정도 걸어가면 무료로 들어갈 수 있는 해수욕장이 나온다. 해수욕을 즐기고 싶다면 커다란 수건을 준비해가자. 해수욕장 내 화장실, 탈의실을 이용할 수 없는 경우 역에 있는 유료 화장실(€1, 친퀘 테레 카드 무료)을 이용하자. 매년 5월 셋째 주 토요일엔 레몬 축제Festa del Limone가 열린다. 마을 여기저기에 레몬 관련한 상품을 파는 노점이 서고, 가장 큰 레몬과 레몬을 이용해 가장 아름답게 꾸민 창문을 뽑는 시상식도 열린다.

해수욕장 정보
🕐 09:00~19:00 💶 파라솔 1개+선베드 2개 €35, 파라솔 1개+선베드 1개 €25, 선베드 1개 €15, 로커룸 €10

📍 베르나차역에서 열차로 3~4분

중세의 보석

시에나 Siena

#피렌체의라이벌 #팔리오축제

버스 정류장에서 역사 지구 안쪽으로 들어갈수록 그야말로 중세 시대로
시간 여행을 온 것 같은 느낌을 받을 수 있다. 좁은 골목을 10분여쯤
걸어 탁 트인 캄포 광장에 도착하면 여기가 바로 1300년대의 시에나 그 자체다.
시에나는 로마와 프랑스를 연결하는 순례길에 위치한 주요 도시로 발달했다.
지금도 영업하는 세계에서 가장 오래된 은행 반카 몬테 데이 파스키 디
시에나Banca Monte dei Paschi di Siena의 출발점도 시에나다. 웅장한 대성당,
성대한 팔리오 축제, 시청사의 화려한 프레스코화 등 한때 피렌체에
필적할 만한 토스카나 지방의 맹주였던 도시의 영광이 곳곳에 남아 있다.

시에나
가는 방법

버스

피렌체 산타 마리아 노벨라역 앞 아우토리네 토스카네 터미널(정류장명 Firenze Autostazione)에서 131번 또는 131R번 버스를 타고 가다 시에나 역사 지구와 가까운 '시에나 비아 토치Siena via Tozzi' 정류장에서 하차한다. 131번은 완행, 131R은 급행이라 소요시간이 30분 정도 차이난다. 버스 터미널 매표소의 전광판에 실시간 버스 출발 시간이 나온다. 131번과 131R번이 비슷한 시간대에 출발한다면 131R번을 타자. 131·131R번 버스는 평일과 토요일엔 보통 1시간에 1~2대, 일요일과 공휴일에 하루에 1~5대 정도의 배차 간격으로 운행한다. 승차권을 구매할 때 승강장 번호를 확인하고, 탑승할 때 버스 앞 유리의 버스 번호를 확인하고 탑승하자. 승차권 개찰기는 터미널 내부에도 있으니 버스를 타기 전에 개찰해두면 좋다.

피렌체 아우토리네 토스카네 터미널 ·················· 131번 또는 131R번 버스 1시간 10분~1시간 40분, €9.3 ·················· **시에나**

버스 터미널의 매표소에서 표를 사면 감열지에 인쇄된 영수증처럼 생긴 승차권을 준다. 이 승차권은 개찰하는 방법이 좀 다르다. QR 코드가 있는 면이 보이게 종이를 세로로 반 접는다. QR코드 아래쪽에 굵은 글씨로 'CONVALIDA QUI'라고 적혀 있고 그 아래 빈칸이 있다. 그 빈칸 부분이 개찰기에 들어가도록 표를 넣으면 빈칸에 탑승 일시가 찍혀 나온다.

시내버스, 트램과 마찬가지로 콘택트리스 카드로 시외버스 요금을 낼 수 있다. 기존의 노란색 개찰기 말고 콘택트리스 카드용 기기에 카드를 댄다. 여기서 한 가지 주의할 사항! 시내버스, 트램은 고정 요금이라 탈 때만 카드를 대지만 시외버스는 거리 비례 요금제라 탈 때와 내릴 때 모두 카드를 대야 한다. 카드를 대지 않고 내리면 추후 최대 요금이 청구되므로 내릴 때도 잊지 말고 카드를 대자.

시에나의 버스 정류장

피렌체, 포지본시, 산 지미냐노 등을 오가는 시외버스는 '시에나 비아 토치' 정류장 내 아레아 3구역Area 3, 시에나 시내버스는 아레아 4구역Area 4에서 승하차한다. 정류장에 실시간 운행 정보를 알려주는 전광판, 승차권 자판기가 있다. 정류장에서 역사 지구로 가다 보면 곳곳에 길 안내판이 설치되어 있다. 캄포 광장까지 걸어서 10분 정도 걸린다.

열차

피렌체 산타 마리아 노벨라역에서 시에나역까지 환승 없이 한 번에 가는 지역 열차가 있다. 1시간 30분 정도 걸리며 배차 간격은 1시간에 1대 내외. 지역 열차는 고정 요금이라 예매할 필요 없이 당일에 구매해도 된다. 열차를 타기 전 역 구내에 있는 개찰기를 이용해 승차권에 탑승 일시를 반드시 개찰하자.

피렌체 산타 마리아 노벨라역 ·············· 지역 열차 1시간 30분, €10.2 ·············· 시에나역

시에나역에서 역사 지구로 가기

시에나역은 역사 지구에서 약 1.3km 떨어진 저지대에 위치한다. 언덕길을 15분 정도 올라가면 역사 지구의 출입구 중 하나인 카몰리아 문Porta Camollia에 닿는데 쉽게 가는 방법이 있다. 바로 시에나역 길 건너에 자리한 쇼핑몰 갈레리아 포르타시에나Galleria PortaSiena의 에스컬레이터를 타는 것이다. 쇼핑몰 2층에 건물 외부로 이어지는 에스컬레이터가 있는데 문에 'Porta Camollia', 'Centro-Centre'라고 쓰여 있다. 외부 에스컬레이터를 타고 끝까지 올라가 왼쪽으로 꺾으면 역사 지구의 모습이 보인다.

시에나
여행 방법

르네상스의 도시 피렌체가 화사한 분위기라면, 중세의 도시 시에나는 차분한 갈색 톤이 주조를 이룬다. 두 도시의 분위기가 많이 다르고 오가기도 쉬워 피렌체에서 당일치기로 다녀오기 딱 좋다. 1995년 유네스코 세계 문화유산에 등재된 시에나 역사 지구의 골목을 걷다 보면 자연스럽게 도시의 중심인 캄포 광장에 닿는다. 푸블리코 궁전과 시에나 대성당을 구석구석 둘러보려면 생각보다 시간이 많이 걸린다. 만약 산 지미냐노까지 하루에 돌아볼 예정이라면 버스 시간표를 미리 확인해두자.

시에나 여행 안내소 Ufficio IAT Terre di Siena centrale
📍 Il Campo, 7, 53100 Siena 🏃 캄포 광장 내
🕐 09:00~18:00 📞 +39-0577-292222
🏠 www.terredisiena.it

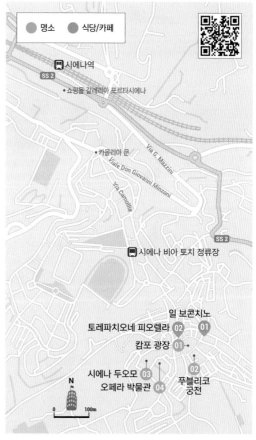

캄포 광장 Piazza il Campo

14세기경 완공된 캄포 광장은 도시 내 그 어떤 자치구(콘트라다 Contrada)에도 속하지 않는 중립적인 공간이다. 유럽에서 가장 아름다운 중세 광장 중 하나로 꼽히며 팔리오 축제 등 다양한 행사의 무대가 된다. 경사진 지형에 위치한 부채꼴 모양의 광장은 중세 시대 시에나를 다스렸던 9개의 정치 세력을 상징하는 9개의 구역으로 나뉜다. 남쪽엔 시청사인 푸블리코 궁전, 북쪽엔 가이아 분수Fonte Gaia가 있다. 대리석 제단 형태의 분수는 1419년 야코포 델라 퀘르차Jacopo della Quercia가 설계했다. 아담의 창조, 성 모자상 등이 조각되어 있다.

📍 Il Campo, 53100 Siena   🚶 역사 지구 앞 버스 정류장에서 도보 10분

> 시에나의 수호성인 성모 마리아의 영광을 기리는 경마 경주 시에나 팔리오 축제Palio di Siena는 매년 7월 2일, 8월 16일에 열린다. 14세기부터 대중적 인기를 얻기 시작했고 지금도 이탈리아 전역에 생중계될 정도로 인기가 많다. 도시의 17개 콘트라다 중 추첨으로 뽑힌 10곳이 참여하며, 캄포 광장을 세 바퀴 돌고 가장 빨리 들어오는 말이 속한 콘트라다가 승리한다. 경주 3일 전부터 가장행렬 등의 행사가 진행되고 콘트라다를 상징하는 깃발과 장식으로 역사 지구가 화려하게 물든다.

푸블리코 궁전 Palazzo Pubblico

1297년에 건설을 추진해 1310년에 완공했다. 당시부
터 관공서로 사용했고 현재 일부는 박물관, 일부는 시
청사로 쓰인다. 높이 102m의 만자의 탑Torre del Mangia
은 14세기에 추가되었다. 캄포 광장 방향으로 난 문을
통해 안으로 들어가면 매표소가 있는 안뜰(0층)이 나
온다. 시립 박물관, 만자의 탑 개별권 또는 통합권으로
구매할 수 있다. 박물관은 계단을 올라가 1층부터 시
작한다. 박물관에서 가장 유명한 작품인 암브로조 로
렌체티의 〈좋은 정부와 나쁜 정부의 알레고리〉가 있는
'평화의 방(또는 9인의 방Sala dei Nove)'은 2024년 12월
현재, 공사 중이라 들어갈 수 없다. 매표소에는 안내가
되어 있지 않으니 박물관 입구에서 작품을 볼 수 있는
지 확인 후 표를 구매하자. 회의실로 쓰인 가장 큰 방인
'세계지도의 방Sala del Mappamondo'엔 시에나 화파의
대가 시모네 마르티니의 작품 두 점이 마주 보고 있다.
그중 〈몬테마시 공성전의 귀도리초 다 폴랴뇨〉는 종교
적 내용이 아닌, 사람과 풍경을 함께 담은 최초의 작품
이다. 이 작품 맞은편에 위치한 작품은 종교화인 〈마
에스타〉다. 만자의 탑에 오르려면 매표소에서 시간을
지정해야 한다. 15분마다 입장 가능하며 카메라, 휴대
폰을 제외한 짐은 입구의 사물함에 맡긴다. 400개의
계단을 올라가면 시에나와 토스카나의 풍경이 시원하
게 내려다보인다.

📍 Il Campo, 1, 53100 Siena 🚶 캄포 광장 내
💶 **시립 박물관** €6, **만자의 탑** €10, **시립 박물관+만자의 탑**
€15, 12세 미만 무료 🕐 **3~10월** 시립 박물관·만자의 탑
10:00~19:00, 입장 마감 18:15, **11~2월** 시립 박물관
10:00~18:00, 입장 마감 17:15, 만자의 탑 10:00~16:00,
입장 마감 15:15 ❌ 12월 25일 🏠 +39-0577-292111

마에스타

몬테마시 공성전의 귀도리초 다 폴랴뇨

푸블리코 궁전의 안뜰, 두오모 정문 앞 등 시에나 곳곳에서
로마 건국신화에 등장하는 젖 먹이는 늑대 형상을 볼 수 있
다. 늑대의 젖을 먹고 자란 로물루스, 레무스 쌍둥이 형제 중
형 로물루스는 로마의 건국자, 초대 왕이다. 동생 레무스는
형에게 살해당했는데 그의 두 아들이 삼촌의 분노를 피해
토스카나 지방으로
도망쳐 세운 마을 중
하나가 세나Sena(지
금의 시에나)라고 전
해진다.

시에나 두오모(대성당) Duomo di Siena

대리석의 가로 줄무늬가 인상적인 시에나 두오모는 이탈리아에서 가장 아름다운 이탈리아 고딕-로마네스크 양식의 성당으로 꼽힌다. 1220년경 착공했고 14세기 초에 1차 완공했다. 1339년에 피렌체보다 더 큰 성당을 짓기 위해 의회에서 확장을 결정했으나 흑사병이 창궐하고 기근이 닥쳐 1370년대에 미완으로 완공되었다. 성당 외벽에 놓인 조각은 대부분 조반니 피사노의 작품이다. 성당 정면 파사드 상단 모자이크는 19세기에 추가했다. 성당 내부 역시 매우 화려하다. 시에나의 문장 색인 하얀색과 검은색 대리석으로 된 벽과 기둥이 눈에 띈다. 56개의 패널에 성경의 내용을 담고 있는 대리석 바닥은 14~18세기에 걸쳐 완성했으며, 평소엔 일부만 공개한다. 성당 입구 위쪽과 주 제단 뒤에 스테인드글라스로 된 장미창이 있고 성당 구석구석에 도나텔로, 미켈란젤로, 베르니니 등의 작품이 놓여 있다.

두오모 티켓은 통합권 형태로만 판매하며 두오모, 피콜로미니 도서관, 오페라 박물관, 세례당, 지하 유적에 들어갈 수 있다. 매표소는 두오모 정면을 바라보고 왼쪽의 계단으로 내려가면 나온다. 공식 홈페이지에서 예약도 가능하다. 예약할 때 두오모 내부 입장시간을 지정한다. '천국의 문Porta del Cielo' 입장이 포함된 티켓all inclusive을 구매하면 대성당 지붕에 올라갈 수 있고, 직원의 안내에 따라 이동한다. 상부의 복도를 따라 성당을 크게 한 바퀴 돌기 때문에 성당 내부를 전체적으로 내려다볼 수 있고, 지붕으로 나가면 시에나 시내의 모습이 한눈에 들어온다. 세례당과 지하 유적 입구는 성당 뒤쪽에 있다.

📍 Piazza del Duomo, 8, 53100 Siena 🏃 캄포 광장에서 도보
5분 💶 통합권(OPA SI PASS), 3일 유효, 7세 미만 무료,
일반 €14(바닥 공개 기간 €16), 7~11세 €3, '천국의 문' 포함
일반 €21, 7~11세 €6, 온라인 예약 수수료 €2
🕐 3~10월 10:00~19:00(5월 18:00), 일·공휴일 13:30~18:00,
11~2월 10:30(일·공휴일 13:30)~17:30, 12월 26일~1월 7일
13:30~17:30, 토·공휴일 전날 10:30~17:30,
대리석 바닥 공개 6월 말~7월 말, 8월 중순~10월 중순
(매년 달라짐), 천국의 문 개방 3월 1일~그다음 해 1월 6일
❌ 12월 25일 📞 +39-0577-283048
🏠 operaduomo.siena.it/la-cattedrale

오페라 박물관
Museo-Opera della Metropolitana

완성하지 못한 두오모 측면 복도에 있으며 두오모의 유물들을 전시한다. 3층 구조로 그라운드 플로어에서는 두오모 내외부를 장식한 니콜라 피사노와 조반니 피사노의 조각품, 주 제단에 놓인 두초의 장미창 진품을 볼 수 있다. 중간층(퍼스트 플로어)에는 두초의 〈마에스타〉 제단화를 중심으로 성유물, 목조 조각품, 옛 필사본 등이 전시되어 있다. 최상층에서 미완성인 파사드 외부로 나갈 수 있다. 계단이 많은 만자의 탑에 오르는 게 부담스러운 경우 파사드에서 보는 풍경으로도 충분히 만족할 수 있다. 직원의 안내에 따라 소수 인원만 입장하기 때문에 성수기엔 30분 정도 기다리기도 한다.

📍 Piazza del Duomo, 8, 53100 Siena 🚶 두오모 정문에서 도보 2분 💶 두오모 통합권에 포함 🕐 3~10월 09:30~19:30, 11~2월 10:30~17:30, 11월 4일~12월 24일 10:30~17:30, 12월 26일~1월 7일 09:00~19:30 ❌ 12월 25일
🏠 operaduomo.siena.it/museo-dellopera

●

시에나 두오모 자세히 들여다보기

피콜로미니 제대
Altare Piccolomini

프란체스코 피콜로미니 추기경(훗날 교황 비오 3세)이 삼촌인 교황 비오 2세에게 헌정하기 위해 만들었다. 미켈란젤로가 14개의 조각상을 작업하기로 계약했으나 그중 4개(성 베드로, 성 바울, 성 비오, 성 그레고리오)만 완성했다.

세례 요한 예배당
Cappella di San Giovanni Battista

도나텔로의 작품인 세례자 요한의 청동상이 있다.

주 제단

1532년에 시에나 출신 조각가 발다사레 페루치Baldassare Peruzzi가 만들었다. 4개의 청동 천사상으로 장식되어 있고 중앙에는 성체를 보관하는 청동 성물함이 놓여 있다.

돔 지붕

돔 지붕 내부는 푸른 바탕에 황금 별로 장식되어 있다. 맨 꼭대기의 채광창은 베르니니가 만들었다.

키지 예배당 Cappella Chigi

시에나 출신 교황 알렉산드르 7세가 1659년에서 1662년 사이에 의뢰해서 지었다. 베르니니가 설계했으며 예배당 입구에 있는 마리아 막달레나, 성 히에로니무스의 조각상 역시 베르니니의 작품이다.

피콜로미니 도서관 Libreria Piccolomini

교황 비오 2세가 수집한 서적을 보관하기 위해 프란체스코 피콜로미니 추기경이 만들었다. 도서관 내부는 핀투리키오Pinturicchio가 비오 2세의 생애를 그린 프레스코화로 장식되어 있다. 사람이 몰릴 경우 입장 인원을 제한하기 때문에 줄을 서서 들어가고 일방통행으로만 관람할 수 있다.

설교단

피사의 산 조반니 세례당의 설교단을 만든 니콜라 피사노의 작품이다. 설교대의 7면에는 예수의 생애를 부조로 표현했다.

박물관 0층

주 제단 뒤쪽에 있는 스테인드글라스의 진품으로 두초의 작품이다. 9개의 패널로 나뉘며 세로로 중앙에 위치한 3개의 패널은 성모 마리아의 생애, 나머지 패널은 성인을 표현했다.

박물관 1층

전시실 하나를 온전히 차지하는 두초의 〈마에스타〉(1308~11)는 시에나의 상징과도 같은 작품이다. 1711년 제단의 배치를 바꾸기 위해 해체하면서 일부 패널은 팔려나가 일부는 영국 박물관 등이 소장하고 있다.

캄포 광장에서 즐기는 여유 ······ ①

일 보콘치노 Il Bocconcino

토스카나 지방에서 나는 식재료를 사용한 파니노(€7~11)가 유명하다. 메뉴판이 잘 정리되어 있어 주문하기 쉽고 주문 후에는 진동 벨로 알려주어 편리하다. 파니노와 잘 어울리는 지역 와인도 잔 단위로 판매하고 와인, 식초, 올리브유 등의 식재료도 판매한다. 앉아서 먹을 자리는 없지만 캄포 광장 바로 앞이라 포장해서 광장에서 먹는 사람이 많다.

📍 Via Rinaldini, 8, 53100 Siena 🚶 캄포 광장에서 도보 2분
🕐 월~목 11:00~22:00, 금~일 11:00~23:00 📞 +39-351-763-7002

시에나의 사랑방 ······ ②

토레파치오네 피오렐라 Torrefazione Fiorella

직접 원두를 볶는 로스터리 카페. 1985년에 개업해 2대째 이어오고 있다. 현지인은 오전부터 아침 식사를 위해 많이 찾고, 캄포 광장에서 두오모로 향하는 길목에 있어 여행자도 많이 방문한다. 외부 테이블은 비어 있다면 직원의 안내가 없어도 앉을 수 있다. 카푸치노(€1.4), 크루아상(€1.8~)의 조합이 훌륭하다.

📍 Via di Città, 13, 53100 Siena
🚶 캄포 광장에서 도보 2분 🕐 월~토 07:00~
19:00 ❌ 일요일 📞 +39-370-316-5497
🏠 www.caffefiorella.it

언덕 위 탑의 도시

산 지미냐노 San Gimignano

언덕 위에 위치한 산 지미냐노는 토스카나 지방의 다른 도시들처럼 고대 에트루리아인들이
지냈던 흔적이 남아 있고, 중세 시대엔 로마로 향하는 순례길의 거점 도시로 발전했다.
12세기에 독자적인 도시 국가를 이루며 도시 내부에서 귀족 간의 경쟁이 치열해졌다.
귀족들이 자신의 세력을 과시하고자 경쟁하듯 높은 탑, 더 높은 탑을 짓기 시작해 한때는
그 수가 72개에 달했다고 한다. 현재는 14개의 탑이 남아 있다.

가는 방법

피렌체에서 산 지미냐노로 환승 없이 한 번에 가는 교통수단은 없다. 피렌체에서 포지본시Poggibonsi까지 간 다음 거기서 산 지미냐노로 가는 버스를 타야 한다.

포지본시-산 지미냐노역

피렌체에서 포지본시 가기

• **열차** 산 지미냐노에는 역이 없다. 가장 가까운 역이 약 11km 떨어진 포지본시-산 지미냐노Poggibonsi-S.Gimignano역(이하 포지본시역)이다. 피렌체 산타 마리아 노벨라역에서 포지본시역까지 환승 없이 가는 지역 열차가 있으며 1시간에 1대 정도 운행한다.

피렌체 산타 마리아 노벨라역 ·········· 지역 열차 1시간 10분~, €8.4 ·········· **포지본시역**

• **버스** 피렌체 산타 마리아 노벨라역 앞 아우토리네 토스카네 터미널에서 131번 버스를 타면 포지본시역 앞까지 간다. 피렌체에서 버스표를 살 때는 포지본시가 아닌 산 지미냐노로 가는 표를 산다. 피렌체에서 131번 버스를 탈 때 승차권을 개찰하면 포지본시에서 갈아탈 때는 그냥 타면 된다.

피렌체 버스 터미널 ······ 131번 버스 50분, €7.5(최종 목적지 산 지미냐노) ······ **포지본시역 앞**

포지본시에서 산 지미냐노 가기

포지본시역 앞 잔디 광장에 위치한 버스 정류장(정류장명 Poggibonsi Fs)에서 130번 또는 133번 버스를 타면 산 지미냐노에 갈 수 있다. 역 구내의 매점, 버스 정류장 뒤편 건물에 있는 'at bus' 매표소, 버스 정류장의 승차권 자판기, 'at bus' 애플리케이션에서 승차권을 살 수 있다. 130·133번 버스는 평일에는 1시간에 1~2대, 주말엔 하루에 4~5대 정도 운행한다. 시간표, 운행 노선이 자주 바뀌니 'at bus'의 홈페이지와 애플리케이션에서 노선도와 시간표를 미리 확인하고 일정을 짜는 걸 추천한다. 열차를 타고 왔을 때만 버스표를 산다.

포지본시역 앞 버스 정류장 ·········· 130번 또는 133번 버스 30분, €2.9 ·········· **산 지미냐노**

시에나에서 산 지미냐노 가기

시에나에서 산 지미냐노로 갈 때도 포지본시에서 환승한다. 시에나의 '시에나-비아 토치' 정류장 내 아레아 3구역의 가장 앞쪽에서 130번 버스를 탄다. 정류장에 승차권 자판기가 있다. 포지본시에서 환승할 땐 내린 자리에서 130번 또는 133번 버스를 탄다.

시에나(포지본시 환승) ·········· 130번 버스 1시간 15분, €6.2 ·········· **산 지미냐노**

산 지미냐노의 버스 정류장

역사 지구를 둘러싼 성벽 밖에 버스 정류장이 있다. 주의할 점은 130번 버스의 승하차 정류장이 다르다는 사실이다. 내리는 정류장은 역사 지구 바로 앞에 위치한 '산 지미냐노-포르타 산 조반니San Gimignano-P.ta S. Giovanni' 정류장이다. 탑승하는 정류장은 성벽 밖 주차장을 바라보고 왼쪽에 있는 정류장이다. 정류장 이름은 '피아자레 몬테마지오 Piazzale Montemaggio'인데, 구글 맵스로 검색하면 다른 이름으로 나오기 때문에 주차장 이름(Parcheggio 2 Montemaggio)을 검색해서 찾는 게 쉽다. 주차장과 정류장 사이 골목으로 들어가 왼쪽으로 꺾으면 'at bus'의 매표소가 있다. 두오모 광장에 있는 여행 안내소에서 130·133번 버스의 가장 정확한 시간표를 제공한다.

시에나에서 산 지미냐노까지 바로 가는 130번 버스도 있다. 하지만 평일에는 하루에 약 8대, 토요일엔 약 4대, 일요일엔 운행을 하지 않기 때문에 시간을 맞춰 타기가 쉽지 않다.

여행 방법

중세 시대의 모습이 고스란히 남은 산 지미냐노 역사 지구(1990년 유네스코 세계 문화 유산 등재)는 서두른다면 2시간 안에 다 둘러볼 수 있다. 시내의 중심은 버스 정류장이 있는 산 조반니 문Porta San Giovanni에서 걸어서 5분 거리인 두오모 광장이다. 두오모 광장을 조금 벗어나 골목으로 들어가면 성수기에도 조용한 편이다. 구글 맵스에 뷰포인트로 등록된 곳이 몇 군데 있다. 언덕 위에 있는 마을이라 뷰포인트에서 토스카나의 구릉지대가 훤히 내려다보인다. 시간 여유가 있다면 골목 구석구석, 뷰포인트까지 느긋하게 둘러보자.

여행 안내소 Associazione Pro Loco San Gimignano
📍 Piazza Duomo, 1, 53037 San Gimignano
🚶 두오모 광장, 코무날레 궁전 0층 🕐 3~10월
10:00~13:00, 15:00~19:00, 11~2월 10:00~
13:00, 14:00~18:00 ❌ 1월 1일, 12월 25일
🏠 www.sangimignano.com

산타 마리아 아순타 성당, 시립 박물관을 모두 방문한다면 산 지미냐노의 여러 명소에 들어갈 수 있는 산 지미냐노 패스SAN GIMIGNANO PASS를 구매하는 게 이득이다. 코무날레 궁전 매표소에서 판매한다.

€ 일반 €13, 6~17세 €10

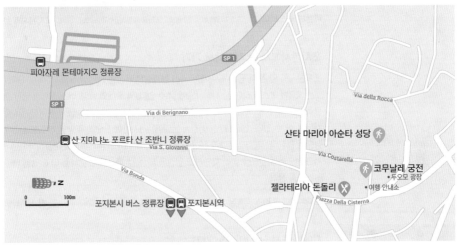

피아자레 몬테마지오 정류장
SP 1
SP 1
Via della Rocca
Via di Berignano
산 지미냐노 포르타 산 조반니 정류장
Via S. Giovanni
산타 마리아 아순타 성당 🚶
Via Costarella
Via Bonda
코무날레 궁전 🚶
•두오모 광장
젤라테리아 돈돌리 🍴
•여행 안내소
0 ——— 100m
포지본시 버스 정류장 🚌🚃 포지본시역
Piazza Della Cisterna

작지만 화려한 성당
산타 마리아 아순타 성당
Duomo di Santa Maria Assunta

로마네스크 양식인 산 지미냐노의 두오모는 1056년에 지었고 1148년에 축성했으며, 15세기까지 증축했다는 기록이 남아 있다. 내부엔 14~15세기에 활약한 시에나 화파의 프레스코화가 있는데 그중 입구 쪽에 있는 타데오 디 바르톨로Taddeo di Bartolo 의 〈최후의 심판〉, 〈천국과 지옥의 모습〉이 인상적이다.

📍 Piazza delle Erbe, 53037 San Gimignano 🚶 산 조반니 문에서 도보 5분 € 일반 €5, 6~17세 €3, 6세 미만 무료 🕐 4~10월 월~금 10:00~19:30, 토 10:00~17:00, 일 12:30~19:30, 11~3월 월~토 10:00~17:00, 일 12:30~17:00 ❌ 1월 1일, 1월 15일~31일, 3월 12일, 11월 15일~30일, 12월 25일 🏠 www.duomosangimignano.it

코무날레 궁전 Palazzo Comunale

1288년에 건축된 코무날레 궁전은 산 지미냐노의 시청, 의회 등으로 쓰였다. 현재는 시립 박물관으로 운영 중이며, 표를 사면 회화관Pinacoteca, 그로사 탑Torre Grossa에 입장할 수 있다. 두오모 광장 쪽으로 난 문으로 들어가면 중정이 나온다. 중정엔 과거 산 지미냐노의 귀족 가문의 문장이 장식되어 있고 위로 올라가면 박물관 입구로 이어진다. 1311년에 지은 그로사 탑은 높이가 54m로 산 지미냐노에서 가장 높은 탑이다. 꼭대기에서 시내의 다른 탑들, 토스카나 평원의 풍경이 한눈에 들어온다. 탑에서 내려오면 회화관, 옛 시청으로 이어진다. 회의실은 1299년에 단테가 대사 자격으로 산 지미냐노를 방문한 것을 기념해 '단테의 방Sala di Dante'이라 명명했다. 오른쪽 벽면은 시모네 마르티니의 처남 리포 멤미Lippo Memmi의 작품인 〈마에스타〉가 차지하고 있다.

📍 Piazza Duomo, 2, 53037 San Gimignano
🚶 산타 마리아 아순타 성당에서 도보 1분
💶 일반 €9, 6~17세 €7, 6세 미만 무료
🕐 4~9월 10:00~19:30, 11~3월 11:00~17:30, 1월 1일 12:30~17:30, 30분 전 입장 마감
❌ 12월 25일
📞 +39-0577-286300
🏠 www.sangimignanomusei.it/comune.htm

젤라테리아 돈돌리 Gelateria Dondoli

세계 젤라토 대회 2회 우승, 이탈리아 정부에서 주관하는 문화 마스터 장인에 선정된 젤라토 장인이 운영한다. 언제 방문해도 긴 줄이 늘어서 있어 찾기 쉽고 직원들의 응대가 민첩해서 오래 기다리지 않는다. 쇼케이스 안 젤라토(€2~5)에 부재료를 올려놓아 고르기 쉽고 유기농 재료를 90% 이상 사용한다.

📍 Piazza Della Cisterna, 4, 53037 San Gimignano
🚶 두오모 광장에서 도보 2분
🕐 09:30~22:00
📞 +39-0577-942244
🏠 www.gelateriadondoli.com

밀라노와 주변 도시

밀라노는 이탈리아 북부 롬바르디아주Regione Lombardia의 주도다. 교통, 상업, 경제 중심지로 열차로 이탈리아 내 도시들을 쉽게 오갈 수 있고, 특히 중앙역인 밀라노 첸트랄레역은 유럽 다른 국가로 이동하는 노선도 많아 늘 국제공항처럼 붐빈다. 밀라노에서 환승 없이 7시간 만에 프랑스 파리에 도착할 수 있고, 스위스의 바젤, 제네바, 로잔, 취리히, 루체른 등의 도시로 단 몇 시간 만에 이동할 수 있으며, 프랑스 니스까지는 벤티밀리아Ventimiglia역에서 한 번 환승하면 5시간이면 도착한다. 그 밖에도 독일, 슬로베니아, 오스트리아까지 한 번의 환승을 거치면 쉽게 갈 수 있다.

* 고속열차 기준

일정 짜기
Tip

밀라노는 이탈리아의 경제 중심지로 매달 중요한 국제 박람회 및 여러 행사가 열린다. 특히 밀라노 가구 박람회와 디자인 위크Milano Design Week가 열리는 4월 말과 밀라노 패션 위크가 열리는 2월이나 3월, 9월이나 10월은 극성수기에 해당해 숙박비가 천정부지로 치솟기 때문에 박람회 참여가 목적이 아니라면 일정을 조정하는 것이 좋다.

이탈리아의 경제 수도

밀라노 Milano

#패션의도시 #최후의만찬 #밀라노두오모

이탈리아에서는 밀라노 사람들을 밀라네세Milanese라고 부른다.
북부 도시의 높은 빌딩만큼 차가운 모습과 패셔너블한
사람들의 이미지가 겹쳐 떠오른다. 대부분의 관광객이 밀라노에는
'두오모'밖에 볼 것이 없다고 생각하지만, 사실 밀라노는
도시 자체가 미술관이라 할 만큼 고대부터 현대, 미래에 이르기까지
다양한 볼거리와 경험을 제공한다. 명품, 가구, 요즘 가장 인기 있는 소품까지
쇼핑도 다양한 영역에서 즐길 수 있는 그야말로 다채로운 도시다.

밀라노
가는 방법

밀라노는 이탈리아 대부분의 도시들과 기차로 잘 연결되어 있다. 밀라노 도심에 위치한 중앙역인 밀라노 첸트랄레역Milano Centrale뿐만 아니라 포르타 가리발디Porta Garibaldi역, 카도르나Cadorna역 등을 통해 주변 도시들과도 연결된다. 해외 여행객들은 밀라노까지 국제선 항공을 이용할 수 있으며, 밀라노 첸트랄레역까지 셔틀버스나 기차로 진입할 수 있다.

항공

🏠 milanomalpensa-airport.
com/it

한국에서 밀라노 말펜사 공항Aeroporto di Milano-Malpensa까지 직항 노선을 운행하기 때문에 인/아웃 도시로서 큰 역할을 하고 있다. 그 밖에 저가 항공은 리나테 공항Aeroporto di Milano-Linate 또는 베르가모 국제공항Aeroporto di Bergamo을 이용할 수도 있다.

말펜사 공항에서 시내로 이동

말펜사 공항은 밀라노 중심부에서는 40~50km 떨어진 국제공항으로 공항철도인 말펜사 익스프레스나 공항 셔틀버스를 타면 시내까지 이동할 수 있다. 열차는 속도가 빠르고 공항버스는 요금이 저렴하다. 목적지와 상황에 따라 이동수단을 결정하면 된다.

말펜사 익스프레스 Malpensa express

말펜사 익스프레스의 경우 1층 도착장에서 기차 표지판을 보고 따라가면 티켓 자판기와 승강장이 나타난다. 밀라노 첸트랄레역 또는 포르타 가리발디, 카도르나행 열차를 타면 된다.

€ 편도 €13, 30일 동안 유효한 왕복 티켓 €20(온라인에서만 구매 가능)
🕐 소요시간 밀라노 첸트랄레역까지 55분
🏠 온라인 구매처 www.malpensaexpress.it/en/travel-documents/tickets

택시

말펜사 공항에서 밀라노 시내까지 고정 요금으로 운행한다.

€ 고정 요금 €110　🕐 소요시간 1시간

공항버스

티켓은 버스 정류장 앞 티켓 판매소 또는 버스 기사에게 직접 구입하면 된다. 1터미널 기준 4번 게이트 앞 '말펜사 수틀레-밀라노 스타치오네 첸트랄레Malpensa Shuttle-Milano Stazione Centrale' 팻말을 따라가자. 말펜사 공항은 1터미널과 2터미널로 나뉘어져 있는데, 각 터미널에서 출발하는 셔틀버스의 위치와 시간표가 다르니 확인 후 탑승하자.

€ 편도 €10, 왕복 €16　🕐 05:20~01:20(30분 간격으로 운행)

기차

밀라노 첸트랄레역 Milano Centrale(Milano C.le)

밀라노 여행이 시작되는 곳으로, 웅장하고 아름다운 건축물에 가장 먼저 놀라게 된다. 두오모에서 약 3km 떨어진 밀라노 중심에 있고, 두오모까지 지하철로 세 정거장 거리다. 지하철 3, 4호선, 여러 버스, 트램 노선들이 교차하며 공항, 아웃렛 셔틀버스 등을 운행한다. 기차역 하루 수송 인원만 30만 명이 넘고, 500대가 넘는 열차가 운행되는 유럽의 주요 역 중 하나다. 역 안에 은행, 환전소, 수하물 보관소, 렌터카 사무실, 화장실, 경찰서, 식당, 카페, 쇼핑센터, 우체국(ATM) 등 다양한 서비스 시설이 있다.

주요 역에서 밀라노 첸트랄레역으로 가는 고속열차 정보

역	트랜이탈리아	이탈로
로마 테르미니역	1시간에 1~3대, €29.9~	1시간에 1~3대, €29.9~
피렌체 산타 마리아 노벨라역	1시간에 1~2대, €21.9~	1시간에 1대, €17.9~
베네치아 산타 루치아역	1시간에 1~2대, €19.9~	1일 5~7편, €12.9~

짐 보관소 Kipoint

🕐 07:00~21:00　€ 최초 4시간 €6, 5~12시간 시간당 €1, 13시간 이후 시간당 €0.5, 하루 종일 12€

밀라노 중앙역 철도 경찰서
Polizia Ferroviaria

🕐 24시간

밀라노
시내 교통

밀라노 시내를 여행할 때는 자동차보다 대중교통을 이용하는 것이 훨씬 빠르고 효율적이다. 버스, 트램, 지하철 노선이 실핏줄처럼 구석구석 잘 연결되어 있기 때문에 대중교통으로 여행하기에 편리하다.

밀라노 지하철
노선도

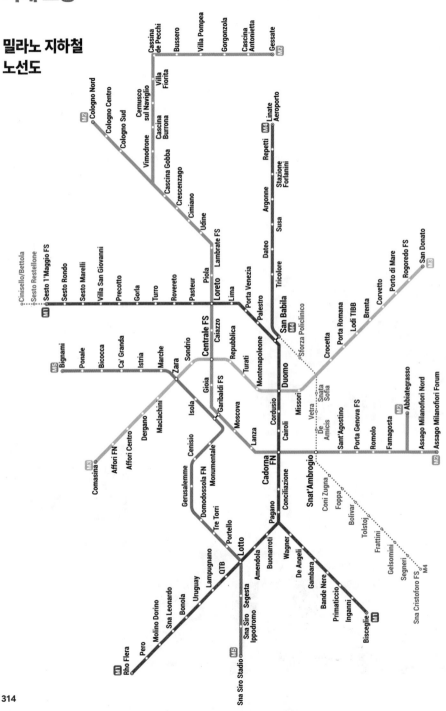

지하철

지하철은 총 5개 노선이 운행되며, 노란색 3호선은 밀라노 중앙역과 두오모를 연결하고, 빨간색 1호선은 로 피에라Rho Fiera 밀라노 박람회장까지 연결된다.

밀라노 대중교통 요금

밀라노는 중심 시내부터 외곽까지 Mi 1~9로 나뉘어, 구역별로 요금이 달라지는 시스템이다. 티켓을 구입하면 밀라노와 그 주변 지역의 버스, 트램, 지하철에서 모두 통합적으로 사용할 수 있다. 지하철 1·3·4·5호선은 종점에서 종점까지 유효하며, 2호선은 밀라노 중심에서 카시나 부로나Casina Burrona역까지 유효하다. 이 역을 넘어서면 요금이 추가되며, 버스의 경우 밀라노 Mi 1-Mi 3 구역까지만 유효하다.(14세 미만은 대중교통 무료) 티켓은 지하철 역 매표소, 승차권 자판기 또는 가까운 타바키에서 구입할 수 있다.

종류	요금	유효기간
1회권 Biglietto Ordinario	€2.2	개찰 후 90분 유효
1일권 Biglietto Giornaliero	€7.7	개찰 후 24시간 동안 횟수 제한 없이 탑승
3일권 Biglietto 3 giorni	€15.5	개찰 후 3일째 막차까지 탑승 가능
10회권 Carnet 10 Biglietti	€19.5	회당 개찰 후 90분 유효

트램

밀라노를 걷다 보면 마치 20세기로 회귀한 듯한 노란색 트램이 돌아다니는 것을 볼 수 있다. 1928년에서 1930년 사이 제조한 차량으로 이 모델은 리스본, 포르투 또는 샌프란시스코와 같은 도시에서도 볼 수 있다. 밀라노 트램 서비스는 1876년 '말트램'으로 시작되었으며, 1893년부터 전기 트램이 도입되었다. 말 대신 전기를 사용하면서 속도가 크게 개선되었다. 지하철과 동일한 승차권으로 탑승할 수 있다.

택시

아이티택시itTaxi, 볼트bolt, 우버Uber, 프리나우FREENOW 등의 택시 앱으로 택시를 부를 수 있고, 필요하면 호텔 리셉션에 요청하면 된다.

기본요금	주행 요금	고정 요금
·평일 주간(06:00~21:00) €3.9 ·일요일 및 공휴일 €6.4 ·야간(21:00~06:00) €7	·1km당 €1.28 ★총 요금이 €16.74 초과 시 1km당 €1.91	·밀라노 시내에서 말펜사 공항(MXP) €110 ·밀라노 시내에서 리나테 공항(LIN) €70~75 ·밀라노 시내에서 베르가모 공항(BGY) €122

밀라노
추천 코스

일반적으로 밀라노 하면 이탈리아 여행 시 항공편의 인/아웃의 도시 또는 두오모, 스타벅스 리저브, 명품 쇼핑의 도시 정도로만 생각하는 경우가 많지만 이것은 큰 오산이다. 고전부터 현대에 걸친 다양한 컬렉션이 있는 미술관, 모던부터 앤티크, 명품까지 니즈에 맞는 다양한 쇼핑 공간, 시르미오네, 브레시아, 코모 호수, 베르가모 등 매력 넘치는 주변 소도시 여행지까지 밀라노를 중심으로 이탈리아 북부 여행으로 알차게 구성해볼 수 있다. 아래 2박 3일 이탈리아 여행 일정을 참고하자.

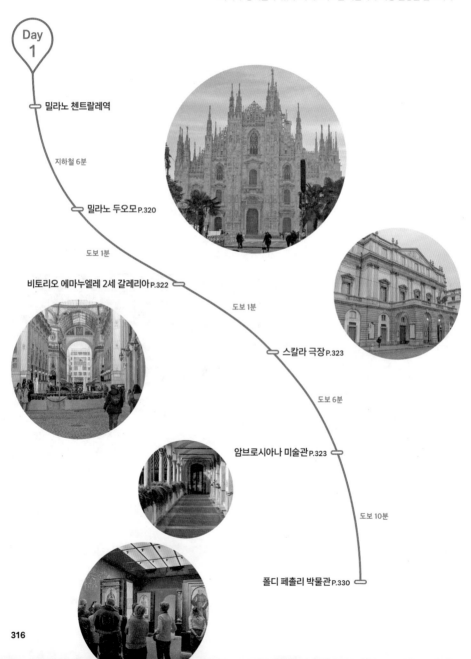

Day 1

밀라노 첸트랄레역

지하철 6분

밀라노 두오모 P.320

도보 1분

비토리오 에마누엘레 2세 갈레리아 P.322

도보 1분

스칼라 극장 P.323

도보 6분

암브로시아나 미술관 P.323

도보 10분

폴디 페촐리 박물관 P.330

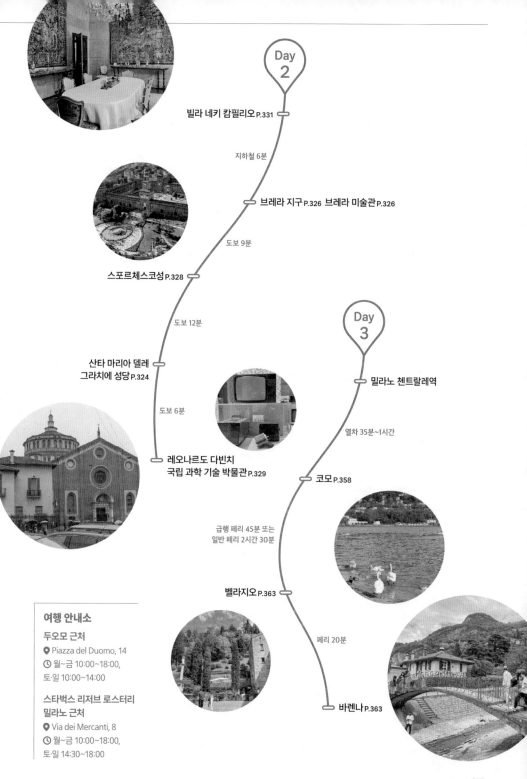

Day
2

빌라 네키 캄필리오 P.331

지하철 6분

브레라 지구 P.326 브레라 미술관 P.326

도보 9분

스포르체스코성 P.328

도보 12분

산타 마리아 델레
그라치에 성당 P.324

도보 6분

레오나르도 다빈치
국립 과학 기술 박물관 P.329

Day
3

밀라노 첸트랄레역

열차 35분~1시간

코모 P.358

급행 페리 45분 또는
일반 페리 2시간 30분

벨라지오 P.363

페리 20분

바렌나 P.363

여행 안내소

두오모 근처
📍 Piazza del Duomo, 14
🕐 월~금 10:00~18:00,
토·일 10:00~14:00

**스타벅스 리저브 로스터리
밀라노 근처**
📍 Via dei Mercanti, 8
🕐 월~금 10:00~18:00,
토·일 14:30~18:00

밀라노
상세 지도

파브리카 델 바포레

밀라노 카도르나역 🚉

Corso Magenta

산타마리아 델레 그라치에 성당 **05**

Corso Magenta

N

0   100m

레오나르도 다빈치 국립 과학 기술 박물관 **08**

• 무덱

01 세라발레 디자이너 아웃렛

Via Lodovico Ariosto

Via Bernardino Zenale

Via Sardegna

Viale Papiniano

피렐리 행거 비코카 •
카르보나이아 90 **06**
밀라노 첸트랄레역

일 메르카토 첸트랄레 밀라노 **03** 🚍

카페 나폴리 **02**

Ⓜ Centrale FS

🚍 밀라노 포르타 가리발디역

Ⓜ Garibaldi FS

04 텐 코르소 코모

06 이탈리 밀라노 스메랄도

Bastioni di Porta Nuova

Via Melchiorre Gioia

Via Luigi Galvani

Via Pontaccio

Via Fatebenefratelli

Lanza
Ⓜ 브레라 지구 •

06 브레라 미술관

Via della Spiga

Corso Venezia

Ⓜ Palestro

Viale Luigi Majno

07 스포르체스코성

Montenapoleone Ⓜ

몬테나폴레오네
명품 지구

빌라 네키
캄필리오 **12**

Via Alessandro Manzoni

Via Montenapoleone

Via Pietro Verri

카페테리아
빌라 네키 캄필리오 •

폴디 페촐리 박물관 **10**

02

Via S. Damiano

스칼라 극장 **03** **09** 갈레리아 디탈리아 밀라노

04 피제리아 스폰티니

비토리오 에마누엘레 2세 갈레리아 **02**

05 판제로티 루이니

밀라노 스타벅스 리저브 **01**

03 리나센테 백화점

Via Cortusio

Via Orefici

Duomo
Ⓜ
두오모 광장 **01** 밀라노 두오모

Pza del Duomo

암브로시아나 미술관 **04**

11 노베 첸토 미술관

07

트라토리아 밀라네제

05

휴마나 빈티지

폰다치오네 프라다 •

319

밀라노 여행의 시작 ……①

밀라노 두오모 Duomo di Milano

피렌체 두오모가 르네상스 건축의 걸작이라면, 밀라노 두오모 대성당은 이탈리아에서 가장 크고 복잡한 고딕 양식의 대표적인 건축물로 손꼽을 수 있다. 길이 157m, 넓이 1만 1700㎡, 4만 명 이상을 수용할 수 있는 내부 공간을 갖추고 있으며, 1386년에 건설을 시작해 약 500년에 걸쳐 완성했다. 수백 개의 첨탑과 조각상이 하늘을 향해 뻗어 있고, 분홍빛이 도는 흰색 대리석 외관이 웅장함을 넘어 신비로움을 자아낸다. 대성당의 가장 높은 지점에 있는 라 마돈니나La Madonnina는 도시의 상징으로, 1774년에 주세페 페레고Giuseppe perego가 조각한 금도금 청동 조각상이다. 두오모 내부에는 무두장이의 수호성인인 바르톨로메오 사도의 동상이 있는데, 이 동상은 피부가 벗겨져 순교 당한 성자의 모습을 나타내고 있다. 제단 뒤에 있는 금고에는 대성당 보물 중 하나인 그리스도의 십자가 못이 보관되어 있는데, 이 못은 매년 9월 14일즈음에 신자들에게 공개한다. 예약을 통해 두오모 테라스에 오를 수 있는데, 밀라노의 심장이라 불리는 뾰족한 성당 첨탑 위를 걸으며 도시의 전경을 한눈에 볼 수 있는 특별한 경험을 할 수 있다.

🏃 Piazza del Duomo, 20122 Milano 📍 지하철 3호선 두오모Duomo역 하차 🕐 두오모 09:00~19:00, 박물관 월·화·목·일 10:00~18:00 ❌ (박물관) 수요일 📞 +39-02 -7202-3375 🏠 www.duomomilano.it

입장권 종류

두오모 입장권은 공식 홈페이지에서 구입할 수 있으며, 테라스, 두오모 박물관, 암브로시아나 미술관이 포함된 패스 등 다양한 종류로 구성해서 판매하기 때문에 포함된 명소 내역을 잘 확인한 후 구입해야 한다. 테라스는 엘리베이터, 계단 두 종류 중 선택할 수 있으며 요금이 다르다. 단, 올라갈 때는 엘리베이터를 타고 올라가도 내려올 때는 계단을 이용해야 한다.

💶 두오모+두오모 박물관 €10
두오모+두오모 박물관+지하 유적 (컬처 패스) €12
테라스 엘리베이터 € 16·계단 €14
두오모+테라스(엘리베이터)+두오모 박물관 €25

＊6~18세는 할인 요금, 6세 미만 무료

테라스 Le Terrazze

두오모 테라스는 엘리베이터나 계단을 통해 오를 수 있다. 135개의 화려한 첨탑과 대리석 조각 사이를 거닐며 밀라노 시내를 한눈에 내려다볼 수 있다.

두오모 박물관 Museo del Duomo

팔라초 레알레Palazzo Reale 1층에 있으며, 2013년에 대성당 박물관으로 개조 및 재배치했다. 1386년 두오모의 건립부터 오늘날까지의 역사를 담고 있으며, 목회 서적, 복음서 등 예배 관련 물품부터 4세기부터 19세기까지의 금 세공품 등 귀중한 물품이 보관되어 있다.

두오모 광장 Piazza del Duomo

밀라노의 중심이자 가장 중요한 광장이다. 아름다운 비토리오 에마누엘레 2세 갈레리아, 밀라노의 심장이라 불리는 두오모에 인접한 상징적인 장소이자 밀라노 사람들이 중요한 행사를 축하하는 광장이자 만남의 장소이기도 하다.

비토리오 에마누엘레 2세 갈레리아

Galleria Vittorio Emanuele II

밀라노의 상업 갤러리로 지붕이 덮인 보행자 거리 형태로 두오모 광장과 스칼라 광장을 연결한다. 프라다 본점을 비롯해 루이 비통, 구찌 등 다양한 명품 브랜드가 입점해 있으며 오랜 역사를 자랑하는 바, 서점도 들어서 있다. 유럽의 가장 유명한 철제 건축이자 세계 최초의 쇼핑센터 사례 중 하나로 간주되기도 한다. 19세기 개장 당시에는 부르주아들의 만남의 장소였으며, 현재까지도 현지인은 물론 관광객들의 발길이 끊이지 않는 밀라노의 대표적인 관광 명소다. 바닥에 이탈리아의 도시들을 상징하는 다양한 문양의 모자이크가 있는데 그중 황소의 고환을 오른발 뒤꿈치로 밟고 세 바퀴를 돌면 소원이 이루어진다는 설이 있어 사람들이 가득 모여 있다.

📍 Piazza del Duomo, 20123 Milano 🚶 밀라노 두오모에서 도보 1분

©Teatro alla Scala

세계적인 권위의 실내 오페라 극장 ⸺ ③
스칼라 극장 Teatro alla Scala

전 세계 오페라인들의 꿈의 무대. 1778년에 설립된 밀라노의 실내 오페라 극장이다. 주세페 베르디Giuseppe Verdi의 〈오베르트〉, 자코모 푸치니 Giacomo Puccini의 〈나비 부인〉 등 수많은 오페라가 이곳에서 초연되었으며 유명 지휘자를 비롯해 오페라 가수, 관현악단이나 합창단 등의 공연이 열린다. 제2차 세계 대전 공습으로 파괴돼 재건한 이후, 세계적인 지휘자 아르투로 토스카니니가 재개관 연주를 시작으로 오랜 시간 음악감독으로 재임하기도 했다. 정규 오페라 시즌은 밀라노 수호성인인 성 암브로시오 축일인 12월 7일에 시작되어 이듬해 6월까지 지속된다. 그 외 기간에는 발레, 문화 행사, 여름 및 가을 시즌의 콘서트와 리사이틀이 열린다. 공연을 직접 관람하기 어렵다면 박물관 방문이나 스칼라 극장에서 직접 운영하는 가이드 투어에 참여해도 좋다.

📍 V. Filodrammatici, 2, 20121 Milano 🚶 밀라노 두오모에서 비토리오 에마누엘레 2세 갈레리아를 가로질러 도보 4분 💶 €30(스칼라 극장 박물관 포함) 🕐 스칼라 극장 가이드 투어 09:30(영어)/10:30(프랑스어, 영어)/12:00(스페인어, 영어)/13:00(이탈리아어, 프랑스어, 영어)/16:00(영어) 📞 +39-02-72-003-744 🏠 www.museoscala.org/it/index.html

스칼라 극장 박물관 Museo Teatrale alla Scala

스칼라 극장 부속 박물관이다. 1911년 파리 경매에서 연극 애호가이자 파리 골동품 수집가인 줄리오 삼봉Giulio Sambong의 개인 소장품을 구입하면서 고대부터 현재까지 오페라의 역사를 기록하기 위해 설립했다. 다양한 악기 컬렉션, 유럽 음악계의 수많은 작곡가, 지휘자, 예술가들의 사인, 편지, 대리석과 흉상, 초상화 등을 전시하고 있다.

📍 Largo Antonio Ghiringhelli, 1, 20121 Milano 🚶 스칼라 극장에서 도보 1분 💶 일반 €12, 12세 미만 무료 🕐 09:30~17:30 📞 +39-02-8879-7473 🏠 www.museoscala.org

라파엘로의 '아테네 학당' 스케치 ⸺ ④
암브로시아나 미술관 Pinacoteca Ambrosiana

밀라노에서 꼭 가야 하는 미술관 중 한 곳으로, 1618년 4월 페데리코 보로메오 추기경이 자신의 예술품 컬렉션을 암브로시아나 도서관에 기증하면서 설립했다. 레오나르도 다빈치의 〈음악가의 초상〉, 카라바조의 〈과일 바구니〉, 라파엘로의 〈아테네 학당(바티칸 박물관 원본 소장) 스케치〉 등 중요한 작품을 소장하고 있다. 그 밖에 나폴레옹이 실제 착용한 장갑, 루크레치아 보르자의 머리카락 등 호기심을 자극하는 물건들, 거대한 도서관에는 단테의 『신곡』 초판본과 같은 중요한 고문서들을 보관하고 있다.

📍 Piazza Pio XI, 2, 20123 Milano 🚶 밀라노 두오모에서 도보 5분 💶 일반 €17, 온라인 예약비 €1.5 추가, 6세 미만 무료 🕐 목~화 10:00~18:00 ❌ 수요일 📞 +39-02-806-921 🏠 www.ambrosiana.it

레오나르도 다빈치의 최후의 만찬 ······· ⑤

산타 마리아 델레 그라치에 성당

Chiesa di Santa Maria delle Grazie

1492년에서 1493년 사이 밀라노 공작 루도비코 일 모로Ludovico il Moro의 명령으로 그의 가족들을 위한 영묘로 지었으며, 롬바르디아 르네상스의 가장 유명한 건축물 중 하나로 손꼽힌다. 수도원 식당 벽면에 그린 레오나르도 다빈치의 작품 〈최후의 만찬〉을 보기 위해 매일 수많은 이들의 발길이 끊이지 않으며 예약을 하지 않으면 관람이 불가능할 정도다. 식당 내부는 프레스코화로 장식했는데 19세기 초 나폴레옹 군대가 식당을 마구간으로 사용했고, 심지어 제2차 세계 대전 당시 폭격으로 주요 벽이 무너져 피해가 심각했으나 오랜 시간 복원을 거쳐 재건했다. 영화 〈냉정과 열정 사이〉에 등장한 회랑은 완벽한 정사각형 모양에 5개의 아치로 구성되어 있으며, 중앙 분수를 장식하는 청동 개구리 때문에 '개구리 회랑'이라고도 불린다.

📍 Piazza di Santa Maria delle Grazie, 20123 Milano
🚶 지하철 2호선 카도르나Cadorna역에서 도보 8분 🕐 월~토 09:00~12:20, 15:00~17:50, 일 15:00~17:50 📞 +39-02-467-6111 🏠 legraziemilano.it

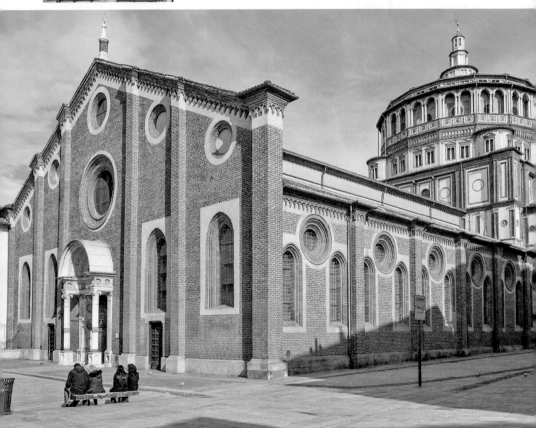

〈최후의 만찬〉 관람하기

최후의 만찬 예약하는 방법

〈최후의 만찬〉은 온라인으로
티켓을 예약할 수 있으며, 작
품 보존을 위해 15분 단위로
35명만 관람하도록 철저히
제한하고 있다. 티켓 예약은
3개월 치를 한 번에 오픈하는

데, 오픈과 동시에 3개월 치 예약이 재빨리 마감되기 때문에
공식 홈페이지에 공지된 티켓 오픈 날짜를 잘 확인하는 것
이 중요하다. 예약에 성공했다면 당일 예약 시간보다 30분
일찍 도착해 실물 티켓으로 교환하고 소지품은 매표소 사물
함에 보관 후 입장할 수 있다. 만약 온라인 예약을 놓쳤다면
전화 예약 또는 당일 현장에 직접 찾아가 취소되는 표를 노
려볼 수 있지만 하늘의 별 따기다. 최후의 수단으로 마이 리
얼트립, 겟 유어 가이드와 같은 중개 사이트에서 가이드 투
어가 포함된 비싼 티켓을 구입하는 방법도 있다.

🏠 인터넷 예약 cenacolovinciano.vivaticket.it
📞 전화예약 +39-02-9280-0360 🕐 월~토 08:15~18:45,
일 14:00~19:00(예약 필수) 💶 입장료 €15, 예약비 €2

최후의 만찬 Ultima Cena
레오나르도 다빈치 • 1452-1519

〈최후의 만찬〉은 1494년에서 1498년 초 사이에 레오
나르도 다빈치가 그렸으며, 예수가 12명의 제자 중 한
사람이 자신을 배반할 것이라고 이야기하는 순간(요
한복음 제13장 22~30절)을 담았다. 사실 '최후의 만
찬'은 다른 성화에도 자주 등장하는 주제지만 이 작품
이 유독 주목받는 이유는 다른 어떤 작품보다 자세, 몸
짓 등을 통한 심리 묘사가 완벽하게 표현되어 있기 때
문이다. 실제 작품을 마주하면 조르조 바사리가 말한
것처럼 아름답고 경이롭기까지 하다. 레오나르도 다빈
치는 뛰어난 화가이자 건축가, 조각가, 해부학자, 발명
가로 이 작업을 하는 동안 빛, 소리, 움직임에 대한 연
구뿐만 아니라 인간의 감정과 표현에 대한 연구에도
몰입했음을 알 수 있다. 1980년 〈최후의 만찬〉은 산
타 마리아 델레 그라치에 성당과 더불어 유네스코 세
계 문화유산으로 지정되었다. 그 이유로는 "도상학적
주제의 발전뿐 아니라 회화의 운명에도 상당한 영향을
미쳤으며, 〈최후의 만찬〉의 창작이 미술사에서 새로운
시대를 열었다고 해도 과언이 아니다"라고 적혀 있다.

신성한 대화

브레라 미술관 Pinacoteca di Brera

브레라 미술관은 300년 역사의 브레라 예술대학 안에 있으며, 북부 이탈리아 르네상스 회화를 38개의 방에 걸쳐 전시하고 있다. 롬바르디아, 베네토뿐만 아니라 토스카나 및 플랑드르의 중요한 예술품과 현대 미술 작품들도 전시하고 있는데, 이곳은 나폴레옹이 이탈리아를 침략했을 당시 이탈리아의 루브르 박물관으로 만들겠다는 야심 찬 계획으로 시작되었기 때문에 크고 유명한 작품들이 집약적으로 전시되어 있다. 미술관 입구 정원에 안토니오 카노바가 조각한 나폴레옹의 동상이 세워져 있는 이유다. 로마에 바티칸, 피렌체에 우피치가 있다면 밀라노에는 브레라가 있다고 할 수 있겠다. 온라인으로 티켓을 미리 예매할 수 있지만 반드시 사전 예약을 해야 할 만큼 붐비는 편은 아니다. 브레라 지구는 비단 미술관 방문이 아니더라도 가구, 인테리어, 의류점 등 볼거리가 많은 곳이기 때문에 밀라노 감성을 느끼고 싶다면 추천한다.

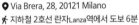

📍 Via Brera, 28, 20121 Milano
🚶 지하철 2호선 란자Lanza역에서 도보 6분
💶 브레라 카드 €15(3개월 동안 무제한 입장 가능, 1회권 없음), 18세 미만 무료, 매주 화·수 65세 이상 €1 🕐 화~일 08:30~18:00
❌ 월요일 📞 +39-02-7226-3230
🏠 pinacotecabrera.org

밀라노 예술가 지구
브레라 지구 Quartiere Brera

브레라 지구는 밀라노에서 가장 낭만적인 지역으로 두오모 광장에서 매우 가깝다. 브레라 미술관을 비롯해 수많은 예술 갤러리와 식물원, 식당, 개성 강한 상점 및 디자이너 매장들이 늘어서 있고, 매월 셋째 일요일에는 공예품 시장이 열려 자신만의 취향이 담긴 물건을 구입하기에 좋다.

🚶 지하철 2호선 란자Lanza역에서 도보 5분

브레라 미술관에서 놓치지 말아야 할 작품

안드레아 만테냐 Andrea Mantegna
죽은 그리스도 · 1480

안드레아 만테냐는 만토바 공국의 궁정 화가로 활동했으며, 베네치아를 비롯한 이탈리아 북부 지역 회화에 영향을 미쳤다. 이 그림은 인체에 원근법을 적용한 최초의 시도로 여겨지며, 발에서 머리까지 공간감을 사실적으로 표현하기 위해 몸의 길이를 짧게 그렸다. 만테냐 이전에는 죽은 그리스도를 이토록 처절하고 인간적으로 표현한 사람은 없었다고 평가받는 작가의 최고 걸작이다.

라파엘로 산치오 Raffaello Sanzio
성모의 결혼 · 1504

르네상스 시대의 대표적인 화가 라파엘로의 작품으로, 동정녀 마리아와 요셉의 결혼을 묘사하고 있다. 그의 스승이었던 페루지노보다 색감이나 공간감을 더 잘 표현했다는 평가를 받기도 한다. 그림 속 재미있는 사실은 구혼에 실패한 젊은이들 중 한 명에게 라파엘로 자신의 모습을 그려 넣었다는 것이다.

틴토레토 Tintoretto
성 마르코 유해의 발견 II · 1562~1566

틴토레토는 베네치아에서 염색공의 아들로 태어났으며, 매너리즘을 가장 잘 해석한 사람이자 르네상스 시대의 가장 위대한 화가 중 한 사람이었다. 이 작품은 두 상인이 이집트 알렉산드리아에서 베네치아의 수호성인 마르코의 유해를 가지고 오는 실제 사건을 바탕으로 그렸다.

프란체스코 하예즈 Francesco Hayez
입맞춤 · 1859

두 남녀가 뜨거운 키스를 하는 장면이지만, 실제로 이 그림은 이탈리아와 프랑스의 동맹을 기념하고 있으며, 두 국기의 색상을 상징적으로 표현하고 있다.

조반니 벨리니 Giovanni Bellini
피에타 · 1465~1470

조반니 벨리니는 베네치아 화파의 대표적인 화가다. 그가 그린 〈피에타〉는 아들을 잃은 성모 마리아의 극적인 상실감을 사실적으로 드러내고 있으며, 작품 가운데 "이 부어오른 눈이 신음을 불러일으킨다면 조반니 벨리니의 작품도 눈물을 터트릴 것이다"라는 말이 쓰여 있다.

미켈란젤로의
마지막 피에타 ⋯⋯ ⑦
스포르체스코성
Castello Sforzesco

론다니니의 피에타

밀라노의 영주였던 프란체스코 스포르차에 의해 15세기에 대규모 요새 형태로 지은 성으로 수세기에 걸쳐 도시의 상징이 되었다. 제2차 세계 대전 폭격 이후 미술관으로 탈바꿈했으며, 고고학 유적뿐만 아니라 티에폴로, 안드레아 만테냐, 필리포 리피, 카날레토, 틴토레토 등 유명한 화가들의 그림이 전시되어 있다. 특히 미켈란젤로의 유작으로 알려진 〈론다니니의 피에타〉를 감상할 수 있는데, 미완성 작품이지만 거의 일생을 집약한 걸작으로 거장의 고뇌와 숭고한 숨결이 느껴진다. 밀라노 시민들처럼 스포르체스코 성곽 앞 광장에서 휴식을 취하거나 밀라노에서 가장 큰 녹지 중 하나인 셈피오네 공원을 산책하기에도 좋다.

📍 Piazza Castello, 20121 Milano 🚶 지하철 2호선 란자Lanza역에서 도보 3분
💶 성 무료 입장, 박물관 €5 🕐 (성) 07:00~19:30, (박물관) 화~일 10:00~17:30
❌ (박물관) 월요일 📞 +39-02-8846-3700 🏠 www.milanocastello.it

레오나르도 다빈치 국립 과학 기술 박물관

Museo Nazionale della Scienza e della Tecnica Da Vinci

1953년에 개관했으며 총 면적이 5만㎡로 이탈리아에서 가장 큰 과학 기술 박물관이자 유럽에서 가장 큰 박물관 중 하나로 손꼽힌다. 레오나르도 다빈치가 남긴 그림으로 만든 비행기, 도르래 등의 기계 모델들뿐만 아니라 19세기부터 현재까지 이탈리아의 과학, 기술 및 산업의 역사를 한눈에 볼 수 있는 다양한 발명품이 전시되어 있어 가족 단위 여행객들이 교육 목적으로 방문하기에 좋다.

📍 Via San Vittore, 21, 20123 Milano
🚶 지하철 2호선 산탐브로조S.Ambrogio역에서 도보 6분 💶 일반 €10, 27세 미만·65세 이상 €7.5 🕐 화~일 09:30~18:30
❌ 월요일 📞 +39-02-485-551
🏠 www.museoscienza.org

갈레리아 디탈리아 밀라노

Galleria d'Italia Milano

시민들이 예술 및 건축 유산에 접근할 수 있도록 하기 위해 만든 '갈레리아 디탈리아Gallerie d'Italia' 프로젝트의 일부로 2009년 11월에 개관했다. 상설 전시는 19세기와 20세기 이탈리아 회화, 조각 컬렉션이 주를 이루며 기획전시들이 번갈아 열린다. 밀라노 중심에 위치하지만 비교적 덜 알려져 한적하게 관람할 수 있고, 아름다운 조각품이 가득한 정원 카페테리아에서 잠시 쉬어 가기에도 좋다.

📍 Piazza della Scala, 6, 20121 Milano 🚶 스칼라 극장에서 도보 1분 💶 일반 €10, 65세 이상 €8, 18세 미만 무료
🕐 화·수·금~일 09:30~19:30, 목 09:30~20:30 ❌ 월요일
📞 +39-800-167-619 🏠 www.gallerieditalia.com/it

입이 떡 벌어지는 개인의 컬렉션 ······· ⑩
폴디 페촐리 박물관 Museo Poldi Pezzoli

밀라노 중심부에 위치한 주택 박물관. 평생 예술 작품 수집에 전념한 귀족 잔 자코모 폴디 페촐리Gian Giacomo Poldi Pezzoli의 열정 덕에 탄생한 곳으로 1881년 대중에게 공개되었으며, 제2차 세계 대전의 폭격에도 불구하고 대부분의 작품이 잘 보존되어 있다. 14세기부터 18세기에 이르는 산드

로 보티첼리, 조반니 벨리니, 안드레아 만테냐, 페루지노, 티에폴로, 프란체스코 하예즈의 걸작 등 300점이 넘는 그림과 조각품에 더해 무기, 도자기, 유리, 카펫, 시계, 금 세공품 등 약 5000점의 방대한 수집품이 전시되어 있다.

📍 Via Alessandro Manzoni, 12, 20121 Milano 🚶 스칼라 극장에서 도보 3분 💶 일반 €14, 65세 이상 €10, 11~18세 €6, 매월 첫 번째 일요일 €10 🕐 수~월 10:00~19:30 ❌ 화요일
📞 +39-02-794-889 🏠 museopoldipezzoli.it

밀라노 대표 현대 미술관 ······· ⑪
노베 첸토 미술관 Museo del Nove Cento

20세기의 가장 중요한 컬렉션들을 소장한 현대 미술관으로 밀라노 도심 두오모 근처에 있다. 미래파, 형이상학, 인물화, 파시즘의 예술, 추상화와 조각, 팝아트에 이르기까지 4000여 점의 수집품 중에서 300여 점의 작품을 엄선해서 주제별, 연대순으로 전시하고 있다. 전시실 중 살라 폰타나Sala Fontana에서는 두오모 정면과 두오모 광장을 감상할 수 있다.

📍 Piazza del Duomo, 8, 20123 Milano 🚶 밀라노 두오모에서 도보 2분 💶 일반 €5, 65세 이상·18~25세 €3, 18세 미만 무료 🕐 화·수·금~일 10:00~19:30, 목 10:00~20:30
❌ 월요일 📞 +39-02-8844-4061 🏠 www.museodelnovecento.org

빌라 네키 캄필리오 Villa Necchi Campiglio

밀라노에서 가장 아름답고 비밀스러운 공간으로 손꼽히는 이탈리아 최고 상류층 가문의 저택이다. 원래 철강과 재봉틀 사업으로 어마어마한 부를 축적한 밀라노 대부호 지지나 네키와 남편 안젤로 캄필리오 부부가 살았던 집이다. 1980년에 남편이 세상을 떠나면서 아내 개인의 힘으로 이 집을 지킬 수 없게 되자 이탈리아 문화재단 FAIFondo Ambiente Italiano에 사후 관리를 맡기면서 일반에 공개되었다. 밀라노 중심에 꽃과 나무가 잘 정돈된 거대한 정원과 푸른빛 수영장, 1930년대 이탈리아의 감각적인 인테리어를 한 집, 마치 그 공간에 지금도 사람이 살고 있는 것처럼 그대로 보존되어 있는 가구와 옷가지, 식기류, 직접 수집한 미술품들을 보면 그 당시 상류층들의 섬세하고, 고급스러운 취향을 짐작할 수 있다.

📍 Via Mozart, 14, 20122 Milano 🚶 지하철 1호선 팔레스트로Palestro역에서 도보 5분
💶 일반 €15, 6~18세·26세 미만의 학생 €9, 6세 미만 무료 🕐 수~일 10:00~18:00
❌ 월·화요일 📞 +39-02-7634-0121 🏠 www.villanecchicampiglio.it

부잣집 정원에서 누리는 커피 한잔
카페테리아 빌라 네키 캄필리오 Caffetteria Villa Necchi Campiglio

빌라 네키 캄필리오에 입장하지 않더라도 푸른 녹지에 둘러싸인 카페테리아를 이용할 수 있다. 북적이는 밀라노 도심에서 조용하고 편안한 휴식을 취하기에 이상적인 장소일 뿐만 아니라 점심을 먹거나 식전주를 즐기기에도 좋다. 점심시간이면 정장을 입은 직장인들이 주로 찾는다. 파스타는 €15부터, 시저샐러드는 €16.

📍 Via Mozart, 10, 20122 Milano 🚶 빌라 네키 캄필리오에서 도보 2분
🕐 10:00~18:00 📞 +39-02-7001-2347
🏠 www.caffetteriavillanecchi.com

●

밀라노 현대 미술관

런던의 테이트 모던처럼 밀라노에도 산업용 공장을 현대 미술관으로 재탄생시킨 여러 공간이 있다.
산업의 형태가 변형되면서 자연스럽게 쇠퇴의 과정을 겪을 수밖에 없는 장소들이 철거 대신
전시장으로 활용되면서 활기를 되찾은 것이다. 과거와 현재, 더 나아가 미래의 공존을
새로이 모색해볼 수 있는 기회이자, 수만 평에 달하는 대규모 공간에서 열리는 전시는 작가들이
마음껏 창작의 나래를 펼칠 수 있는 기회가 되기도 한다.

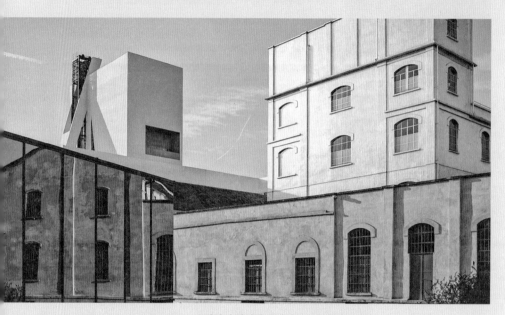

프라다의 감성이 묻어나는 복합 문화 공간
폰다치오네 프라다 Fondazione Prada

프라다의 공동 CEO였던 미우치아 프라다와 파트리치오 베르텔리가 1993년에
설립한 문화 공간이다. 20세기 초반 증류소 공장을 약 1만 9000㎡의 문화 예술
단지로 변화시켰으며, 2018년에 개장한 프라다 타워는 총 60m, 9개 층에 걸쳐
1960년부터 2016년 사이 국제 예술가들이 제작한 현대 예술 작품을 전시하고
있다. 6층에는 밀라노 시내의 전망을 한눈에 볼 수 있는 토레Torre 레스토랑이 있
다. 문화는 유용하고 필요하며, 매력적이라고 확신하는 폰다치오네 프라다는 전
시회, 영화제, 컨퍼런스 및 뮤지컬을 비롯한 실험적이고 다양한 분야의 프로그램
을 제공한다.

📍 L.go Isarco, 2, 20139 Milano 🚶 지하철 3호선 로디 티아이비비Lodi T.I.B.B.역에서 하차
후 도보 11분 💶 일반 €14, 26세 미만·65세 이상 €12, 18세 미만 무료 🕐 수~월 10:00~
19:00 ❌ 화요일 📞 +39-02-5666-2611 🏠 www.fondazioneprada.org

데이비드 치퍼필드가 설계한 복합 문화 공간
무덱 Mudec

철도 신호 장비를 공급하던 공장을 개조한 세련된 복합 문화 공간으로 다양한 예술 및 문화 관련 전시가 정기적으로 열린다. 2023년 건축계의 노벨상으로 불리는 프리츠커상을 수상한 데이비드 치퍼필드가 리노베이션 작업을 맡아 2015년에 개관했다. 건물 내부에는 밀라노 유일의 미쉐린 3스타 레스토랑인 엔리코 바르톨리니 알 무덱Enrico Bartolini al Mudec이 있으며, 그 밖에 아트 숍, 카페테리아, 도서관도 함께 운영하고 있다. 상설 전시는 무료이며, 기획 전시는 입장료가 상이하다.

◉ Via Tortona, 56, 20144 Milano ⚡ 지하철 2호선 포르타 제노바P.TA Genovas FS역에서 하차 후 도보 14분 ⊜ 상설 전시 무료, 기획 전시 요금 변동 🕐 월 14:30~19:30, 일·화·수·금 09:30~19:30, 목·토 09:30~22:30 📞 +39-02-54917 🏠 www.mudec.it

예술을 품은 회색 공장
피렐리 행거 비코카 Pirelli Hangar Biccoca

밀라노 북쪽 비코카Biccoca 지역의 오래된 공장 단지에 위치한 현대 미술관이다. 열차의 전기 모터용 코일, 타이어 등을 생산하던 무려 7000㎡에 달하는 공간을 철거하는 대신 원형을 그대로 유지한 채 미술관으로 개조했다. 창문 하나 없는 거대한 장소 자체가 현대 미술 설치작품이나 다름없는 곳으로 독일 예술가 안젤름 키퍼Anselm Kiefer의 작품을 상설 전시하고 있다. 사용 가능한 나머지 공간은 최근 몇 년 동안 가장 중요한 예술가를 소개하는 임시 전시장으로 사용하고 있으며 입장료는 항상 무료다.

◉ Via Chiese, 2, 20126 Milano ⚡ 지하철 5호선 포날레Ponale 역에서 도보 10분 ⊜ 무료 🕐 목~일 10:30~20:30 ✖ 월~수요일 📞 +39-02-66-11-15-73 🏠 pirellihangarbicocca.org

열차 공장을 개조한 종합 문화 센터
파브리카 델 바포레 Fabbrica del Vapore

20세기 트램 및 철도 차량을 생산하던 대규모 산업 공장 단지를 개조해서 만든 복합 문화 단지다. 밀라노시에서 운영하며 주기적으로 새로운 전시회가 열리고, 음악, 연극, 춤, 영화 등을 배우고 즐길 수 있다. 홈페이지의 캘린더에서 다양한 이벤트를 확인할 수 있으며, 매월 둘째 주와 마지막 주 토요일에는 유기농 식자재 마켓이 열린다.

◉ Via Giulio Cesare Procaccini, 4, 20154 Milano ⚡ 지하철 2·5호선 가리발디Garibali역 앞에서 10번 트램 탑승 후 비아 프로카치니Via Procaccini 정류장 하차 ⊜ 특별전에 따라 요금 다름 🕐 08:30~19:30 📞 +39-02-0202 🏠 www.fabbricadelvapore.org

이탈리아 스타벅스 1호점 ······ ①

밀라노 스타벅스 리저브
Starbucks Reserve Roastery

전 세계에 여섯 군데뿐인 스타벅스의 리저브 로스터리 매장으로 2018년에 문을 열었다. 유럽에서 가장 큰 스타벅스를 위해 선택된 장소는 한때 우체국이었던 역사적인 건물이며, 두오모에서 도보 5분 거리인 코르두시오 광장Piazza Cordusio에 무려 2000㎡ 규모로 자리 잡았다. 압도적인 크기의 로스팅 머신으로 매일 신선하게 볶은 커피를 맛볼 수 있으며 리저브 매장 전용 다양한 굿즈 상품도 구매할 수 있다. 카페라기보다는 커피를 테마로 한 경험에 집중한 놀이터에 가까운 느낌도 든다. 일반 스타벅스 매장보다 가격이 비싸다. 에스프레소 €3~, 아메리카노 €4~. 화장실은 지하에 있는데 화장실에 갈 땐 테이블에 소지품을 두고 이동하지 않는다.

◉ Piazza Cordusio, 3, 20123 Milano 🚶 밀라노 두오모에서 도보 5분
⏰ 07:30~20:00 📞 +39-02-9197-0326 🌐 www.roastery.starbucks.it

밀라노에서 만나는 나폴리 커피 ······ ②

카페 나폴리 Caffe Napoli

나폴리식 커피와 디저트를 판매하는 체인점. 밀라노 중앙 역사 내뿐만 아니라 시내 곳곳에 있다. 기본적인 에스프레소부터 피스타치오, 누텔라 등 다양한 토핑을 얹은 커피, 이탈리아 남부 스타일의 크루아상 코르네토, 페이스트리인 스폴리아텔라를 맛볼 수 있다. 카페 누텔라 €2, 카페 피스타치오 €3.5.

★ 스폴리아텔라는 이탈리아 남부 디저트로 보통 조개나 랍스터 꼬리 모양으로 속에는 휘프트 크림이나 커스터드 혼합물 등을 넣는다.

◉ Piazza Duca d'Aosta, 1, 20125 Milano 🚶 밀라노 중앙역 내 위치
⏰ 05:30~19:00 📞 +39-02-6670-3773

중앙역 안의 중앙시장 ····· ③
일 메르카토 첸트랄레 밀라노 Il Mercato Centrale Milano

메르카토 첸트랄레는 '중앙시장'이라는 뜻으로 밀라노, 토리노, 로마, 피렌체 등 주요 도시의 중심지에 위치한 식음료 종합 상가다. 주류, 디저트, 스시, 피자, 파스타 등 다양한 종류의 음식을 판매하는 상점이 입점해 있고, 이른 아침부터 늦게까지 운영하기 때문에 시간에 구애받지 않고 이용할 수 있다. 특히 밀라노 첸트랄레역 내부에 위치해 접근성이 좋다.

📍 Via Giovanni Battista Sammartini, 2, 20125 Milano
🚶 밀라노 첸트랄레역 내부 🕐 07:00~24:00 ☎ +39-02-3792-8400 🏠 www.mercatocentrale.it/milano

조각 피자의 대명사 ····· ④
피제리아 스폰티니 Pizzeria Spontini

1인 1판 피자를 법칙처럼 여기는 이탈리아에서 조각 피자 열풍을 불러일으킨 곳이다. 1953년 토스카나 출신 가족이 밀라노 부에노스 아이레스 거리의 작은 모퉁이에서 시작해 현재 수십 개의 체인점으로 발전했다. 간단히 배를 채울 수 있어 학생 및 직장인들에게 인기가 높으며, 대표 메뉴는 모차렐라 치즈와 토마토소스를 얹어 화덕에 구워낸 마르게리타 피자(€6)다. 스폰티니 1953 피자(€6.5).

📍 Via Santa Radegonda, 11, 20121 Milano
🚶 밀라노 두오모에서 도보 5분 🕐 11:00~23:00
☎ +39-02-8909-2621 🏠 spontinimilano.com

밀라노 인기 길거리 간식 ····· ⑤
판제로티 루이니 Panzerotti Luini

판제로티는 이탈리아 남부 튀김 음식의 한 종류다. 이곳은 풀리아 출신 가문이 1949년 두오모 근처에서 빵집으로 시작한 작은 상점으로, 토마토와 모차렐라 치즈를 밀가루 반죽 안에 넣고 튀긴 판제로티가 큰 인기를 얻었다. 가문 대대로 내려오는 오리지널 레시피 외에도 초콜릿, 햄, 가지, 올리브 등 다양한 재료를 넣고 튀긴 판제로티가 있다. 토마토 모차렐라 €2.5, 프로슈토 모차렐라 €2.5.

📍 Via Santa Radegonda, 16, 20121 Milano 🚶 밀라노 두오모에서 도보 5분 🕐 월~토 10:00~20:00 ❌ 일요일
☎ +39-02-8646-1917 🏠 www.luini.it

밀라노에서 스테이크가 먹고 싶을 때 ⋯⋯ ⑥
카르보나이아 90 Carbonaia 90

밀라노의 산 조반니 구역에 위치한 캐주얼 레스토랑. 개방형 그릴에서 주문 즉시 구워주는 선분홍빛 밀라노식 티본스테이크, 주인장이 손으로 직접 썰어주는 생햄 프로슈토, 집에서 반죽해 만든 파스타 면과 홈메이드 디저트 등 정성이 그대로 느껴지는 음식과 직원들의 환대 덕분에 들어서는 순간부터 식사를 마칠 때까지 기분 좋은 장소다. 전식 €15부터, 티본스테이크 100g당 €6로, 최소 700g 이상 주문 가능하다. 자릿세 €2.5.

📍 Via Felice Cavallotti, 116, 20099 Sesto San Giovanni Milano
🚶 지하철 1호선 세스토 론도Sesto Rondò역에서 도보 6분 🕐 월~토 12:15~14:30, 19:15~23:00 ❌ 일요일 📞 +39-02-248-1577
🏠 www.lacarbonaia90.it

두오모 근처 추천 맛집 ⋯⋯ ⑦
트라토리아 밀라네제 Trattoria Milanese

밀라노 두오모에서 멀지 않은 곳에 위치한 레스토랑. 친근하면서 복고풍 분위기가 물씬 풍기는 곳으로 1933년에 오픈해 밀라노 전통 요리인 오소부코 알라 밀라네제(€28), 코톨레타 알라 밀라네제(€22) 등을 주력 메뉴로 제공하고 있다.

📍 Via Santa Marta, 11, 20123 Milano 🚶 밀라노 두오모에서 도보 8분
🕐 월~토 12:00~14:30, 19:00~20:30 ❌ 일요일 📞 +39-02-8645-1991

밀라노식 소 정강이뼈 찜 요리를 오소부코 알라 밀라네제Ossobuco alla Milanese라고 한다. 일반적으로 노란색 향신료를 첨가한 샤프란 리소토 또는 으깬 감자와 함께 먹는다.

밀라노식 커틀릿 요리인 코톨레타 알라 밀라네제Cotoletta alla Milanese는 오스트리아식 슈니첼, 우리나라의 돈가스와 비슷하다. 뼈가 붙은 송아지 고기 조각을 버터에 튀겨낸다는 것이 특징으로 튀김옷을 입힌 고기 요리의 원조로 알려져 있기도 하다.

이탈리아 최대 규모의 종합 아웃렛 ····· ①

세라발레 디자이너 아웃렛
Serravalle Designer Outlets

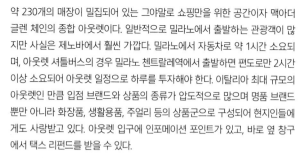

약 230개의 매장이 밀집되어 있는 그야말로 쇼핑만을 위한 공간이자 맥아더 글렌 체인의 종합 아웃렛이다. 일반적으로 밀라노에서 출발하는 관광객이 많지만 사실은 제노바에서 훨씬 가깝다. 밀라노에서 자동차로 약 1시간 소요되며, 아웃렛 셔틀버스의 경우 밀라노 첸트랄레역에서 출발하면 편도로만 2시간 이상 소요되어 아웃렛 일정으로 하루를 투자해야 한다. 이탈리아 최대 규모의 아웃렛인 만큼 입점 브랜드와 상품의 종류가 압도적으로 많으며 명품 브랜드뿐만 아니라 화장품, 생활용품, 주얼리 등의 상품군으로 구성되어 현지인들에게도 사랑받고 있다. 아웃렛 입구에 인포메이션 포인트가 있고, 바로 옆 창구에서 택스 리펀드를 받을 수 있다.

📍 Via della Moda, 1, 15069 Serravalle Scrivia AL 🕙 10:00~20:00
📞 +39-014-360-9000

가는 방법

- **자동차** 세라발레 디자이너 아웃렛은 밀라노에서 자동차로 약 1시간, 제노바에서 45분, 토리노에서 1시간 30분 정도 소요되며 넓은 무료 주차장을 이용할 수 있다.

- **셔틀버스** 자이니 비아지Zaini Viaggi와 프리제리오 비아지Frigerio Viaggi 두 회사를 선택할 수 있다.

	출발	티켓 예매	요금	소요 시간
자이니 비아지	밀라노 첸트랄레역 출발(Stazione FS Milano Centrale) 09:00/09:30/10:30/13:00	www.zaniviaggi.com/it/tour/serravalle-shopping-outlet-by-mcarthurglen-da-milano	왕복 €25, 4~12세 €10, 4세 미만 무료 ★자이니 비아지 예약 시 1인당 €5 추가 요금으로 날짜와 시간 변경 가능	·밀라노 첸트랄레역에서 약 2시간 소요 ·스포르체스코 정류장에서 약 2시간 소요
	스포르체스코 정류장(Milano Largo Cairoli, 18) 09:30/10:00/11:00/13:30			
프리제리오 비아지	밀라노 첸트랄레역 출발(Piazza IV Novembre, 호텔 엑셀시어 갈리아 옆) 10:00/12:00	www.frigerioilgruppo.com/en/serravalle		
	브레라 지구 출발(Milano Via Fatebenefratelli 4) 10:20/12:20			

- **열차+셔틀버스 이용 시** 밀라노 첸트랄레역에서 세라발레 스크리비아Serravalle Scrivia 또는 아르콰타 스크리비아Arquata Scrivia 및 노비 리구레Novi Ligure역에서 하차하면 아웃렛으로 이동하는 셔틀버스를 탈 수 있다.(셔틀버스 배차 간격은 약 30분)

몬테나폴레오네 명품 지구 Via Monte Napoleone

만조니 거리Via Manzoni, 베네치아 거리Via Venezia, 비아 델라 스피가 거리Via della Spiga, 몬테나폴레오네 거리Via Montenapoleone는 밀라노의 황금 사변형Golden Quadrilateral이라고 불리는 명품 쇼핑 거리다. 밀라노의 패션 지구이자 전 세계에서 가장 고급스러운 지역 중 하나다. 특히 나폴레옹 거리는 뉴욕 5번지, 파리 샹젤리제 거리에 이어 전 세계에서 가장 비싼 거리 중 하나로 손꼽힌다.

📍 Via Monte Napoleone, 10121 Milano
🚶 지하철 3호선 몬테나폴레오네
Montenapoleone역에서 도보 5분

리나센테 백화점 La Rinascente Milano

리나센테는 이탈리아어로 '르네상스'라는 뜻으로 대도시 곳곳의 가장 중요한 위치에 입점한 체인형 백화점이다. 지하에서부터 8층까지 시계, 화장품, 명품, 주방용품 등의 물품을 구입하고 6층에서 택스 리펀드를 받을 수 있으며, 7층에 위치한 루프톱 겸 레스토랑 마이오Maio에서 밀라노 두오모를 눈앞에서 감상할 수 있다. 리나센테 백화점 회원가입 후 멤버십 카드를 발급 받으면 일부 상품에 한해 10% 할인을 받을 수 있으니 참고하자.

📍 Piazza del Duomo, 20121 Milano
🚶 밀라노 두오모에서 도보 2분
🕐 09:00~21:00 📞 +39-02-9138-7388
🏠 www.rinascente.it

텐 코르소 코모 10 Corso Como

밀라노의 코르소 코모 10번지에서 출발한 편집 숍으로 세계 유명 패션 브랜드들이 입점해 있다. 현재 밀라노 이외에 도쿄, 서울 및 상하이에 지점을 두고 있으며 예술, 패션, 음악, 디자인 작품을 전시하고 판매하며 카페, 다이닝, 부티크 호텔까지 접목해 매장을 운영하고 있다. 2층 공간에서 통창으로 정원을 한눈에 조망할 수 있으며, 다양한 예술 및 아카이브 전시가 상시 열린다.

📍 Corso Como, 10, 20154 Milano   🚶 지하철 2·5호선 가리발디Garibaldi FS역에서 도보 2분   🕐 10:30~19:30
📞 +39-02 -2900-2674   🏠 10corsocomo.com

휴마나 빈티지 Humana Vintage Milano

NGO 단체인 '휴마나 피플 투 피플Humana People to People'은 20년 넘게 섬유 부문의 지속 가능한 발전을 촉진해온 인도주의적 국제 협력 단체다. 1998년부터 중고 의류 수집 및 판매를 통해 전 세계의 중장기 프로그램과 이탈리아의 사회 환경 프로젝트를 지원해왔다. 수익금 일부를 아프리카 국가 후원금으로 기부하며, 전 세계 45개국, 밀라노에는 3개의 지점을 운영하고 있다.

📍 Via Cappellari, 3, 20123 Milano   🚶 밀라노 두오모에서 도보 2분
🕐 월~토 10:00~19:30, 일 10:30~19:30   📞 +39-02-7208-0606
🏠 humanavintage.it

이탈리 밀라노 스메랄도 Eataly Milano Smeraldo

이탈리는 먹다Eat와 이탈리아Italy의 합성어로, 이탈리아에서 생산되는 식재료를 판매하고, 먹고, 경험하고, 배우는 종합 식음료 테마파크와 같은 곳이다. '메이드 인 이탈리아' 식재료를 살 수 있고, 테마별 레스토랑에서는 최고의 제철 현지 농산물로 만든 특별한 코스 등 다양한 메뉴를 맛볼 수 있으며, 쿠킹 클래스, 생산자가 직접 운영하는 미식 투어 등을 신청해 이탈리아의 다양한 요리 문화를 경험할 수 있다. 밀라노, 로마, 제노바, 토리노 등에도 매장이 있으며 밀라노 스메랄도 지점은 가리발디역에서 도보 5분 거리다.

📍 Piazza XXV Aprile, 10, 20121 Milano   🚶 지하철 2·5호선 가리발디 Garibaldi FS역에서 도보 5분   🕐 08:30~23:00   📞 +39-02-0999-7900
🏠 www.eataly.net/it_it/negozi/milano-smeraldo

로맨틱한 사랑의 도시

베로나 Verona

#로미오와줄리엣 #북부교통중심지 #야외오페라

사랑의 도시, 로미오와 줄리엣의 도시, 세계 3대 와인 축제가 열리는 도시,
활기찬 오페라의 도시 등 다양한 수식어만큼이나 다채로운 매력을 가진 베로나.
북부 이탈리아에서 가장 잘 보존된 중세 도시 중 하나로 손꼽히며
지난 2000년 유네스코 세계 문화유산으로 지정되었다.

베로나
가는 방법

베로나는 이탈리아 본토를 연결하는 열차뿐만 아니라 독일, 오스트리아를 연결하는 국제선 열차의 거점으로 어디든 쉽게 가 닿을 수 있는 교통의 중심지다.

교통의 요지답게 이탈리아의 각 도시들과 베로나 포르타 누오바Verona Porta Nuova역까지 열차 연결이 잘되어 있다. 밀라노, 베네치아, 피렌체에서 출발하면 고속열차로 1시간에서 1시간 30분이면 베로나에 갈 수 있기 때문에 당일치기 여행지로도 좋다. 피렌체에서 출발하는 직행 노선은 고속열차뿐이지만, 밀라노나 베네치아에서는 지역 열차로도 갈 수 있다.

밀라노 ·········	지역 열차 1시간 50분, €12.75 ·········	**베로나**
베네치아 ·········	지역 열차 1시간 30분~2시간 20분, €10.2 ·········	**베로나**
피렌체 ·········	고속열차 1시간 30분, 변동 요금 ·········	**베로나**

베로나
시내 교통

베로나 역사 지구는 걸어서 충분히 다닐 만하며 도시 내에서 버스를 탈 일은 드물지만, 베로나시의 미술관과 대중교통이 함께 포함된 베로나 카드를 구입하면 훨씬 효율적으로 동선을 짤 수 있다. 베로나 포르타 누오바역에서 베로나 역사 지구 초입인 브라 광장까지는

1.5km로 여행자가 짐을 끌고 가기에는 제법 먼 편이지만, 역사 지구 내에서는 도보로 충분히 이동 가능하다. 역에서 브라 광장까지 걸어갈 경우 20분, 포르타 누오바역 앞에서 11·12·13번 버스를 타는 경우 브라 광장까지 6분 정도 걸린다.

베로나 카드

베로나 아레나, 줄리엣의 집을 비롯한 베로나 약 20개의 명소 무료입장과 시내 대중교통 수단까지 포함된 카드. 일부 박물관 또는 여행 안내소, 온라인에서 구입할 수 있다. 아레나 입장료만 €12이며, 베로나 카드 소지자는 줄을 설 필요가 없기 때문에 아레나를 포함한 4곳 이상의 명소를 방문할 계획이라면 구매하는 것을 추천한다.

€ 24시간 €27, 48시간 €32   🏠 www.veronacard.net/en

오프라인 구입처
- 베로나 포르타 누오바 역사 내 환전소(Ufficio Cambio Valuta)
- 브라 광장 여행 안내소(Ufficio Turistico IAT Verona)

베로나
추천 코스

베로나는 당일치기로도 충분히 둘러볼 수 있는 작은 도시지만 오페라 축제가 열리는 여름철에는 하루를 온전히 머물면서 도시의 낮과 밤, 오페라 축제까지 즐기기를 권장한다. 멋진 전망대에서 도시의 전경을 바라보고 로미오와 줄리엣의 도시답게 낭만적인 도시의 골목을 누비자.

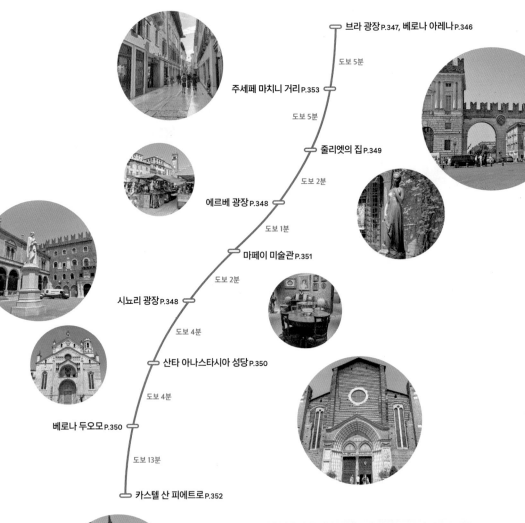

브라 광장 P.347, 베로나 아레나 P.346

도보 5분

주세페 마치니 거리 P.353

도보 5분

줄리엣의 집 P.349

도보 2분

에르베 광장 P.348

도보 1분

마페이 미술관 P.351

도보 2분

시뇨리 광장 P.348

도보 4분

산타 아나스타시아 성당 P.350

도보 4분

베로나 두오모 P.350

도보 13분

카스텔 산 피에트로 P.352

베로나는 도시가 크지 않을뿐더러 역사 지구 내의 주요 명소가 걸어서 둘러볼 수 있는 거리에 모여 있어 밀라노, 베네치아, 피렌체에서 당일치기 여행으로도 충분하다. 하지만 오페라 축제 관람을 목적으로 베로나에 방문한다면 베로나 시내 중심부, 아레나 공연장에서 도보로 이동 가능한 거리에 숙박 예약을 꼭 하는 것이 좋다. 보통 공연은 자정 이후에 끝나기 때문이다. 이 기간에는 유료 주차장 자리를 잡기도 쉽지 않을뿐더러 숙박비도 비싼 편이다.

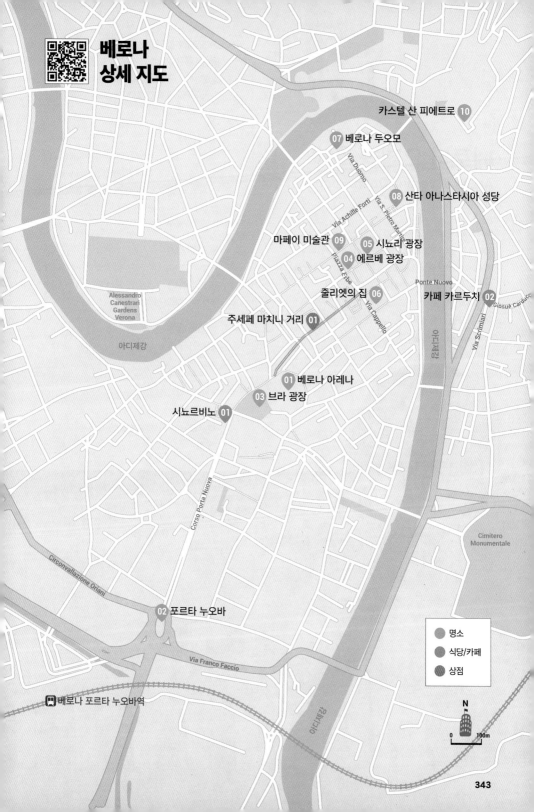

베로나
상세 지도

카스텔 산 피에트로 **10**

07 베로나 두오모

08 산타 아나스타시아 성당

Via Duomo

Via Achille Forti

Via S. Pietro Martire

마페이 미술관 **09** **05** 시뇨리 광장

04 에르베 광장

Piazza Erbe

Ponte Nuovo

줄리엣의 집 **06**

카페 카르두치 **02**

Giosuè Carducci

주세페 마치니 거리 **01**

Via Cappello

Via Scrimiari

Alessandro
Canestrari
Gardens
Verona

아디제강

아디제강

01 베로나 아레나

03 브라 광장

시뇨르비노 **01**

Corso Porta Nuova

Cimitero
Monumentale

Circonvallazione Oriani

02 포르타 누오바

Via Franco Faccio

아디제강

베로나 포르타 누오바역

N

0 100m

범례
- 명소
- 식당/카페
- 상점

리얼 가이드
●

베로나 오페라 축제
Arena di Verona Opera Festival

베로나를 대표하는 오페라 축제는 1913년 8월 10일 작곡가 주세페 베르디Giuseppe Verdi 탄생 100주년을 기념하기 위해 시작되었으며, 〈아이다Aida〉를 첫 공연으로 막을 올렸다. 제2차 세계 대전과 팬데믹으로 인한 두 차례의 중단을 제외하고 100년이 넘는 기간 동안 매년 여름 베로나 아레나에서 다양한 공연을 펼쳤으며, 전 세계 오페라 가수들에게는 꿈의 무대로 손꼽힌다.

◈ 오페라 상연 기간

매년 6월 초부터 9월 초까지. 보통 목요일부터 일요일까지 극이 번갈아 가며 열린다. 이 기간 외에는 공연이 열리지 않지만 베로나 아레나 입장 및 관람은 가능하다.

◈ 상연작

이탈리아 작곡가 주세페 베르디의 〈아이다Aida〉, 〈나부코Nabucco〉, 〈라 트라비아타La Traviata〉 또는 자코모 푸치니Giacomo Puccini의 〈투란도트 Turandot〉, 〈라 보헴La Bohème〉, 〈토스카Tosca〉 등의 대작 중 4~5작품이 번갈아 가며 공연된다.

◈ 티켓 가격

가장 저렴한 6등석 €32부터 플래티넘 €270까지 다양하다. 일부 좌석은 65세 이상, 30세 미만에게 10% 할인 혜택을 준다.

◈ 예매 방법

· 온라인 구매 www.arena.it/arena-opera-festival/biglietti
· 오프라인 구매 Via Dietro Anfiteatro 6/b, 37121 Verona(월~금 10:30~16:00, 토 09:15~12:45)
· 콜센터 +39-045-8005-151(월~토 09:00~18:00)

아이다 1871

작곡 주세페 베르디

1871년 12월 24일, 이집트 카이로의 케디비알 오페라 하우스Khedivial Opera House에서 초연한 4막의 비극 오페라다.

◈ 주요곡

- **1막** 이기고 돌아오라 Ritorna Vincitor
- **2막** 오라, 승리자들이여 Vieni, Guerriero Vindice
- **3막** 오 나의 조국이여 O patria Mia
- **4막** 이 세상이여, 안녕 O Terra, Addio

◈ 줄거리

이집트로 끌려간 에티오피아 공주 아이다와 이집트 장군 라다메스의 이루어질 수 없는 사랑 이야기다. 에티오피아의 공주 아이다는 신분을 숨긴 덕분에 이집트 공주 암네리스의 시종이 되어 목숨을 건질 수 있었고, 암네리스의 짝사랑 상대인 라다메스와 사랑에 빠진다. 아이다의 아버지인 에티오피아 왕이 멸망 후 노예로 잡혀오고, 라마데스는 아이다에 대한 사랑과 이집트 왕에 대한 충성 사이에서 고군분투하지만 결국 사랑을 선택했고, 두 사람은 함께 죽음을 맞이한다.

라 트라비아타 1853

작곡 주세페 베르디

1853년 3월 6일, 베네치아의 라 페니체 극장에서 초연되었다. 우리가 한 번쯤 들어봤을 법한 익숙한 아리아가 많이 등장한다.

◈ 주요곡

- **1막** 축배의 노래 Libiano ne'lieti Calici
- **2막** 언제나 자유롭게 Sempre Libera
- **3막** 사랑하는 이여, 파리를 떠나서 Parigi, O Cara

◈ 줄거리

〈라 트라비아타〉는 방황하는 여자라는 뜻으로, 파리 사교계의 고급 창녀 비올레타와 귀족 청년 알프레도의 이루어질 수 없는 비극적인 사랑 이야기다. 비올레타는 알프레도를 사랑하지만 자신의 병과 방탕한 삶 때문에 그의 마음을 받아들이는 것을 주저하다 결국 사랑을 받아들인다. 두 사람이 행복하게 살아가던 도중 알프레도의 아버지가 비올레타에게 찾아와 헤어질 것을 요청한다. 비올레타는 이별 편지만 남긴 채 떠나고, 알프레도는 비올레타가 자신을 배신했다고 오해한다. 모든 진실이 밝혀지고 알프레도가 비올레타에게 돌아가 용서를 구하지만 병이 깊어진 비올레타는 죽음을 맞이한다.

오페라를 보기 전에 읽고 가면 좋은 책
- 전수연 『베르디 오페라, 이탈리아를 노래하다』
- 이서희 『방구석 오페라』
- 지나 오 『오페라의 여인들』

로마 원형극장에서 즐기는 야외 오페라 ······ ①

베로나 아레나 Arena di Verona

베로나 카드
소지자 무료

베로나 역사 지구 중심부에 자리한 로마 원형극장. '아레나'는 라틴어로 모래를 의미한다. 투기장 안에 혈액, 동물 배설물 등을 빠르게 흡수하는 특성을 가진 모래를 깔아 쉽고 빠르게 청소를 한데서 그 이름이 유래했다. 서기 30년 경에 지어졌으며 콜로세움과 마찬가지로 검투사의 싸움이나 맹수의 사냥, 기독교인의 순교 장소로 사용되었다. 오늘날에는 국제적으로 유명한 예술가들이 이곳에서 음악 공연을 펼치며, 특히 여름철 오페라 축제는 100년 넘게 그 전통을 이어오며 전 세계인들에게 사랑받는 축제로 자리매김했다.

📍 Piazza Brà, 1, 37121 Verona 🚶 브라 광장에 위치 💶 일반 €12, 65세 이상 €9, 18~25세 €3, 17세 미만 무료 🕐 화~일 09:00~19:00(오페라 축제가 열리는 6~9월은 화~일 09:00~17:00로 운영시간이 변경되며, 공연 일정에 따라 입장이 불가하거나 입장시간이 변경될 수 있음) ❌ 월요일 📞 +39-045-800-5151 🏠 https://www.arena.it/arena/it

오페라 관람 시 알아두면 좋은 점

① 저렴한 계단석은 돌바닥에서 3시간 이상 오페라를 관람해야 하기 때문에 깔고 앉을 만한 방석이나 담요 등을 가져가면 좋다.

② 의자가 설치된 좌석 예매자는 과한 드레스업을 할 필요는 없지만 반바지나 슬리퍼 등의 복장은 제한되니 세미 정장을 권한다.

③ 티켓은 현장 구매도 가능하지만 공연 일정이나 캐스팅에 따라 매진되는 경우가 있다. 온라인으로 미리 예매해두는 것이 좋다.

④ 저녁 9시 30분부터 공연이 시작되기 때문에 오페라를 관람할 예정이라면 베로나에서 1박 이상 머무는 것을 추천한다. 오페라 기간에는 주차 전쟁이라 불릴 정도로 주차하기가 어려우므로 열차 등의 대중교통을 이용하자.

⑤ 악천후의 경우 공연은 150분까지 연기될 수 있으며, 공연이 시작된 후에는 환불이 안 된다.

포르타 누오바 Porta Nuova

건축가 미켈레 산미켈리가 16세기에 건축한 석조 방어문으로 한때 도시 남쪽의 출입문으로 이용되었으며, 베로나의 중심지로 가는 기념비적인 통로다. 르네상스 양식의 전형적인 형태로, 화가 조르조 바사리가 "이보다 더 웅장하거나 더 나은 이해를 지닌 작품은 없었다"고 극찬했다.

📍 Corso Porta Nuova, 37122 Verona 🏃 베로나 포르타 누오바역에서 도보 8분

브라 광장 Piazza Brà

베로나에는 여러 개의 광장이 있는데 그중 가장 큰 광장으로 아레나를 비롯한 오래된 건축물과 수많은 카페, 레스토랑이 늘어서 있다. 여름철 오페라 기간에는 입장객들을 환영하는 라운지가 되고, 겨울철에는 크리스마스 마켓이 열리며, 그 외에도 다양한 도시의 중요한 행사가 열린다.

📍 Piazza Brà, Verona 🏃 베로나 포르타 누오바역에서 도보 20분 또는 역 앞에서 11·12·13번 버스 탑승 후 브라 광장에서 하차

에르베 광장 Piazza Erbe

베로나에서 가장 오래된 광장이다. 르네
상스 궁전과 성당으로 둘러싸여 있으며
도시의 중심부에 자리하고 있다. 고대에
는 지역 농부와 상인들이 과일, 채소, 향
신료 등을 판매하는 대규모 시장이 열렸
으며, '에르베'는 이러한 풀, 채소 등을 뜻
한다. 현재는 시민들과 베로나 여행자들
의 주요 만남의 장소 중 하나로 종일 활
기가 넘친다. 중앙의 베로나를 지키는 성
모 마리아상 폰타나 마돈나 베로나도 눈
길을 끈다.

📍 Piazza Erbe, 37121 Verona
🏃 브라 광장에서 도보 10분, 줄리엣의 집에서
도보 2분

시뇨리 광장 Piazza dei Signori

에르베 광장과 마주 보고 있으며 12세기에 정부 소재지이자 봉건 영주의 거주지
로 건설되었다. 주요 행정, 정치당국의 본부였으며 현재는 예술 행사 장소로 사
용되고 있다. 광장 중앙에는 단테 탄생 600주년을 기념해서 세운 동상이 있으
며, 팔라초 델라 라조네Palazzo della Ragione 및 산타 마리아 안티카 성당Chiesa di
SantaMaria Antica과 같은 중요한 건물에 둘러싸여 있다. 높이 84m인 람베르티
탑Torre dei Lamberti에 오르면 베로나 시내를 한눈에 내려다볼 수 있다. 람베르티
탑은 베로나 카드가 있으면 무료입장이다.

📍 Piazza dei Signori, 37121 Verona   🏃 줄리엣의 집에서 도보 3분

연인들의 사랑이 이루어지는 곳 ⋯⋯ ⑥

줄리엣의 집 Casa di Giulietta

베로나 카드
소지자 무료

셰익스피어의 희곡 〈로미오와 줄리엣〉의 여주인공 집이라 여겨지는 곳으로 여행자의 발길이 끊이지 않지만, 사실 극의 배경이 되는 장소라는 증거는 어디에도 남아 있지 않다. 베로나시에서 건물을 매입해 두 젊은 연인의 사랑이 이루어지는 장소로 설정, 세레나데를 부르는 발코니를 추가하고 외관을 중세 시대 주택 스타일로 개조해 대중에게 공개하고 있다. 안뜰에는 1968년 네레오 콘스탄티니Nereo Costantini가 제작한 줄리엣의 동상이 있으며, 오른쪽 가슴을 만지면 사랑이 이루어진다는 전설이 있다. 2010년에 개봉한 할리우드 영화 〈레터스 투 줄리엣〉의 배경이 되면서 더욱 유명해졌으며, 줄리엣의 집 내부로 들어가면 영화에서처럼 줄리엣에게 직접 편지를 보낼 수 있다.

★ 줄리엣의 집은 베로나 카드를 소지했더라도 홈페이지를 통해 시간 예약을 해야만 방문할 수 있다.

📍 Via Cappello, 23, 37121 Verona 🏃 브라 광장에서 도보 6분
💶 일반 €12, 65세 이상 €9, 18~25세 €3, 18세 미만 무료(줄리엣 동상이 있는 안뜰 입장은 무료) 🕐 화~일 09:00~19:00 ❌ 월요일 📞 +39-045-803-4303
🏠 casadigiulietta.comune.verona.it/nqcontent.cfm?a_id=42703

베로나 두오모 Duomo di Verona(Cattedrale di Santa Maria Matricolare)

| 베로나 카드 소지자 무료 | 로마네스크 양식으로 지은 베로나의 주교좌성당으로 에르베 광장의 북쪽에 위치한다. 성당 내부는 웅장하고 엄숙한 르네상스 스타일로 장식되어 있으며, 중요한 작품으로는 티치아노가 그린 대형 유화 작품 〈성모 마리아의 승천〉(1535)이 있다. 또한 언어학자 안토니오 체사리와 교황 루시우스 3세의 무덤이 위치한다. |

📍 Piazza Vescovado, 37121 Verona
🚶 에르베 광장에서 도보 7분 💶 일반 €4
🕐 월~토 11:00~17:00, 일 13:30~17:30
📞 +39-045-592813
🏠 www.chieseverona.it/it/le-chiese/
il-complesso-della-cattedrale

산타 아나스타시아 성당

Basilica di Santa Anastasia

| | 베로나 카드 소지자 무료 |

베로나에서 가장 큰 고딕 양식의 성당. 1290년에 건축을 시작해 거의 2세기가 지난 1471년에 완공했다. 성당 내부 측면에는 14~18세기에 그린 우아한 프레스코화, 조각품으로 장식된 제단이 연속적으로 늘어서 있고, 펠레그리니 예배당에는 피사넬로의 프레스코화 〈산 조르조와 공주〉가 그려져 있는데, 예술가의 가장 위대한 걸작이라고 평가받고 있다. 입구에 들어서면 성수반을 짊어지고 있는 듯한 조각상이 인상적이다.

피에트라 다리는 기원전 100년경에 완공된 베로나에서 가장 오래된 다리로, 베로나에 남아 있는 유일한 로마 시대 다리 유적이다. 제2차 세계 대전 당시 독일군에 의해 폭파되어 강바닥에서 채취한 돌로 재건했다.

📍 Piazza S.Anastasia, 37121 Verona
🚶 베로나 두오모에서 도보 5분, 피에트라 다리에서 도보 6분 💶 일반 €4
🕐 월~토 09:30~18:30, 일 13:00~18:00
📞 +39-045-592813
🏠 www.chieseverona.it

고대부터 현대까지의 미술 컬렉션 ⋯⋯⋯ ⑨

마페이 미술관 Palazzo Maffei - Casa Museo

에르베 광장이 내려다보이는 주택 미술관이다. 기업가 루이지 칼론이 그리스 로마 고고학 유물부터 현대 미술에 이르기까지 수백 점의 작품을 수집했고, 대중이 접근할 수 있도록 그에 합당한 집을 찾기 시작해 17세기에 지은 마페이 궁전을 경매로 구입한 다음 미술관 형태로 공개했다. 루치오 폰타나, 르네 마그리트, 조르조 데 키리코 등의 작품 500점 이상이 전시되어 있다.

📍 Piazza Erbe, 38, 37121 Verona 🚶 에르베 광장에 위치 💶 일반 €15, 65세 이상 €13(베로나 아레나 입장권 소지자 €11), 11~26세·베로나 카드 소지자 €7, 6~10세 €4.5, 6세 미만 무료 🕐 목~월 10:00~18:00 ❌ 화·수요일 📞 +39-045-511-8529 🏠 www.palazzomaffeiverona.com

카스텔 산 피에트로
Castel San Pietro

도시의 최초 정착지인 산 피에트로 언덕에 자리한 요새 형태의 성이다. 실제로는 오스트리아 군대가 도시를 장악하기 위해 지은 막사로 현재 내부는 들어갈 수 없고 외부 공간만 방문 가능하다. 카스텔 산 피에트로는 아레나와 더불어 베로나에서 가장 인기 있는 관광지 중 하나인데, 아디제강을 품은 도시의 가장 인상적인 전망을 볼 수 있기 때문이다. 푸니콜라레를 타면 쉽게 올라갈 수 있다. 소요 시간 3분.

★ 카스텔 산 피에트로 푸니콜라레는 본래 카스텔 산 피에트로에 본부를 둔 미술 아카데미 학생들을 위한 교통수단으로 1941년에 개장했으며, 전쟁으로 중단되었다가 2017년부터 다시 운행하고 있다.

📍 Castel San Pietro, Piazzale Castel S. Pietro, 37129 Verona

📍 탑승하는 곳 Via Santo Stefano, 6, 37129 Verona 🚶 줄리엣의 집에서 도보 15분
💶 왕복 €3, 편도 €2 🕐 4~10월 10:00~21:00, 11~3월 10:00~17:00 📞 +39-342-896-6695 🏠 www.funicolarediverona.it

시뇨르비노 Signorvino

시뇨르비노는 좋은 이탈리아 와인을 발견하고 공유하는 프로젝트로 시작한 주방을 갖춘 와인 바 체인점이다. 최고의 와인 메이커가 만든 수천 종류의 와인을 시뇨르비노 온라인 또는 오프라인 매장에서 구입할 수 있으며, 레스토랑에서는 와인과 잘 어울리는 식사를 통해 다양한 미식의 경험을 제공한다.

📍 Corso Porta Nuova, 2/A, 37122 Verona 🚶 베로나 아레나에서 도보 3분
🕐 화~토 09:00~24:00, 일·월 10:00~24:00 📞 +39-045-800-9031
🏠 www.signorvino.com

한 세기의 역사를 간직한 카페 ····· ②

카페 카르두치 Café Carducci

1928년 문을 연 카페테리아 겸 선술집으로 베로나에서 가장 오래된 동네 비아 카르두치Via Carducci를 지나는 모든 사람을 위한 만남의 장소였다. 4세대에 걸쳐 이어져 내려오고 있는 카페 카르두치는 단순한 커피숍 그 이상이다. 훌륭한 현지 와인 한잔 마시며 즐거운 휴식의 순간을 보낼 수 있으며, 셰프가 오픈 키친에서 준비한 맛있는 전채 요리를 맛볼 수도 있다. 글라스 와인과 위스키 €6부터, 치즈 플래터 €9부터.

📍 Via Giosuè Carducci, 10, 37129 Verona
🚶 줄리엣의 집에서 도보 8분
🕐 화~토 08:00~23:00 ❌ 일·월요일
📞 +39-045-803-0604
🏠 www.cafecarducci.it

베로나의 명품 쇼핑 거리 ····· ①

주세페 마치니 거리

Via Giuseppe Mazzini

베로나의 두 주요 광장인 브라 광장과 에르베 광장을 연결하는 길고 좁은 거리로, 이탈리아 통일에 중요한 역할을 했던 19세기 정치 활동가 주세페 마치니의 이름을 따서 지었다. 유럽에서 가장 오래되고 유명한 보행자 전용 거리 중 하나이며, 이탈리아 및 글로벌 브랜드의 상점이 늘어서 있는 가장 번화한 쇼핑 거리다. 여행객들의 입맛을 만족시켜 줄 만한 바와 레스토랑은 물론 기념품 및 잡화 상점들을 구경하는 재미도 쏠쏠하다.

📍 Via Giuseppe Mazzini, 37121 Verona 🚶 베로나 아레나에서 도보 2분

유럽인들의 휴양지

시르미오네 Sirmione

가르다 호수에서 가장 아름다운 중세 마을 중 한 곳으로 유럽인들이 사랑하는
휴양지로도 잘 알려져 있다. 도시의 이름은 '꼬리'를 의미하는
'시르마Syrma'에서 유래되었는데, 긴 꼬리처럼 세로로 4km에 걸쳐
뻗어 있는 얇은 반도 끝에 자리하고 있다. 그 아름다운 풍경이 괴테, 릴케,
제임스 조이스, 조수에 카르두치 등 수많은 예술가에게 영감을 주어
'시인의 반도'라는 별명이 붙었다. 세계적인 오페라 가수 마리아 칼라스를 비롯한
대부호의 여름집들이 호수를 따라 늘어서 있고, 천연 온천장에서
피로를 풀고 로마 시대의 별장 유적을 관람할 수 있다.

가는 방법

밀라노, 베네치아에서 당일치기로 다녀올 수 있다. 두 도시에서 시르미오네 마을로 가기 위해서는 베로나 포르타 누오바역 또는 데센차노 델 가르다-시르미오네Desenzano Del Garda-Sirmione역에서 버스나 페리로 갈아타야 한다.

| 밀라노 첸트랄레역 | ⋯⋯⋯⋯ 지역 열차 1시간 25분, €10 ⋯⋯⋯⋯ | 데센차노 델 가르다-시르미오네역 |
| 베네치아 산타 루치아역 | ⋯⋯⋯⋯ 고속열차 1시간 30분, 변동 요금 ⋯⋯⋯⋯ | 데센차노 델 가르다-시르미오네역 |

베로나에서 가는 방법

베로나 포르타 누오바역 앞 B-3 정류장에서 시르미오네행 'LN026' 버스(브레시아 방향)를 타고 1시간 10분가량 이동한다. 승차권은 매표소 또는 버스 기사에게 직접 구매할 수 있으며, 다시 돌아와야 한다면 미리 왕복 교통권을 사두는 것이 좋다.(편도 €4.2) 대부분의 관광객이 하차하는 구시가지 초입인 시르미오네 첸트로 스토리코Sirmione Centro Storico 정류장에서 하차하면 된다. 보통 4월에서 9월 성수기의 평일, 공휴일, 공휴일 전날 오후 4시 이후에는 시르미오네 초입에서 마을 셔틀버스로 환승해야 마을 중심부로 들어갈 수 있다.

데센차노 델 가르다에서 가는 방법

시르미오네 선착장

데센차노 델 가르다 선착장

데센차노 델 가르다 마을도 시르미오네와 마찬가지로 호숫가 마을로 산책하기에 좋다. 이곳에서는 버스나 페리를 이용해 시르미오네까지 갈 수 있다. 버스를 탈 경우 데센차노 델 가르다-시르미오네역 앞 정류장에서 'LN026' 버스(베로나 방향)를 타고 시르미오네 첸트로 스토리코Sirmione Centro Storico 정류장에서 하차한다.(약 20분 소요)

페리를 타는 경우 역에서 페리 선착장까지 걸어서 약 15분 정도 걸리며, 선착장에서 표를 구입해 시르미오네까지 갈 수 있다. 시르미오네 페리 선착장Imbarcadero di Sirmione에서 내린다.(약 25분 소요)

데센차노 델 가르다 페리 선착장 Porto di Desenzano
📍 Piazza Giacomo Matteotti, 25015 Desenzano del Garda BS
💶 왕복 €6, 편도 €3

시르미오네 선착장

카툴루스 유적 🚶

● 명소

시르미오네 온천 🚶

스칼리제로성 🚶
구시가지 🚶

시르미오네
페리 선착장

N
0 ⸻ 100m

시르미오네 첸트로 스토리코
버스 정류장 🚌

Viale Guglielmo Marconi

스칼리제로성 Castello Scaligero

13세기 베로나 주교였던 스칼라 가문의 영토 위에 세운 요새 형태의 성이다. 시르미오네 구시가지 입구에 있으며, 이탈리아에서 가장 잘 보존된 해양 호수 요새로 성과 성벽을 쌓아 올리고 성벽 주변으로 물을 깊게 파내 호수가 해자의 역할을 하도록 했다. 성벽을 따라 걸으며 탁 트인 호수 주변 지역의 전망을 감상할 수 있고, 박물관 내부의 나무 계단을 통해 요새의 가장 높은 탑인 성채 꼭대기에 오를 수 있다.

📍 Piazza Castello, 34, 25019 Sirmione
🚶 시르미오네 버스 정류장에서 도보 3분
💶 일반 €6 🕐 화~토 08:30~18:30,
일 08:30~12:45 ❌ 월요일
📞 +39-030-916468

구시가지
Centro Storico di Sirmione

스칼리제로성 입구에서부터 시작되는 구시가지에는 오래된 집과 상점, 레스토랑이 늘어서 있다. 구시가지 중심에서 가장 큰 카르두치 광장Piazza Carducci에는 가르다 호숫가 마을을 연결하는 페리 선착장이 있고, 도시의 주요 행사들이 열린다. 광장의 이름은 이탈리아의 노벨 문학상 수상자인 조수에 카르두치Giosuè Carducci에 대한 찬사로 붙여졌다. 그는 애인 크리스토로피 피바와 함께 시르미오네를 방문한 뒤 반도의 보석, 시르미오네의 아름다움에 대한 시를 썼다.

📍 Centro Storico di Sirmione
🚶 스칼리제로성에서 도보 1분

시르미오네 온천 Acquaria Thermal Spa

시르미오네는 르네상스 시대부터 해저에서 분출하는 유황 온천이 존재하는 것
으로 알려져 왔고, 호흡기나 피부 질환 환자들이 모여들기 시작했다. 자연 온천
뿐만 아니라 리조트, 호텔 등에서 운영하는 온천 단지도 있는데, 이곳은 구시가
지 중심에 위치해 접근성이 좋고 실내·외 욕실 및 마사지 시설이 잘 갖춰져 있다.
입장권이 빠르게 마감되기 때문에 최소 2~3주 전에 예약하는 것이 좋다.

📍 Piazza Don A. Piatti, 1, 25019 Sirmione
🚶 스칼리제로성에서 도보 5분 💶 5시간
€44(금·토 5시간 €56), 1일권 €86
🕐 일~목 09:00~22:00, 금·토 09:00~24:00
📞 +39-030-916044
🏠 www.termedisirmione.com

카툴루스 유적 Grotte di Catullo

기원전 1세기 말에서 서기
1세기 초 사이에 지은 호화
로운 로마 별장의 폐허 유
적이다. 그로테Grotte는 이
탈리아어로 '동굴'이라는 뜻
인데, 15세기에 초목으로
뒤덮인 폐허를 동굴로 착각하면서 붙은 이름이다. 베로나의
시인 카툴루스의 집이었다는 설이 있지만 정확히 밝혀지지 않
았고, 지금까지도 광범위한 연구가 이루어지고 있다. 반도의
끝에 위치해 전망이 아름답고, 티모시 샬라메가 출연한 영화
〈콜 미 바이 유어 네임〉의 촬영지로도 유명하다.

📍 Piazzale Orti Manara, 4, 25019 Sirmione
🚶 시르미오네 온천에서 도보 15분 💶 일반 €8
🕐 화~토 08:30~18:50, 일 14:00~18:40 ❌ 월요일
📞 +39-030-916157

아름다운 호숫가 마을

코모 Como

#소도시여행 #Y자호수 #빙하호

코모는 이탈리아 북부 롬바르디아주의 빙하호다. 생김새가 'Y'자 모양인
호수의 면적은 146㎢로 이탈리아에서 세 번째로 큰 호수이자
가장 깊은 호수다. 2014년 미국 신문 〈더 허핑턴 포스트〉는 세계에서
가장 아름다운 호수로 코모를 선정했으며, 호수를 둘러싼 작은 언덕 마을에는
유명 인사들의 여름 별장, 고급 빌라와 잘 가꾼 개인 정원, 호텔이 즐비하다.
대도시를 벗어나 자연을 벗삼은 휴식을 즐기기에 좋은 장소다.

코모
가는 방법

대부분의 여행자가 밀라노에서 당일치기 또는 스위스와 이탈리아의 경유지로 코모 호수를 방문한다. 코모 호수는 면적이 넓은 만큼 주변에 여러 개의 역이 있고, 목적지에 따라 밀라노에서 출발하는 역도 다르다. 밀라노 첸트랄레역, 카도르나역, 포르타 가리발디역에서 출발하는 열차를 타면 코모까지 약 1시간 소요된다.

코모 산 조반니역

코모 라고역

밀라노에서 열차로 코모 호수 가기

목적지가 코모 마을이나 호수의 서쪽 지점인 경우 밀라노 첸트랄레역 또는 밀라노 포르타 가리발디역에서 코모 산 조반니Como San Giovanni역으로 가거나, 밀라노 카도르나역에서 코모 라고Como Lago역으로 간다. 목적지가 호수 동쪽 지점인 경우 밀라노 첸트랄레역 또는 밀라노 포르타 가리발디역에서 레코역Lecco, 바렌나-에시노역Varenna-Esino으로 간다. 전부 지역 열차를 타고 이동한다.

호수 서쪽

| 밀라노 첸트랄레역 / 밀라노 포르타 가리발디역 | 40분~1시간, €5.2 | 코모 산 조반니역 |
| 밀라노 카도르나역 | 1시간, €5.2 | 코모 라고역 |

호수 동쪽

| 밀라노 첸트랄레역 / 밀라노 포르타 가리발디역 | 1시간, €5.2 | 레코역 |
| 밀라노 첸트랄레역 / 밀라노 포르타 가리발디역 | 1시간 10분, €7.4 | 바렌나-에시노역 |

코모 호수 마을

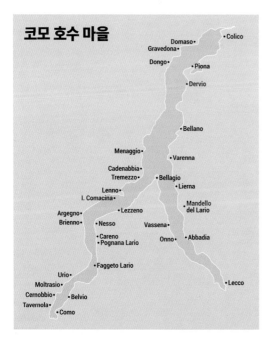

Colico
Domaso
Gravedona
Dongo
Piona
Dervio
Bellano
Menaggio
Varenna
Cadenabbia
Tremezzo
Bellagio
Lierna
Lenno
I. Comacina
Mandello del Lario
Argegno
Lezzeno
Brienno
Nesso
Vassena
Careno
Pognana Lario
Onno
Abbadia
Faggeto Lario
Urio
Moltrasio
Cernobbio
Lecco
Belvio
Tavernola
Como

코모에서 페리 타기

코모 호수 여행으로도 좋지만, 코모 호수의 진정한 매력은 페리로 근교를 돌아보는 것이다. 페리 티켓은 온라인 또는 현장 매표소에서 구입할 수 있으며, 급행 티켓은 현장 구매만 가능하다. 일반 관광객이 가장 많이 찾는 코모-벨라지오 구간의 경우 급행 페리는 약 45분 소요되며 요금은 €14.8, 일반 페리는 약 2시간 30분 소요되며 요금은 €10.3다. 그 밖에 메나지오Mennagio, 체르노비오Cernobbio, 레코 등 다양한 구간의 티켓을 구입할 수 있으며, 1일 자유 이용권 티켓(€23.3)을 구입해 하루 종일을 코모 마을을 둘러보며 보낼 수도 있다.

📍 **매표소** Via Per Cernobbio, 18/30, 22100 Como
📞 +39-031-579211 🏠 www.navigazionelaghi.it

코모
추천 코스

★ 밀라노에서 당일치기하는 경우

코모는 밀라노에서 기차로 1시간 이내
에 갈 수 있는 아름다운 휴양 도시다.
밀라노에서 당일치기로 다녀오거나
스위스로 가기 전에 잠시 쉬었다 가는
마을로도 좋지만, 며칠 동안 머물면서
호숫가 마을들을 산책하고, 주홍빛 노
을을 바라보면서 온전히 여유를 누려
보는 것도 좋다.

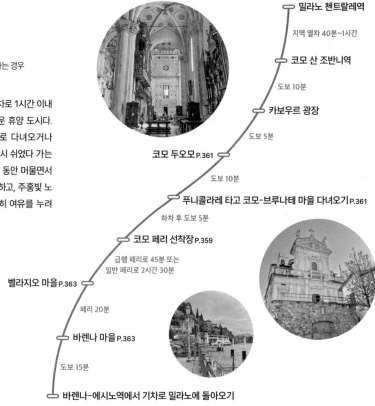

밀라노 첸트랄레역

지역 열차 40분~1시간

코모 산 조반니역

도보 10분

카보우르 광장

도보 5분

코모 두오모 P.361

도보 10분

푸니콜라레 타고 코모-브루나테 마을 다녀오기 P.361

하차 후 도보 5분

코모 페리 선착장 P.359

급행 페리로 45분 또는
일반 페리로 2시간 30분

벨라지오 마을 P.363

페리 20분

바렌나 마을 P.363

도보 15분

바렌나-에시노역에서 기차로 밀라노에 돌아오기

명소
식당/카페
상점

코모 주교좌성당 ······ ①

코모 두오모 Duomo di Como(Cattedrale di Santa Maria Assunta)

코모의 역사적 중심지에 자리한 주교좌성당이다. 1396년에 착공해 350년에 걸쳐 지었으며 돔은 1744년에 완성했다. 내부에는 페라라, 피렌체, 브뤼셀에서 제작한 16~17세기 태피스트리가 걸려 있는데 이탈리아의 어떤 성당에서도 볼 수 없는 독특한 분위기를 자아낸다.

📍 Piazza del Duomo, 22100 Como
🚶 두오모 광장
🕐 월~금 10:30~17:30, 토 10:45~16:30,
일 13:00~16:30 📞 +39-031-331-2
🏠 www.cattedraledicomo.it

코모 호수를 내려다볼 수 있는 ······ ②

푸니콜라레 코모-브루나테 Funicolare Como Brunate

코모 호수에서 강삭철도인 푸니콜라레를 타면 6~7분 만에 해발 715m에 이르는 브루나테 마을에 오를 수 있다. 알프스의 발코니라고 불리는 마을로 아름다운 풍경과 코모 호수 지류의 숨막히는 전망을 조망할 수 있으며, 19세기까지 밀라노 부유층의 별장으로 사용되었던 아르누보 스타일의 건물들을 볼 수 있다. 1894년에 개통된 푸니콜라레는 경사도가 가파르며 수용 인원이 최대 80명 남짓으로 한정적이다.

📍 Piazza Alcide de Gasperi, 4, 22100 Como 🚶 코모 라고역에서 도보 6분
💶 편도/왕복 € 3.60/€ 6.60
🕐 06:00~22:30(*토요일과 하절기에는 24시까지 운영) 📞 +39-031-302102
🏠 www.funicolarecomo.it

전망 좋은 곳에서 커피 한잔 ······ ①
세라피노스 바 Serafino's Bar

코모 마을 호숫가 산책을 마친 후 푸니콜라레를 타고 브
루나테 마을에 오르면 만날 수 있는
전망 좋은 바. 간단한 식음료와
칵테일을 판매하며, 마그넷이나
엽서 등 다양한 코모 기념품도
구입할 수 있다. 멋진 전망을 즐
기며 쉬어가기에 좋다.

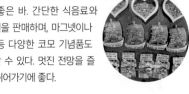

📍 Piazza Bonacossa, 8, 22034 Brunate
🕐 09:00~19:00 📞 +39-331-812-8576

최고의 식재료를 맛볼 수 있는 곳 ······ ②
비시니 Visini

구시가지에 있는 레스토랑 겸 와
인, 식품 판매점. 바이오 인증을
받은 시칠리아산 올리브 오일, 이
탈리아산 곡물로 반죽·건조한 생
면 파스타, 곁들임 음식으로 사
랑받는 절임류, 최고 품질의 와인 등의 식재료를 판매하
며 점심, 저녁 식사를 제공하는 캐주얼한 비스트로를 함
께 운영한다.

📍 Via Francesco Ballarini, 9, 22100 Como 🕐 월~금
11:00~14:00, 15:00~18:00, 토 09:00~19:00 ❌ 일요일
📞 +39-031-242760 🏠 www.visini.it

코모의 종합 쇼핑몰 ······ ①
코인 Coin

코인은 이탈리아의 종합 쇼핑몰
체인점이다. 코모 지점은 시내 중
심가에 있으며, 트렌디한 브랜드 의
류와 액세서리, 화장품, 식기류 및 가정용품 등 다양한 품
목을 판매한다. 5층의 루프톱 라운지 바에서 코모 최고의
경관을 보며 칵테일을 즐길 수 있다.

📍 Via Pietro Boldoni, 3, 22100 Como 🕐 10:00~20:00
📞 +39-031-265218 🏠 www.coin.it/it-it/storelocator/it/
como/coin-como-16423

코모 호수의 아름다운 마을들

코모 호수는 오랜 시간 귀족과 부유한 여행자들의 사랑을 받아왔다.
'Y'자 모양으로 생긴 독특한 지형의 호수 주변으로 아름다운 마을들이 늘어서 있는데,
이 마을들은 각기 다른 매력을 지니고 있어 호수 여행을 더욱 특별하게 만든다.

코모 호수의 진주
벨라지오 Bellagio

매혹적인 풍경을 갖춰 '호수의 진주'라고 불리는 벨라지오
는 코모 호수의 두 지류 사이에 위치한 멋진 마을이다. 아
름다운 자연경관과 온화한 기후 덕분에 코모 호수를 여행
하는 사람들이 많이 찾는 마을 중 하나다. 꼬마 기차를 타
고 걸어서는 갈 수 없는 호수 주변을 한 바퀴 둘러봐도 좋
고, 잘 가꿔놓은 호숫가 마을의 정원 빌라 멜치Villa Melzi, 빌
라 세르벨로니Villa Serbelloni를 방문해도 좋다.

다이 비가 파스타 프레스카 Dai Viga Pasta Fresca

벨라지오 마을에 있는 생면 파스타 식당. 여름철 관광지답게 물가가 비싼 벨
라지오 마을에서 합리적인 가격으로 생면 파스타를 즐길 수 있다. 파스타 면
의 종류와 소스를 선택하면 주문 즉시 조리해주며, 전통적인 이탈리언 파스
타뿐만 아니라 계절별로 다양한 특선 메뉴를 제공한다. 집에서 조리할 수 있
는 파스타 세트를 구입할 수도 있다.

📍 Via C. Bellosio, 22021 Bellagio 🕐 금~수 11:00~19:00 ❌ 목요일
📞 +39-347-158-9656

작지만 평화로운 마을
바렌나 Varenna

바렌나는 코모 호수 동쪽 해안에 자리한 그림처럼 아
름답고 평화로운 마을이다. 낚시를 하며 생계를 이어가
는 어부들이 있는 전통적인 마을로 우아한 빌라와 자연
산책로를 따라 걷기 좋고, 무엇보다 바렌나-에시노역이
있어 코모 호숫가 마을 중 접근성이 좋은 편이다.

베네치아와 주변 도시

베네치아는 이탈리아 북동부에 위치한다. 이탈리아의 알프스로 불리는 돌로미티 여행자, 슬로베니아 등 동유럽을 여행하는 이들에겐 거점 도시의 역할을 한다. 마르코 폴로 국제공항이 있어 유럽 다른 나라로 이동하기 편하고 산타 루치아역과 메스트레역에서 열차를 타면 이탈리아 전역으로 편하게 이동할 수 있다. 여행자로 붐비는 베네치아를 벗어나 근교의 한적한 소도시를 당일치기로 방문하는 것도 베네치아 여행의 색다른 묘미다.

2시간 10분(버스 또는 자동차)

●돌로미티(코르티나 담페초)

베네치아

2시간 30분

밀라노●

2시간 15분

5시간 20분
(라이언에어 1시간 20분~)

●**피렌체**

4시간

●**로마**

●**나폴리**

＊ 고속열차 기준

**일정 짜기
Tip**

베네치아는 축제의 도시다. 특히 이탈리아에서 열리는 축제 중 가장 많은 이가 방문하는 베네치아 카니발 기간에 방문할 예정이라면 가능하면 빨리 숙소 예약을 하는 것을 추천한다. 또한 본섬에 물이 차는 아쿠아 알타 시기에 방문한다면 일정을 여유롭게 짜는 게 좋다.

물의 도시

베네치아 Venezia

#물의도시 #베네치아국제영화제 #베네치아카니발
#세상의다른곳

세상의 다른 곳, 알테르 문디Alter Mundi라 불리는 베네치아는 피난민들이 갯벌에
수백만 개의 말뚝을 세워 인공적으로 건설한 수상도시다. 이민족의 침략을
피해 석호까지 도망쳐 온 사람들이 만들어낸 118개의 섬과 400개의 다리는
다른 어디에서도 볼 수 없는 베네치아만의 독특한 풍경을 만들어 냈다. 그 특별함
덕분에 '베네치아와 석호'는 1987년 유네스코 세계 문화유산에 등재되었다.
〈뉴욕 타임스〉가 인류 역사상 최고의 시대 중 하나로 15세기 베네치아를
선정했을 만큼 해상 강국으로 군림했으며, 그 찬란한 역사는 지금까지도
수많은 사람의 발길을 땅 한 줌이 귀한 작은 섬으로 끌어들이고 있다.

베네치아
가는 방법

베네치아에는 마르코 폴로 국제공항이 있어 유럽 다른 나라와의 이동이 편리하다. 또한 열차로 이탈리아 전역의 대도시와 소도시까지 쉽게 이동할 수 있다.

항공

마르코 폴로 국제공항에서 시내로 이동

마르코 폴로 국제공항L'aeroporto di Venezia-Marco Polo과 우리나라 사이의 직항은 여름철 성수기에만 일시적으로 운항한다.

🏠 www.venziaairport.it

① 베네치아 본섬 로마 광장P.le Roma으로 이동

- **ATVO 셔틀버스** €10(편도), 공항 입국장 앞에서 탑승, 40분 소요
- **수상버스** ALI BUS €15(편도), 공항에서 'Trasporti Via d'acqua(수상 운송)' 표지판을 따라가 1층에서 탑승, 알리아구나 디 산 마르코Alilaguna di San Marco, 리알토Rialto, 폰다멘타 누오베Fondamenta Nuove, 구글리Guglie 정류장에서 하차할 수 있다. 25~35분 소요
- **수상택시** €120 내외(인원, 짐 개수에 따라 다를 수 있음)
- **일반 택시** €40(고정 요금)

② 베네치아 메스트레Venezia Mestre역으로 이동

- **ATVO 셔틀버스** €10(편도), 공항 입국장 앞에서 탑승, 20분 소요
- **일반 택시** €35(고정 요금)

열차

이탈리아의 대도시는 보통 시내에 여러 개의 역이 위치하기 때문에 승하차 시 주의해야 한다. 베네치아에는 관광지인 본섬에 베네치아 산타 루치아Venezia Santa Lucia역이, 본섬으로 진입하기 직전에 베네치아 메스트레역이 위치한다. 두 역은 불과 10km밖에 떨어져 있지 않기 때문에 잘못 내리는 여행자가 많으니 주의하자. 숙소가 베네치아 메스트레 구역에 위치한다면 열차나 시내버스를 타고 본섬으로 이동할 수 있다.

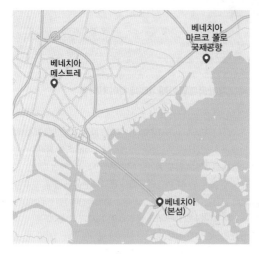

주요 역에서 베네치아 산타 루치아역으로 가는 고속열차 정보

역	트랜이탈리아	이탈로
로마 테르미니역	1시간에 1대, €29.9~	1일 10편 내외, €29.9~
피렌체 산타 마리아 노벨라역	1시간에 1대, €22.9~	1일 10편 내외, €14.9~
밀라노 첸트랄레역	1시간에 1~2대, €19.9~	1일 5~7편, €12.9~

베네치아 본섬
시내 교통

베네치아는 수상도시다. 베네치아 본섬의 진입로인 로마 광장부터는 바퀴 달린 모든 탈것이 금지되며, 이를 어길 시 벌금을 부과한다.(자전거 벌금 €100) 다만 리도섬처럼 거주 인구가 많고 규모가 큰 일부 섬은 버스나 자동차가 허용되기도 한다. 대중교통으로는 바포레토라는 수상버스가 있고, 수상택시도 있다. 수상버스인 바포레토와 수상택시는 요금 체계가 다르며, 일반적인 지상 교통에 비해 요금이 훨씬 비싼 편이다.(수상버스 1회 €9.5, 수상택시 기본요금 €50~) 동선을 효율적으로 짜서 가까운 거리는 걸어 다니고 멀리 떨어진 섬에 갈 때는 바포레토를 이용하는 것을 추천한다.

메스트레에서 본섬 가는 방법

① 베네치아 메스트레역에서 산타 루치아행 지역 열차를 탑승하면 된다.(편도 €1.45, 약 10분 소요, 유효한 바포레토 1일권이 있다면 무료 탑승 가능)

② 메스트레역 바로 앞 버스 정류장에서 2번 버스를 탑승하면 베네치아 본섬 로마 광장에 도착한다. 굉장히 붐비는 구간이니 소지품 관리에 주의하자. (편도 €1.5, 약 15분 소요)

수상버스 Vaporetto

성수기와 비수기, 안개가 끼거나 물이 차오르는 아쿠아 알타Acqua Alta 현상이 발생할 때, 다양한 수상 스포츠 경기나 행사 등이 있을 때는 수상버스 노선이 변경되거나 중단되는 경우가 많으므로 반드시 현지에서 시간표와 노선을 확인하는 것이 중요하다. 수상버스 티켓은 바포레토 선착장 앞 매표소 또는 자판기, 타바키 등에서 구입 가능하며, 첫 개찰 시간을 기준으로 24시간, 48시간, 72시간 동안 사용할 수 있다. 따라서 구입 후 반드시 수상버스 정류장 앞에 있는 단말기에 개찰 후 사용하고, 첫 사용시간을 잘 기억해야 한다. 수상버스 내에서 검표원이 수시로 티켓 검사를 하며, 티켓이 없거나 사용시간 초과 시 벌금이 부과된다.

종류	요금	유효기간	사용 범위
1회권 Biglietto Ordinario	€9.5	개찰 후 75분	시내버스, 바포레토, 트램, 피플무버
1일권 Biglietto 1 giorno	€25	개찰 후 24시간	1회권+베네치아 지역 내 지역 열차
2일권 Biglietto 2 giorn	€35	개찰 후 48시간	1회권과 동일
3일권 Biglietto 3 giorni	€45	개찰 후 72시간	1회권과 동일
일주일권 Biglietto 7 giorni	€63	개찰 후 일주일	1회권과 동일
롤링 베니스 카드+3일권	€33	개찰 후 72시간 (롤링 베니스 카드는 1년)	1회권과 동일+미술관 등 할인

＊ 6~29세 청소년은 유효한 신분증(여권, 국제 학생증 등)을 첨부해 매표소에 요청하면 바포레토 72시간 이용권과 일부 미술관 할인 혜택이 함께 적용되는 롤링 베니스 카드Rolling Venice Card를 €33에 구입할 수 있다.

＊ 트램은 본섬의 로마 광장과 육지를 연결하고, 피플무버는 본섬의 로마 광장에서 크루즈 선착장인 트론게토Tronghetto까지만 연결

수상택시 Water Taxi

대중교통인 바포레토와는 성격이 다르며, 수상버스 티켓으로는 이용할 수 없고 별도 요금을 내야 한다. 일행끼리 탑승하며 Taxi라고 적힌 승선장에서 승차한다. 기본 요금 €50, 거리에 비례해 가격이 추가되는데, 탑승 전에 가격 협상을 하고 하차 시 기사에게 직접 지불하면 된다. 요금이 비싼 편이지만 최대 10명까지 탈 수 있기 때문에 일행의 인원이 많은 경우 추천할 만하다. 단, 기본요금은 4인 기준이며 5명 이상부터 짐, 인원수당 추가 요금이 발생한다. 일반적으로 짐은 1인당 1개까지는 기본 요금에 포함되어 있고, 추가 될 때마다 짐 1개당 €5, 사람은 5명부터 1인당 €5씩 추가된다.(원거리 이동 시 1인에 €10 추가)

트라게토 Traghetto

베네치아에는 400개가 넘는 크고 작은 다리가 있지만, 그중 대운하를 가로지르는 다리는 4개뿐이다. 트라게토는 다리가 없는 대운하 구간을 건널 때만 이용하는 교통수단으로, 곤돌라를 개조해 2명의 뱃사공이 앞뒤에 서서 노를 저어 대운하를 건넌다. 'Traghetto'라고 쓰인 승선장에서 탑승하며, 큰 짐은 가지고 탈 수 없다. 대운하를 가로지르는 짧은 구간이지만 곤돌라 요금이 부담스럽다면 1회 €2인 트라게토를 타는 것으로 대체할 수 있다. 일요일, 공휴일에는 쉬거나 비수기에는 운행을 하지 않는 경우도 있다.

관광 패스

종류	주니어 시티 패스(6~29세)	성인 시티 패스(30~64세)	시니어 시티 패스(65세 이상)
올 베니스	€31.9	€52.9	€31.9
	두칼레 궁전+11개의 베네치아 시립 박물관+17개의 교회+퀘리니 스탐팔리아 박물관 무료입장		
올 베니스+페니체	€38.4	€63.9	€39.9
	올 베니스 혜택+라 페니체 극장 오디오 가이드 투어		
산 마르코	€23.9	€38.9	€23.9
	두칼레 궁전 통합 입장권+3개의 성당+퀘리니 스탐팔리아+3개의 코러스 성당		
산 마르코+페니체	€30.4	€49.9	€31.9
	산 마르코 패스 혜택+라 페니체 극장 오디오 가이드 투어		

♠ 교통권, 관광 패스 구입 가능한 베네치아 우니카Venezia Unica 공식 홈페이지 www.veneziaunica.it/it/e-commerce/services

★ 베네치아 우니카 홈페이지에서 대중교통 티켓을 구입한 경우 바우처를 이메일로 보내주므로 선착장에 있는 자판기나 매표소에서 실물 카드로 교환 후 사용해야 한다.

곤돌라 Gondola

운하를 따라 곳곳에 수십 개의 곤돌라 선착장이 설치되어 있다. 주요 탑승 장소는 리알토 다리 근처와 산 마르코 광장 근처인데 리알토 다리는 베네치아 중심부에 위치하여 접근성이 좋고, 좁은 운하를 따라 도시 구석구석 감상할 수 있는 코스를 경험할 수 있다는 장점이 있다. 산 마르코 광장은 관광객들이 가장 많이 찾는 지역으로 대운하와 인접해 있어 넓은 수로를 따라 이동하는 코스를 경험할 수 있다. 곤돌라 한 대당 최대 6인까지(곤돌라 뱃사공 포함) 탑승할 수 있으며, 현금 결제가 일반적이다. 미리 예약할 필요 없이 선착장에서 바로 탑승하면 된다.

€ 곤돌라 탑승 요금 주간(08:00~19:00) 30분 기준 €90, 야간(19:00~) 30분 기준 €110

베네치아
추천 코스

베네치아 본섬은 전체를 걸어서 다닐 수 있을 정도로 크기가 작아 하루 만에 둘러볼 수 있지만, 주변의 리도, 무라노, 부라노 등의 섬도 방문할 예정이라면 일정을 하루 더 잡는 것이 좋다. 일정에 여유가 있다면 조토의 걸작 프레스코화를 볼 수 있는 파도바, 이탈리아 알프스 돌로미티, 티라미수의 본고장인 트레비소Treviso 등에 다녀오는 것을 추천한다.

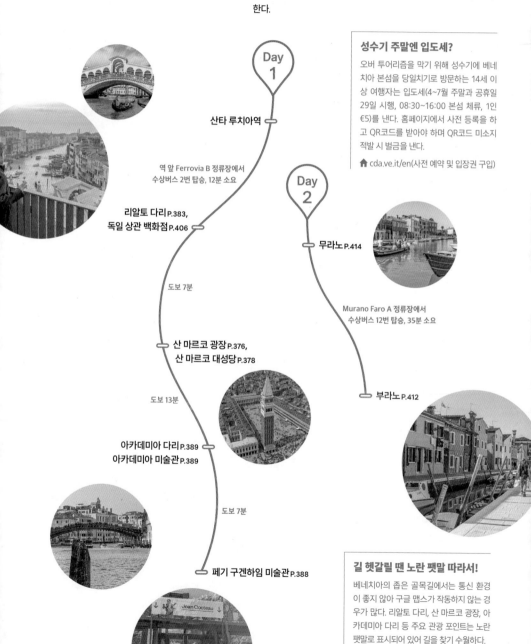

성수기 주말엔 입도세?

오버 투어리즘을 막기 위해 성수기에 베네치아 본섬을 당일치기로 방문하는 14세 이상 여행자는 입도세(4~7월 주말과 공휴일 29일 시행, 08:30~16:00 본섬 체류, 1인 €5)를 낸다. 홈페이지에서 사전 등록을 하고 QR코드를 받아야 하며 QR코드 미소지 적발 시 벌금을 낸다.

🏠 cda.ve.it/en(사전 예약 및 입장권 구입)

Day 1

산타 루치아역

역 앞 Ferrovia B 정류장에서
수상버스 2번 탑승, 12분 소요

리알토 다리 P.383,
독일 상관 백화점 P.406

도보 7분

산 마르코 광장 P.376,
산 마르코 대성당 P.378

도보 13분

아카데미아 다리 P.389
아카데미아 미술관 P.389

도보 7분

페기 구겐하임 미술관 P.388

Day 2

무라노 P.414

Murano Faro A 정류장에서
수상버스 12번 탑승, 35분 소요

부라노 P.412

길 헷갈릴 땐 노란 팻말 따라서!

베네치아의 좁은 골목길에서는 통신 환경이 좋지 않아 구글 맵스가 작동하지 않는 경우가 많다. 리알토 다리, 산 마르코 광장, 아카데미아 다리 등 주요 관광 포인트는 노란 팻말로 표시되어 있어 길을 찾기 수월하다.

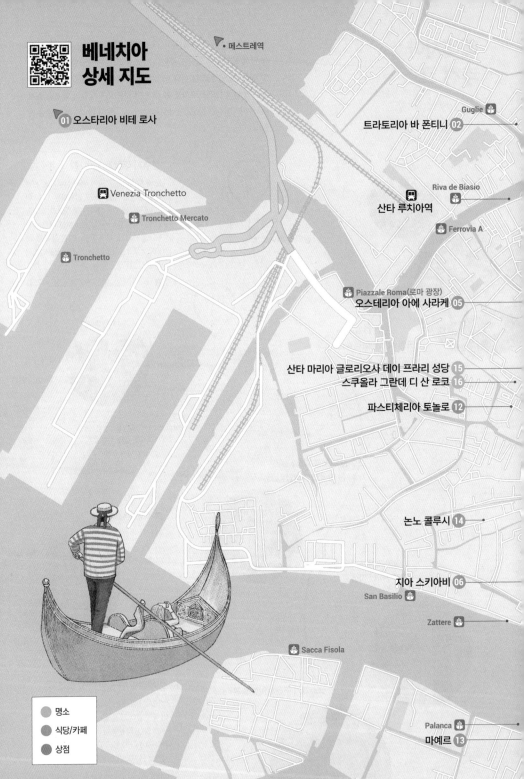

베네치아
상세 지도

01 오스타리아 비테 로사

Guglie
트라토리아 바 폰티니 02

Riva de Biasio
산타 루치아역

Venezia Tronchetto
Ferrovia A
Tronchetto Mercato

Tronchetto

Piazzale Roma(로마 광장)
오스테리아 아에 사라케 05

산타 마리아 글로리오사 데이 프라리 성당 15
스쿠올라 그란데 디 산 로코 16

파스티체리아 토놀로 12

논노 콜루시 14

지아 스키아비 06
San Basilio

Zattere

Sacca Fisola

명소
식당/카페
상점

Palanca
마예르 13

10 토레파치오네 카나레조

노벤타 디 피아베 디자이너 아웃렛 01

베네치아 마르코 폴로 국제공항 ✈

데스파 테아트로 이탈리아 09

무라노

07 비노 베로

부라노

11 카 마카나

Fondamente Nove

S. Marcuola Casino

San Stae

17 카 페사로 현대 미술관

Ca' D'Oro

03 리알토 시장

드로게리아 마스카리 06

Rialto Mercato

07 바칼라 베네토

03 6342 알라 코르테 리스토란테

04 독일 상관 백화점

에밀리오 체카토 10

08 아쿠아 알타 서점

08 젤라테리아 수소

09 젤라테리아 갈로네토 1985

Rialto

06 리알토 다리

S. Silvestro

S. Angelo

시계탑

산 마르코 종탑

S. Tomà

02 산 마르코 대성당

타베르나 스칼리네토

라 페니체 극장

산 마르코 광장

05 탄식의 다리

04

11 그라시 궁전

07 코레르 박물관

01

03 두칼레 궁전

S. Samuele

04

02 칼레 라르가

벤티두에 마르초

Ca' Rezzonico

11 카페 플로리안

S. Zaccaria

Arsenale

05 폴리 그라파

S. Marco Giardinetti

Accademia

S. Marco Vallaresso

13 아카데미아 다리

Giglio

12 페기
구겐하임
미술관

Salute

10 푼타 델라 도가나

09 산타 마리아 델라 살루테 성당

14 아카데미아 미술관

San Giorgio

08 산 조르조 마조레 성당

리도

N

Zitelle

0   100m

Redentore

바포레토 위에서
만나는 베네치아

물의 도시 베네치아는 골목 구석구석
아름답지 않은 곳이 없지만, 바포레토를 타고
마주한 도시는 또 다른 아름다움을
선사한다. 얼핏 복잡해 보이지만 관광객들이
탑승하는 노선은 한정적이기 때문에
주요 노선과 탑승 방법을 잘 숙지해두면
훨씬 효율적인 여행이 될 것이다.

① 티켓 구입하기

바포레토 주요 정류장 주변의 매표소에서 구입할 수 있다.
이용자가 적은 정류장에는 티켓 자동판매기가 설치되어
있고, 그마저 없는 정류장도 있으니 매표소가 보이면 미리
구입하자. 참고로 티켓을 구입하지 못하고 탑승하는 경우
바포레토 내에서 직원에게 구입할 수 있는데 1회권과 24
시간권만 가능하다.

② 바포레토 정류장 찾기

정류장을 잘못 찾아서 바
포레토 번호만 보고 탑승
했다가 반대 방향으로 향
하는 경우가 많다. 산 마
르코, 리알토, 로마 광장
등과 같이 규모가 큰 정
류장은 노선과 방향에 따라 A, B, C, D 등으로 표시하는데,
승선장 입구에 노선별 목적지와 도착 시간을 나타내는 전
광판이 있으니 잘 확인하자.

③ 티켓 개찰하기

정류장 입구 개찰기에서 개찰 후 탑승한다. 1회권은 75분만 유효하며, 24·48·72시간권을 구입한 경우 첫 개찰을 시작한 시간부터 카운트가 되는데, 티켓에 시간이 표시되지 않기 때문에 개찰 시간을 잘 기억해야 한다. 바포레토에 탑승하면 수시로 검표원이 티켓 검사를 하며, 무임승차의 경우 벌금이 부과된다. 티켓은 잃어버리면 재발급이 안 되니 주의하자.

바포레토 탑승 시 주의하기

탑승자들이 먼저 내린 후 바포레토에 오를 수 있으며, 바포레토 내는 공간이 협소하고 소매치기의 위험이 있으므로 백팩은 앞으로 메는 것이 좋다. 사람들이 타고 내리는 통로, 수상버스의 출입문을 막아서지 않도록 주의해야 한다. 또한 대부분의 바포레토에서 정류장 방송을 해주지 않고 승무원이 큰소리로 정류장 이름을 말해주기 때문에 신경을 쓰고 있어야 하차 지점을 놓치지 않는다.

노선

수상버스 노선은 20개가 넘지만, 여행자는 보통 대운하를 따라 주요 관광 포인트를 방문하는 1·2번 또는 무라노섬, 부라노섬에 방문하는 12번을 주로 이용한다. 1·2번의 주요 정류장은 비슷하지만 1번은 모든 정류장에 정차하는 완행, 2번은 주요 관광 포인트에 정차하는 급행의 성격이 강하다.

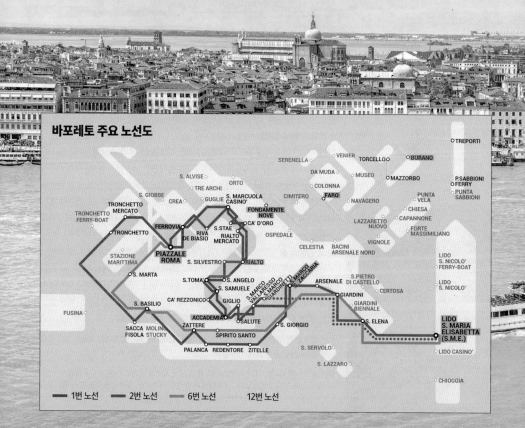

바포레토 주요 노선도

— 1번 노선   — 2번 노선   — 6번 노선   12번 노선

베네치아 정치, 종교의 중심지 ⋯⋯⋯ ①

산 마르코 광장 Piazza San Marco

베네치아의 정체성을 가장 선명하게 대변하는 곳으로 정치, 종교의 중심지라 할
수 있다. 땅 한 평이 귀한 베네치아에서 '광장Piazza'이라고 부를 수 있는 유일한 장
소이기도 하다. 828년 베네치아의 수호성인 성 마르코의 시신이 베네치아에 도착
하면서 성인의 유골을 모시기 위한 성당을 지었고, 그 앞의 광장을 '산 마르코 광
장'이라 부르게 되었다. 1797년 베네치아를 침략했던 나폴레옹이 "세계에서 가장
아름다운 응접실"이라 극찬했을 만큼 찬란했던 공화국의 경제·문화적 부유함을
극명하게 보여주고 있다. 저녁이 되면 따뜻한 노란색 조명과 라이브 연주가 어우
러져 더욱더 로맨틱한 분위기를 자아낸다. 베네치아를 방문하는 모든 관광객과
수상버스 노선이 거쳐가는 곳이기에 항상 많은 사람들로 붐비는 지역이다. 산 마
르코 광장을 중심으로 베네치아에서 꼭 방문해보아야 하는 스폿들이 둘러싸여
있는데, 대표적으로 두칼레 궁전, 산 마르코 대성당과 종탑, 이탈리아에서 가장
오래된 커피숍이라 불리는 '카페 플로리안' 등이 있다. 지반이 약한 베네치아 석호
내에서 가장 낮은 지점에 위치하기 때문에 아쿠아 알타(주로 11월과 3월에 발생
하는 물의 역류 현상) 시기에 가장 빨리 범람하는 지역이다.

★ 산 마르코 광장에서는 계단에 앉거나 음식물을 섭취하는 행위, 갈매기나 비둘기 등의 조류
  에게 음식물을 주는 행위가 금지되어 있다.

📍 Piazza San Marco, 30100 Venezia 🚶 산타 루치아역 앞 'Ferrovia B' 정류장에서
수상버스 2번 탑승, 리알토Rialto 정류장에서 하차 후 산 마르코 광장 방향으로 도보 7분

베네치아에서 가장 높이 솟은 탑
산 마르코 종탑 Campanile San di Marco

산 마르코 광장에 우뚝 솟은 약 99m 높이의 종탑은 베네치아에서 가장 높은 건축물이며, 1609년에 갈릴레오 갈릴레이가 영주들에게 망원경을 처음으로 선보인 장소로 잘 알려져 있다. 1902년에 완전히 무너진 적이 있으나 단 한 명의 인명 피해도 없어 현지 주민들은 기적의 종탑이라고도 부른다. 10년에 걸친 보수 공사를 거쳐 예전 모습 그대로 재건했으며, 여행자는 엘리베이터를 타고 종탑 꼭대기에 올라 베네치아의 전경을 한눈에 바라볼 수 있다.

🚶 산 마르코 대성당 맞은편 🕐 09:30~20:30 ★ 계절에 따라 운영 시간이 달라짐 ⓔ €12, 6세 이하 무료

베네치아 시계 기술의 진수
시계탑 Torre dell'Orologio

★ 가이드 투어로만 입장 가능하며, 사전 예약이 필수다.

🚶 산 마르코 대성당을 정면으로 바라보고 왼쪽에 위치 🕐 영어 투어 월 11:00/14:00, 화·수 12:00/14:00, 목 12:00, 금 11:00/14:00/16:00/, 토 14:00/16:00, 일 11:00 ⓔ €14, 6세 미만 무료, 6~25세 및 롤링 베니스 카드 소지자 €11, 시계탑 티켓 소지자는 코레르 박물관, 고고학 박물관, 마르치아나 도서관에 무료 입장 🏠 torreorologio.visitmuve.it

무어인의 탑Torre dei Mori이라고도 불리며, 시계탑 꼭대기에 있는 2명의 청동 인물인 무어인(유럽에서 아랍계 이슬람인들을 통칭해서 부르는 말)이 매 시간 종을 치는 역할을 한다. 산 마르코 광장에 위치한 르네상스 건축물로 건축과 공학의 걸작으로 일컬어지는데, 라틴어와 아라비아 숫자로 시간을 알려주는 것은 물론 조수간만에 영향을 미치는 달의 움직임과 별자리 정보까지 표시해두었다. 이는 베네치아가 교역 상대에게 상당히 개방적인 도시국가였음을 잘 나타내고 있다.

마르코 성인은 누구인가?

마르코 성인은 마태, 마가, 누가, 요한 4대 복음서 중 '마가복음서'를 집필한 저자로 알려져 있으며 현재 베네치아의 수호성인이기도 하다. 마르코 성인의 상징은 사자인데 마가복음서의 첫 구절이 "사자의 울음처럼 세례자 요한의 장중한 외침으로" 시작되기 때문이다. 도시 곳곳에서 날개 달린 사자 그림과 조각을 쉽게 찾아볼 수 있으며 베네치아 국제영화제, 베네치아 비엔날레 1등상의 이름이 황금사자상인 이유도 바로 이 때문이다.

마르코 성인의 유골 위에 세운 성당 ····· ②

산 마르코 대성당 Basilica di San Marco

이탈리아 비잔틴 건축 양식을 대표하는 성당이다. 828년에 베네치아 상인 2명(부오노 다 말라모코, 루스티코 다 토르첼로)이 이집트 알렉산드리아에서 가져온 마르코 성인의 유골을 안치하기 위해 세웠다. 프레스코화가 단 한 점도 없는 특별한 성당으로, 성당 외부의 조각 작품과 모자이크 장식은 이탈리아의 어느 성당에서도 보기 어려운 비잔틴 양식의 화려함을 뽐낸다. 또한 5개로 이루어진 돔의 내부 천장과 약 8000㎡의 벽면이 온통 황금빛 모자이크로 뒤덮여 있어 베네치아 공화국의 강성함과 부를 극명하게 드러낸다. 가로 76.5m, 세로 62.5m, 높이 43m(돔의 꼭대기까지)의 대성당의 공간을 장식한 모자이크는 구약과 신약, 우화적 인물, 마르코 성인 및 기타 성인들의 생애에 관한 사건을 묘사하고 있다.

📍 Piazza San Marco, 328, 30100 Venezia 🚶 산 마르코 광장 🕐 월~토 09:30~16:30, 일 14:00~16:30 💶 성당 €3, 황금의 제단(팔라 도로) €5, 박물관+로지아 카발리 €7, 산 마르코 대성당 통합권(성당+황금의 제단+박물관+로지아 카발리) €15, 7세 미만 무료 🏠 www.basilicasanmarco.it

팔라 도로 Pala d'Oro

산 마르코 성당의 제단 뒤에는 황금 제단이라는 의미의 팔라 도로가 있다. 이것은 베네치아의 의뢰로 비잔티움에서 제작했으며 두꺼운 금도금 위에 1300여 개의 진주, 300개의 사파이어, 토파즈, 에메랄드 등의 보석을 모아 성서 속 사건과 성인들의 모습을 장식한 제단화다. 현재까지 온전하게 남아 있는 대규모 고딕 양식 금세공의 유일한 예이며 베네치아의 정치적, 종교적 권위와 부를 상징하는 예술품이다.

로지아 카발리 Loggia Cavalli

산 마르코 대성당 2층 발코니에 설치된 청동 말 4마리의 조각상을 일컫는다. 입장료를 지불하면 발코니로 나갈 수 있는데, 현재 밖에 설치된 청동 말은 모작이며 원본 작품은 발코니 안쪽의 박물관에 전시되어 있다. 전형적인 약탈 문화재로 베네치아 공화국은 이것을 비잔틴 제국의 수도였던 콘스탄티노플에서 약탈해왔고, 베네치아는 나폴레옹에게 빼앗겼으나 나폴레옹 패전 이후 다시 베네치아로 반환되었다.

두칼레 궁전 Palazzo Ducale

산 마르코 대성당이 베네치아의 종교적 심장이라면, 두칼레 궁전은 정치적 심장이라고 할 수 있다. 베네치아 공화국 시절 최고의 통치자를 도제Doge라고 불렀는데, 도제가 공무를 수행하고 거주했던 장소가 바로 두칼레 궁전이다. 9세기에 처음 건설되었고 현재의 외관은 1577년 화재를 겪고 보수 작업 후 최종 완성되었다. 최초의 건물은 마치 요새와 같은 고딕 양식이었는데, 여러 차례 큰 화재를 겪고 복원한 현재의 모습은 르네상스와 매너리즘의 건축 양식을 복합적으로 보여준다. 베네치아에서 가장 화려한 궁전으로 아드리아해를 호령했던 공화국의 위력을 느낄 수 있으며, 틴토레토가 그린 세계 최대 크기의 유화 작품을 만나볼 수 있다. 두칼레 궁전 입장권은 코레르 박물관, 코레르 박물관 내부에 위치한 고고학 박물관과 마르치아나 도서관 입장권까지 포함된 통합권이다.

📍 Piazza San Marco, 1, 30124 Venezia
🚶 산 마르코 광장 🎫 두칼레 궁전 통합권 €30(30일 전 예약 시 €5 할인), 6~25세·65세 이상·롤링 베니스 카드 소지자 €15, 6세 미만 무료 🕐 09:00~18:00
🏠 palazzoducale.visitmuve.it

안뜰 Cortile

현재는 출구로 사용하는 포르타 델라 카르타Porta della Carta로 들어가면 두칼레 궁전의 안뜰이 나온다. 직사각 모양으로 되어 있으며 총독의 대관식 및 베네치아의 주요 행사가 이곳에서 거행되었다.

대의원 회의실 Scala del Maggiore Consiglio

두칼레 궁전에서 가장 크고 장엄한 방으로 길이 53m, 너비 25m로 공화국의 국회의사당 역할을 했으며, 도제 선거의 첫 번째 단계가 이 방에서 수행되었다. 1577년 12월에 화재로 건물이 모두 파괴되었고, 심각한 피해를 입었다. 이후 베로네세, 틴토레토와 같은 예술가들이 대대적으로 참여해 만들어낸 예술 작품이 벽과 천장을 뒤덮고 있다.

두칼레 궁전

틴토레토의 '천국' 1594

세계에서 가장 큰 유화 작품(22×7m)으로 두칼레 궁전 대의원 회의실 한쪽 벽면을 완전히 뒤덮고 있다. 예수, 성모 마리아, 마태오, 모세, 다윗 등 500명이 넘는 인물과 천사가 표현되어 있다.

감옥 Prigioni

두칼레 궁전에 입장하면 탄식의 다리를 건너 감옥 내부 모습까지 관람할 수 있다. 이곳 수감자 중 유일하게 탈옥에 성공한 인물이 우리에게 바람둥이로 잘 알려져 있는 '카사노바'다. 빛이 잘 들지 않고 습한 환경이며 1900년대 초까지 실제로 감옥의 역할을 했다.

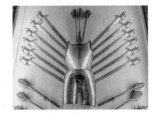

무기고 Armeria

다양한 전쟁 도구를 보관해 언제든지 사용할 수 있도록 준비된 곳이었다. 여전히 약 2000개의 실제 무기, 갑옷 및 탄약 박물관이 있어 실제로 볼 수 있으며 4개의 방으로 나뉘어 있다.

나폴레옹의 날개 ⋯⋯ ④

코레르 박물관 Museo del Correr

산 마르코 대성당 맞은편에 있으며 베네치아에서 가장 중요한 박물관 중 하나로 손꼽힌다. 나폴레옹이 이탈리아 왕국의 왕(1805~1814)이었을 때 그의 궁정을 수용하기 위한 용도로 설계했기 때문에 "나폴레옹의 날개"라고도 불린다. 현재의 이름은 베네치아 귀족 테오도로 코레르Teodero Correr의 이름을 따서 명명되었는데, 그가 평생 모은 방대한 개인 컬렉션을 기증했고, 1922년부터 일반인에게 공개하고 있다. 그림, 조각, 가구, 해군 장비 등이 전시된 고고학 박물관, 베네치아의 오래된 고서들을 소장한 마르치아나 도서관Biblioteca Marciana도 함께 관람할 수 있으며, 베네치아의 건국부터 19세기 이탈리아에 합병되기까지 1600년에 걸친 베네치아 공화국의 역사를 만나볼 수 있다.

📍 Piazza San Marco, 52, 30124 Venezia   🚶 두칼레 궁전 맞은편   € 두칼레 궁전
통합권으로 입장 가능   🕐 월~토 10:00~18:00, 일 14:00~18:00   🏠 correr.visitmuve.it

두칼레 궁전과 감옥을 연결하는 다리 ⋯⋯ ⑤

탄식의 다리 Ponte dei Sospiri

베네치아의 다리 중에서 유일하게 지붕으로 덮인 형태이며, 두칼레 궁전과 죄수들의 감옥이 있는 건물 사이를 연결한다. 두칼레 궁전의 법정에서 유죄 판결을 받은 죄수가 감옥으로 이송될 때 이 다리를 건넜는데, 창문의 창살을 통해 마지막으로 바깥 풍경을 바라보며 탄식을 내뱉었다고 하여 이름 붙여졌다.

📍 Piazza San Marco, 1, 30124 Venezia
🚶 두칼레 궁전에서 도보 1분

탄식의 다리 안에서 바라본 바깥 풍경

리알토 다리 Ponte di Rialto

실핏줄처럼 이어진 베네치아 운하를 가로지르는 다리
는 약 420개인데 그중 대운하를 가로지르는 다리는
단 4개뿐이다. 리알토 다리는 그중에서 처음 만든 다
리로 공모전을 통해 뽑힌 베네치아의 토목공학자 안
토니오 다 폰테Antonio da Ponte가 설계와 건축을 했으
며, 1591년에 완공되어 무려 500년 가까운 세월 동안
단 한 번도 무너지지 않았다. 리알토 구역은 베네치아
에서 가장 오래된 상업 지역으로 베네치아 공화국 초
기부터 지금에 이르기까지 통행량이 가장 많은 구역에
속하며, 옛날에는 매춘부들이 리알토 다리 근처에서
주로 활동했고, 현재는 다리 위에 24개의 상점이 입점
해 관광객들을 맞이하고 있다. 리알토 다리 위에서 바
라보는 대운하 전망은 SNS에 가장 많이 등장하는 포
토 스폿이다.

📍 San Polo, 30125 Venezia
🚶 산타 루치아역 앞 'Ferrovia B' 정류장에서 수상버스 2번
탑승 후 리알토Rialto 정류장에서 하차

라 페니체 극장 Teatro La Fenice

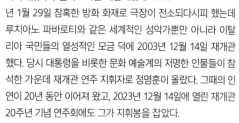

이탈리아어로 '페니체'는 '불사조'라는 뜻
으로, 1792년 개관 이후 두 차례의 화재로
파괴되었다가 불사조처럼 재건되었다. 1996
년 1월 29일 참혹한 방화 화재로 극장이 전소되다시피 했는데
루치아노 파바로티와 같은 세계적인 성악가뿐만 아니라 이탈
리아 국민들의 열성적인 모금 덕에 2003년 12월 14일 재개관
했다. 당시 대통령을 비롯한 문화 예술계의 저명한 인물들이 참
석한 가운데 재개관 연주 지휘자로 정명훈이 올랐다. 그때의 인
연이 20년 동안 이어져 왔고, 2023년 12월 14일에 열린 재개관
20주년 기념 연주회에도 그가 지휘봉을 잡았다.

📍 Campo S. Fantin, 1965, 30124 Venezia 🚶 산타 루치아역 앞
'Ferrovia B' 정류장에서 수상버스 2번 탑승, 리알토Rialto 정류장에서
하차 후 도보 8분 💶 공연을 예약하거나 가이드 투어를 통해 입장할 수
있다. 예약이 필수는 아니며 극장 매표소에서 티켓을 구입할 수 있다.
일반 €12, 65세 이상 €9, 7~26세 €6, 6세 미만 무료 🕐 리허설 또는
공연이 없는 날에 한해 가이드 투어를 오픈하며, 시간은 갑작스럽게
변경될 수 있으므로 온라인으로 미리 확인하는 것이 좋다.
📞 +39-041-272-2699 🏠 www.teatrolafenice.it

베네치아 출신 인물들

우리가 한 번쯤 들어보았을 법한 유명 화가, 음악가, 건축가 등이 베네치아에서 태어나고 자랐다.
베네치아 출신 인물들에 대해 알아보자.

마르코 폴로 Marco Polo, 1254-1324

베네치아 국제공항 이름인 마르코 폴로에서 알 수 있듯이, 마르코 폴로는 1254년에
베네치아 공화국에서 태어난 여행자이자 작가, 상인이었다. 베네치아 귀족의 일원이
었던 그는 1271년부터 1295년까지 아버지 니콜로, 삼촌 마태오와 함께 실크로드를
따라 중국까지 여행했으며, 그의 여행기는 우리에게 잘 알려진 『동방 견문록』, 이탈
리아어로 『일 밀리오네Il Milione』라는 이름으로 출간되었다. 그는 중국에 도착한 최
초의 유럽인은 아니었으나 최초로 동방 여행에 대해 자세히 기록한 사람이며, 훗날
콜럼버스와 같은 여러 세대의 여행가들에게 영감을 주었다.

안토니오 비발디 Antonio Vivaldi, 1678-1741

그는 붉은 머리의 사제라고도 불리는데, 1703년 스물다섯 살의 나이에 신부로 서품
되어 베네치아 정부가 보조금을 지원하는 자선기관 피에타Pieta 성당에서 여자 고아
들에게 음악을 가르쳤다. 1696년부터 아버지와 함께 산 마르코 대성당의 오케스트
라에 합류하면서 탁월한 바이올린 연주자임을 입증했다. 가장 잘 알려진 곡은 〈사계
(봄, 여름, 가을, 겨울)〉로 알려진 4개의 바이올린 협주곡이다. 그의 명성은 점점 높아
져 갔지만, 사제로서 여성들과 부적절한 관계를 맺었다는 의혹에 휩싸여 베네치아를
떠났다. 그의 말년은 가난하고 아팠으며, 아무것도 남기지 않은 채 1741년 비엔나에
서 사망했다.

자코모 지롤라모 카사노바 Giacomo Girolamo Casanova, 1725-1798

우리에게 바람둥이로 잘 알려진 카사노바는 수려한 외모와 능숙한 외국어 실력을
겸비했으며, 파도바에서 법학을 공부한 후 유럽 전역을 여행했다. 특유의 자유분방
함 때문에 다양한 스캔들에 얽혀 1755년 베네치아 감옥에 투옥되었다. 기적처럼 감
옥을 탈출한 후 베네치아 공화국으로부터 사면받았지만, 1783년에 두 번째이자 최
종적인 추방형을 선고받았고, 비엔나로 이주한 후 1798년에 사망했다. 말년은 슬펐
지만 유럽을 여행하며 겪은 일화를 바탕으로 문학 활동에 전념했으며, 자신의 생애
를 담은 자서전 『나의 일생 이야기Storia della mia vita』를 출간하기도 했다.

알아두면 유용한 베네치아의 거리 이름

베네치아는 미로처럼 좁은 골목길과 실핏줄 같은 운하가 끝없이 이어진다. 베네치아에서 가장 쉽게 길을 찾는 방법은 머리 위에 쓰인 길의 이름을 외우는 것이다. 베네치아에서 알아두면 유용한 길을 소개한다.

칼레 Calle

베네치아에는 3000개가 넘는 칼레가 있다. 경로를 의미하는 라틴어 칼리스Callis에서 유래했으며, 거리를 의미한다. 칼레는 길다, 넓다라는 뜻이며, 좁은 경우에는 칼레타Calletta라고 한다.

루가 Ruga

루가는 이탈리아어로 얼굴의 주름살을 의미한다. 세월의 흐름으로 얼굴에 생긴 긴 주름살처럼 도시에서 특히 길고 중요한 길을 일컫는다.

라모 Ramo

일반적으로 좁은 골목길을 의미하며, 벽으로 둘러싸여 길 끝에 연결되는 다른 길이 없거나 운하로 연결되는 길이다.

살리자다 Salizada

과거에 베네치아에서 가장 중요했던 거리를 의미하며, 이 거리들은 벽돌로 포장되고 다른 거리는 헤링본 테라코타로 포장되었다.

폰다멘타 Fondamenta

'물가' 또는 '강변'을 의미한다. 베네치아에서는 운하를 따라 이어지는 거리를 의미한다.

리오 테라 Il Riò terà

한때는 운하가 있었던 거리. 운하를 매립해 지금은 통행이 가능해졌다.

소토포르테고 Sottoportego

급격한 인구 증가로 새로 집을 지어야 했던 시기에 건물과 건물 사이를 연결해 거리 위로 집을 확장한 형태의 목재 기둥 천장이 덮인 거리를 의미한다.

캄포 Campo

정사각형을 의미하며, 작은 광장을 뜻한다. 고대에는 들판이 풀로 덮여 있었는데 몇 세기가 지나 포장이 되어 현재의 모습이 되었다.

피아자 Piazza

유럽에서 주로 통용되는 '광장'이라는 의미다. 베네치아에서 피아자라고 부를 수 있는 광장은 산 마르코 광장이 유일하다.

안드레아 팔라디오 건축의 걸작 ⋯⋯⋯ ⑧

산 조르조 마조레 성당
Basilica di San Giorgio Maggiore

982년 신앙 황무지였던 베네치아에 베네딕토 수도회 소속 수도사들이 몰려들고, 1582년에 현재의 성당을 갖출 정도로 크게 성장했다. 본섬의 유일한 역의 이름이기도 한 루치아 성녀의 유골이 처음 안치된 성당이며, 파올로 베로네세의 작품 〈가나의 혼인잔치〉도 원래 이곳에 있었는데 나폴레옹 군대에 약탈당해 현재 프랑스 루브르 박물관에 소장되어 있다. 산 마르코 종탑과 더불어 산 조르조 마조레 성당의 종탑 또한 75m 높이에서 베네치아의 전망을 한눈에 조망하기에 좋은 장소이며, 엘리베이터를 타고 오를 수 있다.

📍 Isola di San Giorgio Maggiore, 2, 30124, Venezia
🚶 산타 루치아역 앞 'Ferrovia B' 정류장에서 수상버스 2번 탑승 후 산 조르조 마조레S.Giorgio Maggire 정류장에서 하차
💶 성당 무료, 종탑 일반 €6, 26세 미만· 65세 이상 €4
🕐 09:00~18:00 📞 +39-375-6323595
🏠 www.abbaziasangiorgio.it

모두의 건강을 기원하는 성당 ⋯⋯⋯ ⑨

산타 마리아 델라 살루테 성당 Basilica di Santa Maria della Salute

살루테는 이탈리아어로 건강을 뜻한다. 1630~1631년경 흑사병이 베네치아를 강타했고, 당시 베네치아 인구의 3분의 1이 사망할 정도로 가혹했다. 베네치아의 대교구장이 흑사병 퇴치를 염원하기 위해 베네치아의 노른자 땅에 성모 마리아에게 바치는 성당을 건축하겠다고 공포했다. 1631년에 공사를 시작해 50년 후에 완공했다.

📍 Dorsoduro, 1, 30123 Venezia
🚶 산타 루치아역 앞 'Ferrovia E' 정류장에서 수상버스 1번 탑승 후 산타 마리아 델라 살루테 Santa Maria della Salute 정류장에서 하차
🕐 09:00~12:00, 15:00~17:30(계절별로 다름) 📞 +39-041-274-3928
🏠 basilicasalutevenezia.it

푼타 델라 도가나 Punta della Dogana

구찌, 부쉐론, 보테가 베네타 등의 럭셔리 브랜드를 소유한 케어링 그룹을 이끄는 기업가이자 세계적인 아트 컬렉터인 프랑수아 피노François Pinault. 그가 소유한 방대한 예술 작품을 소개하기 위해 2007년 베네치아시에서 주최한 공개 경쟁을 통해 세관 건물이었던 푼타 델라 도가나를 장기 임대했다. 내부 리노베이션은 세계적인 건축가이자 그의 오랜 친구인 안도 다다오가 맡아 공간 활용을 극대화했으며, 매년 베네치아 비엔날레 기간에 맞춰 새로운 큐레이션의 전시가 열린다.

📍 Dorsoduro, 2, 30123 Venezia
🚶 산타 마리아 델라 살루테 수상버스
정류장에서 도보 2분 💶 푼타 델라 도가나
+그라시 궁전 통합권 €18, 20세 미만 무료
🕐 수~월 10:00~19:00 ❌ 화요일
📞 +39-041-240-1308
🏠 www.palazzograssi.it

그라시 궁전 Palazzo Grassi

베네치아 공화국의 멸망 이전 대운하에 지은 마지막 궁전이자 가장 규모가 큰 귀족 가문의 궁전으로, 대운하 주변의 비잔틴, 로마네스크 양식과는 다르게 신고전주의 건축 양식으로 지었다. 푼타 델라 도가나와 마찬가지로 프랑수아 피노가 구입해 2006년부터 가문의 컬렉션을 전시하는 미술관으로 이용하고 있다. 인수 당시 파손 상태였던 건물의 재설계 역시 안도 다다오가 맡아 현대적인 모습으로 탈바꿈했다.

📍 Campo San Samuele, 3231, 30124
Venezia 🚶 산타 루치아역 앞 'Ferrovia B'
정류장에서 수상버스 2번 탑승 후 산 사무엘레
San Samuele 정류장에서 하차 💶 푼타델라
도가나+그라시 궁전 통합권 €18, 20세 미만 무료
🕐 수~월 10:00~19:00
❌ 화요일 📞 +39-041-240-1308
🏠 www.palazzograssi.it

페기 구겐하임 미술관 Peggy Guggenheim Collection

정원에 있는 페기 구겐하임의 묘

📍 Palazzo Venier dei Leoni, 30123
Venezia 🚶 아카데미아 미술관에서 도보
7분 💶 일반 €16, 10~18세 €9, 9세 이하
무료 🕐 월·수~일 10:00~18:00
❌ 화요일 📞 +39-041-2405-411
🏠 www.guggenheim-venice.it

전설적인 아트 컬렉터인 동시에 현대 미술사 그 자체인 페기 구겐하임. 타이타닉호 침몰로 사망한 아버지에게 많은 재산을 물려받았으며, 파리에서 마르셀 뒤샹을 만나 미술 작품 구입에 대한 영향을 받았다. 제2차 세계 대전 당시에는 하루에 한 점씩 그림을 사들였다고 전해지며, 수많은 유럽 예술가의 미국 망명을 도움으로써 유럽 중심의 미술을 미국으로 옮긴 중요한 인물로 평가받는다. 다시 유럽으로 돌아간 페기는 베네치아의 대저택에서 30년간 거주했으며, 수많은 예술가를 후원했다. 사망 후 그녀의 소장품들은 뉴욕 구겐하임 미술관에 기증되었으며, 베네치아의 저택은 뉴욕 구겐하임 미술관의 베네치아 분관으로 일반에 공개되고 있다. 피카소, 몬드리안, 샤갈, 조르조 데 키리코, 마크 로스코 등 수집 당시에는 잘 알려지지 않았지만 지금은 이름만 들으면 알 법한 현대 미술 거장들의 귀한 초기 작품들을 관람할 수 있다. 대형 미술관처럼 압도적인 느낌은 아니지만, 페기가 거주했던 집에서 그녀가 사용했던 가구와 함께 배치된 작품들을 감상하면서 오히려 미술로부터 위안을 받을 수 있다. 그녀가 사랑했던 정원을 거닐고, 대운하의 물결이 찰랑이는 테라스에서 잠시 휴식을 취해보자.

베네치아에서 가장 긴 목조 아치 다리 ⑬
아카데미아 다리
Ponte dell'Accademia

📍 Campo S. Vidal, 30124 Venezia
🚶 수상버스 1번 또는 2번 탑승 후 아카데미아 Accademia 정류장에서 하차

베네치아의 대운하를 가로지르는 4개의 다리 중 하나이며 목조 아치교다. 원래는 폰테 델라 카리타Ponte della carità라고 불리는 임시 다리로 건설되었으나, 근처의 아카데미아 미술관이 대중에게 공개되면서 아카데미아 다리로 불리게 되었다. 아카데미아 다리는 도르소두로Dorsoduro 구역과 산 마르코San Marco 구역을 연결해 도시의 주요 명소들과 미술관에 쉽게 도달할 수 있게 하는 교통의 요지 역할을 할 뿐만 아니라 베네치아의 역사와 문화를 대표하는 상징적 장소 중 하나다. 다리를 건너면서 바라보는 대운하의 풍경은 클로드 모네를 비롯한 수많은 예술가에게 영감을 주었으며, 멋진 사진 포인트로도 추천하는 곳이다.

베네치아 화파의 그림이 가장 많은 미술관 ⑭
아카데미아 미술관 Galleria dell'Accademia

이탈리아의 국립 미술관 중 하나다. 1750년 베네치아 공화국이 미술 학교의 일부로 설립했으며, 19세기 초 나폴레옹의 지배하에 공공 미술관 형태로 대중에게 공개되었다. 중세 시대부터 18세기까지 주로 베네치아 화가들의 작품에 초점을 맞추고 있으며, 주요 예술가로는 틴토레토, 티치아노, 카날레토, 조르조네, 조반니 벨리니, 비토레 카르파치오, 베로네세 등이 있다. 다양한 전시와 더불어 학술 연구, 교육 프로그램을 통해 문화적 대화와 예술 교육을 촉진하는 역할을 한다.

📍 Calle della Carità, 1050, 30123 Venezia
🚶 산타 루치아역 앞 'Ferrovia B' 정류장에서 수상버스 2번 탑승 후 아카데미아Accademia 정류장에서 하차 💶 일반 €15, 18세 미만 무료
🕐 월 08:15~14:00, 화~일 08:15~19:15
📞 +39-041-5222-247
🏠 www.gallerieaccademia.it

아카데미아
미술관의
대표 작품

14~18세기 사이에 제작된 베네치아 회화와
관련된 작품 800여 점을 전시하는 37개의
방으로 구성되어 있다. 0층(우리식 1층)에는
14~17세기, 1층(우리식 2층)에는 17~19세기의
작품이 전시되어 있으며, 다양한 주제의
상설 전시가 번갈아 열린다.

조반니 벨리니 Giovanni Bellini
성 지오베 제단화 · 1487

조반니 벨리니는 베네치아 회화의 기반을 마련하고 발
전시킨 르네상스 시대의 중요한 화가 중 한 명이다. 특
히 〈성 지오베 제단화〉라는 작품을 통해 베네치아 회화
에 유화 기법을 도입해 더욱 사실적이고 부드러운 색상의
묘사가 가능하게 했다. 베네치아 색채주의의 결정적 도래
를 알리는 걸작이자 거장으로 평가받게 되었다.

조르조네 Girogione
폭풍우 · 1507~1508

조르조네는 르네상스 시대의 중요한 화가로 베네치아에서 주로
활동했다. 당대 다른 화가들과 달리 인물과 배경을 하나의 환경
속에 그려 넣는 방식을 선호했으며, 명확한 의미 부여보다는 감
상하는 이들로 하여금 다양한 해석이 가능하게 하고 강한 몰입
감을 느끼게 한다. 〈폭풍우〉는 그의 가장 유명한 작품 중 하나
로 관계가 즉시 이해되지 않는 두 인물, 젊은 군인과 아이에게
젖을 먹이는 벌거벗은 어머니를 중심으로 폭풍우 속에서 번개
로 찢긴 하늘이 긴장감을 자아낸다.

파올로 베로네세 Paolo Veronese
레비가의 향연 · 1573

높이는 5.5m, 길이는 12.8m에 달하는, 베네치아 아카데미아 미술관에서 가장 규모가 큰 작품이다. 나폴레옹에게 약탈당해 프랑스에 있다가 1815년에 반환되었다. 이 그림은 원래 화재로 소실된 티치아노의 〈최후의 만찬〉을 대체하기 위해 작가에게 의뢰했는데, 지극히 이교도적인 분위기로 인해 이단이라는 의심을 사 종교재판에 넘겨졌고, 그림 수정을 선고받았으나 수정 대신 제목을 〈레비가의 향연〉으로 바꾸어 공개했다.

티치아노 베첼리오 Ticiano Vecellio
피에타 · 1576

티치아노는 베네치아 화파의 거장으로 르네상스 시대이자 베네치아 공화국 회화의 전성기에 왕성하게 활동했다. 〈피에타〉는 티치아노의 유작이며, 1576년 그가 사망할 때까지 미완성 상태로 남아 있었다. 그림의 주제인 '피에타'는 십자가에서 내려진 예수의 시신을 안고 있는 성모 마리아를 묘사하고 있으며, 동시대 다른 작품들과 달리 독특한 구조와 역동적인 표현이 특징이다. 대조적인 색채와 조명, 즉 빛과 그림자를 강조해 이루 말할 수 없는 어미의 고통을 강조해 현실감 있게 나타내고 있다.

야코포 틴토레토 Jacopo Tintoretto
성 마르코 시신의 도난 · 1562~1566

틴토레토는 티치아노와 더불어 베네치아 회화의 대표적인 인물이다. 틴토레토 화풍의 특징은 사선 구도를 사용해 강렬한 역동성을 나타내고, 빛과 그림자를 극단적으로 활용해 인물과 장면에 극적인 효과를 더해 관람객이 작품 속으로 끌려 들어가는 듯한 느낌을 준다는 점이다. 이 작품은 베네치아의 수호성인인 성 마르코의 유해를 이집트 알렉산드리아에서 옮겨오는 장면을 묘사했다.

베네치아에서 가장 큰 성당 ⋯⋯ ⑮
산타 마리아 글로리오사 데이 프라리 성당 Basilica di Santa Maria Gloriosa dei Frari

일반적으로 '프라리 성당'이라고 한다. 성당 외부는 무척 평범해 보이지만 내부로 들어서는 순간 높은 층고와 화려한 스테인드글라스에 먼저 놀라게 된다. 웅장한 피라미드 조각 작품이 인상적인 안토니오 카노바의 영묘, 베네치아 출신 화가 티치아노의 영묘를 비롯한 베네치아 출신의 총독, 저명 인사들의 무덤이 있다. 대표적인 예술 작품으로는 티치아노의 〈성모승천〉, 〈페사로의 마돈나〉, 조반니 벨리니의 〈마돈나, 성도들과 함께 있는 아이〉 등이 있다.

📍 San Polo, 3072, 30125 Venezia
🚶 산타 루치아역에서 도보 13분
💶 일반 €5, 65세 이상 €3, 12세~29세 €2
🕐 월~토 09:00~17:30, 일 13:00~17:30
📞 +39-041-272-8630 🏠 www.basilicadeifrari.it

성모승천

티치아노의 영묘

성모승천

페사로의 마돈나

마돈나, 성도들과 함께 있는 아이

틴토레토의 걸작들을 볼 수 있는 곳 ⋯⋯⋯ ⑯
스쿠올라 그란데 디 산 로코
Scuola Grande di San Rocco

스쿠올라는 중세 및 르네상스 시대에 종교 활동, 자선 활동, 사회적 연대와 소속감을 제공해주던 단체다. 가난한 사람이나 과부 또는 고아를 지원하는 자선 단체의 역할과 예술학교 등의 역할을 했다. 스쿠올라 그란데 디 산 로코는 베네치아에 남아 있는 7개의 스쿠올라 중 가장 중요한 장소다. 1478년에 설립되어 건축물뿐만 아니라 60여 점에 달하는 베네치아 대표 회화 작품이 원래 자리에 그대로 보존되어 있는 이례적인 곳이며, 오늘날까지도 자선 활동을 꾸준히 이어가고 있다. 베네치아를 대표하는 화가 틴토레토가 약 20년에 걸친 헌신으로 완성한 공간에서 베네치아 화파의 진수를 느껴보자.

📍 San Polo, 3054, a, 30125 Venezia
🚶 산타 마리아 데이 글로리오사 데이 프라리 성당 바로 옆
💶 일반 €10, 65세 이상· 26세 미만 €8
🕐 09:30~17:30 📞 +39-041-523-4864
🏠 www.scuolagrandesanrocco.org/home

베네치아의 숨겨진 현대 미술관 ⋯⋯⋯ ⑰
카 페사로 현대 미술관
Galleria Internazionale d'arte moderna di Ca'Pesaro

대운하가 내려다보이는 웅장한 바로크 양식의 궁전은 17세기, 부유한 귀족 가문인 페사로 가문이 지었다. 페기 구겐하임 미술관과 더불어 베네치아에서 가장 유명한 현대 미술관으로 손꼽히며, 1897년 제2회 베네치아 비엔날레 이후 10년간 수상 작품들을 구매하기 시작한 것이 컬렉션의 핵심이 되었다. 1902년부터 베네치아의 현대 미술 컬렉션의 본거지가 되었는데, 대표적인 작품으로는 구스타프 클림트의 〈유디트 2세〉, 샤갈의 〈비테프스크의 랍비〉, 오귀스트 로댕의 〈칼레의 시민〉 등이 있다.

📍 Santa Croce, 2076, 30135 Venezia 🚶 산타 루치아역 앞
'Ferrovia E' 정류장에서 수상버스 1번 탑승 후 산 스타에San Stae
정류장에서 하차 💶 일반 €10, 6~25세·65세 이상 €7.5, 6세 미만
무료 🕐 4월~10월 10:00 ~18:00, 11월~3월 10:00~17:00
📞 +39-041-721127 🏠 capesaro.visitmuve.it

베네치아의 축제

베네치아는 천년이 넘는 역사를 가진 도시로 영광스러운 과거를 재현하는 다양한 축제가 지금까지
이어져 내려오고 있다. 1년 내내 기다려지는 다양한 베네치아의 축제에 대해 알아보자.

베네치아 카니발
Carnevale di Venezia

카니발, 즉 이탈리아어로 카르네발레Carnevale는 Carne(고기)+Levare(제거하다)의 합성어로, '고기를 제거하다'라는 라틴어에서 유래되었다. 기독교 국가에서 사순절(부활절 이전 40일 동안 예수님의 고난을 기리는 기간)이 되면 금욕과 단식이 시작되는데 사순절이 시작되기 전 미리 먹고 마시며 즐기는 의미로 시작되었다. 특히 베네치아 카니발은 베네치아가 최고 전성기이던 시절 수개월 동안 지속되었을 만큼 발전했고, 완전한 익명성을 보장하기 위해 다양한 가면과 화려한 의상으로 치장했다. 때문에 환락을 즐기는 사람들에게 카니발은 최고의 축제일 수밖에 없었고, 전국 각지에서 사람들이 몰려들어 성황을 이루었다. 지금도 매년 2월 말에서 3월 초까지 카니발 축제가 열린다.

바다와의 결혼식
(센사의 날)
Festa della Sensa

바다와의 결혼식은 베네치아 공화국 시대부터 그리스도의 승천일(베네치아 방언으로 'Sensa')을 기념한 축제로, 매년 부활절 후 여섯 번째 일요일에 진행된다. 도제 피에트로 2세가 아드리아해 전역에 걸쳐 베네치아 공화국의 패권을 확립한 뒤 바다에 대한 지배를 축하하고 기념하기 위해 시작했다. 교황은 베네치아 최고 지도자인 도제에게 자신이 끼고 있던 반지를 주어 그리스도의 승천일에 바다에 던지게 했으며, 이를 바다와의 결혼식이라 불렀다. 이 의식은 베네치아의 도제가 의식용 바지선인 부친토로Bucintoro를 타고 바다에 성수를 부은 후 가장 고요한 바다에 반지를 던지면서 "너와 결혼한다. 바다여 영원히 내 것이어라"를 외치며 베네치아와 바다는 뗄 수 없는 관계임을 선언한다.

베네치아
비엔날레
Venezia Biennale

베네치아 비엔날레는 1895년에 제1회를 시작해 어느새 120년이 넘은 그야말로 '예술의 올림픽'이라 불리는 축제다. 비엔날레는 '2년마다'라는 뜻이며, 격년으로 짝수 해에는 예술, 홀수 해에는 건축 비엔날레가 번갈아 가며 열린다. 비엔날레 총감독이 기획하는 본 전시와 국가별 커미셔너가 자국 작가를 선정해 기획하는 국가별 전시로 진행된다. 비엔날레 개막일에 최고 작가, 국가관, 평생 공로 부문으로 나누어 황금사자상을 수여하며, 그 외에도 젊은 작가에게 수여하는 은사자상과 특별상이 있다. 1993년 독일관 작가로 참여한 백남준이 황금사자상을 받았으며, 비엔날레 운영위원회와 베네치아시 당국에 한국관 건립을 주장해 국가관 중 마지막으로 한국관이 영구관으로 자리 잡을 수 있었다.

베네치아
국제영화제
Biennale Cinema

베네치아 리도섬에서 매년 8월 말부터 9월 초에 열리는 국제영화제로, 1932년 제18회 베네치아 비엔날레의 영화제 행사로 시작했으며 세계에서 가장 오랜된 영화제다. 또한 칸 영화제, 베를린 국제영화제와 더불어 세계 3대 국제영화제로 꼽힌다. 파시즘 정권 시기에는 최고상 이름을 '무솔리니상'이라고 불렀으나 현재는 공식 경쟁 부문 최고 작품상 수상자에게는 황금사자상, 최고의 감독에게는 은사자상을 수여한다. 독립영화, 상업영화, 애니메이션, 장편, 단편 등 다양한 종류의 작품이 출품되며, 대한민국에서는 1987년 임권택 감독의 〈씨받이〉로 강수연이 여우주연상을 수상했고, 2002년 이창동 감독이 〈오아시스〉로 감독상인 은사자상을 수상하는 등 우리나라 영화인들의 활약도 두드러진다. 열흘가량 이어지는 영화제 기간 동안에는 영화제 행사장 입구까지 가는 버스가 특별 편성되며, 거리에서 유명 영화인들을 우연히 만나는 행운을 누릴 수도 있다.

바다의 맛,
베네치아의 대표 해산물 메뉴

베네치아는 이탈리아 북동쪽 아드리아해와 인접하고 여전히 어업으로 생업을 이어가는 인구가 많은 도시로,
이탈리아에서도 가장 합리적인 가격으로 즐길 수 있는 해산물이 풍부하다.

바칼라 만테카토
Baccalà Mantecato

베네치아 음식에서 빠질 수 없는
안티파스토, 즉 전채 요리다. 말
린 대구에 물과 올리브 오일을 섞
어 크림화하며, 버터 같은 부드러
운 질감과 신선한 맛이 특징이다.

✕ 바칼라 만테카토 맛집

Cã D'oro Alla Vedova
📍 Ramo Ca' d'Oro, 3912, 30121 Venezia

Rosticceria Gislon
📍 Calle de la Bissa, 5424/a, 30124 Venezia

Osteria dai Zemei
📍 San Polo 1045, b, 30125 Venezia

치케티
Cicchetti

베네치아의 치케티는 스페인의
타파스와 유사한 전형적인 전통
애피타이저로, 재료는 연중 시기
에 따라 다르다. 바게트 형태의
빵 조각 위에 생선, 절인 고기, 치즈 등을 얹어 화이트
와인이나 스프리츠 등의 식전주와 함께 먹는 핑거 푸드
의 일종이다. 베네치아에서 치케티와 베네치아 전통 음
식을 판매하는 선술집을 바카로Bàcaro라고 한다.

✕ 추천 바카로

Cantina Do Mori 📍 Calle Do Mori, 429, 30125 Venezia
Bar All'Arco 📍 San Polo, 436, 30125 Venezia
Cantina Do Spade 📍 San Polo, 859, 30125 Venezia
Ostaria dai Zemei 📍 San Polo, 1045, b, 30125 Venezia

사르데 인 사오르
Sarde in Saor

'사르데'는 정어리, '사오르'는 맛을 뜻한다. 긴 바다를 횡단하는 동안 생선을 보존하기 위해 베네치아 선원들이 양파와 식초를 사용해 생선을 며칠 동안 유지할 수 있는 상태로 만든 데서 유래했다. 베네치아 가정에서는 우리의 김치처럼 모두가 '사르데 인 사오르'를 만들어 보관하는데, 정어리와 양파의 비율, 식초, 건포도, 잣, 화이트 와인 등 다양한 변형 레시피가 있다.

오징어 먹물 스파게티
Spaghetti al nero di Seppia

'오징어 먹물' 요리는 가난한 시절 오징어의 모든 부분을 사용해야 한다는 데서 유래했다. 오징어 먹물은 베네치아의 가정집이나 선술집, 고급 레스토랑 등에서 쉽게 볼 수 있는 대표적인 재료. 파스타, 리소토 등 다양한 요리로 활용되는데, 처음 맛보는 사람들은 검은색 요리에 매우 놀라지만 크리미하고 고소한 풍미에 한번 빠지면 헤어나오기 힘든 중독성이 있다.

해산물과 함께 먹으면 좋은 음식

폴렌타
Polenta

거칠게 간 곡물, 특히 옥수수 가루를 물에 천천히 저어 만든 음식으로 죽 또는 빵 형태로 먹는다. 베네치아를 포함한 이탈리아 북부 알프스 지역에서 인기가 많으며, 이 지역의 전통 식사에서 '식사빵'처럼 중요한 역할을 한다. 이탈리아에서 폴렌타는 19세기 초부터 생계를 이어가는 데 결정적인 역할을 했다. 당시에는 기근과 전쟁으로 값이 싼 옥수수 폴렌타를 주식으로 먹었는데, 한동안 가난한 사람들의 음식으로 인식되기도 했으나 현재는 다양한 방법으로 요리해 즐겨 먹는다. 베네치아에서는 해산물이나 말린 생선과 함께 먹는 경우가 많으며, 부드럽게 조리하거나 식힌 후 조각 내서 그릴에 구워 바삭한 식감으로 만들어 먹기도 한다.

스프리츠
Spritz

베네치아 거리를 걷다 보면 아침부터 저녁까지 사람들이 손에서 놓지 않고 즐기는 주황색 음료를 볼 수 있다. 바로 '스프리츠'인데, 식전주의 한 종류로 가볍고 상쾌한 맛이 특징이다. 스파클링 와인(주로 프로세코), 쓴맛의 리큐어(전통적인 것은 아페롤이나 캄파리인데 경쾌한 오렌지빛이 난다), 탄산수를 적절한 비율로 섞어 만든다.

오스타리아 비테 로사 Hostaria Vite Rossa

베네치아 메스트레역 주변에 머무르는 사람들에게 좋은 선택지가 될 만한 해산물 전문 식당이다. 1997년 오픈 당시에는 협소한 선술집이었지만 신선한 재료와 창의적인 메뉴로 입소문 나기 시작하면서 지금은 꽤 큰 규모의 식당이 되었다. 50 가지 이상의 치케티 메뉴가 있고, 매일 가장 신선한 식재료를 공수해 그날의 특선 메뉴를 식당 칠판에 손 글씨로 휘갈겨 쓰고, 단골손님들에게는 메뉴판에 없는 특선 음식을 내어주기도 한다. 간단한 술 한잔 또는 식사, 모임 등 각자의 이유로 식당은 늘 문전성시를 이루기 때문에 점심, 저녁 모두 예약하는 것을 권장한다. 추천 메뉴는 성게 파스타Spaghi Con I Ricci di Mare, 봉골레 어란 파스타Spaghetti conn le Vongole e Bottarga(€18), 해산물 튀김Frittura Mista(€22) 등이다.

📍 Via Pietro Bembo, 30, 30172 Venezia 🏃 메스트레역에서 도보 10분
🕐 월 09:00~15:30, 화~일 09:00~15:30, 17:30~24:00 📞 +39-041-531-4421

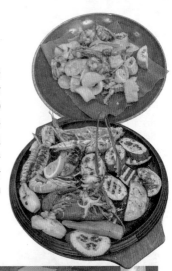

트라토리아 바 폰티니

Trattoria Bar Pontini

아침에는 따뜻한 커피와 크루아상이 있고, 동네 사람들의 사랑방과 같은 선술집이자 베네치아 최고의 맛집인 레스토랑이다. 우리나라 여행자에게 맛집으로 입소문을 타면서 면의 익힘 정도나 짠맛의 정도를 한국인의 입맛에 맞게 조절해주며, 음식의 양이 정말 푸짐하다. 해산물 파스타 €19, 해산물 라자냐 €17 선.

📍 Cannaregio, 1268, 30121 Venezia 🏃 산타 루치아역에서 도보 10분 🕐 화~토 07:30~20:30, 일 10:00~20:30
❌ 월요일 📞 +39-041-714-123

생면 파스타 전문점 ⋯⋯⋯ ③

6342 알라 코르테 리스토란테

6342 Alla Corte Ristorante

이탈리아에서는 전문점의 경우 어미에 'eria'를 붙인다. 젤라테
리아, 피제리아 등이 그 예다. 이곳은 자칭 스파게티 전문점, 즉
스파게테리아Spaghetteria라고 부를 정도로 면에 대한 자부심
이 강하다. 매일 손으로 반죽해 면을 뽑아내기 때문에 식감이
쫄깃하고, 소스와도 잘 어우러진 특선 파스타를 맛볼 수 있다.
셰프의 메뉴 €25, 파스타 €15부터다.

📍 Calle Bressana, 6319, 30122 Venezia
🚶 리알토 다리에서 도보 9분 🕐 화~일 12:00~15:30
❌ 월요일 📞 +39-041-241-1300

음식과 궁합이 맞는 와인 추천 가능 ⋯⋯⋯ ④

타베르나 스칼리네토 Taverna Scalinetto

산 마르코 광장에서 도보 10분 거리에 있으며 관광객뿐만 아
니라 현지인들에게도 인기가 아주 많다. 식당 내부로 들어서면
작고 아늑하지만 마치 베네치아 해군함에 탑승한 것 같은 독
특한 분위기를 느낄 수 있다. 매일 공수하는 신선한 베네치아
의 해산물 요리가 특징이며, 가격대별로 다양한 와인 리스트
를 보유하고 있어 식사와 어울리는 와인을 추천 받을 수 있다.
생선 라비올리 €18, 전식 모둠 €29다.

📍 Campo Bandiera e Moro, 3803, 30122 Venezia
🚶 산 마르코 광장에서 도보 10분 🕐 월·수~일 12:00~22:30
❌ 화요일 📞 +39-041-520-0776 🏠 tavernascalinetto.it

산타 루치아역 근처 맛집 ⋯⋯⋯ ⑤

오스테리아 아에 사라케

Osteria Ae Saracche

"좋은 와인을 곁들이고 전통 요리를 먹을 수 있는 편안한 선술
집을 만들자"라는 것이 식당 창립자의 모토다. 계절에 따라 가
장 좋은 식재료로 합리적인 가격에 베네치아 전통 음식을 제공
하며, 주인이 직접 마셔보고 엄선한 와인 리스트에 대한 자부심
도 강하다. 산타 루치아역에서 가까운 맛집을 찾는 사람들에게
추천한다. 해산물 전식 모둠 €30, 문어구이 €20다.

📍 Fondamenta Rio Marin, 847/D, 30135 Venezia
🚶 산타 루치아역에서 도보 8분 🕐 화~토 12:00~14:30, 19:00~
22:00 ❌ 월·일요일 📞 +39-041-309-9283

현지인도 즐겨 찾는 치케티 맛집 ……… ⑥
지아 스키아비 Cantine del Vino già Schiavi

물가가 비싸기로 유명한 물의 도시에서 전통 베네치아 스타일로 한 끼를 간단하게 때울 수 있는 오래된 선술집. 실내가 좁고 야외에는 좌석이 없기 때문에 서서 먹고 마실 수 있다는 점이 진짜 베네치아를 온전히 느낄 수 있는 포인트라 할 수 있다. 당일 아침 신선하게 준비한 샌드위치와 치케티뿐만 아니라 다양한 이탈리아 와인, 그라파, 위스키, 리큐어를 합리적인 가격에 판매한다. 치케티 €2.5부터, 식전주 €3.5부터.

📍 Fondamenta Nani, 992, 30123 Venezia 🏃 아카데미아 미술관에서 도보 3분 🕐 월~금 08:30~14:00, 16:00~20:30 토 08:30~15:30 ✖ 일요일 📞 +39-041-523-0034
🏠 www.cantinaschiavi.com

베네치아 천연 와인 전문 바 ……… ⑦
비노 베로 Vino Vero

관광객이 많지 않은 카나레조 구역에 위치해 있으며 와인 애호가들의 핫플레이스로 부상했다. 토스카나, 피에몬테, 베네토 등 이탈리아 최고 와인 산지에서 경력을 쌓고 영감을 받은 창립자가 2014년 베네치아에 오픈했으며, 유기농 와인Bio Wine 또는 소규모 생산자가 만드는 와인만을 취급하는 전문 와인 바. 병으로 구입하거나 잔 단위로 시음할 수도 있다. 치케티 €3.5부터, 와인 €6부터.

📍 Fondamenta de la Misericordia, 2497, 30100 Venezia
🏃 산타 루치아역에서 도보 16분 🕐 12:00~24:00 📞 +39-041-275-0044 🏠 www.vinovero.wine

신선한 재료로 만든 젤라토 ⑧
젤라테리아 수소 Gelateria SUSO

미닫이 유리문 너머로 항상 긴 줄이 늘어서 있는 베네치아에서 가장 유명한 젤라테리아 중 한 곳이다. 최고의 원재료를 찾는 과정을 중요시하고 인공색소를 사용하지 않으며, 젤라토 컵이나 숟가락 등 일회용품들은 퇴비화 가능한 재활용품을 사용해 환경보호에 앞장서고 있다. 제철 과일, 초콜릿, 피스타치오 등 일반적인 종류 외에 말라가 럼, 베네치아 티라미수 등의 재료를 사용한 젤라토 등 20가지가 넘는 다양한 종류를 계절에 따라 다르게 선보인다. 1/2/3가지 맛은 각각 €2.5/4.7/6.5다

📍 Sotoportego de la Bissa, 5453, 30125, Venezia 🚶 리알토 다리에서 도보 5분 🕐 10:30~22:30 📞 +39-041-2412-275 🏠 suso.gelatoteca.it

베네치아 젤라토 원픽 ⑨
젤라테리아 갈로네토 1985
Gelateria Gallonetto

무려 40년 전통의 젤라테리아. 아이스크림 가게 옆 공방에서 우유, 생과일, 초콜릿 등 최고의 재료를 엄선해 매일 아침 신선한 젤라토를 만든다. 1가지 맛 €1.8, 2가지 맛 €3, 3가지 맛 €4로 가격도 합리적인 편이며, 초콜릿과 피스타치오 토핑을 얹은 아이스크림 콘도 별미다.

📍 Salizada S. Lio, 5727, 30122 Venezia 🚶 리알토 다리에서 도보 5분 🕐 10:30~22:30

직접 볶은 원두로 내리는 커피 ⑩
토레파치오네 카나레조 Torrefazione Cannaregio

1930년부터 이어져 온 카나레조 구역의 오래된 로스터리 겸 카페. 토레파치오네는 이탈리아어로 '로스팅하다'라는 뜻으로 매일 직접 볶은 원두를 구매할 수 있고, 카페 게토Caffe Ghetto, 카페 레메르Caffe Remer 등의 스페셜티 커피를 맛볼 수도 있다. 이탈리아에서 만나기 힘든 아이스 아메리카노를 마실 수 있는 곳이기도 해 여름철에는 항상 긴 줄이 늘어서 있다. 커피 €1.3부터, 빵 €1.6부터이며 점심/저녁 메뉴는 계절별로 달라진다.

📍 Fondamenta dei Ormesini, Cannaregio 2804, 30121 Venezia 🚶 산타 루치아역 앞 'Ferrovia D' 정류장에서 수상버스 5.2번 탑승, 구글리Guglie 정류장에서 하차 후 도보 5분 🕐 월~금 08:00~13:00, 토 08:00~15:00 일 08:00~16:00
📞 +39-041-716371 🏠 www.torrefazionecannaregio.it

이탈리아에서 가장 오래된 카페 ...... ⑪
카페 플로리안 Caffe Florian

1720년에 승리의 베네치아Alla Venezia Trionfante라는 이름으로 문을 연 이 카페는 무려 300년의 역사를 자랑하며, 카사노바, 괴테, 찰스 디킨스 등 예술가와 저명 인사들이 단골이었다. 4개의 방으로 이루어진 카페 내부는 수세기 동안의 역사를 말해주는 듯 고풍스럽고 화려하며, 야외 테이블에 앉으면 피아노, 바이올린, 콘트라베이스가 어우러진 라이브 연주를 즐길 수도 있다. 플로리안 카페가 가진 역사적 의미만큼 자릿세를 포함한 음료 가격은 비싼 편이다. 커피는 €18부터다.

📍 Piazza San Marco, 57, 30124 Venezia 🏃 산 마르코 광장 🕐 일~목 09:00~20:00, 금·토 09:00~23:00 📞 +39-041-520-5641 🏠 caffeflorian.com

국왕의 입맛을 사로잡은 빵집 ...... ⑫
파스티체리아 토놀로 Pasticceria Tonolo

1886년에 문을 연 베네치아 전통 페이스트리 가게. 1909년에 창립자 주세페 토놀로가 최고의 베네치아 포카치아상을 받았고, 비토리오 에마누엘레 2세 국왕의 입맛까지 사로잡았다. 카 포스카리 대학교 메인 캠퍼스에서 도보로 약 2분 거리에 위치해 대학생과 지역 주민들로 항상 붐빈다. 커피 €1.3부터, 빵 €1.8부터.

📍 Calle S. Pantalon, 3764, 30123 Venezia
🏃 스쿠올라 그란데 디 산 로코에서 도보 2분
🕐 화~토 07:30~19:00, 일 07:30~13:00
❌ 월요일 📞 +39-041-523-7209

베네치아에만 있는 체인점 ...... ⑬
마예르 Majer

베네치아에서 탄생하고 베네치아에만 본점을 포함한 10개의 매장을 운영하는 베이커리로, 그중 두 곳은 파인 다이닝에 버금가는 근사한 식사 메뉴를 제공한다. 특히 주데카 지점은 아침에는 직접 로스팅한 커피와 막 구워낸 빵, 점심에는 샌드위치와 간단한 파스타를 비롯한 메뉴가 있고, 저녁에는 와인 페어링과 함께 하는 레스토랑으로 베네치아를 방문하는 모든 이를 만족시킨다. 커피 €1.3부터, 빵 €1.6부터이며 점심/저녁 메뉴는 계절별로 달라진다.

📍 Fondamenta Sant'Eufemia, 461, 30135 Venezia 🚶 산타 루치아역 앞 'Ferrovia C' 정류장에서 4.1번 탑승 후 주데카 팔랑카 Giudecca Palanca 정류장에서 하차
🕐 07:00~22:00 📞 +39-041-406-3898

베네치아 최고의 페이스트리 ...... ⑭
논노 콜루시 Nonno Colussi

콜루시 할아버지가 1956년에 오픈한 베네치아 전통 페이스트리 가게. 아는 사람들만 찾아올 법한 좁은 골목에 간판도 없이 숨어 있지만 매일 전 세계의 손님들로 북새통을 이룬다. 60년이 넘은 효모나 천연 과일로 만든 수제 잼을 사용해 최고의 맛을 낸다. 반죽 발효에 최소 10시간 이상 소요되는데, 습도나 날씨에 따라 발효에 실패하는 날은 가게 문을 열지 않기 때문에 헛걸음을 할 수도 있다. 베네치아식 전통 페이스트리인 카르프펜Karpfen, 비아콜리Biacoli, 푸가사Fugassa, 프리텔레Fritelle 등을 맛보자. 커피 €1.3부터, 페이스트리 €1.3부터.

📍 C. Lunga S. Barnaba, 2867A, 30123 Venezia
🚶 아카데미아 다리에서 도보 9분
🕐 화~토 08:00~12:00, 15:00~18:00
❌ 일·월요일 📞 +39-041-523-1871

노벤타 디 피아베 디자이너 아웃렛
Noventa di Piave Designer Outlet

노벤타 아웃렛은 유럽 최대 규모의 글로벌 아웃렛 그룹 맥아더글랜에서 운영 및 관리하고 있으며, 이탈리아에는 볼로냐, 로마, 나폴리, 밀라노에 동일 체인을 운영한다. 구찌, 프라다, 버버리, 펜디, 보테가 베네타 등 다양한 명품 브랜드부터 나이키, 아디다스 등의 스포츠웨어, 패션 잡화, 식기, 가정용품, 화장품에 이르기까지 여행자와 현지인 모두를 만족시킬 수 있는 상품군으로 구성되어 있고, 어린이 놀이 시설, 식당, 카페테리아 등의 편의 시설도 잘 마련되어 있다. 평소에는 20~30% 상시 할인을 진행하며, 이탈리아의 여름과 겨울 정기 세일 기간인 8월과 1월에는 50~80%까지 할인 폭이 커진다. 베네치아 본섬에서 약 45km 떨어져 있어 오가는 데 시간이 소요되며, 160개가 넘는 매장이 밀집되어 있기 때문에 반나절 이상 머무는 것을 추천한다. 한 매장에서 €70 이상 구매하면 세금 환급을 받을 수 있다.

📍 Via Marco Polo, 1, 30020 Noventa di Piave 🕐 10:00~20:00
📞 +39 042 15741 🏠 www.mcarthurglen.com/en/outlets/it/designer-outlet-noventa-di-piave

가는 방법

- **자동차** 산 도나-노벤타 디 피아베San Dona-Noventa di Piave 고속도로 출구에서 단 100m 거리에 있어 접근이 용이하며 넓은 무료 주차장을 보유하고 있다. 베네치아 마르코 폴로 공항에서 20분, 트레비소 카노바 공항에서 30분, 베네치아 본섬에서 45분 소요된다.

- **셔틀버스** 베네치아 본섬(로마 광장), 메스트레역, 마르코 폴로 공항 순서로 운행한다.
  🕐 **베네치아 본섬 출발** 09:25, 13:25
  　노벤타 아웃렛 출발 16:05, 19:35
  💶 왕복 €9, 6세 미만 어린이는 무료
  ＊ 마르코 폴로 공항을 경유하기 때문에 1시간 20~30분 소요된다.

- **열차+버스** 산타 루치아역 또는 메스트레역
  ← 30~40분 → 산 도나 디 피아베-예솔로
  San dona di Piave-Jesolo역 하차 ← 21번 버스, 10분 → 아웃렛

베네치아 명품 쇼핑 거리 ······ ②
칼레 라르가 벤티두에 마르초
Calle Larga XXII Marzo

'넓은 길, 3월 22일'이라는 독
특한 뜻을 가진 이 거리는 리
소르지멘토, 즉, 이탈리아 국
가 통일 운동과 관련이 있다. 베
네치아는 나폴레옹에 의해 멸망한 후 수년 동안 반자유
주의 성향이 강한 오스트리아의 통치를 받아왔다. 오스
트리아 군대가 도시에서 추방된 1848년 3월 22일을 기
념해 이름 붙였으며, 19세기 말(1880년)에 거리가 확장
되어 '칼레 라르가(넓은 길)'라고 불리게 되었다. 베네치
아에서 가장 고급스러운 거리이며, 세계적인 패션 브랜드
인 구찌, 돌체 앤 가바나, 페라가모, 프라다, 보테가 베네
타를 비롯해 까르띠에, 에르메스, 샤넬, 루이 비통, 디올,
셀린느 등의 명품 매장과 럭셔리 부티크 매장들이 늘어서
있어 여행객들의 발걸음을 사로잡는다.

📍 Calle Larga XXII Marzo 🚶 산 마르코 광장에서 도보 3분

베네치아에서 가장 큰 시장 ······ ③
리알토 시장 Mercato di Rialto

오전 7시 30분부터 늦은 점심시간 무렵까지 운영되는 베네치아의 전통 시장.
1097년부터 이곳에 해산물 시장이 있었다는 기록이 있을 만큼 이탈리아에서
도 오래된 전통 시장 중 한 곳이다. 해산물을 판매하는 '로지아 델라 페스카리아
Loggia della Pescaria'와 농산물을 판매하는 '피아자 델레 에르베Piazza delle Erbe'로
나뉘어 있고, 정육점, 치즈 판매점 등이 있어 현지 주민들의 신선한 식재료를 책
임지는 중요한 장소다. 제철 과일과 생선, 육류뿐만 아니라 말린 토마토, 향신료,
질 좋은 식재료를 합리적인 가격에 구입할 수 있으며, 현지 주민들의 일상생활을
엿볼 수도 있다.

★ 운영시간은 오후 3시까지만 보통 정오
무렵에 파한다.

📍 Calle Prima de la Donzella, 306, 30125
Venezia 🚶 산타 루치아역 앞 'Ferrovia E'
정류장에서 수상버스 1번 탑승 후 리알토
메르카토Rialto Mercato 정류장에서 하차
🕐 화~토 07:30~15:00 ❌ 월·일요일

독일 상관 백화점
Fondaco dei Tedeschi

★ www.dfs.com/it/venice/service/
rooftop-terrace
(테라스 전망대는 홈페이지를 통해 예약)

1200년에 독일 상인들의 창고 겸 숙소로 쓰기 위해 르네상스 건축 양식으로 지었으며 2008년 베네통 가문의 소유가 되면서 복원 작업을 거쳐 일반인에게 공개했다. 현재 베네치아 석호에 위치한 유일한 백화점으로 유럽 명품 브랜드 쇼핑은 물론 커피 한잔하며 쉬어 가기에 좋고, 사전 예약을 통해 테라스 전망대를 15분간 무료로 관람할 수 있다.(악천후 시 취소될 수 있음) 관광 명소인 리알토 다리에서 가깝지만 건물 외관이 눈에 띄지 않아 아는 사람만 찾을 수 있다. 0층(우리식 1층)은 액세서리 및 카페, 1층은 여성 패션 및 주얼리, 2층은 남성 패션 및 시계, 3층은 여성화 및 화장품, 4층은 테라스로 이루어져 있다. 아쉽지만 내년 상반기에 문을 닫을 예정이다.

📍 Calle del Fontego dei Tedeschi, 30100 Venezia 🚶 리알토 다리에서 도보 3분
🕐 10:00~19:30 📞 +39-041-3142-000 🏠 www.dfs.com

이탈리아 전통 증류주를 판매하는 곳 ⋯⋯ ⑤
폴리 그라파 Poli Grappa

그라파는 이탈리아 베네토 지역에서 포도 찌꺼기로 생산하는 증류주의 일종으로 전통 식후주로 오랫동안 사랑받고 있다. 도수가 30~40도로 높은 편이기 때문에 겨울에는 에스프레소와 섞어 마셔 몸을 따뜻하게 만들기도 한다. 카페에서는 카페 코레토 Caffe Corretto라는 메뉴 명으로 판매한다. 폴리 가문은 1898년부터 4대째 그라파의 전통을 이어가고 있으며, 매장을 방문하면 전문적인 설명을 들으며 직접 시음도 해볼 수 있다.

♀ Campiello de la Feltrina S. Marco, 2511B, 30124 Venezia
⚐ 아카데미아 다리에서 도보 5분 **⏱** 10:00~19:00
☎ +39-041-866-0104

현지인들이 꾸준히 찾는 식료품 가게 ⋯⋯ ⑥
드로게리아 마스카리 Drogheria Mascari

1946년 리알토 시장 근처에 문을 연 오래된 식료품 가게. 올리브유, 발사믹 식초, 파스타 등 일반적인 식품부터 전 세계의 향신료, 잼, 초콜릿, 차와 말린 과일 등도 판매한다. 베네치아 사람들이 "부엌의 재료가 떨어지면 마스카리에 간다"라고 말할 정도로 손님 대부분이 현지인이다. 뿐만 아니라 마스카리의 와인 저장고는 보물상자라고 할 수 있을 정도로 다양한 종류의 와인과 진, 럼 등을 보유하고 있다.

♀ S. Polo, 381, 30125 Venezia **⚐** 리알토 다리에서 도보 3분
⏱ 월~토 08:00~13:00, 15:00~19:30 **✖** 일요일
☎ +39-041-522-9762

말린 대구 통조림을 구입할 수 있는 곳 ⋯⋯ ⑦
바칼라 베네토 Baccalà Veneto

바칼라는 말린 대구로, 베네치아의 전형적인 전채 요리다. 바칼라 베네토는 전통 방식으로 만든 바칼라 요리를 소포장해서 판매한다. 포장지나 내용물이 베네치아의 특징을 가장 잘 나타내 선물용으로도 좋고, 빵과 함께 먹기에도 간편하다. 여러 가지 종류 중 특히 바칼라 만테카토는 말린 대구를 잘게 찢어 천천히 섞어 크림화한 요리로, 버터 같은 부드러운 질감이 특징이며 누구나 거부감 없이 즐길 수 있다.

♀ Sotoportego dei do Mori, 414, 30125 Venezia
⚐ 리알토 다리에서 도보 2분 **⏱** 월~토 10:00~19:30, 일 10:30~18:00
☎ +39-041-476-3571

물에 잠기는 서점 ······ ⑧
아쿠아 알타 서점 Libreria Acqua Alta

BBC에서 선정한 세계에서 꼭 가봐야 하는 10개의 서점 중 한 곳으로 꼽혔으며, 이름인 아쿠아 알타(만조)처럼 물의 도시에서 물에 잠기는 서점으로도 유명하다. 사람이 살기에도, 서점을 운영하기에도 좋은 조건은 아니기 때문에 이곳 주인 루이지는 서점의 책들이 물에 젖지 않도록 곤돌라 모양의 배 또는 욕조 등에 꽂아두고 판매한다. 새 책뿐만 아니라 외국 서적, 한정판, 절판된 책, 중고 서적 등 다양한 책을 판매하며, 이곳의 마스코트인 검은 고양이가 손님을 맞이한다.

📍 C. Longa Santa Maria Formosa, 5176b, 30122 Venezia
🚶 리알토 다리에서 도보 13분
🕐 09:00~19:30
📞 +39-041-296-0841

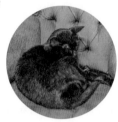

이탈리아에서 가장 아름다운 슈퍼마켓 ······ ⑨
데스파 테아트로 이탈리아
Despar Teatro Italia

외관상으로는 전형적인 아르누보 양식의 화려한 궁전 같아 보이기 때문에 내부로 들어서기 전에는 슈퍼마켓이라고 전혀 상상할 수 없다. 건축물의 원래 용도는 실내 극장이었으며, 오랫동안 방치되어 있다가 이탈리아 코인 그룹에서 건축물 보존을 목적으로 매입해 2016년 슈퍼마켓으로 재탄생했다. 복원 비용만 €250만 이상을 투자했으며, 내부 프레스코화와 천장, 극장의 매표소, 무대 등 이전 형태를 그대로 유지하고 있다. 선반을 낮게 배치해 내부의 아름다움을 시각적으로 쾌적하게 볼 수 있는데, 슈퍼마켓이 아니라 마치 아름다운 미술관에 온 듯한 착각이 든다.

📍 Campiello de l'Anconeta, 1939~1952, 30121 Venezia
🚶 산타 루치아역에서 도보 10분 🕐 08:30~20:30
📞 +39-041-244-0243

곤돌라 뱃사공 의상을 판매하는 곳 ⋯⋯ ⑩
에밀리오 체카토 Emilio Ceccato

베네치아의 특색이 살아있는 기념품을 찾고 있다면 추천한다. 에밀리오 체카토는 베네치아의 상징인 뱃사공 곤돌리에리Gondolieri 공식 후원사이며, 곤돌라 사공의 상징적인 줄무늬 작업복과 모자를 만들어 판매하는 유일한 곳이다. 그 외에 베네치아를 상징하는 사자 모양의 인형, 모자, 에코백 등의 기념품도 판매한다.

📍 S. Polo, 16, 30125 Venezia
🚶 리알토 다리에서 도보 1분
🕐 10:30~13:30, 14:00~18:30
📞 +39-041-319-8826

베네치아의 가면 공방 ⋯⋯ ⑪
카 마카나 Ca' Macana

베네치아는 예로부터 코메디아 델라르테Commedia dell'Arte라는 가면극이 유행했다. 게다가, 세계 3대 카니발 축제로 불리는 베네치아 카니발은 '가면 축제'로 알려질 정도로 화려한 가면과 의상으로 치장하는 사람이 많기 때문에 베네치아에서는 자연스럽게 가면 산업이 발달했다. 베네치아의 주요 거리 및 골목에 마스크 상점이 늘어선 이유도 그 이유다. 그중에서도 카 마카나는 1984년부터 최고 품질의 베네치아 마스크를 만들어왔으며, 전통 마스크부터 특정 인물 또는 영화 주인공 등 독특한 작품에 이르기까지 세련되고 내구성이 뛰어난 마스크를 제작한다.

📍 Cannaregio, 1374/75, 30121 Venezia
🚶 아카데미아 다리에서 도보 5분
🕐 09:00~20:00
📞 +39-041-718-655

부라노, 무라노, 리도
Burano, Murano, Lido

베네치아는 라구나Laguna라고 불리는 석호 위에 말뚝을 박아
만든 도시로 118개의 섬이 약 400여 개의 다리로 연결되어 있다.
우리가 보통 관광지라고 부르는 본섬 외에도 배를 타고
가야 만날 수 있는 부라노, 무라노, 리도 등 여러 개의 섬이 주변에 흩어져 있다.
물 위에 떠다니는 수상버스 바포레토를 타고 같은 듯
다른 분위기의 섬을 구경하는 것도 베네치아 여행의 큰 묘미다.

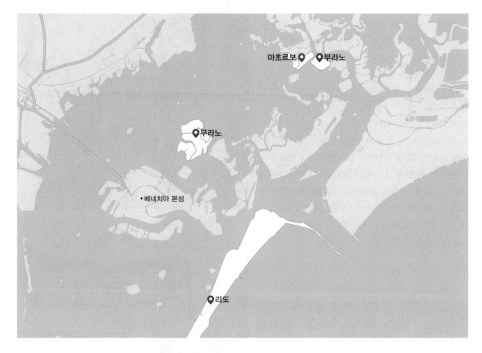

부라노 가는 방법

산타 루치아역 앞의 페로비아Ferrovia D 정류장 → 수상버스 5.2번(20분 소요) → 폰다멘테 노베F.te Nove 정류장 하차 → 폰다멘테 노베F.te Nove A 정류장으로 걸어서 이동 → 수상버스 12번(약 45분 소요) → 부라노Burano 정류장 하차

무라노 가는 방법

무라노에는 6개의 정류장이 있는데 관광객은 주로 무라노 파로Murano Faro 정류장에서 하차한다.

① 산타 루치아역 앞의 페로비아Ferrovia D 정류장 → 수상버스 5.2번(20분 소요) → 폰다멘테 노베F.te Nove 정류장에서 하차 → **옵션 ❶** 폰다멘테 노베F.te Nove A 정류장으로 걸어서 이동 → 수상버스 12번(약 10분 소요) → 무라노 파로Faro 정류장 하차 **옵션 ❷** 폰다멘테 노베F.te Nove B 정류장으로 걸어서 이동 → 수상버스 4.1번(약 10분 소요) → 무라노 파로Faro 정류장 하차

② 산타 루치아역 → 도보 10~15분 → 산 지오베S. Giobbe 정류장 → 수상버스 4.2번(약 10~15분 소요) → 무라노 파로Faro 정류장에서 하차

무라노는 섬이 작아 어느 정류장에서 내리든 크게 상관없다.

베네치아 비엔날레 또는 베네치아 국제영화제 기간에는 급증하는 관광객들을 수용하기 위해 특별 배편을 편성하기도 한다.

리도 가는 방법

로마 광장P.le Roma B 정류장 → 수상버스 5.1번 또는 6번 버스(30분 소요) → 리도 산타 마리아 엘리자베타Lido-S.M.E 정류장 하차

알록달록 다채로운 색의 향연
부라노 Burano

부라노섬은 베네치아 본섬에서 북동쪽으로 약 7km 떨어진 곳에 위치한 작은 섬이다. 복잡한 수상버스를 타고 1시간 남짓 가야 하기 때문에 가는 길에 벌써 지치기 일쑤지만, 도착하자마자 동화 속 마을에 온 듯한 착각에 빠져 카메라 셔터를 누를 수밖에 없다. 형형색색의 장난감처럼 자그마한 집들은 방금 짜낸 물감을 칠한 것처럼 선명하다. 가수 아이유의 '하루 끝' 뮤직비디오 촬영 장소로 우리나라 여행자에게 잘 알려져 있다. 또한 세계적으로 유명한 자수 공예품을 생산하는 곳이기도 하다. 볕이 좋은 날이면 그늘에 모여 앉아 레이스 공예품을 만드는 현지인들의 모습을 볼 수 있다. 부라노섬 근교에는 베네치아 유일의 화이트 와인 생산지인 마초르보섬과 베네치아인들이 가장 먼저 정착해 살기 시작했다고 알려진 토르첼로 Torcello섬 등이 있다.

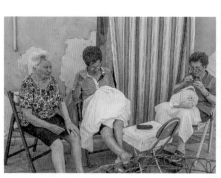

부라노 레이스 박물관 Museo del Merletto

1981년에 개관한 박물관으로 안드리아나 마르첼로 Andriana Marcello 백작 부인이 부라노섬의 레이스 전통을 회복하기 위해 설립한 레이스 학교 공간에 있다. 16세기부터 20세기까지 부라노섬에서 생산한 레이스 공예에 대한 기록물들과 역사적으로 가치 있는 컬렉션이 전시되어 있으며, 레이스 장인들이 실제로 작업하는 모습도 볼 수 있다.

📍 Piazza Baldassarre Galuppi, 187, 30142 Venezia
€ 일반 €5, 6세 미만은 무료 🕐 화~일 10:00~16:00
❌ 월요일 📞 +39-041-730034
🏠 museomerletto.visitmuve.it

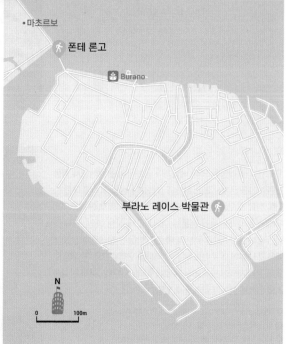

•마초르보

폰테 론고

Burano

부라노 레이스 박물관

N

0   100m

세계 최고의 유리 공예품이 탄생하는
무라노 Murano

베네치아 본섬에서 북동쪽으로 약 1.5km 떨어져 있으며, 세계적으로 유명한 무라노 유리를 생산하는 곳으로 잘 알려져 있다. 7개의 섬이 다리로 연결되어 있다. 동방무역의 중심지였던 베네치아에서는 13세기 초부터 비잔틴에서 들여온 유리 공예 기술이 발전했다. 잦은 화재로부터 베네치아 공화국을 보호하고, 유리 공예 기술의 유출을 방지하기 위해 1291년에 용광로를 무라노섬으로 이전하기로 결정했으며, 주거 제한을 통해 그 명성이나 기술력이 지금까지 이어져 오고 있다. 무라노섬에 방문하면 장인들이 유리 공예품 만드는 모습을 직접 볼 수 있고 구매도 가능하다. 유리로 만든 작은 기념품부터 실용적인 유리컵, 접시, 장식용 오브제, 샹들리에까지 가격과 종류가 다양하기 때문에 구경하는 재미도 쏠쏠하다. 다만 구경하다 가방이나 소지품으로 인한 유리 파손이 자주 일어나므로 각별한 주의를 기울여야 한다.

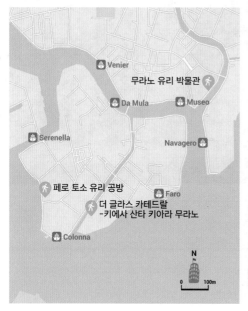

무라노 유리 박물관 Museo del Vetro

1797년 나폴레옹에 의해 베네치아 공화국이 몰락하면서 암울했던 시기를 극복하고 1861년에 설립했다. 섬의 역사에 대한 증거를 한데 모으는 기록 보관소 만들기 프로젝트로 탄생했지만, 무라노 유리의 역사와 전통을 이어가고자 하는 개인, 귀족 가문, 국가 차원의 기증 덕분에 빠르게 박물관 형태로 발전했다. 박물관 내부에서 무라노 유리의 역사를 연대순으로 관람할 수 있게 잘 배치되어 있기 때문에 로마 시대(1~4세기)부터 현재까지의 변화를 한눈에 살펴볼 수 있다.

📍 Fondamenta Marco Giustinian, 8, 30141 Venezia
💶 일반 €10, 6세 미만 무료   🕐 10:00~17:00
📞 +39-041-739586   🏠 museovetro.visitmuve.it

무라노에 왔다면, 유리 공방 체험하기

무라노섬에는 50여 개의 공방이 있는데, 1400~1600℃ 이상의 용광로에 녹인 뜨거운 물질을 '칸네'라고 부르는 긴 대롱으로 부는 전통 방식으로 작업한다. 무라노 유리만의 오묘한 색감과 아름다운 곡선의 형태가 만들어지는 과정을 바라보는 것도 흥미로운 경험이다. 여러 장인이 그룹을 이루어 100% 수작업으로 작품을 만드는데, 비용을 지불하면 작업 과정을 관람할 수 있다. 직접 유리 기념품을 만들어볼 수 있는 체험형 공방도 운영한다.

더 글라스 카테드랄-키에사 산타 키아라 무라노 The Glass Cathedral-Chiesa Santa Chiara Murano

과거 산타 키아라Santa Chiara 성당이었던 이곳은 최근 복원을 거쳐 유리 공예에 대한 경험을 제공하는 장소로 개장했다. 높은 층고에 화려한 샹들리에와 유리 작품들이 진열되어 있으며, 하루에 9회 유리 장인들이 작품을 직접 만드는 퍼포먼스를 진행한다. 그 밖에 결혼식 피로연, 각종 공식 행사 등의 대관 장소로도 활용한다.

📍 Fondamenta Manin, 1, 30141 Venezia
🕐 유리 퍼포먼스 관람 시간 월~일 10:30/11:15/12:00/12:45/13:45/14:30/15:15/16:00/16:45 내부 행사가 있는 날은 입장이 불가능할 수도 있다. 유리 작품으로 둘러싸인 내부에서 장인이 2개의 원본 작품을 만드는 모습을 관람할 수 있다. 약 25분 소요.
💶 일반 €10, 12세 미만 무료 🕐 10:30~17:00
🏠 www.santachiaramurano.com

페로 토소 유리 공방
Ferro Toso Laboratorio Artigiano Murrine

무리나Murrina는 무라노 유리 제조에 사용하는 장식 기술로, 작은 색유리 조각을 겹쳐서 복잡한 패턴을 디자인 하는 작업이다. 무리나 조각을 이용해 꽃병이나 장식품, 액세서리 등을 만들 수 있다. 페로 토소 공방에서는 무리나를 이용해 펜던트, 귀고리, 목걸이, 열쇠고리 등의 액세서리를 직접 만들 수 있다. 워크숍은 15~20분, 주조 및 냉각 작업은 1시간 정도 소요되기 때문에 체험 활동 후 무라노섬을 한 바퀴 산책하면 된다.

★ 전화 또는 홈페이지를 통해 워크숍을 미리 예약할 수 있다.

📍 Fondamenta Serenella, 15, 30141 Venezia 💶 체험 1인 €15
🕐 10:00~16:00 📞 +39-347-903-2090 🏠 www.ferrotoso.it

베네치아 국제영화제의 무대

리도 Lido di Venezia

지도를 보면 베네치아 본섬 동쪽에 길쭉하게 늘어선 방파제 같은 섬이 있다. 바로 리도섬이다. 자동차가 다닐 수 있고 길게 뻗은 가로수길이 가지런히 정돈되어 있으며, 고급 저택도 즐비해 부유한 휴양지의 느낌이 난다. 베네치아 본섬에서는 물에 발을 담그는 행위가 금지되어 있으나, 리도섬에서는 파도 치는 아드리아해를 마주할 수 있기 때문에 해수욕이나 태닝을 하는 사람들로 발 디딜 틈 없이 붐빈다. 노벨 문학상을 수상한 독일의 문학가 토마스 만이 베네치아 리도섬의 바인스 호텔The Grand Hotel de Bains에 머물며 소설 〈베네치아에서의 죽음〉을 썼다. 총 길이가 11km에 달하는 이 길쭉한 섬은 매년 늦여름이면 세계에서 가장 오래된 국제영화제로 손꼽히는 베네치아 국제영화제가 열리는데, 1987년에 배우 강수연이 임권택 감독의 〈씨받이〉로 여우주연상을 수상하는 등 우리나라 영화도 여러 차례 초청되었다.

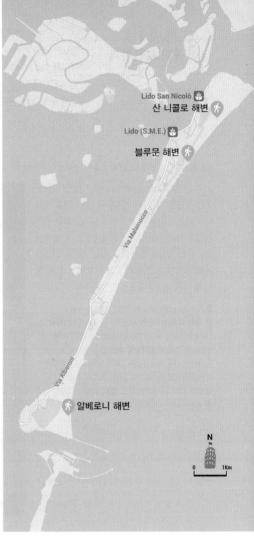

리도 해수욕장

- **무료 해수욕장** Spiagge Libere 리도섬에서는 산 니콜로 해변Spiaggia San Nicolò, 알베로니 해변Spiaggia degli Alberoni 등 다양한 무료 해변을 이용할 수 있다. 단, 샤워 시설이 없고 프라이빗 해수욕장과 달리 잘 관리되어 있지 않기 때문에 모래가 고르지 않고 혼잡한 편이다.

- **프라이빗 해수욕장** Spiagge Private 리도섬의 호텔에서 운영하는 프라이빗 해수욕장은 숙박객이 아니더라도 이용할 수 있다. 선 베드, 파라솔 등 다양한 시설을 갖추고 있으며 요금을 지불하면 일정 기간 대여할 수 있다. 기간 설정은 일, 주, 월별로 가능하고 시즌 내내 빌리는 것도 가능하다.

- **블루문 해수욕장** Spiaggia Blue Moon 정규 시즌은 4월 말부터 9월 말까지이며 수영장, 레스토랑 등의 시설을 갖추고 있다. 무료 해수욕장이지만 유료존의 경우 시즌, 선 베드의 위치, 시간대(오전/오후)에 따라 가격이 조금씩 다르다.

  🏠 www.veneziaspiagge.it

베네치아의 유일한
화이트 와인 생산지
마초르보

Mazzorbo

마초르보섬은 부라노 바로 옆에 위치한
작은 섬으로 현지인들이 '폰테 론고Ponte Longo
(긴 다리)'라고 부르는 나무 다리로 부라노섬과
연결되어 있다. 알록달록한 부라노섬에
매료된 관광객들에게는 잘 알려져 있지 않지만,
베네치아 석호 내에서 유일한 화이트 와인
생산지이자 소금기를 가득 머금은 척박한 땅에서
드물게 농업 활동이 풍요로운 경작지다.
이탈리아에서 스파클링 와인 생산으로
손꼽히는 비솔Bisol 가문이 베네치아 전통 포도
품종인 도로나Dorona를 부활시켜 사랑스러운
와이너리, 리조트, 고급 레스토랑과
캐주얼한 식당을 운영하고 있다. 부라노섬에서
도보로 불과 5분 거리지만 관광객으로
붐비는 부라노섬과는 달리 나무와 풀이 우거지고,
키 작은 포도밭을 거닐며 평온한 분위기를
누릴 수 있다.

칸티나 베니사 Cantina Venissa

14세기 종탑이 있고 중세 시대의 벽으로 둘러싸인 포도밭
내부에 있는 와이너리. 2006년 베네치아시에서 주최한 마
초르보섬 농장 복원 프로젝트 공개 경쟁에서 잔루카 비솔
Gianluca Bisol이 15대 1의 경쟁률을 뚫고 선정되었다. '소금물
의 기운을 머금고 자란 포도로 와인을 생산할 수 있을까?' 근
교 토르첼로섬의 오래된 포도밭을 보고 막연히 생각만 했던
일이 오랜 연구를 통해 실현되었고, 그 결과물이 베네치아 전
통 포도 품종인 도로나로 생산하는 베니사 와인이다.

📍 Fondamenta di Santa Caterina, 3, 30142 Venezia
€ 와이너리 시음 비용 €90(6종류 베니사 와인 시음 및 포도밭 투어),
€45(2종류 베니사 와인 시음 및 포도밭 투어)
🏠 와이너리 투어 예약 사이트 visite.venissa.it/it

리스토란테 베니사 Ristorante Venissa

미쉐린 원스타 레스토랑이자 요리법과 지속 가능성을 인정
받은 베네치아 유일의 미쉐린 그린스타 레스토랑이다. 포도
밭 옆에는 레스토랑에서 사용하는 대부분의 채소를 공급하
는 '소금정원'이라는 채소밭이 있다. 7코스 또는 10코스 중에
서 선택할 수 있으며, 와인 페어링을 선택하면 베니사 와인을
즐길 수 있다. 칸티나 베니사 와이너리와 붙어 있다.

📍 Fondamenta di Santa Caterina, 3, 30142 Venezia
🕐 목~월 12:30~13:45, 19:30~20:45 ✕ 화·수요일
€ 7코스 메뉴 €150, 10코스 메뉴 €175, 셰프 테이블 €320
📞 +39-041-527-2281 🏠 www.venissa.it/ristorante

학자들의 도시

파도바 Padova

파도바는 이탈리아 북동부 베네토주에 위치하며, 베네치아에서 남서쪽으로
약 40km 떨어진 도시다. 중세 시대에는 중요한 문화 및 교육의
중심지로 발전했다. 1222년에 설립된 파도바 대학은 세계에서 가장 오래된
대학 중 하나로 손꼽히며 이곳에서 세계 최초의 해부학 강의실을 둘러볼 수 있다.
이외에도 1997년에 유네스코 세계 문화유산에 지정된 세계에서 가장 오래된 식물원,
조토의 프레스코화가 그려진 스크로베니 예배당 등의 명소가 있다.

가는 방법·시내교통

파도바는 이탈리아 북부의 교통의 요지로 주요 도시에서 열차로 쉽게 갈 수 있다. 베네치아 산타루치아역에서 지역 열차를 타면 환승 없이 파도바역까지 갈 수 있다. 1시간에 3~5대로 자주 다니는 편이다.

베네치아 산타 루치아역 ·················· 25~50분, €4.8 ·················· **파도바역**

모든 명소는 전부 걸어서 둘러볼 수 있을 정도로 시내 규모가 작기 때문에 베네치아에서 당일치기로 다녀오기 적당하다. 파도바역 내부에 여행 안내소가 위치한다.

추천 코스

○ 파도바역

　도보 13분

○ 스크로베니 예배당

　도보 10분

○ 팔라초 보,
　해부학 강의실

　도보 1분

○ 페드로키 카페

　도보 20분

○ 프라토 델라 발레

　도보 5분

○ 성 안토니오 성당

조토의 걸작이 있는
스크로베니 예배당
Cappella degli Scrovegni

2021년 유네스코 세계 문화유산으로 지정된 스크로베니 예배당은 악명 높은 고리대금업자 가문의 엔리코 스크로베니Enrico degli Scrovegn가 건축을 의뢰한 가족 예배당이다. 실내에는 조토의 걸작이라 평가받는 프레스코화가 벽면과 천장 전체에 걸쳐 그려져 있다. 조토는 스크로베니 예배당의 그림을 요청 받을 당시 이미 명성을 떨친 화가였으며, 평면화에서 입체화로, 중세에서 르네상스로 넘어가는 시기에 가장 중요한 인물이라 평가받는다. 스크로베니 예배당은 사전 예약을 통해서만 방문할 수 있다. 한정된 인원에게 15분의 관람 시간이 주어지며 입장 전 비디오를 필수적으로 시청해야 한다. 티켓 예약이 치열하기 때문에 티켓 오픈과 동시에 예매하는 것을 추천한다.

📍 Piazza Eremitani, 8, 35121 Padova
🚶 파도바역에서 도보 13분　🕐 월 09:00~12:00,
화 12:00~19:00, 수~일 09:00~19:00　💶 €16
📞 +39-049-201-0020　🏠 www.cappelladegliscrovegni.it

세계 최초의 해부학 강의실
팔라초 보,
해부학 강의실
Palazzo Bo, Teatro Anatomico

파도바 대학교는 1222년에 설립된 이탈리아의 명문 대학 중 하나이며, 볼로냐 대학에 이어 이탈리아에서 두 번째로 오래된 대학이다. 갈릴레오 갈릴레이, 코페르니쿠스, 교황 식스토 4세 등 저명한 인물들을 배출했다. 이탈리아 역사상 첫 여성 대학 졸업자를 배출한 대학이기도 하다. 1592년부터 1610년까지 갈릴레오 갈릴레이가 이곳에서 학생들을 가르쳤으며, 현재 대학 본부로 운영 중인 팔라초 보 내부에는 세계 최초의 해부학 강의실이 원형 그대로 잘 보존되어 있어 가이드를 동반해서 입장할 수 있다.

📍 Via VIII Febbraio, 2, 35122 Padova
🚶 스크로베니 예배당에서 도보 10분
🕐 09:00~20:00, 팔라초 보 및 해부학 강의실 투어(45분 소요), **영어 투어** 월~일 11:30/16:30
이탈리아어 투어 월~일 10:30/12:30/15:30/
17:30　💶 €8(예약 필수)　📞 +39-049-827-3939　🏠 온라인 티켓 구매 ticket.midaticket.it/palazzobo/Events

유러피언 감성이 가득한 광장
프라토 델라 발레 Prato della Valle

모스크바의 붉은 광장에 이어 유럽에서 두 번째로 큰 광장. 산책을 하고, 대화를 나누고, 아이스크림을 먹고, 달리거나 스케이트를 타는 사람들이 매일같이 모여드는 현지인들에게 인기 있는 만남의 장소다. 푸른 잔디밭에서 간단한 점심을 먹거나 잠시 쉬었다 가기 좋다.

📍 Prato della Valle, 35141 Padova 🏃 파도바역에서 트램
SIR1번 탑승 후 프라토Prato 정류장에서 하차(10분 소요)

가톨릭 신자들의 성지
성 안토니오 성당 Basilica di Sant'Antonio

도시의 수호성인인 성 안토니오의 무덤과 유물을 보존하고 있는 성당. 매년 650만 명이 넘는 순례자가 방문할 정도로 가톨릭에서 성스럽게 여기는 장소 중 하나다. 8개의 돔, 2개의 종탑, 4개의 회랑, 도서관 및 수많은 예배당을 갖추고 있으며, 르네상스 시대의 조각가 도나텔로가 만든 중앙 제단은 감탄을 자아낸다.

📍 Piazza del Santo, 11, 35123 Padova
🏃 프라토 델라 발레에서 도보 5분 🕐 06:15~19:30
🏠 www.santantonio.org/it/basilica

초록색 민트 커피를 마셔보자
페드로키 카페 Caffè Pedrocchi

1831년 파도바 중심에 문을 연 도시에서 가장 오래된 카페. 한때는 문이 없는 카페로 불렸다. 주인 안토니오 페드로키가 주문하지 않아도 누구나 테이블에 앉아 책과 신문을 읽고, 열띤 토론을 할 수 있도록 배려해주었기 때문에 지식인과 귀족들의 사랑방 역할을 했다. 현재까지도 주민들과 학생들이 가장 사랑하는 장소다. 이곳의 시그니처 메뉴는 카페 페드로키와 민트 케이크. 카페 페드로키는 차가운 민트와 생크림을 얹은 독특한 맛인데, 이탈리아의 다른 도시 카페테리아에도 단골로 등장하는 민트 커피인 '카페 페드로키'의 원조가 바로 이곳이다. 카페 페드로키는 €3다.

📍 Via VIII Febbraio, 15, 35122 Padova 🏃 팔라초 보에서 도보 1분
🕐 일~목 08:00~24:00, 금·토 08:00~01:00
🏠 www.caffepedrocchi.it

악마가 사랑한 천국

돌로미티 Dolomiti

#이탈리아의알프스 #여름엔트레킹천국 #동계올림픽개최지

이탈리아 동부 알프스산맥의 일부 지역을 '돌로미티'라 한다. 하얀색 눈처럼
화려한 백운암, 즉 돌로마이트 암석에서 유래된 이름이다. 2009년 세계 유일의
지질학적, 경관적 특징으로 9개의 국립공원과 자연 공원이 유네스코
세계 자연유산으로 지정되었다. 돌산의 압도적인 풍경을 만나면 누구라도
탄성을 내지를 정도로 웅장해 악마조차도 사랑한 천국이라는 별명이 붙었다.
일부 지역은 오스트리아와 맞닿아 있으며, 제1차 세계대전 때까지
오스트리아 헝가리 제국의 영토였기 때문에 독일어와 이탈리아어를 혼용해
사용한다. 여름철에는 최고의 피서지이며, 겨울철에는 동계올림픽을 2번 개최
(1956년, 2026년 예정)할 정도로 동계스포츠를 즐길 수 있는 최적의 여행지다.

돌로미티 가는 방법

돌로미티는 일반적으로 동부, 서부 지역으로 나누어 일정을 짠다. 서부 지역의 대표 거점 도시는 볼차노, 오르티세이 마을이며 동부 지역의 대표적인 거점 도시는 코르티나 담페초, 도비아코 마을이다. 서부 지역의 경우 로마-피렌체-볼차노까지 환승 없이 이어지는 고속열차가 운행 중이며, 밀라노와 베네치아에서 출발하는 경우 베로나에서 환승 후 볼차노로 이동한다. 동부 지역의 경우 베네치아에서 출발하는 것이 일반적이며, 현지에서 운영하는 투어 상품을 이용하거나 렌터카로 당일치기 여행으로 다녀올 수 있다. 다만 트레킹을 할 수 있는 여름 시즌과 겨울 스키 시즌을 제외하면 대중교통편이 현저히 줄어들어 방문하는 시기에 따라 공식 홈페이지에서 버스 시간표를 반드시 확인하는 것이 좋다.

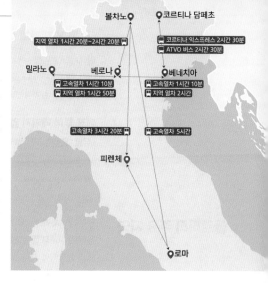

지역 열차 1시간 20분~2시간 20분
코르티나 익스프레스 2시간 30분
ATVO 버스 2시간 30분
고속열차 1시간 10분
고속열차 1시간 10분
지역 열차 1시간 50분
지역 열차 2시간
고속열차 3시간 20분
고속열차 5시간

볼차노 / 코르티나 담페초 / 밀라노 / 베로나 / 베네치아 / 피렌체 / 로마

이탈리아 주요 도시에서 돌로미티로 이동하기

열차 회사(트랜이탈리아, 이탈로)와 종류(지역 열차, 고속열차), 좌석 등급, 직행 또는 환승, 평일 또는 휴일에 따라 요금이 달라진다. 자세한 정보는 각 철도 회사의 홈페이지나 애플리케이션에서 확인할 수 있다.

① 열차(돌로미티 서부 지역 도착)

베네치아 산타 루치아역 Venezia S.Lucia	
베네치아 메스트레역 Venezia Mestre	
밀라노 첸트랄레역 Milano Centrale	→ 볼차노
피렌체 산타 마리아 노벨라역 Firenze S.M.N	
로마 테르미니역 Roma Termini	

★ 베네치아 또는 밀라노에서 출발 시 베로나 포르타 누오바역에서 1회 환승
★ 볼차노에서 350번 버스 탑승 후 약 57분 이동하면 오르티세이 마을

② 버스(돌로미티 동부 지역 도착)

베네치아 마르코 폴로 공항 또는 베네치아 본섬 로마 광장 또는 베네치아 메스트레역에서 ATVO 버스 또는 코르티나 익스프레스 버스Cortina Express를 타면 코르티나 담페초까지 갈 수 있다. 2시간 30분 정도 걸리며 반드시 사전 예약 해야한다. 탑승 시간(오전 또는 오후)과 계절(여름 또는 겨울), 평일 또는 주말에 따라 요금이 달라지며 버스 회사의 정책에 따라 가격이 인상 될 수도 있다. 대략적인 편도 요금은 1인당 €15~20 정도.

🏠 코르티나 익스프레스 예약 www.cortinaexpress.it 🏠 ATVO 예약 ecommerce.atvo.it

③ 렌터카

· 출발 베네치아 마르코 폴로 공항 또는 베네치아 본섬의 로마 광장 또는 베네치아 메스트레역
· 추천 업체 허츠Hertz, 로카우토Locauto
· 렌터카 대여 시 준비물 대한민국 운전면허증, 국제 운전면허증, 신용카드(결제용과 보증용 총 2장 필요)

★ 11월 15일부터 4월 15일까지 운전 시, 이탈리아 교통법으로 인해 스노 체인 필수 지참
★ 주차, 주유, 통행금지 구역, 과속 등 안전에 유의하면서 운전해야 한다.

④ 투어 패키지 이용

베네치아나 밀라노에서 출발하는 당일치기 또는 숙박을 포함한 돌로미티 투어 상품이 여럿 있다. 일정이나 교통 등을 고민하지 않아도 되기 때문에 짧은 시간 안에 효율적으로 여행하고 싶어하는 사람에게 추천한다.

대표 투어 패키지 업체
· **유로자전거나라** 베네치아 메스트레역에서 출발하며, 대형 버스 기사와 전문 가이드가 동행한다.(5~10월까지 매주 월·수·금 출발)
  🏠 www.eurobike.kr

돌로미티 주요 지역

돌로미티 지역의 성수기는 트레킹이 가능한 여름철과 케이블카(리프트)를 운영하는 겨울철로 비교적 짧은 편이다. 하지만 볼차노, 코르티나 담페초 등의 소도시 여행이나 알프스 산자락에 자리 잡은 온천 마을에서의 휴식, 이탈리아 북부 지역 와인의 정수를 느낄 수 있는 와이너리 투어 등 다양한 활동이 가능하다. 코르티나 담페초 마을은 2026년 동계 올림픽 개최지로 선정되었다.

돌로미티
시내 교통

돌로미티 지역 공식
대중교통 홈페이지
🏠 SAD www.sad.it/it
🏠 Suedtirolmobil
  www.suedtirolmobil.info/it

여름에는 수백 개의 하이킹 코스를 즐길 수 있고 케이블카(리프트)를 타고 산 정상까지 오를 수도 있다. 겨울에는 돌로미티 슈퍼 스키 패스로 전 지역의 케이블카(리프트)를 무제한 이용할 수 있고, 스키, 눈썰매, 개썰매 등 다양한 액티비티를 즐길 수 있다. 즉, 여름철에는 돌로미티 슈퍼 서머 카드, 겨울철에는 돌로미티 슈퍼 스키 패스를 구입하는 게 합리적이다.

① 케이블카(리프트)

돌로미티는 해발고도 2000m가 넘는 봉우리만 500여 개가 넘는 산악지대이기 때문에 높은 곳을 편안하게 올라갈 수 있는 케이블카(리프트)가 곳곳에 설치되어 있다. 1회 요금이 비싼 편이므로 일정에 따라 케이블카(리프트)를 여러 번 탑승할 계획이 있다면 패스권을 구입하자. 돌로미티 슈퍼 서머 카드(여름철) 또는 돌로미티 슈퍼 스키 패스(겨울철)를 구입하면 해당 기간에 무제한으로 케이블카(리프트)에 탑승할 수 있어서 효율적으로 여행할 수 있다. 탑승 장소 입구에 설치된 티켓 판매소 또는 자판기에서 구매할 수 있다.

· **돌로미티 슈퍼 서머 카드** Dolomiti Super Summer Card 여름에 하루 이상 머물 예정인 여행자들을 위해 돌로미티 지역 140여 개의 케이블카(리프트)를 커버하는 카드다. 슈퍼 서머 카드는 멀티 데이 카드와 포인트 벨류 카드로 나뉜다. 이용 기간은 5월 9일에서 11월 10일까지(2024년 기준, 기상 상황에 따라 매년 달라짐, 이 시기 외에는 운행하지 않음), 돌로미티 지역 케이블카(리프트)만 해당하며 버스 등 대중교통은 포함하지 않는다.

슈퍼 서머 카드 종류   ★여름철은 슈퍼 서머 카드, 겨울철은 슈퍼 스키 패스라고 부른다.

	특징	사용 범위
멀티 데이 카드 Multi day Card	· 1인당 한 장씩 구입할 수 있는 케이블카(리프트) 무제한 이용권 · 처음 개시하는 순간부터 카운트한다.	· 1일권 €62 · 4일 중 3일권(4일 중 원하는 날 3일을 쓸 수 있는 카드) €135 · 7일 중 5일권(7일 중 원하는 날 5일을 쓸 수 있는 카드) €175 ★8세 미만은 무료, 동반 성인 1명당 1명의 16세 미만 청소년은 성인 가격에서 30% 할인
포인트 벨류 카드 Point Value Card	· 케이블카(리프트)별로 부여된 포인트를 차감하는 방식 · 한 장의 카드로 여러 명이 사용할 수 있다. · 가장 인기 있는 지역인 발 가르데나Val Gardegna 지역 케이블카(리프트)는 포함되지 않는다.	€100(1000포인트 적립)

② 버스

돌로미티 지역은 크게 남부 티롤(알토 아디제) 지역과 베네토 지역으로 구분된다. 남부 티롤 지역의 경우 '모빌 카드Mobil Card'라는 명칭의 교통권을 판매하고 있다. 버스 터미널의 티켓 자판기 또는 인포메이션 센터, 역이나 버스 터미널에서 구입할 수 있으며, 처음 사용하기 전에 티켓 뒷면에 소지자의 이름과 유효기간을 기재해야 한다.

🏠 **버스 티켓 예약 홈페이지**
www.prags.bz/it

지역	남부 티롤(알토 아디제)	베네토
세부 지역	메라노, 볼차노, 오르티세이, 도비아코, 산 칸디도	코르티나 담페초, 라가주오이, 친퀘 토리, 소라피스, 미수리나, 트레치메
교통 티켓	모빌 카드로 커버 가능(1일권 €20, 3일권 €30, 7일권 €45)	베네토 지역(코르티나 담페초 마을 기준 동쪽과 서쪽 구간만 해당)은 남부 티롤 지역(코르티나 담페초 마을 기준 북쪽)에서 사용하는 모빌 카드를 사용할 수 없기 때문에 탈 때마다 버스 티켓을 구입해야 한다.
비고	· 도비아코-브라이에스 호수를 연결하는 442번 버스(여름 성수기에만 별도 구입 필요)와 도비아코-트레치메를 연결하는 444번 버스는 모빌 카드가 있더라도 별도 버스 티켓을 구입해야 한다. · 일부 숙소에서 제공해주는 '게스트 패스'가 있다면 모빌 카드와 동일하게 교통권으로 활용 할 수 있다.	

③ 택시

돌로미티 지역은 택시 호출 시스템이 없기 때문에 지정된 택시 승차장에서 택시를 탄다. 여행 안내소나 버스 정류장에 지역의 택시기사 개인 연락처가 있으니 사진을 찍어두는 것이 좋다.

④ 열차

메라노, 볼차노, 도비아코, 산 칸디도에는 모두 역이 있어 열차로 이동할 수도 있다.

돌로미티
추천 코스

돌로미티 지역은 동서 약 150km, 남북 약 100km에 달하는 방대한 지역이기 때문에 최소 일주일은 할애해야 주요 포인트들을 겨우 둘러볼 수 있다. 돌로미티 시즌권을 구입해 몇 개월씩 산맥과 능선을 누비는 여행자도 있지만 시간 여유가 없을 때는 효율적으로 동선을 짜서 여행하는 게 중요하다. 편의상 동쪽, 서쪽으로 구분해 동쪽의 거점 지역인 코르티나 담페초, 도비아코, 서쪽의 거점 지역인 볼차노, 오르티세이에 머물면서 주변 지역을 여행하는 것이 일반적이며, 베네치아 또는 밀라노에서 당일치기로 몇 곳의 포인트만 다녀올 수도 있다.

📖 2박 3일 추천 일정

대중교통 여행의 경우 숙소를 자주 옮기는 것보다 한 곳에 머물면서 근교 도시에 다녀오는 것이 효율적이다. 서부 지역 거점 마을인 볼차노 숙박, 동부 지역 거점 마을인 도비아코 마을 숙박을 가정한 추천 코스는 다음과 같다.

> **돌로미티, 어디에서 묵을까?**
> • 서부 지역 볼차노, 오르티세이
> • 동부 지역 코르티나 담페초, 도비아코

돌로미티 서부 지역 2박 3일 코스
★ 볼차노 숙박

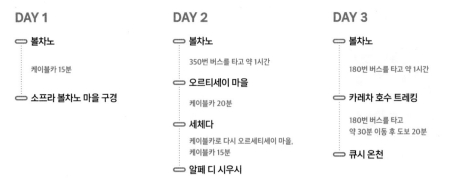

DAY 1
- 볼차노

  케이블카 15분

- 소프라 볼차노 마을 구경

DAY 2
- 볼차노

  350번 버스를 타고 약 1시간

- 오르티세이 마을

  케이블카 20분

- 세체다

  케이블카로 다시 오르세티세이 마을,
  케이블카 15분

- 알페 디 시우시

DAY 3
- 볼차노

  180번 버스를 타고 약 1시간

- 카레차 호수 트레킹

  180번 버스를 타고
  약 30분 이동 후 도보 20분

- 큐시 온천

돌로미티 동부 지역 2박 3일 코스

★ 도비아코 마을 숙박

린츠
(오스트리아)

DAY 2

도비아코 ● 산 칸디도

DAY 1

브라이에스 호수

DAY 3

● 트레치메 디 라바레도

DAY 1

⊂ 도비아코

442번 버스를 타고 30분

⊂ 브라이에스 호수 트레킹

DAY 2

⊂ 도비아코

열차로 4분

⊂ 산 칸디도

⊂ 자전거를 타고 국경을 넘어
오스트리아 린츠Lienz 다녀오기

DAY 3

⊂ 도비아코

444번 버스를 타고 약 1시간

⊂ 트레치메 디 라바레도 트레킹

도비아코 호수

거점 도시 ..... ①

코르티나 담페초 Cortina d'Ampezzo

돌로미티 동쪽 지역의 거점 도시로 여름 관광 휴양지일뿐만 아니라 겨울 스포츠와 관련된 국제적으로 중요한 스포츠 행사가 열리기도 한다. 대표적으로 1956년 동계 올림픽, 1932년과 1941년에 알파인 스키 선수권 대회가 열렸으며, 2026년 동계 올림픽 개최지로 다시금 주목받고 있다. 서쪽으로는 파소 팔자레고 Passo Falzarego(차량으로 이동), 라가주오이 Lagazuoi(케이블카로 이동), 친퀘 토리 Cinque Torri(리프트로 이동) 등의 포인트가 있고, 동쪽으로는 미수리나 호수 Lago di Misurina, 트레치메 Trecime(차량으로 이동), 북쪽으로는 도비아코 호수 Lago di Dobbiaco가 있다.

🏃 베네치아에서 북쪽으로 약 150km 떨어져 있으며 ATVO 버스 또는 코르티나 익스프레스 버스를 타고 갈 수 있다.

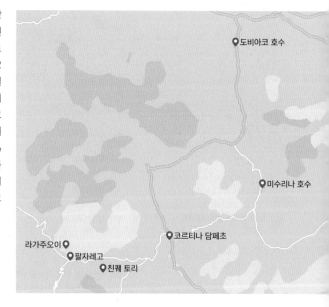

카판나 라 발레스 Capanna Ra Valles 2,470m

코르티나 담페초 마을을 여행하면 케이블카 선택지가 여럿인데, 가장 인기 있는 토파나 케이블카를 타고 오르면 2470m 정상에서 병풍처럼 펼쳐진 돌로미티 산악지대의 절경을 바라보며 식사를 할 수 있다. 알프스에서 주로 먹는 전통 요리인 콩수프, 굴라시 등을 맛볼 수 있으며, 간단한 커피나 맥주 등을 마시며 휴식을 취하기에도 좋다. 피자는 €15부터, 파스타는 €12부터다.

📍 Ra Valles, Tofana, 32043 Cortina d'Ampezzo
🕐 09:00~17:00 📞 +39-043-686-2372
🏠 www.freccianelcielo.com

라 쿠페라티바 디 코르티나
La Cooperativa di Cortina

코르티나 담페초를 방문하는 사람은 누구라도 한 번쯤 방문할 수밖에 없는 중심부에 위치한 종합 쇼핑몰이다. 3개 층으로 구성되어 있으며 돌로미티 지역의 특산품이나 전통 인형 등 독점적으로 판매하는 상품뿐만 아니라 등산복, 스키복 등 스포츠웨어, 식료품, 주방용품 등 다양한 상품을 판매한다.

📍 Corso Italia, 40, 32043 Cortina d'Ampezzo
🕐 월~토 08:30~12:30, 15:00~19:30 ❌ 일요일
🏠 www.coopcortina.com

거점 도시 ····· ②

도비아코 Dobbiaco

도비아코는 오스트리아 국경 지대와 인접해 있으며, 볼차노에서 동쪽으로 약 70km 떨어진 푸스테리아Pusteria 지역에 위치한다. 트레치메 봉우리, 파네스Fanes, 세네스Senes, 브라이에스Braies 자연 공원과 접해 있고, 도비아코 호수, 란드로 호수와 같은 아름다운 2개의 호수를 품고 있다. 한 세기 이상 유럽 귀족들의 휴양지로 사랑받았으며, 보헤미아 작곡가 구스타프 말러Gustav Mahler가 1908~1910년 사이에 여름을 보낸 지역으로도 잘 알려져 있다. 실제로 그는 도비아코에 있는 자신의 별장에서 〈9번 교향곡〉과 〈지구의 노래〉를 작곡했다.

★ 베네치아에서 ATVO 버스 또는 코르티나 익스프레스 버스를 타고 코르티나 담페초까지 간 후, 445번 버스를 타고 도비아코로 가는 방법이 가장 효율적이다.

돌로미티의 교통의 요지는
바로 도비아코

돌로미티를 대중교통으로 여행하는 사람들에게 가장 중요한 교통의 거점이 되는 곳이다. 444번 버스(여름철 예약 필수)를 타면 트레킹 코스로 유명한 트레치메Trecime, 442번 버스(여름철 예약 필수)를 타면 푸른색 물빛이 신비로운 브라이에스 호수Lago di Braies, 445번 버스를 타면 2026년 동계 올림픽 개최 예정지 코르티나 담페초에 갈 수 있으며, 기차를 타면 오스트리아 소도시 린츠까지 1시간 만에 갈 수 있다. 뿐만 아니라 마을에서 자전거를 빌려 타고 푸르고 완만한 능선을 따라 달리다가 여권 검사 등의 특별한 제약 없이 오스트리아 국경을 넘을 수도 있다.

린츠 (오스트리아)

도비아코

브라이에스 호수

트레치메

코르티나 담페초

수제 햄버거와 맥주 맛집
에이리쉬 그릴 Eirisch Grill

돌로미티 지역 출신의 젊은 셰프들이 운영하는 수제 햄버거 맛집이다. 햄버거뿐만 아니라 감자튀김, 치킨너겟 등 직접 만드는 사이드 메뉴들도 훌륭하고, 다양한 수제 병맥주도 추천 받을 수 있다. 오픈형 주방으로 요리 과정을 지켜볼 수 있으며, 내부에 20여 개의 좌석이 있고 전 메뉴 테이크아웃이 가능하다. 햄버거 €8.5부터, 튀김은 €6.5부터.

 Piazza Municipio, 4B, 39034 Dobbiaco 수~일 11:30~14:00, 17:30~20:30 월·화요일 +39-340-252 9827

아포테케 토블라크 Apotheke Toblach

돌로미티 고산지대에서 자라는 식물에서 추출해 활성 성분 함량이 높은 건강 보조식품, 화장품, 목욕용품 등을 만들어 판매한다. 주력 상품인 아르니카Arnica는 알프스 고산지대에서 피는 국화과 식물에서 추출한 순수한 고농축 에센스로 만든 제품군이다. 타박상, 근육 및 관절염 치료에 도움을 준다. 또한 알프스 지역 주민들이 겪는 질병을 치료하는 자연요법을 발전시켜 근육통, 소화 장애, 수면 장애, 아토피 등을 위한 다양한 천연 건강 보조식품도 판매한다.

 Viale S. Giovanni, 6, 39034 Dobbiaco 월~토 08:15~12:15, 15:30~19:00 일요일 +39-047-497-2165
 www.farmaciadobbiaco.it

거점 도시 ····· ③

오르티세이
Ortisei

오르티세이는 남티롤주의 발 가르데냐Val Gardegna 중심부에 위치하며 수많은 산으로 둘러싸여 있어 트레킹, 산악자전거 및 스키 투어를 위한 이상적인 출발점이 된다. 마을 중심에 위치한 세체다, 알페 디 시우시 케이블카를 타고 올라 탁 트인 풍경을 만끽할 수 있으며, 다양한 트레킹 및 스키 코스가 마련되어 있다. 봄에는 야생화가 흐드러지게 피고, 겨울이면 천연 스키장으로 변신하는데 웅장한 자연 앞에서 인간은 한없이 작은 존재임을 저절로 느끼게 된다.

🚶 볼차노에서 350번 버스를 타고 갈 수 있다. 약 1시간 소요

오르티세이 마을에서 케이블카를 타고 갈 수 있는 곳

알페 디 시우시 Alpe di Siusi

알페 디 시우시는 유럽의 최대 산악 목초지다. 장엄한 봉우리의 탁 트인 전망 덕분에 돌로미티에서 가장 아름다운 여행지 중 하나로 손꼽힌다. 초여름에는 다채로운 꽃으로 뒤덮이고 약 450km의 하이킹 코스를 체력에 맞춰 걸을 수 있으며, 겨울 스포츠 애호가들은 스키를 타기 위해 몰려든다. 가장 낮은 지점은 해발 1600m, 가장 높은 지점은 해발 약 2958m에 위치하며, 이곳에서 사소룽고Sassolungo, 사소 피아토Sasso Piatto, 실리아르Siliar 및 기타 돌로미티의 유명한 봉우리를 감상할 수 있다. 케이블카를 타고 10분 남짓 오르면 된다.

🚶 알페 디 시우시 케이블카 탑승장 📍 Via Sciliar, 39, 39040 Castelrotto 🏠 www.seiseralm.it

세체다 Seceda

세체다는 돌로미티에 있는 2591m 높이의 산으로 360도의 숨막히는 풍경을 즐길 수 있는 덕분에 가장 인기 있는 사진 촬영 장소로 유명하다. 새벽과 일몰의 매혹적인 시간을 포착하기 위해 산에서 밤을 보내는 이들도 있다. 다양한 길이의 멋진 하이킹 코스가 밀집되어 있으며, 산악자전거를 타거나 패러글라이딩, 암벽등반 등 다양한 액티비티 활동을 즐길 수 있다. 오르티세이 마을에서 세체다에 가기 위해서는 세체다 정류장에서 케이블카를 타고 올라가 푸르네스Furnes역에서 갈아 타야 한다. 타고 온 케이블카에서 내리자마자 바로 앞 케이블카를 타면 된다. 약 20분 소요.

🚶 세체다 케이블카 탑승장 📍 Str. Val d'Anna, 2, 39046 Ortisei 🏠 www.seceda.it/ita/index-w.htm

거점 도시 ····· ④

볼차노 Bolzano

볼차노는 알토 아디제 지방의 대표 도시이며 돌로미티 지역의 관문이자 알프스의 중심 도시 중 하나다. 영어, 독일어, 이탈리아어, 남티롤주의 방언인 라딘어를 공용으로 사용한다.

🚶 볼차노역 바로 앞의 종합 버스 터미널에서 350번 버스를 타면 오르티세이 마을에 갈 수 있으며, 180번 버스를 타면 카레차 호수에 갈 수 있다. 그 외에 다양한 노선이 있으며 오스트리아 인스브루크, 피렌체까지 고속열차로 환승 없이 갈 수 있기 때문에 대중교통 여행자들이 접근하기에 쉬운 선택지다.

볼차노 근교 가볼 만한 온천

메라노 온천 Terme Merano

메라노는 돌로미티 지역 최대 사과 생산지이자 온천 마을로 유명하다. 면역력이 약한 환자들에게 적합한 메라노의 온화한 기후에 힘입어 1836년에 온천 마을이 탄생했다. 메라노 온천은 도시 중심부에 있으며, 25개의 실내 및 실외 수영장, 8개의 다양한 사우나, 5만㎡ 규모의 온천 공원을 자유롭게 이용할 수 있다. 유리를 이용해 개방형 방식으로 만든 스파 건축물은 세계적인 건축가 마테오 툰Matteo Thun이 디자인했다. 14세 이상 이용 가능.

📍 Piazza Terme, 9, 39012 Merano BZ 💶 월~금 온천 €25, 온천+사우나 €37 /주말 및 공휴일 온천 €27, 온천+사우나 €39 🕐 09:00~21:00 📞 +39-047-325-2000 🏠 www.termemerano.it

큐시 온천 QC Terme Dolomiti

큐시 온천은 주변의 자연환경을 최대한 존중하며 웰니스 경험을 제공하기 위해 최첨단 시스템을 도입해 설계한 이탈리아의 고급 스파 체인이다. 이탈리아의 밀라노, 로마, 발레다 오스타 등의 지역과 프랑스, 뉴욕에 분점을 두고 있으며 숙박 시설도 함께 운영한다. 큐시 테르메 돌로미티의 수원은 고대부터 유익한 특성으로 알려진 트렌티노 지역의 유일한 유황온천으로 산에서 하루를 보낸 후 휴식을 취하기에 이상적이다. 3개의 층으로 구성된 4000㎡가 넘는 규모의 이 온천은 마사지, 사우나, 한증막, 소금방 등 다양한 웰니스 프로그램을 제공하며, 야외 욕탕에서 사계절 내내 돌로미티의 놀라운 풍경을 즐길 수 있다. 14세 이상 입장 가능.

📍 Strada di Bagnes, 21-38036 Pozza di Fassa(TN) 💶 5시간권 €54부터, 종일권 €64부터, 19시 30분 이후 입장 €44부터 🕐 일~목 09:00~22:00, 금·토 09:00~23:00 📞 +39-028-974-7210 🏠 www.qcterme.com/it

돌로미티 지역 와이너리

돌로미티 동쪽의 거점 도시인 볼차노가 속한 트렌티노-알토 아디제Trentino-Alto Adige는 이탈리아에서 와인 산지로 유명한 곳이다. 한때 오스트리아 헝가리 제국의 영토였다가 1919년 이탈리아로 편입되면서 독일어권에 속하며, 다양한 언어 및 문화적 특색만큼이나 와인도 독특한 색을 가지고 있다. 화이트 와인 품종은 피노 그리지오Pinot Grigio, 게뷔르츠트라미너 Gewurztraminer, 샤르도네Chardonnay, 레드 품종으로는 라그레인Lagrein, 마르제미노Marzemino 등이 있다.

칸티나 트라민 Cantina Tramin

트라민 안 데르 바인스트라세Tramin an der Weinstraße(이탈리아어 Termeno sulla Strada del Vino) 마을의 와인 협동조합. 지속 가능성과 환경 보호를 매우 중요하게 생각하며, 이를 실천하기 위해 친환경적인 포도 재배 방식과 생산 과정을 따른다. 주요 품종은 피노 그리지오, 라그레인 등이 있다. 와이너리 투어 예약은 홈페이지 또는 이메일을 통해 할 수 있다.

📍 Str. del Vino, 144, 39040 Termeno sulla Strada del Vino BZ 💶 와이너리 투어 및 4잔 시음 €20, 포도밭 탐방 및 12잔 와인 시음 €110 🕐 월~토 9:00~18:00 ❌ 일요일
📞 +39-047-109-6634 🏠 www.cantina-kurtatsch.it
📷 @kellerei-kurtatsch.it

칸티나 쿠르타취
Cantina Kurtatsch

이탈리아 와인 산지인 코르타치아Cortaccia 지역에 위치해 있으며, 포도밭은 해발 200m 에서 900m 사이에 펼쳐져 있다. 현재 젊고 역동적인 안드레아스 코플러가 불과 서른두 살의 나이에 남부 티롤 협동조합 사상 최연소 회장을 맡아 쿠르타취 와이너리 경영권을 이어받았다. 돌로미티의 험준한 산악 지대에 위치한 포도밭은 알프스와 지중해 기후가 혼합되어 포도 재배에 최적의 조건을 제공한다. 뛰어난 품질의 화이트, 레드 와인을 생산하며 특히 게뷔르츠트라미너 품종이 주력 상품이다. 와이너리 투어는 홈페이지를 통해 신청할 수 있으며, 방문 전 와이너리에 대한 간단한 지식을 알고 가면 투어가 더욱 즐겁다. 시음 와인은 모두 마실 필요는 없으며 투어 시에 제공하는 통에 머금은 와인을 뱉는 행동은 실례가 아니다.

📍 Via del Vino, 23, 39040 Cortaccia sulla strada del vino BZ 💶 와이너리 투어 및 7잔 와인 시음 €29 🕐 월~금 09:00~19:00, 토 09:00~18:00 ❌ 일요일 🏠 www.kellerei-kurtatsch.it

나폴리와
주변 도시

나폴리가 위치한 캄파니아주는 탁 트인 바다와 드넓은 평야 덕분에 예로부터 누구나 탐내는 풍요로운 지역이었다. 주도인 나폴리는 로마에서 고속열차로 1시간 15분 남짓이면 갈 수 있을 정도로 교통이 편리하다. 약 350km에 달하는 해안선을 따라 대도시와 작은 마을이 점점이 놓여 있고 그중 아말피 해안도로에 위치한 마을들은 빼어난 자연경관과 문화적 가치 덕분에 유네스코 세계 문화유산에 지정되었다. 나폴리만에 위치한 섬들은 로마 황제의 휴양지, 고대 도시 폼페이는 귀족들의 휴양지로 사랑받았으며 지금도 수많은 여행자들을 불러 모은다.

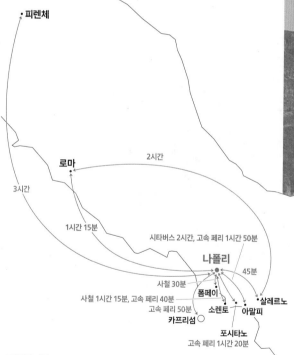

피렌체

로마

2시간

3시간

1시간 15분

시타버스 2시간, 고속 페리 1시간 50분

나폴리

45분

사철 30분

폼페이

살레르노

사철 1시간 15분, 고속 페리 40분
고속 페리 50분

소렌토

아말피

카프리섬

포시타노
고속 페리 1시간 20분

* 고속열차 기준

**일정 짜기
Tip**
로마에서 출발하는 남부 투어를 이용해 당일치기로 들렀다 가는 여행자가 많다. 극성수기는 한여름, 5~9월은 성수기에 해당한다. 이때 소렌토, 포시타노, 아말피, 카프리섬의 숙박비가 상당히 많이 오른다. 11~3월엔 여행 물가가 내려가고 한적하지만 숙소, 음식점, 기념품점 등의 휴업이 많으니 일정을 짤 때 운영 여부를 한 번 더 체크한다.

지중해를 품은 남부 여행의 출발점

나폴리 Napoli

#피자 #세계3대미항 #남부최대도시

피자의 발상지, 세계 3대 미항 등의 수식어를 갖고 있으며 SSC 나폴리에서
활약했던 축구선수 김민재 덕분에 우리에게 한층 친숙해진 도시.
나폴리는 이탈리아에서 세 번째로 큰 도시이며 전 세계 여행자가 꿈꾸는
아름다운 바닷가 마을로 통하는 교통의 거점이다. 기원전 6세기경
고대 그리스가 세운 네아폴리스Neapolis에서 출발해 로마 제국, 노르만,
프랑스, 스페인, 오스트리아 등의 지배를 받으며 찬란하게 문화의 꽃을 피웠고,
넓은 평야와 바다의 축복을 받아 맛있는 음식이 넘치며, 뜨거운 태양 아래
'오 솔레 미오O Sole Mio(나의 태양)'를 찾는 흥이 넘치는 사람들이 모인 도시!
나폴리에서 보내는 시간은 정신없고 또 아름답게 흐른다.

나폴리
가는 방법

한국에서 나폴리로 가는 직항은 없고 유럽계 항공사가 경유 편을 운항한다. 우리나라 여행자는 대부분 로마에서 열차를 타고 나폴리로 들어간다. 열차, 버스 등 육상 교통뿐만 아니라 해상 교통도 편리한 교통의 요지라서 남부 여행의 거점 도시로 삼기에 좋다. 치안이 걱정된다면 아말피 해안에 위치한 도시 중 물가가 비교적 저렴하고 교통이 편리한 소렌토를 거점 도시로 삼는 것도 고려해볼 수 있다.

열차

로마 테르미니역에서 나폴리 중앙역인 나폴리 첸트랄레역까지 트랜이탈리아와 이탈로의 고속열차를 타면 1시간 15분 정도 걸린다. 나폴리만 둘러본다면 로마에서 당일치기도 가능하다. 요금은 탑승일에 가까워질수록 비싸지기 때문에 일정이 정해지면 빠르게 예약하는 게 좋다. 최저가는 €14.9. 인터시티를 타면 2시간 정도 걸린

다. 요금은 탑승일에 가까워질수록 비싸지고 최저가 €10.9. 지역 열차를 타면 3시간 이상 걸리고 고정 요금 €13.65.

나폴리 첸트랄레역 Napoli Centrale

나폴리 첸트랄레역은 이탈리아 남부 교통의 거점답게 규모가 크고 쾌적하다. 트랜이탈리아와 이탈로의 매표소, 승강장은 0층에 위치한다. 같은 층에 짐 보관소, 여행 안내소, 쇼핑 시설, 푸드 코트가 있다. 표를 보여줘야 승강장에 들어갈 수 있고, 고속열차와 일반 열차의 입구가 다르다.

역 중앙의 계단으로 내려가면 지하 1층으로 이어진다. 지하 1층에는 화장실(€1)이 있고 쇼핑 시설을 지나면 나폴리 가리발디 사철역, 지하철 가리발디역이 나온다.

역에서 밖으로 나가면 바로 앞에 택시 정류장이 있고, 역 앞 가리발디 광장Piazza Garibaldi에는 시내버스, 트램 정류장이 있다. 나폴리 첸트랄레역 앞은 치안이 그리 좋은 편이 아니므로 가능하면 낮 시간에 나폴리에 도착하도록 일정을 짜고, 역에서 시내로 이동할 때는 지하철이나 택시 이용을 추천한다.

짐 보관소 Kipoint
🕐 08:00~20:00 💶 최초 4시간 €6, 5~12시간 시간당 €1, 13시간 이후 시간당 €0.5

무료 화장실 이용 팁
푸드 코트 내 음식점(일부)을 이용할 때 직원에게 요청하면 전용 화장실을 안내해준다.

나폴리 가리발디 사철역 Napoli Garibaldi

나폴리가 속한 캄파니아주Regione Campania에서만 운행하는 사철私鐵 치르쿰베수비아나 열차를 탈 수 있는 역이다. 나폴리 첸트랄레역에서 지하 1층으로 내려가 '치르쿰베수비아나Circumvesuviana' 또는 '리네 베수비아네Linee Vesuviane'라고 쓰인 표지판을 따라가면 매표소가 나온다. 여행자가 가장 많이 이용하는 것은 나폴리-폼페이-소렌토를 잇는 노선이다. 소렌토행 열차는 1번 승강장에서 출발하며 중간에 폼페이에 들렀다가 종점인 소렌토까지 간다. 성수기에는 한국의 만원 전철을 방불케 할 정도로 붐빈다. 탈 때는 개찰구에 표를 넣고 들어가고 내릴 때는 그냥 나온다.

나폴리 포르타 놀라나역을 이용하자!

나폴리 가리발디역은 종점이 아니라서 성수기엔 앉아서 가기 어렵고 큰 짐을 놓을 공간을 찾기도 쉽지 않다. 그럴 땐 사철의 종점이자 나폴리 첸트랄레역에서 걸어서 10분 정도 걸리는 나폴리 포르타 놀라나Napoli Porta Nolana역에서 열차를 타는 방법을 고려해보자. 연착 없이 정시에 출발하는 경우라면 열차가 출발 시간 전에 와서 기다리고 있어 자리 잡기가 수월하다. 하지만 나폴리 첸트랄레역에서 나폴리 포르타 놀라나역까지 가는 길은 치안이 좋지 않기 때문에 너무 이른 시간이나 늦은 시간에 이동하는 것은 피하는 게 좋다.

버스

로마 티부르티나역 앞 버스 터미널에서 나폴리 첸트랄레역 앞 버스 터미널(역에서 걸어서 10분 내외)까지 버스를 타면 2시간 30분~3시간 30분 정도 걸린다. 플릭스버스와 이타버스에서 운행한다. 요금은 두 회사 모두 탑승일에 가까워질수록 비싸지며 최저가는 €5~6 정도 한다. 버스를 탈 때는 교통 체증으로 인한 연착을 충분히 고려해야 한다. 아말피에서 나폴리로 바로 가는 시타버스도 있지만 새벽 시간대에만 운행하기 때문에 활용도는 낮다.

선박

소렌토, 포지타노, 아말피, 카프리섬 등 나폴리 주변의 해안 도시, 섬과 나폴리 사이를 오가는 선박이 수시로 다닌다. 극성수기인 6~8월에는 운항 편수가 늘어나고, 겨울철에는 운항 편수가 줄어들거나 운휴를 하는 경우도 있다. 여러 노선 중 나폴리와 카프리섬을 오가는 노선은 연중 운항한다.

항구는 나폴리만灣의 해안선을 따라 길게 펼쳐져 있다. 크기가 작은 쾌속선뿐만 아니라 크루즈, 컨테이너 선박 등 다양한 배가 오가고 입출항하는 부두molo도 다르다. 여행자가 주로 이용하게 되는 곳은 누오보성 뒤쪽 바다에 위치한 베베렐로 부두Molo Beverello이며, 나폴리 첸트랄레역에서 지하철이나 택시로 갈 수 있다.

나폴리 첸트랄레역에서 베베렐로 부두 가는 법

• **지하철** 나폴리 첸트랄레역 지하에 있는 가리발디역에서 지하철 1호선 피시놀라Piscinola행 열차를 타고 무니치피오Municipio역에서 내려 '포르토porto'라고 쓰인 표지판을 따라 나간다.

• **택시** 역 앞에서 택시를 타면 10분 정도 걸린다. 고정 요금 €13.

항공

이탈리아의 주요 도시, 유럽의 주요 도시에서 나폴리 공항으로 가는 직항이 있다. 여름에는 취항 도시 및 운항 편수가 늘어난다. 이탈리아 내에서 이동할 경우 피렌체까지는 열차를 추천하며, 나폴리와 북부의 도시를 오갈 땐 소요시간, 요금, 시내까지 가는 교통수단 등을 비교해보고 이동수단을 결정하는 걸 추천한다.

나폴리 카포디키노 공항 Aeroporto di Napoli-Capodichino(NAP)

나폴리 도심에서 북동쪽으로 6km 정도 떨어져 있다. 이탈리아 남부의 허브 공항이지만 규모가 그리 크지 않고 성수기엔 굉장히 혼잡하다.

🏠 www.naples-airport.info

나폴리 카포디키노 공항에서 시내로 이동

① 공항버스

공항 밖으로 나가 알리버스Alibus라고 쓰인 표지판을 따라 2~3분 정도 걸어가면 공항버스 정류장이 나온다. 정류장까지 가는 길에 택시 호객을 하는 사람이 많다. 요금은 탈 때 지불하고 신용카드 결제도 가능하다. 버스가 그리 크지 않아 서서 갈 수도 있다. 공항을 출발한 버스는 첸트랄레역을 지나 종점인 베베렐로 부두까지 가고, 시내에서 공항으로 갈 때는 반대의 경로로 운행한다. 첸트랄레역까지 15~20분, 베베렐로 부두까지 40분 정도 걸린다.

💶 €5 🕐 06:00~23:00(배차 간격 5~15분)

② 택시

공항에서 첸트랄레역, 베베렐로 부두, 나폴리 국립 고고학 박물관 등 도심까지 고정 요금으로 운행한다. 신용카드 결제가 가능한 택시를 탔더라도 당연하다는 듯이 팁을 요구하므로 타기 전에 잔돈을 미리 챙겨두자.

💶 첸트랄레역 €18, 베베렐로 부두·산 카를로 극장(플레비시토 광장)·나폴리 국립 고고학 박물관 €21

**아말피까지
바로 가고 싶어요!**

핀투어PINTOUR에서 공항과 아말피 플라비오 조이아 광장Piazza Flavio Gioia을 오가는 버스를 하루에 최대 6편 운행한다. 아말피까지 2시간 10분 정도 걸리고, 해안도로의 교통 체증이 심한 편이라 성수기엔 연착하는 일이 잦지만 공항에서 아말피까지 가장 저렴하고 편리하게 가는 방법이다. 아말피에서 공항으로 갈 때는 내린 정류장에서 타면 된다. 홈페이지를 통해 미리 예약하는 걸 추천한다.

💶 일반 €20, 12세 이하 €10
🏠 www.pintourbus.com/en/
napoli-amalfi-transfer

나폴리
시내 교통

나폴리 교통 공사Azienda Napoletana Mobilità, ANM에서 지하철, 버스, 트램, 푸니콜라레 Funicolare를 운영한다. 나폴리 시내는 교통 체증이 심하기 때문에 버스보다는 지하철 이용을 권장한다. 또한 여행자를 노리는 소매치기가 많으니 대중교통을 이용할 때는 각별히 주의하자. 승차권은 타바키, 매표소, 자판기, 가판대 등에서 미리 구매한 후 탈 때 반드시 개찰을 해야 한다. 불시에 승차권 검사를 하므로 내릴 때까지 승차권을 잘 보관해둔다.

🏠 www.anm.it
💶 1회권Biglietto Corsa Singola €1.3~1.5,
1일권Biglietto Giornaliero €4.50
(개시 당일 자정까지 이용 가능)

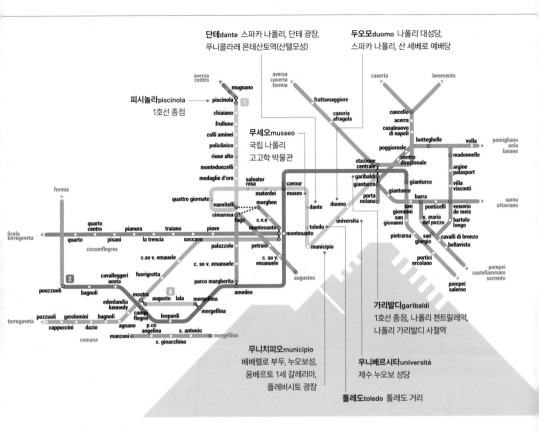

단테dante 스파카 나폴리, 단테 광장,
푸니콜라레 몬테산토역(산텔모성)

두오모duomo 나폴리 대성당,
스파카 나폴리, 산 세베로 예배당

피시놀라piscinola
1호선 종점

무세오musseo
국립 나폴리
고고학 박물관

가리발디garibaldi
1호선 종점, 나폴리 첸트랄레역,
나폴리 가리발디 사철역

무니치피오municipio
베베렐로 부두, 누오보성,
움베르토 1세 갈레리아,
플레비시토 광장

우니베르시타università
제수 누오보 성당

톨레도toledo 톨레도 거리

지하철

노란색인 지하철 1호선Linea 1을 타면 대부분의 명소에 갈 수 있다. 나폴리 첸트랄레역에서 지하 1층으로 내려가 빨간색 M자와 'Linea 1'이라고 쓰인 표지판을 따라가면 1호선의 종점 중 하나인 가리발디역이 나온다. 지하철에서 내릴 때 문이 자동으로 열리지 않으면 초록색 버튼을 누르자. 1회권 요금은 €1.50이며, 탈 때 승차권을 개찰구에 통과하고 내릴 땐 그냥 나온다. 2호선은 트랜이탈리아에서 운영한다.

🕐 가리발디역 06:20~23:02, 피시놀라역 06:00~22:22

버스, 트램, 푸니콜라레

1회권 요금은 €1.3. 나폴리 시내는 교통 체증이 심해 버스나 트램은 활용도가 떨어진다. 등산 열차인 푸니콜라레는 산텔모성에 갈 때 이용한다.

택시

가장 안전한 대중교통 수단이다. 나폴리시에서 공인한 하얀색 택시의 운전석 뒤에는 요금표가 붙어 있고 첸트랄레역, 공항, 항구 등을 오갈 때 고정 요금을 받는다. 고정 요금 구간이 아닐 땐 출발할 때 미터기가 작동하는지 확인한다. 팁을 요구하거나 거스름돈을 주지 않는 경우도 있고, 드물지만 지폐 바꿔치기 등의 시비가 일어날 수 있으니 잔돈을 미리 준비하는 게 좋다.

💶 기본요금 €3.5, 평일 야간(22:00~06:00)·일·공휴일 €6.5 / 주행 요금 주행 거리 14m 또는 주행시간 8초마다 €0.5 추가 / 추가요금 공항 출발 시 €5, 공항행 €4, 짐 1개당 €0.5

나폴리
추천 코스

나폴리의 명소 중 둘러보는 데 가장 오랜 시간이 걸리는 공간은 나폴리 국립 고고학 박물관이다. 미술관이나 박물관에 들르지 않는다면 아래 제시하는 1박 2일 일정도 하루면 다 소화할 수 있다. 여행의 출발점을 첸트랄레역으로 잡은 경우 첫 번째 명소로 이동할 때만 대중교통을 이용하고 다음 일정부터는 걸어서 다니면 된다. 지하철을 3회 이상 탈 예정이라면 1일권을 구매하는 게 편리하다. 역사 지구의 좁은 골목과 첸트랄레역 주변은 치안이 좋지 않으므로 저녁 식사 시간 이후에는 돌아다니지 않는 게 좋다.

나폴리의 유네스코 유산
- **문화유산** : 나폴리 역사 지구
- **무형문화유산** : 피자이올로·나폴리 피자 요리 기술

알아두면 필요할 때 유용한 곳

나폴리 우체국 Ufficio Postale
- ✱ ATM 있음
- 🚶 움베르토 1세 갈레리아 내부
- ⏱ 월~금 08:20~19:05, 토 08:20~12:35
- ✖ 일요일

역 경찰서 Polizia Ferroviaria
- 🚶 나폴리 첸트랄레역 0층 ⏱ 24시간

하루 일정

나폴리 국립 고고학 박물관 P.448

도보 15분

나폴리 대성당 P.449

도보 1분

스파카 나폴리 P.450
(트리부날리 거리)

도보 10분

산 세베로 예배당 P.450

도보 5분

제수 누오보 성당 P.451

도보 10분

톨레도 거리 P.452

도보 1분

움베르토 1세 갈레리아 P.457

도보 3분

플레비시토 광장 P.452

도보 5분

산타 루치아 P.454

아르테 카드
Arte card

정해진 기간 동안 나폴리를 포함한 캄파니아주의 명소 무료입장, 대중교통 수단을 무료로 탑승할 수 있는 카드다. 나폴리 3일권은 나폴리에 3일 이상 머물지 않더라도 하루에 국립 고고학 박물관 외 명소 한 곳만 더 방문해도 이득이다. 캄파니아 3일권은 대중교통을 많이 이용해야 본전을 뽑을 수 있다. 홈페이지, 애플리케이션, 여행 안내소 등 지정된 판매처에서 구매할 수 있다.
🏠 www.campaniartecard.it

1박 2일 일정

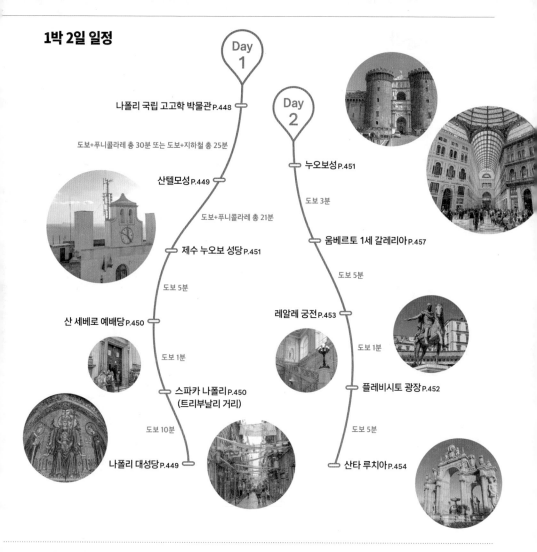

Day 1

나폴리 국립 고고학 박물관 P.448

도보+푸니콜라레 총 30분 또는 도보+지하철 총 25분

산텔모성 P.449

도보+푸니콜라레 총 21분

제수 누오보 성당 P.451

도보 5분

산 세베로 예배당 P.450

도보 1분

스파카 나폴리 P.450
(트리부날리 거리)

도보 10분

나폴리 대성당 P.449

Day 2

누오보성 P.451

도보 3분

움베르토 1세 갈레리아 P.457

도보 5분

레알레 궁전 P.453

도보 1분

플레비시토 광장 P.452

도보 5분

산타 루치아 P.454

나폴리 3일권 Naples 3 days

- **가격** €27, 18~25세 €16
- **포함** 나폴리 시내의 명소 20곳 중 최초 3곳 무료,
  이후 최대 50% 할인, 나폴리 시내 대중교통

캄파니아 3일권 Campania 3 days

- **가격** €41, 18~25세 €30
- **포함** 나폴리, 폼페이, 라벨로 등의 명소 중 최초 2곳 무료, 이후 최대 50% 할인, 나폴리 시내와 캄파니아주 대중교통(제외 구간-공항 이동 알리버스, 소렌토-포시타노-아말피 구간 시타버스, 폼페이-베수비우스 구간 버스, 캄파니아 익스프레스 열차)

아르테 카드 이용 방법

- 실물 카드는 없다. 홈페이지나 애플리케이션으로 구매하면 명소 입장권 QR코드, 대중교통 QR코드를 발급해준다. 인터넷 사정으로 접속되지 않을 경우를 대비해 화면을 캡처해두는 것이 좋다.
- 나폴리 현지에서 구매한 경우 QR코드가 있는 종이를 인쇄해주며 수수료가 발생할 수 있다.
- 홈페이지에서 구매했을 때는 첫 명소에서 QR코드를 스캔한 순간 또는 대중교통을 처음 탑승한 순간부터 날짜를 계산한다. 애플리케이션으로 구매했을 때는 사용 직전에 'Activate' 버튼을 누른 후 QR코드를 스캔한다. 12월 1일에 사용을 개시했다면 12월 3일 23시 59분까지 쓸 수 있다.
- 대중교통에 설치된 기계에서 QR코드를 잘 읽지 못할 땐 직원이나 기사에게 보여준 후 탑승한다.

나폴리
상세 지도

Via Marreo Renato Imbriani

나폴리 국립 고고학 박물관 01 Ⓜ Museo

안티카 피제리아 디 마테오 01
스파카 나폴리 04
지노 에 토토 소르빌로 02

산 세베로 예배당 05

스카투르키오 04

Dante Ⓜ

Ⓜ Montesanto 제수 누오보 성당 06

Ⓟ Stazione Di Montesanto

Via Domenico Capitelli

Via Santa Chiara

Via Toledo

02 산텔모성

Università Ⓜ

Ⓟ Morghen

Via Medina

Ⓜ Municipio

움베르토 1세 갈레리아

카사 인판테 06

라 스폴리아텔라 디 마리 05 01 07 누오보성

산 카를로 극장 10 베베렐로 부두 ⚓

그란 카페 감브리누스 03

Via Nardones 09 레알레 궁전

플레비시토 광장 08

Villa
Comunale

11 산타 루치아

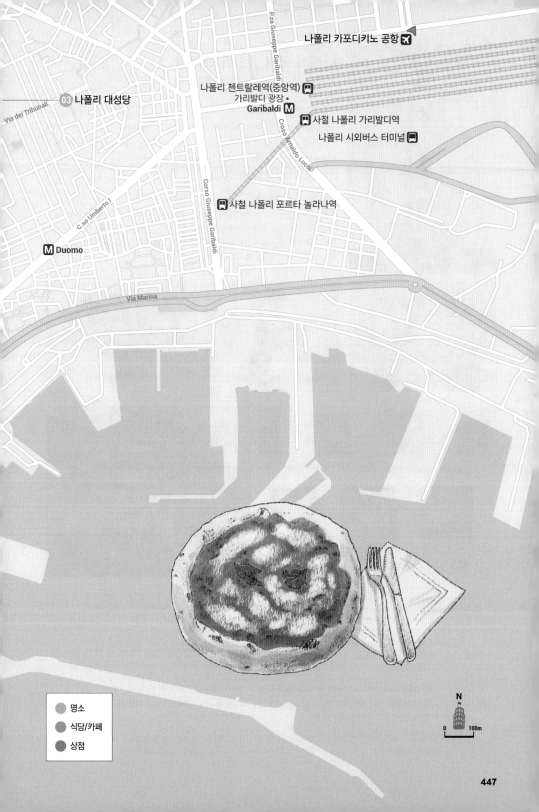

나폴리 카포디키노 공항 ✈

P.za Giuseppe Garibaldi

03 나폴리 대성당

Via dei Tribunali

나폴리 첸트랄레역(중앙역) 🚇
가리발디 광장 ·
Garibaldi Ⓜ

🚌 사철 나폴리 가리발디역

나폴리 시외버스 터미널 🚌

Croso Arnaldo Lucci

C.so Umberto I

Corso Giuseppe Garibaldi

🚇 사철 나폴리 포르타 놀라나역

Ⓜ **Duomo**

Via Marina

🔴 명소

🔴 식당/카페

🔴 상점

N

0 ___ 100m

447

나폴리 국립 고고학 박물관
Museo Archeologico Nazionale di Napoli

연간 500만 명 이상이 방문하는 세계에서 가장 중요한 고고학 박물관이자 연구 기관이다. 지하 1층, 지상 3층 규모로 취향에 맞는다면 하루 종일 둘러봐도 지루하지 않다. 폼페이와 헤르쿨라네움Herculaneum에서 발굴된 유물 컬렉션이 가장 유명하며, 이탈리아 반도 남부에 자리했던 고대 그리스의 유물도 방대하게 소장하고 있다. 지상 0층엔 주로 대리석 조각상, 1·2층에 걸쳐 모자이크, 프레스코, 그릇, 동전, 메달, 청동상 등 다양한 종류의 유물이 전시되어 있다.

📍 Piazza Museo, 18/19, 80135, Napoli　🚶 지하철 1호선 무세오Museo역에서 도보 2분
🕐 월·수~일 09:00~19:30(입장 마감 18:30)　❌ 화요일(공휴일인 경우 개관하고 다음 날 휴관)　💶 일반 €22(2일 유효), 18세 미만 무료, 매월 첫 번째 일요일 무료
📞 +39-081-442-2111　🏠 mann-napoli.it

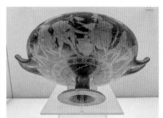

층	층별 안내	주요 작품명
지하 1층	이집트 유물, 비문·비석	
지상 0층	매표소, 물품 보관함, 기념품점, 파르네세 컬렉션(로마 카라칼라 욕장에서 발굴된 조각상 중심), 캄파니아주의 로마 유물, 정원	파르네세의 황소Toro Farnese, 파르네세의 헤라클레스Ercole Farnese
지상 1층	모자이크와 판의 집(폼페이를 비롯해 이탈리아 남부에서 발굴), 비밀의 방(폼페이, 헤르쿨라네움의 프레스코, 미성년자 관람 불가), 동전과 메달 컬렉션	알렉산드로스와 다리우스 모자이크(이소스 전투)La battaglia tra Dario e Alessandro(2024년 현재 복원 중, 2025년 상반기 공개 예정), 춤추는 목신상Fauno danzante
지상 2층	폼페이 축소 모형, 프레스코, 일상용품, 대大 그리스 컬렉션(유료, €1.5)	헤르메스 청동상Hermes, 플로라Flora, 테렌티우스 네오 부부 초상Trentius Neo e la moglie, 시인 사포 초상Saffo

나폴리만과 베수비오산을 한눈에 ⋯⋯ ②

산텔모성 Castel Sant'Elmo

아르테 카드
무료입장

나폴리의 부촌, 보메로Vomero 지구에 위치한다. 13세기에 공사를 시작해 16세기에 지금과 같은 모습을 갖췄다. 원래는 군사 시설이었고 지금은 전망대, 박물관으로 사용하고 있다. 해가질 때 산텔모성에서 내려다보는 나폴리만의 풍경은 특히 아름답다. 산 마르티노 국립 수도원과 박물관Certosa e Museo di San Martino이 인접해 있다.

📍 Via Tito Angelini, 20/A, 80129 Napoli 🚶 몬테산토역(구글 맵스 검색어 stazione di montesanto)에서 푸니콜라레 탑승, 2개 역 이동해 모르겐Morghen역에서 하차 후 도보 5분 🕐 09:00~18:30
💶 일반 €5, 화요일 16시 이후 €2.5 📞 +39-081-229-4404

나폴리를 지켜주는 피의 기적 ⋯⋯ ③

나폴리 대성당 Duomo di Napoli

13세기 중반 카를로 1세(앙주의 샤를)는 당대 최고의 예술가를 초빙해 대성당 건축에 공을 들였고, 이후 500년 넘게 나폴리 대성당은 이탈리아 남부를 대표하는 성당으로 자리매김했다. 대성당 지하엔 나폴리의 수호성인 산 젠나로San Gennaro의 유골과 피를 모시고 있다. 중앙 제대를 바라보고 오른쪽에 위치한 산 젠나로 예배당엔 그의 황금 흉상 등의 보물을 소장한다. 굳은 상태로 보관된 산 젠나로의 피는 매년 5월 첫 번째 일요일, 9월 19일에 액화한다고 하며, 성인의 피가 액체 상태로 변하지 않은 해는 대지진 등 재앙이 일어나곤 했다.

📍 Via Duomo, 147, 80138 Napoli 🚶 지하철 1호선 두오모Duomo역에서 도보 10분, 나폴리 국립 고고학 박물관에서 도보 15분 🕐 08:30~19:30 💶 무료, 산 젠나로 예배당 일반 €12 📞 +39-081-449097 🏠 www.chiesadinapoli.it

나폴리의 주교였던 젠나로는 디오클레티아누스 황제의 기독교 박해 때 순교했으며, 그가 순교한 9월 19일에 나폴리 대성당을 중심으로 산 젠나로 축제가 열린다. 그의 피가 액화하는 걸 보기 위해 많은 이가 모이고, 산 젠나로의 동상과 성 유물을 포함한 행렬이 시내를 지나가며 축제 분위기를 돋운다.

나폴리의 심장 ⋯⋯ ④

스파카 나폴리 Spaccanapoli

이탈리아어 스파카는 '나누다, 쪼개다'라는 뜻이다. 스파카 나폴리는 이름 그대로 나폴리 역사 지구를 동서로 가로지르는 거리이며, 보메로 지구에 올라가면 역사 지구를 관통하는 길을 또렷하게 볼 수 있다. 시대에 따라 지칭하는 구역이 조금씩 달라지면서 지금은 일반적으로 나폴리 대성당에서 제수 누오보 성당까지 가는 길을 가리킨다. 트리부날리 거리Via dei Tribunali를 중심으로 좁은 골목이 양옆으로 뻗어 있다. 나폴리 주민의 일상생활이 그대로 드러나는 공간으로 정신 없고 복잡하면서 활기차다. 소매치기가 많으니 조심할 것.

🚶 나폴리 대성당에서 제수 누오보 성당까지 가는 길

비칠 듯 투명한 대리석 조각 ⋯⋯ ⑤

산 세베로 예배당 Museo Cappella Sansevero

10분이면 둘러볼 수 있을 정도로 좁지만 나폴리 출신 조각가 주세페 산마르티노Giuseppe Sanmartino의 〈베일을 쓴 예수〉(1753) 하나만으로도 방문할 가치가 있다. 휴대폰을 꺼내는 것도 제재할 정도로 내부 사진 촬영은 엄격하게 금지된다. 성수기엔 온라인 예매를 추천. 예약 당일로부터 2개월 후 입장권까지 예매 가능하다.

📍 Via Francesco de Sanctis, 19/21, 80134 Napoli 🚶 지하철 1호선 두오모Duomo역 또는 우니베르시타Università역에서 도보 10~15분, 나폴리 대성당에서 도보 10분 🕐 월·수~일 09:00~19:00(입장 마감 18:30) ❌ 화요일 💶 26세 이상 €10, 10~25세 €7, 9세 미만 무료 📞 +39-081-552-4936 🏠 www.museosansevero.it

궁전이었던 성당 ⑥

제수 누오보 성당
Chiesa del Gesù Nuovo

원래 살레르노 왕국의 로베르토 산세베리노Roberto Sanseverino 왕자를 위해 지은 궁전이었는데 1584 년에 성당으로 리모델링했다. 외관은 궁전의 모습 에서 거의 달라지지 않았고 하얀색 대리석으로 된 입구 중앙의 예수회를 뜻하는 'IHS'가 눈에 띈다. 내 부는 화려한 프레스코화로 꾸몄고 중앙 제대에 성 모 마리아와 베드로, 바오로, 천사들의 상이 있다. 중앙 제대를 바라보고 왼쪽에 위치한 로욜라의 성 이냐시오 예배당Cappellone di sant'Ignazio di Loyola엔 성인 석상과 황금 나무로 된 예수회 순교자 70여 명 을 모셨다.

🚶 Piazza del Gesù Nuovo, 2, 80134 Napoli
🚶 지하철 1호선 단테Dante역에서 도보 5분, 지하철 1호선 우니베르시타Università역에서 도보 10분 🕐 월~토 08:00~12:00, 16:00~19:30, 일 08:30~12:30, 16:30~19:30 💶 무료 📞 +39-081-557-8111

로욜라의 성 이냐시오 예배당

바다에 면한 새로운 성 ⑦

누오보성 Castel Nuovo

아르테 카드
무료입장

시칠리아 왕 카를로 1세Carlo I d'Angiò가 수도를 나폴리로 옮기며 세운 성으로, 기존에 2개의 성이 있어 '새로운 성'이라 이름 붙였 다. 13세기부터 나폴리를 거쳐 간 많은 왕가의 거처였으며, 지금은 15~19세기에 나폴리를 중심으로 활동한 예술가들의 작품을 전시 한 시립 박물관으로 쓰이고 있다. 테라스에서 산타 루치아의 풍경 을 내려다볼 수 있으며, 박물관 외에 '왕의 홀'이나 감옥 등은 추가 금액을 받는다.

📍 Via Vittorio Emanuele III, 80133 Napoli 🚶 지하철 1호선 무니치피오 Municipio역에서 도보 5분 🕐 월~토 08:30~17:30 ❌ 일요일
💶 일반 €6 📞 +39-081-795-7722

451

나폴리에서 가장
탁 트인 광장 ⋯⋯⋯ ⑧
플레비시토 광장
Piazza del Plebiscito

역사 지구에서 산타 루치아 지구로 넘어가는 길목에 있는 나폴리에서 가장 큰 광장이다. 직사각형에 반원이 추가된 모양이고, 붉은빛이 도는 레알레 궁전과 로마의 판테온을 모티프로 설계한 하얀색의 산 프란체스코 디 파올라 성당Basilica reale pontificia San Francesco da Paola이 마주 보인다. 성당을 바라보고 서서 오른쪽에는 샤를 3세 기마상, 왼쪽에는 페르디난도 1세의 기마상이 있다. 성당 양옆으로 플레비시토 광장을 감싸듯 열주가 늘어섰는데, 부랑자가 많으니 밤에는 가까이 가지 않는 게 좋다.

🚶 지하철 1호선 무니치피오Municipio역에서 도보 10분, 움베르토 1세 갈레리아에서 도보 3분

플레비시토 광장 북쪽으로 쭉 뻗은 톨레도 거리Via Toledo는 나폴리에서 가장 번화한 거리로 쇼핑하기 좋은 곳이다. 그란 카페 감브리누스에서 움베르토 1세 갈레리아로 가는 길목에 테이크아웃 피자 전문점이 모여 있다. 거리는 지하철 톨레도역을 지나 단테역까지 이어진다.

영광의 시절을 담은 궁전 ······ ⑨

레알레 궁전 Palazzo Reale di Napoli

왕가의 아파트

아르테 카드
무료입장

17세기에 스페인의 합스부르크 왕가에서 세웠고 1734년부터 부르봉 왕가가 공식 거처로 삼아 정원, 궁정 극장 등을 더했다. 이후 나폴레옹의 지배, 사보이 왕가 시절을 거쳐 1919년부터는 건물 대부분을 도서관 등 공공용도로 사용하고 있다. 플레비시토 광장에 면한 입구로 들어가면 오른쪽에 매표소가 있고 왼쪽에 박물관 입구가 있다. 지상 0층의 '명예의 계단Scalone d'Onore'을 올라가면 옛 모습을 간직한 화려한 왕가의 아파트가 나온다.

명예의 계단

📍 Piazza del Plebiscito, 1, 80132 Napoli
🚶 플레비시토 광장 🕐 월·화·목~일 09:00~
20:00, 일부 구역 다름 ❌ 수요일 💶 일반
€15, 18세 미만 무료 📞 +39-081-400547
🏠 palazzorealedinapoli.org

이탈리아의 3대 오페라 극장 ······ ⑩

산 카를로 극장 Teatro di San Carlo

밀라노의 스칼라 극장, 로마의 국립 오페라 극장과 함께 이탈리아의 3대 오페라 극장으로 꼽힌다. 1737년에 부르봉 왕가의 카를로 7세의 명으로 세워졌다. 많은 음악인이 이 극장과 인연이 있으며, 〈세비야의 이발사〉를 작곡한 조아키노 로시니Gioacchino Antonio Rossini는 10년 넘게 이 극장의 상주 작곡가였다. 내부는 가이드 투어로만 둘러볼 수 있고 홈페이지에서 공연 예약이 가능하다.

📍 Via San Carlo, 98, 80132 Napoli 🚶 플레비시토
광장에서 도보 1분 🕐 (매일) 영어 가이드 투어 11:30,
15:30 💶 가이드 투어 일반 €9, 30세 미만 €7
📞 +39-081-7972-412 🏠 www.teatrosancarlo.it

산타 루치아 Santa Lucia

반짝이는 빛의 항구 ······ ⑪

"창공에 빛난 별…"이란 가사로 시작하는 이탈리아 민요 덕에 우리에게도 익숙한 산타 루치아는 성녀 루치아의 이름에서 따왔다. 플레비시토 광장에서 베수비오산이 보이는 길Via Cesario Console을 따라 끝까지 내려가면 바다에 면한 길 Via Nazario Sauro과 만나고, 그 길을 따라 최고급 호텔, 레스토랑이 즐비하게 늘어서 있는데, 큰길에 한해 나폴리에서 가장 치안이 좋다. 바다를 따라 걷는 내내 베수비오산이 따라오고 5월 초부터 해수욕을 즐기는 이들도 있다. '거인의 분수 Fontana del Gigante'를 왼쪽으로 끼고 돌아 3분 정도 걷다 보면 바다로 툭 튀어나온 델로보성Castel dell'Ovo(2024년 12월 현재 복원 공사 중)이 나온다.

🚶 플레비시토 광장에서 도보 5분

그랜드 호텔 베수비오Grand Hotel Vesuvio 뒤쪽에 위치한 에키아 언덕Monte Echia에 오르면 산타 루치아와 나폴리 시내의 모습을 한눈에 내려다볼 수 있는 전망대가 나온다. 호텔 뒤편에 언덕으로 올라가는 유료 승강기 Ascensore Monte Echia(€1.3)가 있다.

안티카 피제리아 디 마테오

Antica Pizzeria Di Matteo

1936년에 개업해 90년 이상 나폴리 사람들이 즐겨 찾는 피제리아. 1994년 G7 정상회담 때 클린턴 대통령이 방문해 더욱 유명해졌다. 테이크아웃과 매장 식사 줄이 다르니 줄이 늘어서 있다면 직원에게 확인 먼저 하자. 2층은 100석 이상으로 상당히 넓어 단체 손님도 많다. 오전 11시 30분 이전에 방문하면 여유롭게 식사를 할 수 있다. 마르게리타만 10종류가 넘는데, 고민된다면 기본 또는 마르게리타 콘 부팔라Margherita con bufala를 추천한다. 홈페이지에서 메뉴를 확인할 수 있다. 자릿세는 음식값의 15%, 마르게리타는 €5부터다.

📍 Via dei Tribunali, 94, 80138 Napoli 🏃 나폴리 대성당에서 도보 4분 🕐 월~토 10:00~23:30 ❌ 일요일 📞 +39-081-455262 🏠 anticapizzeriadimatteo.it

지노 에 토토 소르빌로 Gino e Toto Sorbillo

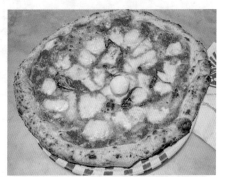

지금 나폴리에서 가장 인기 있는 피제리아. 90년 넘게 대를 이어 피자를 만들고 있으며, 그중에서 지노 에 토토 소르빌로는 나폴리에만 테이크아웃 전문 매장 포함 6개의 지점을 운영한다. 본점 옆에 비슷한 이름의 가게들이 붙어 있는데 파란색과 하얀색 줄무늬 차양을 친 가게이니 헷갈리지 말자. 무작정 줄을 서지 말고 입구의 직원에게 이름, 인원을 말하고 기다린다. 워낙 손님이 많아 주문 이후에도 음식이 나오기까지 시간이 좀 걸린다. 자릿세는 €2, 마르게리타 피자는 €5.9부터.

📍 Via dei Tribunali, 32, 80138 Napoli 🏃 나폴리 대성당에서 도보 7분 🕐 월~토 12:00~15:30, 19:00~23:30 ❌ 일요일 📞 +39-081-446643 🏠 www.sorbillo.it

지노 소르빌로 리에비토 마드레 알 마레

Gino Sorbillo Lievito Madre al Mare

📍 Via Partenope, 1A, 80121 Napoli 🏃 델로보성에서 도보 10분

카페 그 이상의 공간 ⋯⋯ ③
그란 카페 감브리누스 Gran Caffè Gambrinus

이탈리아에서 가장 유명한 카페 중 한 곳으로 꼽힌다.
1860년 개업했으며 어니스트 헤밍웨이, 오스카 와
일드 등 예술가와 앙겔라 메르켈 등 정치인은 물론
나폴리를 찾는 유명인은 한 번쯤 발길을 하는 역사
적 공간이다. 유명한 만큼 오전 10시만 지나면 현지
인, 여행자로 상당히 복잡하다. 빵 고르는 공간 구석에
키오스크가 있으니 중앙 계산대가 붐비면 이용하자. 사진을 보고 주문할 수 있
어 편리하다. 에스프레소 €1.6, 카푸치노 €2.6, 크루아상 €1.6다. 테이블에 앉고
싶다면 웨이터에게 요청한다. 화장실은 지하에 있다.

📍 Via Chiaia, 1, 80132 Napoli 🚶 플레비시토 광장에서 도보 1분 🕐 일~금
07:00~24:00, 토 07:00~25:00 📞 +39-081-417582 🏠 grancaffegambrinus.com

나폴리 대표 빵집 ⋯⋯ ④
스카투르키오 Scaturchio

1994년 G7 정상회담 당시 베수비오 화산 모양의
빵을 만들어 대접한 나폴리의 대표 빵집. 시내에 본
점 외에 5개의 매장을 운영하며 첸트랄레역 0층 푸
드 코트 매장이 접근성이 좋다. 가장 인기 있는 메
뉴는 럼에 충분히 절인 바바이며 1층에 커피 바
와 서서 먹을 공간이 있다. 바바 €2.2, 에스프레소
€1.1, 카푸치노 €1.8 정도다.

📍 Piazza S. Domenico Maggiore, 19, 80134 Napoli
🚶 제수 누오보 성당에서 도보 5분 🕐 08:00~21:00
📞 +39-081-551-6944 🏠 www.scaturchio.it

라 스폴리아텔라 디 마리 La Sfogliatella di Mary

이탈리아 언론에서 선정한 나폴리 최고의 스폴리아텔라 전문점. 겉은 바삭하고 속은 부드러운 조개 모양의 빵인 스폴리아텔라는 캄파니아주의 전통 디저트다. 스폴리아텔라 외에도 다양한 디저트가 있고, 줄이 길어도 포장 전문이라 빨리 빠진다. 바로 먹는다고 하면 갓 나온 빵이 있을 때는 따뜻한 빵으로 내어준다. 스폴리아텔라 빵과 바바 모두 €2다.

📍 Galleria Umberto I, 66, 80132 Napoli 🚶 움베르토 1세 갈레리아에서 톨레도 거리로 향하는 입구 🕐 월·수~일 08:00~20:30 ❌ 화요일 📞 +39-081-402218

카사 인판테 Casa Infante

나폴리에 9개의 매장을 운영하는 빵집이자 젤라테리아. 빵집으로 먼저 시작했지만 지금은 젤라토가 더 유명하다. 인공향료나 색소를 첨가하지 않은 젤라토는 그때그때 가장 맛있는 식재료를 사용하기 때문에 종류가 수시로 바뀐다. 레몬, 살구 등 지역의 제철 과일을 사용한 젤라토와 피스타치오, 헤이즐넛 등 견과류 젤라토를 추천한다. 가격은 €2.5부터.

📍 Via Toledo, 258, 80132 Napoli 🚶 움베르토 1세 갈레리아에서 도보 1분 🕐 월 13:00~21:00, 화~목 10:30~22:00, 금·일 10:30~23:00, 토 10:30~25:30 📞 +39-081-1931-2009 🏠 www.casainfante.it

움베르토 1세 갈레리아

Galleria Umberto I

건설 당시인 19세기 말에 이탈리아 왕이었던 움베르토 1세의 이름을 딴 아케이드 쇼핑가. 주 출입구는 산 카를로 극장에 면하고 기둥, 바닥, 벽에 사계절, 대륙, 황도 12궁 등이 장식되어 있으며 천장이 유리로 되어 있어 밝은 느낌을 준다. 자라, 맥도날드, 세포라, 전자제품 매장, 우체국 등이 있다.

📍 Via Santa Brigida, 68, 80132 Napoli 🚶 지하철 1호선 무니치피오Municipio역에서 도보 5분

폼페이 고고학 공원
Parco Archeologico di Pompei

2024년 4월, 고고학자들은 폼페이의 한 저택에서 본래의 색이
거의 그대로 남아 있는 아주 선명한 프레스코 벽화를 발견했다고 전했다.
서기 79년 베수비오 화산 폭발로 지도에서 사라진
고대 도시 폼페이는 2000년이 지난 지금도 아직 그 신비를
전부 다 드러내지 않고 수많은 이의 상상력을 자극한다.

가는 방법

나폴리 가리발디역(또는 나폴리 포르타 놀라나역)에서 소렌토행(또는 소렌토에서는 나폴리행) 치르쿰베수비아나 열차를 타고 가다 폼페이 스카비 빌라 데이 미스테리Pompei Scavi Villa Dei Misteri역에서 내린다. 소요시간 30분. 역에서 5분 정도 걸어가면 유적지 입구가 나온다.

€ **나폴리 – 폼페이** €3.3, **소렌토 – 폼페이** €2.8

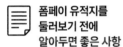 **폼페이 유적지를 둘러보기 전에 알아두면 좋은 사항**

- 길이 상당히 고르지 못하고 꽤 많이 걸어야 한다. 꼭 발이 편한 신발을 신자.
- 해를 가려줄 구조물이 없다. 여름엔 모자, 선글라스 등을 챙기면 유용하다.
- 역 앞의 호객에 넘어가지 말자! 공식 매표소처럼 꾸며놓은 곳도 있지만 전부 여행사 상품을 파는 곳이며 가격도 비싸다. 공식 매표소는 유적지 바로 앞에 있다.
- 매표소 옆 안내소에서 내부 지도를 챙기자. 구역별로 가장 상세하게 안내하는 지도라서 큰 도움이 된다. 홈페이지에서 PDF 파일을 다운받을 수 있고 2·4·7시간 코스 안내를 확인할 수 있다.
- 매표소로 들어가기 전에 무료 물품 보관함이 있다. 보관함에 들어가지 않는 큰 짐은 매표소에 문의하면 맡길 수 있다. 역에도 짐 보관소가 있으며 보관시간과 상관없이 짐 1개당 요금은 €4.
- 입구는 3곳이다. 역과 가장 가까운 입구는 포르타 마리나 입구이며 가장 붐빈다. 걸어서 5분 거리에 에세드라 광장Piazza Esedra 입구가 있으니 포르타 마리나가 복잡할 때 이용하자. 안피테아트로 광장Piazza Anfiteatro 입구는 원형경기장 근처에 있다.
- 유적 안에 있는 매점 겸 카페는 굉장히 붐비고 가격도 비싸다. 물, 초콜릿 등 간식거리를 챙겨가자.
- 성수기엔 역 규모에 비해 사람이 많이 몰린다. 소매치기를 조심하자.
- 폼페이에서 발굴된 모자이크, 그릇 등 유물의 진품은 대부분 나폴리 국립 고고학 박물관에 소장·전시 중이다.

베수비오 화산 방향

미스테리 빌라

원형경기장

VICOLO DELL'ANFITEATRO

안피테아트로 광장 입구

VIA DELL'ABBONDANZA

가정집 위주 구역

극장의 주랑 또는
검투사 막사

소극장

대극장

12

루파나레

10

실내시장

포룸

바실리카

이폴로 신전

베누스 신전

VIA MARINA

파우노의 집

비극 시인의 집

대중목욕탕

07

08

09

04

05

06

01

02

03

포르타 마리나 입구

에세드라 광장 입구

폼페이 스카비 빌라 데이 미스테리역

460

폼페이는 어떤 도시였을까?

서기 79년 8월 24일, 폼페이 북쪽에 위치한 베수비오 화산이 폭발했다. 지금은 해안선이 전진해 옛 모습을 상상하기 힘들지만, 고대 폼페이는 바닷가에 인접해 로마 귀족에게 사랑받는 휴양 도시였다. 폭발 당시 인구는 최대 2만 명이었던 것으로 추산되며, 그중 2000여 명이 목숨을 잃었다. 불과 18시간 만에 두꺼운 화산재 아래로 사라져버린 고대 도시는 16세기 말 수로 공사 중에 그 존재가 알려졌고, 18세기 들어 본격적으로 발굴을 시작했다. 1997년 유네스코 세계 문화유산에 등재되었고 여전히 발굴을 진행 중이다.

폼페이 고고학 공원 둘러보기

아르테 카드
무료입장

9개 구역으로 나뉘고 총 140여 개가 넘는 건물이 있다. 고대 폼페이를 하늘에서 내려다보면 물고기 모양으로 설계된 계획도시다. 2구역의 원형경기장이 물고기의 눈, 6구역의 미스테리 빌라가 꼬리이며, 도시 중심인 포로를 지나 두 지점까지 걸어서 약 40분 정도 걸린다. 구역은 로마 숫자, 건물은 아라비아 숫자로 표기한다. 폼페이 고고학 공원 내 주요 명소는 구글 맵스에 장소 등록이 되어 있다. 명소의 원어명과 'pompei 또는 pompeii'를 같이 입력(예: porta marina pompeii)하면 찾을 수 있고, '폼페이 원형극장', '폼페이 대극장' 등 한국어로 등록된 명소도 있다. 당일치기 여행자가 둘러볼 주요 구역은 다음과 같다.

📍 80045 Pompei, Metropolitan City of Naples 🕐 4~10월 09:00~19:00(입장 마감 유적 17:30, 빌라 18:00), 11~3월 09:00~17:00(입장 마감 유적 15:30, 빌라 16:00) ❌ 부정기
💶 폼페이 익스프레스(폼페이 유적) €18, 폼페이 플러스(폼페이 유적+미스테리 빌라 포함 3곳의 빌라), 18세 미만 무료, 매월 첫 번째 일요일 무료 📞 +39-081-8575-347 🏠 pompeiisites.org

아본단차 거리

- **1구역 REGIO I** 대극장(8구역)과 원형경기장(2구역) 사이에 낀 구역으로 주로 가정집(귀족의 저택)이 모여 있다. 포로에서 아본단차 거리 Via dell'Abbondanza를 따라 원형경기장까지 가는 길목 오른쪽에 위치한다.

- **2구역 REGIO II** 물고기의 머리에 해당하는 구역으로 다른 구역보다 녹지 비율이 높다. 포로에서 원형경기장까지 직선으로 쭉 뻗은 아본단차 거리를 따라 20분 정도 걸린다.

- **6구역 REGIO VI** 폼페이에서 가장 유명한 파우노의 집이 있다. 미스테리 빌라까지 보려면 시간을 넉넉하게 잡는 게 좋다.

- **7구역 REGIO VII** 포르타 마리나 입구로 들어가면 왼쪽으로 넓게 펼쳐진 구역이다. 고대 도시 폼페이의 중심지로 각종 공공시설이 모여 있다.

- **8구역 REGIO VIII** 포르타 마리나 입구로 들어가면 오른쪽으로 넓게 펼쳐진 구역이다. 구역 동쪽(1구역과의 경계)에 대극장이 있다.

코스(3~5시간)

- 포르타 마리나 입구
- 베누스 신전
- 바실리카
- 아폴로 신전
- 포로
- 실내시장
- 대중목욕탕
- 비극 시인의 집
- 파우노의 집
- (시간 여유가 있다면) 미스테리 빌라
- 루파라네
- 1구역
- 원형경기장
- 대극장, 극장의 주랑 또는 검투사 막사, 소극장
- 포르타 마리나 입구

① 포르타 마리나 입구 Porta Marina
7구역(VII)-2

폼페이 고고학 공원으로 들어가는 가장 중요한 출입구이며 과거엔 바다와 맞닿아 있었다.

③ 바실리카 Basilica
8구역(VIII)-2

주로 시장, 재판정 등 공공시설이 모여 있던 공간이다. 판사들이 앉았던 자리 등이 남아 있으며, 폼페이의 바실리카는 로마에서 가장 오래된 바실리카의 형태를 보여준다.

② 베누스 신전 Santuario di Venere
8구역(VIII)-1

포르타 마니라 입구로 들어가 마리나 거리via marina로 진입하면 오른쪽에서 가장 먼저 만나는 공간이다. 나폴리만의 전경이 내려다보이는 위치에 폼페이의 수호신 베누스(비너스) 신전이 있었다.

④ 아폴로 신전 Santuario di Apollo
7구역(VII)-5

폼페이에서 가장 오래된 종교 시설로 기원전 6세기까지 역사가 거슬러 올라간다. 입구로 들어가면 오른쪽에 아폴로의 청동상, 왼쪽에 그의 여동생인 디아나의 청동상이 있다.

⑤ 포로 Foro 7구역(VII)-6

고대 로마의 어느 도시를 가든 그 중심은 바로 포로(라틴어 포룸)다. 정치, 종교, 경제, 행정, 사법 활동이 이루어지는 공간으로 남쪽 끝에서 바실리카와 만난다. 폼페이의 포로에 서면 베수비오산이 매우 잘 보인다.

⑥ 실내시장 Macellum
7구역(VII)-12

식료품을 주로 판매하는 실내시장이다. 주랑 벽에 생선 등을 판매하는 일상생활을 묘사한 그림이 남아 있다. 석고로 뜬 인체 모형인 '폼페이 캐스트 I Calchi'를 볼 수 있다. 입구 맞은편에 매점이 있다.

19세기 폼페이 발굴의 책임자였던 나폴리 출신 고고학자 주세페 피오렐리 Giuseppe Fiorelli는 유기물이 재에 묻히면 시간이 지남에 따라 썩어서 구멍이 생긴다는 사실을 발견했다. 그는 이 빈 공간에 석고를 부어 굳힌 후 화산재를 제거하고 인간, 동물의 외형을 복원했다. 이 방법으로 폼페이 최후의 날 당시 폼페이 주민들이 겪었던 재난의 실상이 전 세계에 알려졌다.

⑪ 원형경기장 Anfiteatro
2구역(II)-5

기원전 70년경 지어졌고 전 세계에서 가장 잘 보존된 원형경기장 중 하나다. 좌석은 3개의 구역으로 나뉘어 신분에 따라 앉았고 2만 명의 관중을 수용했다. 극장 주변에 잔디밭이 넓게 펼쳐져 있고 산책로가 조성되어 있다.

⑦ 대중목욕탕 Terme del Foro
7구역(VII)-10

남녀 구역이 분리되어 있으며 냉탕, 온탕을 모두 갖춘 대중목욕탕이다. 탈의실엔 나무 옷장과 돌로 된 벤치가 놓여 있었고 욕탕에는 대리석 욕조, 청동 난로 등의 시설이 있었다. 벽과 천장은 프레스코화, 조각 작품으로 꾸몄으며 그중 일부가 지금도 남아 있다.

⑧ 비극 시인의 집 6구역(VI)-4
Casa del Poeta Tragico

집 입구에 있는 커다란 개 그림과 "CAVE CANEM(개 조심)"이라고 쓰인 모자이크가 유명하다. 배우들이 연극을 준비하는 장면이 포함된 안마당의 모자이크에서 집 이름이 유래했다.

⑨ 파우노의 집 Casa del Fauno
6구역(VI)-1

폼페이에서 가장 크고 화려한 집이다. 정원에서 발견된 '춤추는 목신상'에서 집의 이름이 유래했다. 저택 입구 바닥에는 라틴어 환영 문구 "HAVE"가 쓰인 모자이크가 있고, 정원 안쪽의 응접실 바닥에 폼페이에서 발견된 가장 유명한 작품 〈알렉산드로스와 다리우스(이소스 전투)〉 모자이크가 있다.

⑩ 루파나레 Lupanare
7구역(VII)-18

매춘부를 의미하는 라틴어 단어 '루파'에서 이름이 유래했고 각 방 벽에는 성행위를 묘사한 프레스코화가 그려져 있다. 폼페이 내 지붕 있는 건물 중 유일하게 일방통행이라 입구와 출구가 다르다.

⑫ 대극장, 극장의 주랑 또는 검투사 막사, 소극장 8구역(VIII)-10, 11, 12
Teatro Grande, Quadriportico dei teatri o Caserrna dei Gladiatori, Teatro Piccolo – Odeion

대극장, 소극장, 부대시설이 한자리에 모여 있다. 그리스와 로마의 희비극이 주로 상연된 대극장은 폼페이의 공공건물 중 가장 먼저 완전하게 발굴된 공간이다. 지붕으로 덮인 소극장은 소리의 울림이 좋아 시 낭독, 음악 공연에 사용됐다. 74개의 도리아식 기둥으로 둘러싸인 사각형 공간인 주랑은 처음엔 극장의 로비로 쓰였다가 나중엔 검투사의 막사로 사용되었다.

이탈리아 최고의 휴양지

카프리 Capri

#푸른동굴 #최고급휴양지 #황제가사랑한섬

로마 제국의 초대 황제 아우구스투스가 몇 배나 넓고 온천이 샘솟는
이스키아를 양보하며 손에 넣은 섬, 카프리. 바다의 파랑과
하늘의 파랑이 경계 없이 섞여 만들어내는 아름다움은 2000년의
세월을 뛰어넘어 여전히 많은 이를 매혹한다.

카프리
가는 방법

나폴리와 카프리 사이를 오가는 배는 운휴 없이 1년 내내 운항하고 소렌토, 포시타노, 아말피와 카프리 사이는 성수기에만 운항한다. 카프리를 오가는 노선은 인기가 많아 성수기엔 미리 예약하는 걸 추천한다. 아래의 웹사이트에서 페리 운항 시간표를 확인할 수 있고 예약 사이트로 연결된다. 카프리 내 대중교통 정보도 자세하게 나와 있다.

🏠 www.capri.com

• 나폴리

50분, €26~
(일반 페리 1시간 25분, €19~)

20분
€19~26

소렌토   포시타노   아말피

40분, €27.5~

50분, €25.5~

카프리

★ 고속 페리 기준

나폴리에서 카프리의 마리나 그란데Marina Grande 항구로 가는 고속 페리는 베베렐로 부두에서 출발한다. 부두에 각 선박 회사의 매표소가 있고 전광판에 선착장 정보가 나와 있다. 배에는 화장실과 매점이 있고 와이파이를 사용할 수 있다. 일반 페리는 베베렐로 부두에서 걸어서 15분 정도 걸리는 칼라타 포르타 디 마사Calata Porta di Massa에서 출발한다.

카프리 시내 교통

푸니콜라레 Funicolare

마리나 그란데 항구와 카프리 마을 사이를 잇는 등산 열차. 항구에 매표소, 정류장 안내가 잘되어 있어 찾기 쉽다. 성수기엔 1시간에 6~8대 정도로 자주 운행한다. 1회권 €2.4.

버스

ATC 카프리에서 운행하는 주황색 미니버스가 마리나 그란데 항구, 카프리, 아나카프리, 마리나 피콜라 Marina Piccola 사이를 오간다. 정류장에 시간표가 붙어 있고 행선지 구분이 되어 있으니 잘 보고 줄을 서자. 아나카프리로 가는 버스는 어디서 타든 항상 사람이 많아 성수기엔 1시간 이상 기다리는 일도 생긴다. 탈 때 버스표를 기기에 태그한다.

€ 1회권 €2.4, 1일권Biglietto giornaliero €7.2
ⓘ 마리나 그란데-카프리 10분, 마리나 그란데-아나카프리 25분, 카프리-아나카프리 10분

아나카프리에서 푸른 동굴로 가는 시내버스는 회사가 달라 마리나 그란데 항구 또는 카프리 마을의 매표소에서 파는 버스 1일권으로 탑승할 수 없다. 푸른 동굴로 가는 버스를 타는 정류장에서 현금으로 버스표를 산다.

아나카프리의 비토리아 광장 정류장은 버스의 출발점이 아니라서 앉아서 가기 힘들다. 조금 더 여유롭게 버스를 타고 싶다면 톰마소 길Viale De Tommaso을 따라 3분 정도 올라가 한 정거장 전에 버스를 타자.

정류장 안내

· 마리나 그란데 항구 페리 매표소 옆에 있다. 아나카프리로 가는 버스는 1번, 카프리로 가는 버스는 2번에서 탄다.

· 카프리 마을 움베르토 1세 광장에서 걸어서 3분 거리에 있다. 아나카프리로 가는 버스는 1번, 마리나 피콜라로 가는 버스는 2번, 마리나 그란데로 가는 버스는 3번에서 탄다.

· 아나카프리 마을 비토리아 광장에 있다. 정류장 번호 구분은 없으며 마리나 그란데로 가려면 왼쪽, 카프리로 가려면 오른쪽에 줄을 선다.

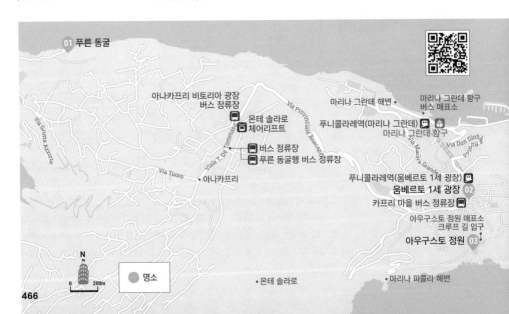

카프리
추천 코스

카프리섬은 동쪽의 카프리 마을과 서쪽의 아나카프리 마을로 나뉜다. 해가 긴 여름이라도 페리 시간을 고려하면 하루에 푸른 동굴과 두 마을 모두 둘러보기엔 시간이 좀 빠듯하다. 기다리는 시간을 줄이기 위해 오전에 푸른 동굴을 보고 오후에 두 마을 중 한 군데를 둘러보는 걸 추천한다. 푸른 동굴을 보지 않고 두 마을을 둘러본다면 어딜 먼저 가도 상관없지만, 해의 방향을 고려했을 때 카프리 마을을 먼저 방문할 때 사진이 잘 나온다. 카프리섬은 이탈리아 전체를 통틀어 물가가 가장 비싼 휴양지다. 마리나 그란데 항구 주변에 있는 음식점이 카프리, 아나카프리보다 저렴한 편이다.

당일치기 여행 일정

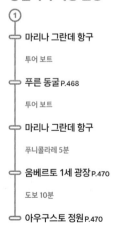

1

- 마리나 그란데 항구
  - 투어 보트
- 푸른 동굴 P.468
  - 투어 보트
- 마리나 그란데 항구
  - 푸니콜라레 5분
- 움베르토 1세 광장 P.470
  - 도보 10분
- 아우구스토 정원 P.470

2

- 마리나 그란데 항구
  - 버스 25분
- 아나카프리 P.471
  - 버스 20분
- 푸른 동굴 P.468
  - 버스 20분
- 아나카프리 P.471
  - 체어리프트 13분
- 몬테 솔라로 P.471

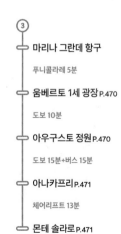

3

- 마리나 그란데 항구
  - 푸니콜라레 5분
- 움베르토 1세 광장 P.470
  - 도보 10분
- 아우구스토 정원 P.470
  - 도보 15분+버스 15분
- 아나카프리 P.471
  - 체어리프트 13분
- 몬테 솔라로 P.471

푸른 동굴 Grotta Azzurra

해식 동굴인 카프리의 푸른 동굴은 로마 황제의 개인 수영장이자 해양 신전으로 역사에 등장했을 정도로 오래전부터 알려져 왔다. 투명한 푸른색이 길이 60m, 너비 25m인 동굴의 벽과 천장까지 물들인 모습은 너무도 비현실적이다. 하지만 그 장면을 보기 위해 지나야 하는 과정은 현실 그 자체. 우선 날씨가 허락해야 한다. 동굴을 상시 개방하는 4~10월이라도 파도가 높고 바람이 심하면 동굴에 들어갈 수 없다. 두 번째는 시간이 많이 걸린다. 내륙에서 카프리섬까지 가고 거기서 동굴 입구까지 간 후 입구에서도 기다리는 일이 부지기수다. 세 번째는 돈이 많이 든다. 해상 이동은 원래 육로 이동보다 비싸고 동굴 입장료는 매년 오른다. 사공의 팁도 현금으로 준비해야 한다. 여러 가지 제약에도 불구하고 카프리의 푸른 동굴은 일생에 한 번쯤은 방문할 가치가 있다. 과거, 현재를 지나 미래에도 계속 모든 여행자의 버킷리스트 중 하나일 것이다.

투어 회사를 선택해 티켓을 사자

좁은 동굴 입구로 들어가기 위해 나룻배 탑승

푸른 동굴 둘러보기 전
미리 알아두기

- 동굴 개방 여부를 미리 알 수 있는 방법은 없고 당일 날씨에 따라 결정된다. 4~10월엔 날이 궂지 않으면 매일, 11~3월에는 아주 드물게 맑은 날에만 들어갈 수 있다. 동굴이 가장 아름다운 시간대는 보통 정오부터 오후 2시까지다.
- 카프리섬의 마리나 그란데 항구에서 동굴 입구까지 가는 방법은 페리(투어)와 버스 2가지다.
- 선착장에 투어 회사의 부스가 여러 개 있으며 프로그램, 소요시간, 요금은 거의 비슷하다. 푸른 동굴만 왕복하는 투어(€23~), 푸른 동굴을 보고 섬 일주를 하는 투어(€24~), 섬 일주만 하는 투어(€23~)가 있다.
- 동굴 입구가 굉장히 좁아서 페리는 들어갈 수 없다. 3~4명이 탑승하는 나룻배로 옮겨 타고 페리 투어 요금과는 별도로 나룻배 요금(€11~)과 동굴 입장료(€7~)를 낸다. 신용카드 결제가 가능하지만 현금을 선호한다.
- 성수기에는 작은 배로 옮겨 탄 뒤 동굴에 들어갈 때까지 1~2시간 기다리는 경우도 있다.
- 동굴에 들어갈 때는 배 바닥에 몸이 닿을 정도로 충분히 몸을 앞으로 숙인다.
- 동굴 내부를 둘러보는 시간은 5분 남짓이고 운이 아주 좋아도 10분을 넘기지 않는다.
- 시내버스를 타고 동굴로 가는 방법은 다음과 같다. 마리나 그란데 항구에서 '아나카프리'로 가는 버스(€2.4)를 타고 기사에게 꼭 '그로타 아추라'로 간다고 말해두자.
- 승객이 거의 다 내리는 아나카프리의 중심가(비토리아 광장) 바로 다음 정류장에서 내리면 맞은편에 푸른 동굴로 가는 버스를 타는 정류장이 있다. 요금(€2.4)은 현금 결제만 가능하며, 관광버스도 많이 서는 곳이니 탈 때 '그로타 아추라'로 가는 시내버스인지 한 번 더 확인하자.
- 버스에서 내리면 바다로 내려가는 계단이 나온다. 그 계단을 따라 줄을 서 있으면 나룻배가 와서 태워간다.
- 아나카프리로 돌아갈 땐 내린 자리에서 버스를 탄다.
- 동굴을 보고 나오면 뱃사공이 팁을 요구한다. 1인당 최대 €20까지 내라고 하는 경우도 있는데 €5 정도 내면 무난하다. 잔돈이 없다면 같이 탄 사람들끼리 모아서 내는 것도 방법이다.
- 멀미가 심한 사람은 미리 멀미약 먹는 걸 추천한다.
- 페리든 버스든 마리나 그란데 항구에서 출발해 푸른 동굴을 보고 마리나 그란데 항구 또는 아나카프리까지 돌아오려면 3~4시간 정도 걸린다.

비현실적인 푸른 동굴의 모습, 이 모습을 보기 위한 수고로움을 기꺼이 감수할 만하다.

움베르토 1세 광장 Piazza Umberto I

마리나 그란데 항구에서 푸니콜라레를 타고 올라가면 가장 먼저
만나는 광장이며 카프리 마을에서 가장 번화한 곳이다. 이정표가
되는 하얀색 시계탑을 중심으로 관공서, 음식점, 기념품점이 모여
있고, 프라다 매장을 오른쪽에 두고 1분만 걸어가면 버스와 택시
정류장이 나온다. 푸니콜라레 정류장 앞과 프라다 매장 앞에서 내
려다보는 풍경이 매우 아름답다. 광장에서 아우구스토 정원으로
가는 길목에 명품 매장, 고급 호텔이 늘어서 있다.

◉ Piazza Umberto I, 20, 80076 Capri
🚶 마리나 그란데 항구에서 푸니콜라레로 5분 또는 도보 20분

아우구스토 정원 Giardini di Augusto

가장 쉽고 저렴하게 카프리섬의 절경을 즐기고 싶다면 아우구스토 정원을 방문
하자. 파란 하늘과 바다, 기암절벽이 조화를 이루는 풍경을 마주하면 전 세계 부
호들이 카프리섬에 별장을 마련한 이유가 십분 이해된다.

◉ Via Matteotti, 2, 80076 Capri 🚶 움베르토 1세 광장에서 도보 10분
🕐 3월 15~31일 09:30~18:30, 4월 09:30~19:30, 5월 1일~9월 15일 09:00~20:00,
9월 16~30일 09:30~19:30, 10월 1~15일 09:30~19:00, 10월 16일~11월 3일
09:30~18:30 € 일반 €2.5, 12세 이하 무료

아우구스토 정원 매표소에서 정원으로 들
어가지 않고 쭉 뻗은 길로 계속 가면 마리
나 피콜라 해변Spiaggia di Marina Piccola으
로 갈 수 있는 크루프 길Via Krupp이 나온
다. 구불구불한 길을 30분 정도 걸어 내려
가면 해변에 닿는다. 카프리섬 전체가 휴대
폰이 잘 터지지 않지만 이 구간은 특히 심
각하니 구글 맵스로 경로를 미리 검색한 후
캡처해두면 유용하다.

리얼 가이드

•

카프리, 그 이상의 카프리
아나카프리 Anacapri

이탈리아어 'ana-'는 '위에, 위쪽으로'의 뜻을 가진 접두사로 아나카프리는 '카프리 윗동네'쯤으로 의역해도 좋다.
아나카프리는 카프리보다 해발 고도가 150m가량 높아 깎아지른 절벽 위에서 좀 더 극적인 풍경을 볼 수 있다.
마을의 중심은 비토리아 광장Piazza Vittoria이며, 푸른 동굴은 행정구역상 아나카프리에 속한다.

특별한 방법으로 산에 오르자
몬테 솔라로 Monte Solaro

카프리섬에서 가장 높은 지점인 솔라로산 정상에 오르면 섬 전체와 나폴리만, 아말피 해안까지 한눈에 들어온다. 오전엔 해무가 짙기 때문에 오후에 올라가는 게 좋다. 정상까지 가는 가장 편리한 방법은 체어리프트이며 13분 정도 걸린다. 체어리프트엔 안전 바밖에 없기 때문에 고소공포증이 있는 사람에겐 추천하지 않는다. 떨어질 우려가 있는 짐은 매표소에 있는 사물함에 넣어두자. 산 정상에 음식점과 화장실(€1)이 있다.

📍 Via Caposcuro, 10, 80071 Anacapri 🚶 비토리아 광장에서 도보 3분 🕐 3~4월 09:30~16:00, 산 정상에서 출발하는 막차 16:30 / 5~10월 09:30~17:00, 산 정상에서 출발하는 막차 17:30 / 11~2월 09:30~15:30, 산 정상에서 출발하는 막차 16:00
€ 왕복 €14, 편도 €11 🏠 www.capriseggiovia.it

471

아말피 해안 도시 전격 비교

지중해를 향해 뾰족하게 튀어나온 소렌토 반도Penisola Sorrentina에는 여행자의 마음을 설레게 하는 아름다운 마을이 빼곡하다. 그중에서도 특히 아름다운 해안선을 따라 놓인 마을은 소렌토, 포시타노, 아말피. 닮은 듯 다른 이 세 도시의 특징을 미리 파악하면 여행 계획을 세울 때 한층 수월하다.

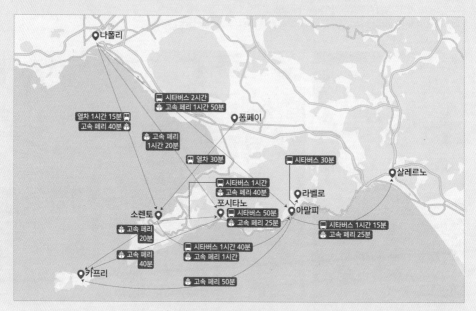

소렌토

나폴리, 폼페이와 열차로 이동 가능하며, 아말피 해안을 달리는 시타버스의 종점이고 로마에서 오가는 고속버스도 있어 접근성이 매우 좋다. 성수기엔 페리도 자주 다닌다. 음식점, 기념품점, 명소가 역에서 도보로 20분 이내에 모여 있어 시내에선 대중교통을 탈 일이 없다. 포시타노, 아말피와 비교했을 때 숙박비가 저렴해 여행의 거점으로 삼기 좋다. 다만 중심가에는 빼어난 전망을 자랑하는 숙소가 없다.

포시타노

시타버스, 페리(성수기)로 오갈 수 있다. 버스를 탔을 때 소렌토와 아말피의 중간 지점이라 성수기엔 앉아서 이동하기가 쉽지 않다. 바다를 바라보는 가파른 비탈을 따라 마을이 조성되어 여행자가 아말피 해안에 바라는 전형적인 풍경을 보여준다. 전망이 좋은 숙소가 많지만 숙박비가 가장 비싸고, 숙소 위치에 따라 엄청나게 많은 계단을 오르내려야 할 수도 있으니 예약 전에 꼭 확인하자.

치안이 좋지 않은 나폴리 대신 로마에서 고속열차로 오갈 수 있는 살레르노Salerno를 남부 여행의 거점으로 삼는 여행자가 늘고 있다. 나폴리보다는 작지만 소렌토, 포시타노, 아말피보다는 큰 도시라서 숙소, 음식점 등의 수가 많고 숙박비가 저렴하다. 살레르노역 앞에 시타버스 정류장, 페리 선착장이 있다. 시타버스를 타면 아말피가 종점이라 포시타노, 소렌토로 가려면 아말피에서 갈아타야 하는 게 단점. 페리는 성수기에만 다니고 요금이 비싸지만 원하는 도시로 한 번에 갈 수 있다.

아말피

소렌토에서 출발한 시타버스의 종점이다. 라벨로, 살레르노로 가는 시타버스를 탈 수 있고, 운행 편수는 많지 않지만 나폴리 시내와 공항에서 아말피를 오가는 버스도 있어 교통이 매우 편리하다. 성수기엔 페리도 자주 다닌다. 숙박비는 소렌토보다 비싸고 포시타노보다 저렴하다. 언덕 위에 위치한 숙소도 있으니 예약할 때 확인하는 것이 좋다.

언제 가면 좋을까?

성수기와 비수기의 차이가 뚜렷하다. 페리 운항 기간으로 따지면 4~10월을 성수기로 본다. 그중에서도 6~9월은 극성수기라 숙박비도 많이 오르고 좁은 계단이 많은 포시타노에선 줄을 서서 이동해야 할 정도로 사람이 몰린다. 비수기인 11~3월은 숙박비가 저렴하며 비교적 여유롭게 둘러볼 수 있다는 장점이 있지만 영업을 쉬는 음식점, 기념품점 등이 많다. 따라서 가장 추천하는 시기는 5월, 9월 중순이다.

무얼 타고 이동할까?

시타버스 SITA SUD

성수기, 비수기의 시간표 차이는 있지만 연중 운행한다. 여행자가 많이 이용하는 노선은 '소렌토-포시타노-아말피'와 '아말피-라벨로'를 오가는 노선이다. 차가 많이 막히는 성수기엔 시간표가 소용없을 지경이지만 정류장에서 기다리면 오긴 온다.

🏠 sitasudtrasporti.it/campania
€ 1회권 €1.5~, 24시간 티켓 COSTIERA SITA SUD 24 ORE €10

선박

성수기에만 운항하고 요금이 버스보다 비싸다는 단점이 있지만 버스보다 쾌적하게 이동할 수 있다. 배 위에서만 볼 수 있는 풍경은 보너스. 승선 인원이 정해져 있으니 미리 예약하는 게 좋다. 버스보다는 출발 시간을 잘 지키는 편이지만 승객이 많으면 연착이 발생할 수 있고, 날이 궂으면 당일 취소되는 경우도 있다. 멀미가 심한 사람은 미리 멀미약을 먹는 걸 추천한다.

🏠 www.travelmar.it

시타버스 타기 전
알아두면 좋은 팁

- 시간표는 매표소, 정류장, 홈페이지에서 확인할 수 있다.
- 소렌토는 역 바로 앞에 매표소가 있어 편리하다. 다른 도시에선 기념품점 등에서 버스표를 살 수 있다. 매표소가 문을 닫았을 땐 정류장의 직원에게 구매할 수 있다. 미리 왕복표를 사면 편리하며 현금을 준비해놓자.
- 탈 때 운전석 앞에 있는 기계에 버스표를 넣어 탑승 날짜와 시간을 개찰하자. 24시간 티켓은 개찰한 순간부터 24시간 유효하며, 최초 개찰한 후에는 탈 때 기사에게 보여준다.
- 소렌토에서 포시타노, 아말피로 갈 땐 오른쪽, 아말피에서 포시타노, 소렌토로 갈 땐 왼쪽에 앉아야 풍경을 감상하기 좋다.
- 큰 짐은 짐값(€1.5)을 받는다. 짐칸이 있지만 작아서 늦게 타면 차 내에 들고 탈 수도 있다.
- 주행 중 커브길, 터널에 진입하기 전에 경적을 울린다.

성수기엔 사람이 몰려서, 비수기엔 매표소가 문을 닫아서 버스표를 사는 데 곤란한 상황이 생길 수 있다. 그럴 때를 대비해서 'Unico campania' 애플리케이션을 다운받아 가자. 회원가입할 때 문자로 본인 인증을 하기 때문에 한국에서 회원가입을 하고 신용카드 등록까지 마쳐야 한다.

① 애플리케이션 첫 화면에서 'BUY TICKET' 선택
② 다음 화면에서 'SITA SUD – Campania' 선택
③ 다음으로 'BUY TICKETS FROM SOLUTIONS'를 선택하고 출발 도시, 도착 도시를 입력하는 화면으로 넘어간다.
④ 버스표 가격은 현지에서 구매하는 것과 동일하며, 미리 구매해놨다가 버스를 타기 직전에 'active'를 누른다. 현지 인터넷 사정이 좋지 않아 애플리케이션 구동이 원활하지 않을 수 있다는 점도 고려하자.

아말피 해안 여행의 출발점

소렌토 Sorrento

#아말피해안여행의거점 #돌아오라소렌토로 #레몬기념품쇼핑

'돌아오라 소렌토로'라는 제목의 나폴리 민요로 우리에게 익숙한 도시 소렌토는 바다를 사이에 두고 나폴리와 마주 본다. 교통이 편리하고 여행 인프라가 잘 갖춰져 있어 아말피 해안 도시 여행의 거점으로 사랑받는다.

소렌토
가는 방법

로마, 피렌체 등에서 출발하면 나폴리를 경유해서 소렌토에 갈 수 있다. 열차, 버스의 기점이고 배도 자주 다녀 교통이 매우 편리하다. 아래의 웹사이트에서 소렌토를 중심으로 한 대부분의 교통수단의 시간표, 요금을 한 번에 살펴볼 수 있으며 일부는 예약 사이트로 바로 연결되어 편리하다.

🏠 www.sorrentoinsider.com

로마에서 출발 시

연중

로마 테르미니역 ━━ 나폴리 첸트랄레역 ━━ 나폴리 가리발디역 ━━ 소렌토역
　　고속열차 1시간 15분　　　도보 이동　　　열차 1시간 15분

로마 티부르티나역 ━━ 소렌토
　　플릭스버스 5시간

성수기

로마 테르미니역 ━━ 나폴리 첸트랄레역 ━━ 나폴리 베베렐로 부두 ━━ 소렌토
　　고속열차 1시간 15분　　　지하철 또는 택시　　　고속 페리 40분

로마 티부르티나역 ━━ 소렌토
　　마로치버스 5시간

열차

한국에서 발급한 콘택트리스 신용카드를 사용할 수 있다. 내릴 때 기기에 태그하지 않으면 추가 요금이 부과되므로 내릴 때도 반드시 기기에 태그하자.

나폴리와 아말피 해안이 속한 캄파니아주 내에서만 운행하는 치르쿰베수비아나 열차의 기점이다. 나폴리에서 출발한 열차는 폼페이를 지나 종점인 소렌토까지 간다. 열차는 일반 열차와 캄파니아 익스프레스Campania Express, 2종류가 있다. 탈 때는 표를 통과시켜 개찰구로 들어가고 내릴 때는 그냥 나온다. 시간표는 각 역의 매표소에 붙어 있다. 소렌토역은 2층 구조이며 2층에 매표소, 승강장, 매점이 있다. 역 바로 앞에 여행 안내소, 시타버스 정류장이 있다.

· 캄파니아 익스프레스 일부 역에만 정차하는 급행열차이며 나폴리와 소렌토 구간을 하루에 3~4회 왕복한다. 성수기엔 나폴리에서 소렌토로 가는 열차가 굉장히 붐비고 소매치기가 많다. 캄파니아 익스프레스는 탑승할 때 직원이 일일이 표를 확인하고 일부 역에서는 개찰구에서 승강장까지 동행하기 때문에 비교적 안전한 편이다. 예약할 필요는 없다. 일반 열차보다 정차 역이 적어서 이동시간을 줄일 수 있다.

나폴리 가리발디역 ┈┈┈┈┈┈┈┈┈┈┈┈┈┈┈┈┈┈┈┈┈┈┈┈┈ 소렌토역
50분~1시간 15분(일반 €4.6, 캄파니아 익스프레스 €15)

버스

· **플릭스버스, 마로치버스** 플릭스버스와 마로치버스에서 로마와 소렌토를 오가는 노선을 운행한다. 인기가 많은 구간이라 일정이 정해지면 바로 예약하는 걸 추천한다. 두 버스 모두 로마 티부르티나역 앞 버스 터미널에서 출발한다. 소렌토에는 버스 터미널이 없으며 역에서 걸어서 3분 거리에 위치한 코르소 이탈리아 거리Corso Italia의 정류장에서 승하차한다.

	플릭스버스	마로치버스
소요시간	4시간 30분~5시간	
요금	탑승일에 가까워질수록 비싸짐	편도 €23, 왕복 €44
운행 기간	연중	6~9월
1일 운행 편수	1~3회	07:00 로마 출발 / 16:00 소렌토 출발
홈페이지	global.flixbus.com	www.marozzivt.it

매표소가 문을 닫았을 땐 먼저 정류장에 서 있는 직원에게 표를 파는지 물어본다. 만약 직원에게 표를 살 수 없다면 소렌토역 2층의 매점에서 구매하자. 현금 결제만 가능하다.

· **시타버스** 소렌토, 포시타노, 아말피 사이를 오가는 버스. 소렌토역 바로 앞에 매표소가 있고 버스 정류장은 길 건너에 위치한다. 소렌토가 출발점이지만 성수기엔 서서 가는 경우도 많다. 표는 왕복으로 구매하는 게 편하다. 도시 간 이동 시간은 도로 상황에 따라 달라지고,

대부분의 경우 예상보다 오래 걸리기 때문에 여유를 두고 움직이는 걸 추천한다.

소렌토 ----------- 포시타노   소렌토 ----------- 아말피
　　1시간, €2.4　　　　　　　　　1시간 40분, €3.4

선박

4~10월엔 나폴리, 카프리, 포시타노, 아말피와 소렌토를 오가는 페리가 다닌다. 요금은 열차나 시타버스보다 비싸지만 출발, 도착 시간을 비교적 잘 맞추고 앉아서 갈 수 있다. 성수기엔 예약하는 걸 추천한다. 소렌토 항구Porto di Sorrento는 역에서 걸어서 15분쯤 걸리는데 가파른 계단을 이용해야 한다.

나폴리 ----------- 소렌토   소렌토 ----------- 포시타노
　　40분, €16.4~21　　　　　　　　40분, €18

소렌토 ----------- 아말피   소렌토 ----------- 카프리
　　1시간, €17.5~19　　　　　　　20분, €19~26

소렌토
여행 방법

모든 명소가 시내 중심에 옹기종기 모여 있고 전부 걸어서 둘러볼 수 있다. 역을 출발점으로 잡았을 때 타소 광장을 지나 빌라 코무날레, 비토리아 광장 순으로 멀다.

● 명소　● 식당/카페

🚢 소렌토 항구

화장실
03 빌라 코무날레

항구행 유료 승강기 ·

04 비토리아 광장

라 칸티나치아 델 포폴로 01

Via Correale

타소 광장
01
Corso Italia
산 체사레오 거리 02 04 라키
스토리코 오토 03
02 파우노 바

플릭스버스 정류장
슈퍼마켓 🚌 마로치버스 정류장
시타버스 정류장 🚌
시타버스 매표소 ·
소렌토역 🚌

N

0　100m

여행 안내소 역 바로 앞의 객차 모양 부스가 공식 여행 안내소다. 파란색으로 "info point"라고 쓰인 현수막이 붙어 있다. 운영시간은 유동적이다.

화장실 시타버스 매표소 옆(€0.5)과 빌라 코무날레 근처(€0.5)에 화장실이 있다.

슈퍼마켓 역에서 타소 광장으로 가는 길목에 규모가 큰 슈퍼마켓이 있다. 상호는 'Dodecà Sorrento'다.

📍 Corso Italia, 221, 80067 Sorrento
🚶 소렌토역에서 도보 5분　🕐 08:00~21:45

소렌토의 중심 ...... ①
타소 광장 Piazza Tasso

소렌토 출신의 시인 토르콰토 타소Torquato Tasso의 이름을 딴 광장으로 소렌토 시내에서 가장 붐빈다. 광장 한복판에 소렌토의 수호성인 성 안토니누스의 동상이 세워져 있다. 동상 맞은편에 자리한 연노란색 파사드 건물은 카르미네 성당Santuario della Madonna del Carmine이다. 성당 앞 인도에 여러 나라의 국기가 보이는데 이 국기 자리Mirante Piazza Tasso에서 내려다보는 풍경은 소렌토를 대표하는 한 장면이다.

🚶 소렌토역에서 도보 6분

남부 여행 기념품은 여기서! ...... ②
산 체사레오 거리 Via San Cesareo

타소 광장 서쪽으로 뻗은 좁은 골목이다. 거리 전체가 하나의 기념품점이라 해도 좋을 정도. 레몬 술 리몬첼로, 레몬 사탕, 레몬 비누 등 레몬으로 만든 모든 기념품을 구할 수 있고 포시타노, 아말피보다 가격이 저렴하다. 소렌토역 앞에서부터 쭉 뻗은 큰길인 코르소 이탈리아 거리도 쇼핑하기 좋다.

🚶 타소 광장에서 도보 1분

항구로 통하는 공원 ...... ③
빌라 코무날레
Villa Comunale di Sorrento

깎아지른 절벽 바로 위에 자리해 베수비오산과 나폴리만까지 한눈에 담을 수 있다. 전망대로 가는 길 오른쪽에 하얀색 파사드의 성 프란체스코 성당Chiesa di San Francesco이 있으며, 성당을 지나면 노천 테이블 앞쪽에 항구로 향하는 계단이 있다. 걷는 게 버겁다면 성당 맞은편에 위치한 공원 내 유료 승강기(편도 €1.5, 왕복 €2.2)를 이용하자.

📍 Via S. Francesco, 80067 Sorrento   🚶 타소 광장에서 도보 4분

노을이 아름다운 전망 포인트 ...... ④
비토리아 광장 Piazza della Vittoria

빌라 코무날레의 서쪽에 위치한 전망 포인트로 해 질 때 특히 아름다운 풍경을 볼 수 있다. 전망 포인트 맞은편에 공원이 있어 쉬어가기에 좋다. 벨뷰 시레네, 호텔 컨티넨탈 등 전망 좋은 호텔이 공원 주변에 모여 있다.

📍 Piazza della Vittoria, 80067 Sorrento
🚶 빌라 코무날레에서 도보 3분

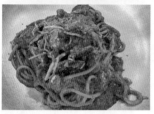

현지인도 사랑하는 밥집 ······①
라 칸티나치아 델 포폴로 La Cantinaccia del Popolo

과한 기교 없이 투박하지만 정직한 이탈리아 남부의 '집밥'을 먹고 싶은 사람에게 추천한다. 언제 방문해도 현지인과 여행자로 붐빈다. 예약은 받지 않고 브레이크타임이 임박해도 기다리는 사람은 다 식사를 할 수 있다. 기다리는 시간을 줄이고 싶다면 오픈 직후, 브레이크타임 직전에 방문하는 걸 추천한다. 파스타(€10~), 스테이크, 생선 요리 모두 인기 있는 편이다. 자릿세가 없으며 식전 빵을 제공하고 식후에 리몬첼로로 한 잔을 내어준다.

📍 Vico Terzo Rota, 6/8, 80067 Sorrento
🚶 소렌토역에서 도보 8분, 타소 광장에서
도보 12분 🕐 화·수·일 12:00~15:00, 18:35
~22:30, 목~토 12:00~15:00, 18:35~22:45
❌ 월요일 📞 +39-081-1871-7929

아침 식사부터 저녁 식사까지
즐길 수 있는 곳 ······②
파우노 바 Fauno Bar

소렌토의 중심인 타소 광장 한복판에 자리하며 비수기에도 이른 아침부터 늦은 밤까지 영업하는 음식점이다. 아말피 해안 도시의 여행 물가를 고려하면 음식값이 저렴한 편이다. 해산물이 들어간 메뉴가 인기 많고 글루텐 프리, 비건 메뉴의 종류가 다양하다. 모든 메뉴를 포장할 수 있으며, 식사 후에는 체리로 만든 브랜디를 내어준다. 화장실이 청결하다. 자릿세 €1.5, 파스타는 €11부터.

📍 Piazza Torquato Tasso, 13, 80067
Sorrento 🚶 소렌토역에서 도보 6분
🕐 08:00~23:30 📞 +39-081-878-1135
🏠 faunobar.it

직접 구운 포카치아가 별미 ······ ③
스토리코 오토
Storico8 Pizza in teglia, focacceria e cucina

산 체사레오 거리와 코르소 이탈리아 거리를 잇는 좁은 골목
에 있다. 엄마의 이름(Anna)을 걸고 집에서 먹는 조리법으로 음
식을 한다. 인기 있는 메뉴는 길쭉한 나무 도마에 나오는 피자
(€20~). 독특하게 포카치아로 피자를 만들며 빵 자체가 맛있다.
피자는 2인분부터 주문 가능하며 남으면 포장해준다. 다른 음
식점에선 쉽게 볼 수 없는 이탈리아의 맥주를 맛볼 수 있다. 자
릿세 €2. 비수기에는 영업시간이 달라지니 방문 전에 확인하자.

📍 Via Padre Reginaldo Giuliani, 8, 80067 Sorrento
🏃 타소 광장에서 도보 3분 🕐 월·화·목~일 12:00~22:00
❌ 수요일 📞 +39-081-424-6511

상큼하고 시큼한 레몬 그 자체 ······ ④
라키 Raki

이탈리아 남부에 머문다면 꼭 먹어봐야 할 레몬 디저트를 가장 합리적인 가격에
맛볼 수 있다. 레몬 젤라토(€3~)와 그라니타(€3~)는 레몬 그 자체를 먹는 것처
럼 굉장히 신데 단맛이 적절하게 더해져 상큼하게 먹을 수 있다. 본점은 산 체사
레오 거리에 있고, 코르소 이탈리아 거리에 좀 더 넓은 분점이 있다.

📍 Via S. Cesareo, 48, 80067 Sorrento 🏃 타소 광장에서 도보 2분
🕐 11:00~25:00 📞 +39-081-1896-3351

아말피 해안 최고의 절경
포시타노 Positano

#절벽위마을 #끝없는계단

여행자가 이탈리아 남부에 바라던 모든 이미지를 한 군데로 모아놓은
곳으로 아말피 해안 여행의 하이라이트로 꼽는 사람이 많다.
깎아지른 절벽을 따라 놓인 건물 사이사이를 오가며 만나는 지중해는
다른 어디에서도 볼 수 없는 포시타노의 매력이다.

포시타노 가는 방법

로마에서 출발 시

연중	로마 테르미니역	나폴리 첸트랄레역	나폴리 가리발디역	소렌토역	포시타노
	고속열차 1시간 15분	도보 이동	열차 1시간 15분	시타버스 1시간	

	로마 테르미니역	살레르노역	아말피	포시타노
	고속열차 1시간 35분	시타버스 1시간 15분	시타버스 50분	

성수기	로마 테르미니역	나폴리 첸트랄레역	나폴리 베베렐로 부두	포시타노
	고속열차 1시간 15분	지하철 또는 택시	고속 페리 1시간 20분	

	로마 테르미니역	살레르노역	살레르노 항구	포시타노
	고속열차 1시간 35분	도보 이동	고속 페리 1시간 10분	

	로마 티부르티나역	포시타노
	마로치버스(소렌토에서 환승) 5시간	

시타버스

포시타노에는 정류장이 두 군데 있다. 소렌토를 출발한 버스는 키에사 누오바Chiesa Nuova 정류장, 스폰다Sponda 정류장을 거쳐 아말피로 간다. 두 정류장은 버스로 10분 정도 거리에 떨어져 있고 해변에서 가까운 스폰다 정류장이 좀 더 붐빈다. 각 정류장에 도착하면 기사가 '포시타노'라고 큰 소리로 알려준다. 소렌토-포시타노-아말피 노선은 연중 사람이 많이 몰린다. 종점이 아닌 중간 정류장인 포시타노에선 버스가 시간에 맞춰 오지 않을 확률이 상당히 높고 앉아서 가기도 쉽지 않다.

소렌토	————————	포시타노	아말피	————————	포시타노
	1시간, €2.4			50분, €2.4	

	키에사 누오바	스폰다
위치	고지대에 위치하기 때문에 정류장에서 해변으로 가는 동안 풍경을 감상할 수 있다.	해변, 포시타노의 중심과 가깝다. 키에사 누오바 정류장보다 고도는 낮지만 근처에서 보는 풍경이 멋지다.
버스표 판매소	바 인테르나치오날레Bar Internazionale (카페, 매점) 07:00~23:00(수요일 휴무)	카솔라 루치아Casola Lucia(카페, 매점) 08:00~13:00, 16:00~20:00(일·월요일 휴무)
탑승 팁	아말피로 갈 땐 키에사 누오바, 소렌토로 갈 땐 스폰다 정류장에서 타야 앉아서 갈 확률이 높다.	
정류장에서 시내로	'첸트로centro(center)' 또는 '스피아지아spiaggia(beach)'라고 쓰인 표지판을 따라간다. 두 정류장에서 해변으로 내려가면서 산과 바다가 어우러진 풍경을 감상할 수 있다.	

선박

4~10월에만 운항한다. 요금은 비싸지만 시타버스보다 시간을 잘 맞추고 나폴리, 카프리, 살레르노에서 포시타노까지 한 번에 갈 수 있다는 장점이 있다. 선착장은 마리나 그란데 해변의 서쪽 끝에 위치(구글 맵스 검색어 Travelmar Ticket Office)한다. 성수기엔 예약을 추천한다.

· 나폴리

1시간 20분, €30

1시간 10분, €12~16.5
살레르노 ·

포시타노

40분, €18   25분, €10~13

소렌토 ·   · 아말피

40분, €27.5~

카프리

★ 고속 페리 기준

마로치버스

6~9월의 월·수·금·토·일요일에 로마와 포시타노 사이를 하루에 한 번 왕복한다. 로마 티부르티나역 앞 버스 터미널에서 승하차, 포시타노 키에사 누오바 정류장(시타버스 정류장과 동일)에서 승하차한다. 5시간 이상 걸리고 휴게소에 한 번 들른다. 중간에 소렌토에서 하차해 작은 버스로 갈아타고 포시타노까지 간다.

🕐 로마 출발 07:00, 포시타노 출발 15:00 💶 편도 €26, 왕복 €49.5

포시타노 시내 교통

마을버스

마을 내에 순환 버스가 다닌다. '페르마타버스FERMATA BUS'라 쓰인 안내판이 서 있고 바닥에 노란색 글씨로 '버스BUS'라고 쓰여 있는 곳이 정류장이다. 버스 앞 유리의 전광판에 '인테르노 포시타노INTERNO POSITANO'라 표기되어 있고 주요 정류장은 시타버스가 서는 키에사 누오바, 스폰다를 비롯해서 선착장, 물리니 광장Piazza dei Mulini 등이다. 탈 때 숙소 이름을 말하면 가장 가까운 정류장을 알려주니 주저 말고 물어보자.

🕐 배차 간격 (성수기, 물리니 광장 기준)
07:40~00:10, 1시간에 1~2대
💶 타바키에서 구매 €1.3, 기사에게 구매 €1.8

포시타노
여행 방법

경사면에 조성된 마을이라 계단이 무척 많다. 꼭 가봐야 할 명소가 있는 건 아니니, 계단을 오르내리며 전망 포인트에서 사진을 찍거나 해수욕을 하거나 취향에 맞게 포시타노를 즐기자. 오르막길 이동을 피하고 싶다면 포시타노로 갈 땐 시타버스를 타고 포시타노에서 다른 도시로 이동할 땐 페리를 타는 걸 추천한다.

① 숙소 정보

포시타노는 아말피 해안 도시 중 물가가 가장 비싸다. 특히 성수기의 숙박비는 런던, 암스테르담 등 숙박비가 비싸기로 소문난 도시와 맞먹거나 더 비싸다. 경사면에 건물을 지었기 때문에 고층 건물을 지을 수 없어 대형 호텔은 없다. 전망이 좋은 숙소일수록 고지대에 위치할 확률이 높으니 예약할 때 짐 운반 서비스 등이 있는지 확인한다.

② 포터 서비스

짐을 들고 언덕을 오르내리는 게 버겁다면 포터 서비스를 이용하자. 아직까지 전화로만 문의를 받는 업체가 많지만 온라인으로 예약을 받는 곳도 점점 늘어나고 있다. 보통 짐 1개당 €10~150이며 짐 보관만도 가능하다.

🏠 positanoluggageservice.com

③ 화장실

마리나 그란데 해변에서 선착장으로 가는 길목에 화장실(€0.5)이 있다. 몸에 물기가 있으면 이용할 수 없다.

산타 마리아 아순타 성당 01
02 마리나 그란데 해변

시타버스 매표소 (카솔라 루치아)
스폰다 정류장

🚌 페리 선착장

SS 163
물리니 광장

포르닐로 해변

키에사 누오바 정류장
시타버스 매표소 (바 인테르나치오날레)

● 명소

Amalfi Dr
Via Cristoforo Colombo
V. G. Marconi
Viale Pasitea
V. G. Marconi

0   100m

포시타노에 머문 성모의 그림 ······ ①
산타 마리아 아순타 성당
Chiesa di Santa Maria Assunta

성당의 역사는 10세기 후반으로 거슬러 올라간다. 동방에서 온 한 선박이 고요한 포시타노 앞바다에서 오도 가도 못하게 되었는데 배 어딘가에서 "포사posa(내려놔)"라는 소리가 반복적으로 들렸다. 소리가 난 곳엔 성모 마리아의 이콘이 있었고 이콘을 현지 주민에게 건네주자 그제야 배가 움직였다는 전설이 전해져 온다. 성당의 돔은 화려한 색상의 마이올리카Maiolica 타일로 장식되어 있어 단색 건물 일색인 포시타노에서 단연 눈에 띈다.

📍 Piazza Flavio Gioia, 84017 Positano
🏃 스폰다 정류장에서 도보 10분
🕐 09:30~12:00, 16:00~20:00 💶 무료
📞 +39-089-875480 🏠 chiesapositano.it

넓게 탁 트인 해변 ······ ②
마리나 그란데 해변
Spiaggia di Positano Marina Grande

아말피 해안에 위치한 도시의 해변 중 가장 넓은 해수욕장으로 성수기엔 채도가 높은 파라솔이 달린 선 베드로 가득 찬다. 보통 5월 초부터 9월 중순까지 해수욕을 할 수 있고, 극성수기엔 비싼 가격에도 빈 선 베드를 찾기 힘들다. 좀 더 여유롭게 해수욕을 즐기고 싶다면 마리나 그란데 해변에서 걸어서 10~15분 정도 걸리는 포르닐로 해변Fornillo Spiaggia을 추천한다.

🏃 산타 마리아 아순타 성당에서 도보 3분 📍 Via del Brigantino, 84017 Positano
💶 선 베드 1개 €35~40, 온수 샤워 €1.5, 냉수 샤워 €0.5, 비치 타올 대여 €5(보증금 €20)

해양 강국의 영광이 여기에

아말피 Amalfi

#교통의요지 #유네스코세계문화유산 #해안도로

베네치아, 피사, 제네바와 함께 지중해를 호령했던 4대 해양 국가,
아말피 공국은 이제 아말피 해안 여행의 거점 도시로
사랑받고 있다. 예나 지금이나 수많은 사람이 아말피를 거쳐
어딘가로 떠나고 아말피로 돌아온다.

아말피 가는 방법

로마에서 출발 시

연중

로마 테르미니역	나폴리 첸트랄레역	나폴리 가리발디역	소렌토역	아말피
고속열차 1시간 15분	도보 이동	열차 1시간 15분	시타버스 1시간 40분	

로마 테르미니역	나폴리 첸트랄레역	아말피
고속열차 1시간 15분	시타버스 2시간	

로마 테르미니역	살레르노역	아말피
고속열차 1시간 35분	시타버스 1시간 15분	

성수기

로마 테르미니역	나폴리 첸트랄레역	나폴리 베베렐로 부두	아말피
고속열차 1시간 15분	지하철 또는 택시	고속 페리 1시간 50분	

로마 테르미니역	살레르노역	살레르노 항구	아말피
고속열차 1시간 35분	도보 이동	고속 페리 25분	

시타버스

소렌토와 함께 시타버스의 기점이자 종점이다. 라벨로와 살레르노로 가는 시타버스는 아말피에서만 탈 수 있다. 버스 정류장은 마을 입구 앞에 위치한 플라비오 조이아 광장 Piazza Flavio Gioia이다. 소렌토, 포시타노 방향으로 가는 버스는 광장 내 아말피 터미널 Amalfi Terminal이라는 음식점 맞은편에 있는 주차장에서 탄다. 버스 앞 유리의 전광판에 '소렌토 비아 포시타노SORRENTO via POSITANO'라고 표기되어 있다. 라벨로로 가는 버스는 해수욕장 바로 옆 정류장에서 타며 '라벨로RAVELLO'라고 쓰여 있다.

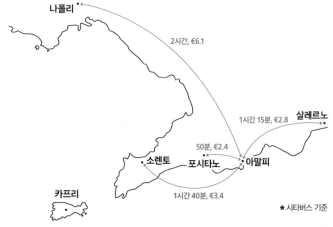

버스표 판매소

음식점 아말피 터미널(노란색 차양)과 기념품점 아말피 타마AMALFI TAMA 사이 골목으로 들어가면 오른쪽에 자리한 기념품점 '아트 첸트레ART CENTRE'에서 현금으로 구매할 수 있다. 구글 맵스에 등록되어 있지 않다.

> 나폴리 공항과 아말피를 오가는 핀투어 버스의 승하차장도 플라비오 조이아 광장이다. 구글 맵스에서 '핀투어 버스 스톱 아말피PINTOUR bus stop Amalfi'로 검색하자. **P.442**

선박

4~10월 성수기엔 페리로 이동할 수 있다. 매표소는 플라비오 조이아 광장 서쪽 끝에 있으며 성수기에는 매표소에 여행 안내소 부스가 나온다. 선착장은 매표소 앞쪽에 있다.

나폴리 · · ·

1시간 50분, €31

살레르노 ·
25분, €10~15

25분, €10~13

소렌토 · 포시타노 · · 아말피 ·

카프리
1시간, €17.5~19   50분, €25.5~

★ 고속 페리 기준

아말피
여행 방법

아말피는 작은 마을이다. 플라비아 조이아 광장, 선착장에서 마을 입구까지 걸어서 3분이면 갈 수 있다. 해수욕장은 버스 정류장 바로 옆에 있다. 마을 중심은 평지라서 포시타노 같은 극적인 풍경은 없지만 다니기는 훨씬 수월하다. 두오모 광장을 중심으로 뻗은 골목골목에 기념품점, 음식점이 모여 있다. 오전부터 서둘러 움직인다면 라벨로와 함께 둘러볼 수 있다.

숙소 정보

교통이 편리해 거점 도시로 삼기 좋으나 마을이 작아 인파에 비하면 숙소 수는 적은 편이다. 두오모 광장에서 안쪽으로 들어갈수록 경사진 골목이 많다. 예약할 때 확인하자. 시내 중심에서 벗어난 곳에 있는 고급 호텔은 셔틀서비스를 제공하기도 한다.

슈퍼마켓

아트라니 02

01 아말피 두오모

두오모 광장

SS 163

플라비오 조이아 광장
아말피 터미널 •
Via Lungomare dei Cavalieri
페리 선착장

핀투어 버스 승하차장

SS 163

N

● 명소

0   50m

성인의 유해를 모신 성당 ······ ①

아말피 두오모 Duomo di Amalfi

금빛으로 빛나는 파사드의 모자이크를 보면 과거에 아말피가 얼마나 부유한 도
시였는지 알 수 있다. 성 안드레아 대성당Cattedrale di Sant'Andrea이라 불리는 아
말피 두오모는 9~10세기경 토대가 세워졌고 여러 번의 증축을 거쳐 아랍-노르
만, 고딕, 바로크 양식 등이 섞인 지금의 모습을 갖추었다. 계단을 올라가면 마주
하는 청동 문(정문)은 1060년경 제작한 것으로 이탈리아 성당에 설치된 최초의
청동 문이다. 입구와 매표소는 왼쪽에 있다. 성당 지하엔 아말피의 수호성인이며
예수의 열두 제자 중 한 명인 성 안드레아의 유해가 안치되어 있다. 성인의 유해
는 1206년 제4차 십자군 원정 때 콘스탄티노플에서 아말피로 옮겨졌다.

📍 Piazza Duomo, 1, 84011 Amalfi 🚶 플라비오 조이아 광장에서 도보 3분
🕐 09:00~18:55 💶 일반 €4 📞 +39-089-873558

한적한 시간을 보낼 수 있는 ······ ②

아트라니 Atrani

아말피의 번잡스러움에서 벗어나고 싶다면 아말피에서
걸어서 15분이면 갈 수 있는 작은 마을 아트라니로 가보
자. 플라비아 조이아 광장을 나와 해수욕장을 오른쪽으로
끼고 차도를 따라 완만한 언덕길을 올라가다 보면 금세
아트라니에 닿는다. 색다른 구도에서 아말피를 내려다볼
수 있으며 가는 길 내내 바다를 낀 풍경이 발밑으로 펼쳐
진다. 차가 많이 다니는 도로지만 커브가 많아 서행을 하
기 때문에 크게 위험하지는 않다. 도로를 따라 전망이 좋
은 호텔이 늘어서 있다.

🚶 플라비오 조이아 광장에서 해안 도로를 따라 도보 15분

언덕 위 음악의 도시

라벨로 Ravello

#라벨로페스티벌 #음악의도시 #정원

바그너와 버지니아 울프에게 영감을 준 라벨로는 마을 전체가
잘 가꾼 정원처럼 단정하고 아름답다. 굽이굽이 산속에 숨은
인구 2500명의 작은 마을이지만, 매년 여름이면 밤낮 없이 들썩이는
축제의 장이 되고 전 세계의 음악 애호가를 불러 모은다.

라벨로 가는 방법

시타버스

라벨로에 가려면 반드시 아말피를 거쳐야 한다. 아말피의 플라비오 조이아 광장의 정류장에서 시타버스를 타고 종점에서 내린다. 아말피-라벨로를 오가는 버스는 크기가 굉장히 작은 미니버스라서 성수기엔 줄을 서 있어도 바로 타지 못하는 경우도 많다. 가능하면 아침 일찍 움직이는 걸 추천한다. 라벨로에서 아말피로 돌아갈 땐 내린 자리에서 버스를 탄다. 라벨로엔 버스표 판매소가 없으니 아말피에서 왕복으로 구매하자.

아말피 ·········· **라벨로**
30분, €1.5

성수기에는 시타버스를 타기 위해 1시간 이상 기다리기도 한다. 비용이 좀 들더라도 편하게 가고 싶다면 아말피와 라벨로 사이를 오가는 아미코 셔틀버스amico shuttle를 추천한다. 홈페이지에서 예약할 수 있고 시타버스와 같은 정류장에서 승하차한다.

ⓔ 편도 €10, 왕복 €15 ⓢ **아말피 출발** 09:00~19:00, 매시 정각(14:00 운휴),
라벨로 출발 08:30~18:30, 매시 30분(13:30 운휴) 🏠 www.amicoshuttle.com/en

라벨로 여행 방법

모든 명소는 버스 정류장에서 걸어서 15분 내에 갈 수 있다. 라벨로 음악 축제 기간에 방문한다면 공연을 보지 않더라도 일정을 넉넉하게 잡는 걸 추천한다. 아래 사이트에서 라벨로의 명소, 교통, 숙소 정보 등을 살펴볼 수 있다.

🏠 www.ravello.com

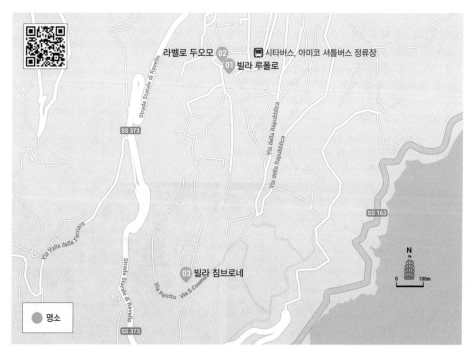

음악의 성지가 된 옛 귀족의 저택 ······ ①

빌라 루폴로 Villa Rufolo

1880년 빌라 루폴로에서 '클링조르의 정원'을 발견하고 영감을 얻은 바그너는
이탈리아에 머무는 동안 오페라 〈파르시팔Parsifal〉을 완성했다. 빌라 루폴로는
중세 시대에 라벨로의 정치와 경제를 휘어잡은 루폴로 가문이 13세기에 지은 저
택이다. 가문의 몰락 후 방치되었던 저택은 19세기에 재건했다. 바다가 한눈에
내려다보이는 정원은 매년 여름 라벨로 음악 축제의 주요 무대로 변신해 관람객
에게 환상적인 시간을 선물한다.

📍 Piazza Duomo, 1, 84010 Ravello   🚶 버스 정류장에서 도보 2분
🕐 09:00~18:00(입장 마감 17:30)   💶 일반 €8, 5~12세·65세 이상 €6
📞 +39-089-857621   🏠 www.villarufolo.it

'바그너 페스티벌'이라고도 알려진 라벨로
페스티벌의 역사는 1953년으로 거슬러 올
라간다. 제2차 세계 대전 이후 지역 경제를
활성화하고 관광을 촉진하기 위해 시작되
었다. 초반에는 바그너의 음악 위주로 프로
그램을 구성했지만 현재는 음악, 무용, 사
진 등 다양한 분야의 작품을 만날 수 있는
예술의 장으로 성장했다. 공연은 대부분 밤
늦게 끝나기 때문에 페스티벌을 즐기고 싶
다면 라벨로에서 숙박을 해야 한다. 홈페이
지에서 프로그램을 확인하고 예매할 수 있
다. 축제 기간 동안 두오모 광장에서 매표
소를 운영한다.

🏠 ravellofestival.info/2022

라벨로 두오모 Duomo di Ravello

11세기에 루폴로 가문의 지원으로 세워진 라벨로 두
오모는 로마네스크와 바로크, 무어 양식의 조화를 보
여주는 건축물이다. 내부는 성경 및 신화의 장면을 묘
사한 모자이크, 예수와 성인의 일생을 묘사한 프레스
코화로 꾸몄다. 6개의 대리석 사자 위에 놓인 나선형
기둥이 받치고 있는 설교단이 특히 눈에 띈다.

📍 Piazza Duomo, 84010 Ravello 🏃 빌라 루폴로에서
도보 1분 🕐 본당 09:00~12:00, 17:30~19:00,
박물관 09:00~19:00 💶 €3 📞 +39-089-858029

빌라 침브로네 Villa Cimbrone Gardens

11세기에 귀족의 저택으로 지었고 몇 번의 개조 공사를 거쳐 지금은 호텔로 사
용한다. 일부 구역은 숙박하지 않아도 들어갈 수 있으며(결혼식 등으로 전체 대
관을 하는 날은 출입 불가) 잘 가꾼 정원엔 조각상, 작은 신전 등 소소한 볼거리
가 있다. 정원의 가장 안쪽은 끝 간 데 모를 하늘, 바다와 마주하는 '궁극의 테라
스Terrazza dell'Infinito'. 바로 아래를 내려다보면 싱그러운 레몬나무와 올리브나무
가 보이고, 하얀 대리석상 너머 멀리로는 하늘과 바다가 만나는 수평선이 눈에
들어온다.

📍 Via Santa Chiara, 26, 84010 Ravello 🏃 라벨로 두오모에서 도보 10분
🕐 09:00~일몰 💶 일반 €10 📞 +39-089-857459
🏠 www.hotelvillacimbrone.com/it/villa-cimbrone

PART 4

실전에
강한
여행 준비

한눈에 보는 여행 준비

01
여권 발급

여행 비수기엔 3~4일이면 발급되지만 성수기엔 7일 이상 걸릴 수 있다. 발급받자마자 바로 서명하고 낙서, 찢김 등의 훼손에 주의하자. 입출국 심사, 숙소 체크인 시 외에도 택스 리펀드를 받을 때, 박물관·미술관에서 오디오 가이드를 빌릴 때, 연령에 따른 할인 혜택을 받을 때 여권이 반드시 필요하니 여행 중에는 항상 여권을 휴대한다. 소매치기에 대비해 여권 사본, 여권용 사진 1매도 별도로 챙겨둔다.

🏠 www.passport.go.kr

여권 신청
만 18세 이상 대한민국 국적 보유자는 반드시 본인이 직접 방문해 여권을 신청해야 한다.

기본 구비 서류
여권 발급 신청서(접수처에 가서 작성), 신분증, 6개월 이내 촬영한 여권용 사진 1매, 가족 관계 기록사항에 관한 증명서(행정정보 공동 이용망을 통해 확인 가능한 경우 제출 생략), 18세 이상 37세 이하 남자인 경우, 병역 관계 서류(행정정보 공동 이용망을 통해 확인 가능한 경우 제출 생략)

여권 발급 신청 접수처
전국 시군구도청의 여권 민원실, 전자여권 재발급의 경우 정부24 홈페이지에서 신청 가능

발급 여권 및 수수료

구분	유효기간	사증면수	발급 비용
복수 여권	10년	58면	5만 원
		26면	4만 7000원
단수 여권	1년 이내	-	1만 5000원

02
여행 정보 수집

우선 가이드북을 보고 큰 틀을 짠 다음 취향에 맞게 상세 사항을 검색하자. 여행지에 관한 책, 영화, 드라마, 다큐멘터리 등을 보고 가면 여행이 더욱 다채로워진다. 입장료, 운영시간 등 여행지의 상황은 수시로 바뀐다. 네이버의 여행 관련 카페에 실시간 정보가 많이 업로드 되기 때문에 여행 직전에 살펴보면 도움이 된다. 이탈리아의 명소 홈페이지 중에는 해외 IP 로 접속할 수 없는 곳도 있으니 참고하자.

이탈리아 관광청 한국사무소
📍 서울 용산구 한남대로 98 3층 🚶 지하철 6호선 한강진역 2번 출구에서 도보 12분
🕐 월~금 09:30~13:00, 14:00~17:00 ❌ 토·일요일 📞 02-775-8806 📷 @enit.it_kr

🏠 네이버 카페 유랑 cafe.naver.com/firenze
🏠 네이버 카페 유럽 프렌즈 cafe.naver.com/kmsgngo
🏠 네이버 카페 체크인 유럽 cafe.naver.com/momsolleh

여행을 더욱 풍성하게 만들어주는 콘텐츠

책	영화	드라마
• 김상근 『나의 로망, 로마』, 『붉은 백합의 도시, 피렌체』, 『삶이 축제가 된다면』, 『시칠리아는 눈물을 믿지 않는다』 • 댄 브라운 『천사와 악마』, 『다빈치 코드』 • 루 월리스 『벤허』 • 서경식 『나의 이탈리아 인문기행』 • 성제환 『피렌체의 빛나는 순간』, 『당신이 보지 못한 피렌체』 • 알베르토 몬디 『지극히 사적인 이탈리아』 • 에드워드 모건 포스터 『전망 좋은 방』 • 에쿠니 가오리, 츠지 히토나리 『냉정과 열정 사이』 • 엘레나 페란테 『나폴리 4부작』 • 우광호, 최의영 『성당 평전』 • 월터 아이작슨 『레오나르도 다빈치』 • 요한 볼프강 폰 괴테 『이탈리아 여행』 • 정태남 『건축으로 만나는 1000년 로마』, 『매력과 마력의 도시 로마 산책』	• 글래디에이터 • 냉정과 열정 사이 • 다빈치 코드 • 레터 투 줄리엣 • 로마 위드 러브 • 로마의 휴일 • 리플리 • 벤허 • 웰컴 투 사우스 • 천사와 악마 • 콜 미 바이 유어 네임 • 투스카니의 태양	• 로마 • 메디치

03

예산 짜기

전체적으로 한국보다 물가가 비싸고 대도시, 여행자가 많이 몰리는 도시수록 물가가 더 높다. 또한 환율, 여행 시기의 영향을 많이 받는다. 한국에서 여행을 준비하면서 결제하는 비용, 현지에서 결제할 비용을 구분해서 예산을 짜는 게 좋다. 항공권, 숙박비, 예약이 필요한 명소, 도시 간 이동 교통수단(특히 고속열차)은 여행 준비를 하며 사전 결제하고, 전체 여행 경비에서 그 비용을 제외하고 하루 필수 경비를 산정한다. 팬데믹 이후 카드 결제가 가능한 상업 시설이 상당히 많이 늘었고 현금은 도난당해도 여행자보험으로 보상받을 수 없기 때문에 현금 비율을 최소한으로 잡는 걸 추천한다. 쇼핑 경비는 개인차가 크므로 필수 경비와는 별도로 책정한다.

- **항공권** 여행 시기, 항공사, 직항/경유 여부에 따라 다르다. 이코노미 클래스일 경우 90만~180만 원 정도로 잡는다.

- **숙박비** 도시, 여행 시기, 숙소 종류에 따라 요금에 차이가 있다. 여러 명이 함께 방을 쓰는 호스텔이나 민박은 1인당 1박 최소 €30, 2~3성급 호텔과 아파트먼트 등은 1인당 1박 최소 €50~70. 숙박비와는 별도로 도시세가 있고 도시세는 대부분 현금만 받는다.

- **식비** 비용을 줄이기에 가장 용이한 항목. 취사가 가능한 숙소에 묵는다면 슈퍼마켓을 활용해 식비를 줄일 수 있다. 외식 메뉴 중 피자, 샌드위치인 파니니는 비교적 저렴한 편이다. 트라토리아, 오스테리아에서 파스타, 리소토 등을 주문하면 음료, 자릿세 포함 €20~25. 스테이크 등을 주문하면 €40~. 리스토란테는 훨씬 더 비싸다.

- **교통비** 시내버스, 지하철, 트램 등 시내 교통수단의 요금은 도시마다 다르고(1회 이용 시 €1.5~2.2). 본섬의 모든 교통수단이 선박인 베네치아는 수상버스 요금이 €9.5이기 때문에 데이 패스(1일 €25, 2일 €35)를 구매하는 게 이득일 수도 있다. 도시 간 이동 교통수단인 고속열차, 고속버스 등은 미리 예약할수록 저렴하다.

- **입장료** 몇몇 명소를 제외하면 여행 시기에 따른 요금 차이는 없다. 온라인으로 사전 예약하면 €1~5의 수수료가 붙는다. 로마 패스, 피렌체 카드 등은 일정을 다 짠 다음 개별 입장료 가격을 더한 값과 비교해보고 구매한다.

- **비상금** 화장실을 사용할 때, 도시세를 낼 때 등 간혹 현금이 필요한 경우가 있다.

04
항공권 예약

대한항공이 로마(월·수·금·토), 밀라노(월·수·금·일) 직항 편을 운항하고, 아시아나항공(매일)과 티웨이항공(화·수·목·일)이 로마 직항 편을 운항한다. 에어프랑스, KLM네덜란드항공, 루프트한자, 핀에어 등 유럽계 항공사, 에티하드항공, 카타르항공, 에미레이트항공 등 중동계 항공사, 중국동방항공 등 중국계 항공사가 로마, 밀라노, 베네치아 등으로 가는 1회 경유 편을 운항한다. 항공권 가격은 항공사, 여행 시기, 부가 서비스 이용 여부, 예약처 등에 따라 천차만별이며, 모든 조건이 동일할 때 직항이 경유보다 비싸다.

항공권 예약하는 팁
- 스카이스캐너, 네이버 항공권을 통해 여러 예매처의 항공권을 비교할 수 있다.
- 국내 항공사의 SNS와 이메일로 특가 행사를 공지하고, 외국계 항공사는 주로 이메일을 통해 알려준다. 카카오 채널을 운영하는 항공사는 카카오톡으로도 관련 내용을 안내한다.
- 일정이 맞는다면 다구간 항공권을 활용한다. 로마 인-밀라노(베네치아) 아웃, 밀라노(베네치아) 인-로마 아웃 여정으로 예약하면 여행 막바지에 도시 간 이동시간을 절약할 수 있다.
- 방학, 명절 연휴(특히 2025년 추석 연휴), 연말엔 항공권이 비싸기 때문에 수시로 예약 가능 여부를 확인하며 빨리 예약하는 걸 추천한다.

05
숙소 예약

최근 이탈리아의 숙박비는 매년 오르기 때문에 "오늘이 가장 싸다"란 말이 과언이 아니다. 팬데믹 이전과 달리 비수기에도 숙박비가 그렇게 많이 떨어지지 않는다.

★ **도시세** 숙박비와 별도로 1인 1박당 도시세city tax를 낸다. 숙박비에 포함시켜 결제하는 숙소도 있지만 대부분의 숙소에선 체크인할 때 현금으로 결제한다. 도시, 숙소 형태, 숙박비에 따라서 비용이 달라진다. 1인 1박당 로마 €4~10, 피렌체 €4.5~8, 베네치아 €1~5(당일치기 여행자에게 부과되는 본섬 입장료, 즉 입도세와 다름), 밀라노 €2~5의 도시세를 낸다.

숙소 예약 팁
- 가능하면 '무료 취소' 옵션을 선택하자. 여행이 취소되거나 일정이 변경되었을 때, 더 마음에 드는 숙소를 찾았을 때 수수료 걱정 없이 예약 취소 및 변경할 수 있다. 다만 '무료 취소' 옵션이라도 숙소에 따라 수수료 없이 취소 가능 일시가 다르므로 꼼꼼하게 확인하자.
- 특정 예약처에 로그인을 한 상태에서 같은 기기로 숙소 검색을 자주 하면 한정된 정보만 제공하기도 한다. 주기적으로 브라우저의 방문 기록, 인터넷 사용 기록을 삭제하자.

구글 맵스로 숙박비 비교하는 법
- 구글 맵스 검색란에 'roma(rome) hotel', 'firenze(florence) hotel' 등 '도시 이름 hotel'을 입력하고 검색을 누른다.
- 지도를 확대해서 위치를 지정해 호텔을 살펴볼 수 있다.
- 1박 요금의 상한선을 설정할 수 있고 낮은 요금 순으로 정렬해서 살펴볼 수 있다.
- 특정 숙소의 숙박비를 상세하게 비교하고 싶다면 '예약 가능 여부 확인'을 선택한다.
- 예약처별로 요금을 확인할 수 있고, 원하는 예약 대행 사이트를 선택하면 해당 예약처의 홈페이지 또는 애플리케이션으로 이동해 예약할 수 있다.

숙소 종류

① **호텔** 대도시의 경우 2인당 1박 숙박비를 €150 이상으로 잡아야 위치가 좋고 시설이 무난한 호텔에 숙박할 수 있다. 가족이 운영하는 규모가 작은 호텔은 대부분 리셉션 운영시간이 정해져 있으니 미리 확인하자.

② **호스텔** 객실 하나에 여러 명이 숙박하는 다인실 위주로 운영하고, 대부분이 보디 워시, 샴푸, 치약, 칫솔 등의 어메니티는 제공하지 않는다. 객실 안에 사물함이 있더라도 자물쇠는 무료로 제공하지 않으므로 자물쇠 등 보안용품을 꼭 챙기고 소지품 관리에 특히 유의하자. 이탈리아의 호스텔은 여성 전용 객실이 아예 없거나 수가 적으며, 1~2인실을 갖춘 호스텔도 있다. 대도시의 경우 1인당 1박 숙박비를 €35 이상 잡아야 위치가 좋고 시설이 무난한 호스텔에 숙박할 수 있다. 체크 인/아웃 전후로 짐 보관이 불가능하거나 무료가 아닌 곳도 있으니 미리 체크하자.

③ **한인 민박** 한국인이 운영하는 숙소를 통칭하며 로마, 피렌체에 많은 편이다. 건물 한 층에서 다인실, 개인실을 동시에 운영하는 곳이 많다. 가장 큰 장점은 한국어로 소통이 가능해 숙소에서 가장 정확한 현지의 최신 정보를 얻을 수 있다는 점이다. 조식으로 한식을 제공하는 곳도 있다. 대부분의 숙소에서 체크 인/아웃 전후에 짐을 맡길 수 있지만 24시간 리셉션을 운영하는 게 아니니 미리 연락해서 시간을 조율하는 걸 추천한다. 한인 민박은 검증된 예약 플랫폼에서 예약하는 것을 추천한다.

🏠 **민다** www.theminda.com

④ **아파트먼트** 가족 여행(특히 유아 동반), 한 도시에 오래 머무를 때 숙박비를 절약할 수 있는 숙소 형태. 취사가 가능해 식비를 줄일 수 있고 세탁기 사용 등도 자유롭다. 하지만 대부분 개인이 운영하는 곳이라 리셉션이 따로 없어 체크 인/아웃 전후에 짐을 맡기기 어렵다. 체크인할 때 집의 상태를 사진, 동영상 등으로 기록해놓고, 호스트와 소통할 때는 예약한 사이트(에어비앤비, 부킹닷컴 등) 내 메시지 기능을 이용하는 걸 추천한다.

⑤ **아그리투리스모**Agriturismo 번잡한 도심에서 벗어나 한적한 전원 풍경 속에서 시간을 보낼 수 있는 숙박 시설, 즉 '농가 민박(숙박)'이다. 자연 속에 주택 한 채가 외따로 자리하기 때문에 렌터카 여행자에게 적합하고, 우리나라 여행자에게는 토스카나 지방에 위치한 아그리투리스모가 인기가 많다. 주인이 함께 머무는 숙소는 이탈리아 가정식을 조식, 석식으로 제공하기도 하고 그렇지 않을 경우 주방을 사용할 수 있다. 일반적인 숙소 예약 플랫폼에서는 예약이 힘들다. 이탈리아 전국의 아그리투리스모를 모아놓은 홈페이지를 참고하자.

🏠 www.agriturismo.it

🛏 숙소 어디로 정할까?

밀라노

① **두오모 또는 브레라 지구 근처** 밀라노의 심장부로 주요 관광지 및 갤러리, 음식점 등 편의 시설이 밀집되어 도보로 이동할 수 있다. 짧은 시간 동안 밀라노의 핵심을 보고 싶다면 추천.

② **포르타 누오바** 밀라노의 현대적인 비즈니스 구역으로 고층 빌딩과 최신식 호텔이 많은 곳이다. 도시의 트렌디한 면모를 경험하고 싶은 여행자들에게 추천.

③ **밀라노 첸트랄레역 근처** 밀라노를 인-아웃 도시 또는 1박 이하 짧은 일정으로 머무는 경우, 이동이 용이한 역 근처 숙소를 추천한다.

로마

① **로마 테르미니역 근처** 로마 시내, 공항, 다른 도시로의 이동이 매우 편리한 교통의 요지. 호텔은 물론 호스텔, 한인 민박 등 다양한 종류의 숙박 시설이 모여 있어 선택지도 넓다. 하지만 로마 시내에서 가장 치안이 좋지 않은 구역이다. 상시 순찰을 도는 경찰, 군인이 많지만 너무 이르거나 늦은 시간에 돌아다니는 건 좋지 않다.

② **코르소 거리** 코르소 거리 양옆으로 나보나 광장과 판테온, 트레비 분수와 스페인 광장이 펼쳐져 있고 시내에서 가장 숙박비가 비싼 구역이다. 명소, 음식점, 쇼핑 스폿이 모여 있어 밤에도 사람이 많이 다녀 큰길로 다니면 안전한 편이다.

③ **바티칸 시국** 시내 중심에서 떨어진 것처럼 보이지만 지하철역 주변으로 숙소를 잡는다면 접근성이 나쁘지 않다. 규모가 큰 호텔은 없고 개인이 운영하는 아파트먼트 숙소가 많으며 주택가라서 조용한 편이다.

④ **보르게세 공원, 트라스테베레** 테르미니역에서 버스로만 갈 수 있다는 단점이 있지만 주변 환경이 조용해 로마에 오래 머무르는 여행자에게 추천하는 구역. 보르게세 공원 주변엔 개인이 운영하는 아파트먼트 숙소가 많다. 트라스테베레엔 호텔도 몇 군데 있고 시내 중심보다는 숙박비가 저렴한 편이다.

베네치아

① **산 마르코 구역** 베네치아의 중심부로 주요 명소를 도보로 여행하기에 편리하고 번화한 지역이지만, 숙박비가 비싸고 관광객이 많아 붐빌 수 있다.

② **도르소두로 구역** 조용하면서 예술적인 분위기인 지역으로 아카데미아 미술관, 페기 구겐하임 미술관이 있고, 관광객이 많이 몰리지 않는 편이라 한적하게 베네치아 고유의 정취를 느낄 수 있다.

③ **베네치아 산타 루치아역 근처** 모든 대중교통이 선박이며 400개가 넘는 다리로 연결된 그야말로 물의 도시다. 따라서 짐이 많은 여행자에게는 짐을 들고 이동하는 거리를 줄일 수 있는 산타 루치아역 근처가 가장 좋은 선택지가 될 수 있다.

★ 베네치아 국제영화제, 카니발 축제 기간은 숙박비가 가장 비싼 시기이기 때문에 미리 체크하는 것이 좋고, 관광지인 베네치아 본섬은 숙박비가 비싸므로 가성비를 중요하게 여긴다면 본섬에서 조금 떨어진 메스트레Mestre 지역을 고려해보는 것도 좋다.

피렌체

① **산타 마리아 노벨라역 근처** 피렌체는 도심이 좁고 역에서 두오모 광장까지 걸어서 15분 내외로 갈 수 있어 역 근처, 시내 중심 어디에 숙소를 잡아도 무방하다. 짧은 기간 내에 피렌체 시내, 근교 도시, 아웃렛까지 바쁘게 둘러볼 여행자에게는 역 근처를 추천한다.

② **두오모 근처** 피렌체의 모든 명소로 이동하기 편리하고, 이탈리아의 주요 도시의 도심 중 늦은 밤에 가장 치안이 안전한 구역이라고 할 수 있다. 두오모에 가까울수록, 두오모 전망의 객실일수록 숙박비가 비싸다.

③ **아르노강 남쪽** 호텔보다 아파트먼트 숙소가 많다. 현지인의 일상을 엿볼 수 있는 구역이며 치안도 안전한 편. 다만 역에서 좀 멀고 아카데미아 미술관 등 강북의 일부 명소는 걸어서 가기에 멀게 느껴질 수 있다.

나폴리

① **나폴리 첸트랄레역 근처** 역 주변에 호텔이 밀집해 있으나 치안이 매우 나쁘다. 새벽, 밤 등 어두울 때는 가급적 돌아다니지 말고 택시를 이용해 오가는 걸 추천한다.

② **산타 루치아 항구 근처** 5성급 호텔이 모여 있고 나폴리 시내에서 그나마 치안이 안전한 구역이다. 여름엔 늦은 시간까지 거리에 사람이 많다. 나폴리에서 1박 이상 머무른다면 이 구역이나 넓게 잡아 움베르토 1세 갈레리아 주변에 숙소를 잡는 걸 추천한다.

도시 간 교통편 예약

도시 간 이동 시 가장 많이 이용하는 교통수단인 열차와 열차 파업 시 유용한 고속버스에 대해 알아보자.

열차 Treno

이탈리아의 도시와 도시 사이를 이동할 때 가장 많이 이용하는 교통수단은 바로 열차. 열차의 종류, 예약 방법 등을 자세하게 알아보자.

트랜이탈리아와 이탈로 뭐가 다를까?

우리나라의 시스템에 비유하자면 트랜이탈리아는 코레일에서 운영하는 국유 철도, 이탈로는 민간 고속철도 브랜드로 SRT와 비슷하다. 코레일에서 고속열차인 KTX를 비롯해 무궁화호, 새마을호 등을 함께 운행하듯 트랜이탈리아에서도 고속열차, 지역 열차를 함께 운행한다. 이탈로는 고속차만 운행한다. 이탈리아만 여행할 경우 유레일패스는 필요 없다.

주요 도시에는 그 도시의 이름을 딴 역이 여러 개 있다. 각 도시에서 제일 큰 중앙역의 명칭은 다음과 같다.
- **로마** Roma Termini
- **피렌체** Firenze S. M. Novella(Firenze Santa Maria Novella)
- **베네치아** Venezia S. Lucia (Venezia Santa Lucia)
- **밀라노** Milano Centrale
- **나폴리** Napoli Centrale

◈ 트랜이탈리아 Trenitalia

작은 마을부터 대도시까지 이탈리아 전국을 연결한다. 고속열차, 인터시티 열차, 지역 열차를 운행하며, 열차와 연계되는 버스도 함께 운행한다.

🏠 www.trenitalia.com

① 고속열차 Le Frecce

이탈리아 전국의 주요 도시를 연결한다. 우리나라의 KTX라고 생각하면 된다. 전석 지정제이며 탑승일에 가까워질수록 요금이 비싸지므로 일정이 정해지는 대로 홈페이지를 통해 미리 예약하는 걸 추천한다. 모든 좌석에 전원이 마련되어 있고 와이파이를 이용할 수 있다. 모든 차량에 짐을 놓을 공간이 있고 좌석 등급이 높을수록 짐을 둘 공간이 넓다. 열차는 프레차로사Frecciarossa, 프레차비안카Frecciabianca, 프레차르젠토Frecciargento 3종류가 있다. 이 가운데 프레차로사는 최고 시속 300km의 최신형 열차로 이탈리아 전역을 망라하는 노선을 운행한다.

요금제

종류	특징
베이스 BASE	출발 전까지 변경·환불 가능
이코노미 ECONOMY	출발 전까지 변경 가능, 환불 불가능
슈퍼 이코노미 SUPER ECONOMY	변경·환불 불가능

좌석 등급

종류	특징
스탠다드 STANDARD	2-2열 배열
프리미엄 PREMIUM	넓은 의자 2-2열 배열, 물·물티슈·간식 제공
비즈니스 BUSINESS	넓은 의자 1-2열 배열(일부 차량은 칸막이가 있는 BUSINESS AREA SILENZIO로 운영), 물·물티슈·간식 제공
이그제큐티브 EXECUTIVE	리클라이너 의자 1-1열 배열, 개별 모니터, 식사 제공(선택 가능, 주류 포함), 역내 라운지 이용 가능

② 인터시티 열차 interCity

주요 도시와 중소 도시를 연결하는 도시 간 중장거리 열차. 고속열차보다 느리고 지역 열차보다는 빠르다. 열차 내 화장실이 있고, 짐을 둘 공간이 있는 차량과 없는 차량이 있다. 좌석은 1, 2등급으로 나뉘며 탑승일에 가까워질수록 요금이 올라가므로 홈페이지를 통해 미리 예약하는 걸 추천한다.

③ 지역 열차 – 레지오날레Regionale, 레지오날레 벨로체Regionale Veloce

고속열차, 인터시티 열차가 서지 않는 소도시까지 구석구석 가는 완행열차. 레지오날레 벨로체 열차의 차량 컨디션이 좀 더 양호하며 속도도 빠르다. 모든 열차에 화장실이 있고, 좌석 위 선반 외에는 큰 짐을 둘 만한 공간이 없는 열차가 많다. 지역에 따라 차량 종류가 다르기도 하다. 좌석 번호가 없고 고정 요금으로 운행하기 때문에 탑승 당일에 구매해도 된다.

승차권 구매

- **홈페이지 예약** 보통 탑승일 4개월 전부터 예약할 수 있고 저렴한 슈퍼 이코노미 요금제의 좌석부터 빠르게 매진된다. 고속열차, 인터시티 열차는 홈페이지를 통해 미리 예약하는 걸 추천한다. 특히 고속열차는 예약 필수! 홈페이지에서 언어를 영어로 바꾼 후 회원가입을 하고 예약한다. 요금제와 좌석 등급을 선택하면 결제 전에 자동으로 좌석이 지정된다. 추가 요금(€2)을 내면 직접 좌석을 지정할 수 있다. 예약을 하면 회원가입할 때 입력한 이메일 주소로 승차권이 전송된다. 이메일로 받은 승차권은 캡처해서 저장해놓는다. 참고로 트랜이탈리아 애플리케이션은 국가 설정이 한국으로 되어 있는 앱스토어, 구글 플레이에서는 다운받지 못하는 경우도 있으니 홈페이지를 이용한다.

- **현장 구매** 역내 매표소, 자동판매기에서 구매할 수 있다. 자판기는 영어가 지원된다. 자판기로 구매할 때 도와주겠다고 다가오는 사람이 있으면 단호하게 거절하고 자리를 이동하자. 도움을 빌미로 돈을 요구하는 사람이 많다. 도움이 필요하다면 빨간색의 트랜이탈리아 유니폼을 입은 직원을 찾아 도움을 요청한다.

탑승

고속열차, 인터시티 열차, 지역 열차 모두 온라인으로 예약했다면 별다른 절차 없이 바로 탑승한다. 차내에서 승차권을 검사할 땐 이메일로 받은 QR코드를 보여준다. 역에서 표를 구매한 경우 시간과 좌석이 지정된 고속열차, 인터시티 열차는 별도의 절차 없이 바로 탑승하고, 지역 열차는 탑승 전에 역내 개찰기를 이용해 반드시 탑승 일시를 개찰해야 한다. 탑승 일시를 개찰하지 않으면 무임승차로 간주되어 벌금을 문다. 참고로 로마 테르미니역과 공항 사이를 오가는 레오나르도 익스프레스는 고속열차지만 고정 요금이며 역에서 구매했을 때 개찰을 하고 탑승한다.

◈ 이탈로 italo

주요 도시를 연결하는 고속열차만 운행한다. 트랜이탈리아의 고속열차와 별 차이가 없으니 시간표, 요금을 비교한 후 편한 걸 이용하면 된다. 같은 구간이라도 이탈로가 조금 저렴한 편이다. 공식 홈페이지에서 한국어를 지원하고 한국 지사 홈페이지도 따로 있다. 좌석 등급 등 상세 사항 안내는 한국 지사 홈페이지에서 확인하는 게 편하지만, 예약할 때 별도의 수수료가 붙는다. 모든 열차에 화장실이 있고 모든 좌석에 전원을 꽂을 수 있으며 와이파이를 이용할 수 있다. 짐 놓는 공간이 따로 있고, 좌석 위 선반에도 28인치 수트 케이스를 올려놓을 수 있다.

🏠 www.italotreno.com
🏠 한국어 지사 홈페이지 italo.bookingrails.com

요금제

종류	특징
플렉스 Flex	출발 3분 전까지 변경 가능, 취소 시 요금의 80% 환불
이코노미 Economy	출발 3분 전까지 변경 가능하며 요금의 20%를 수수료로 징수, 취소 시 요금의 60% 환불
로 코스트 Low cost	출발 3일 전까지 변경 가능하며 요금의 50%를 수수료로 징수, 환불 불가

좌석 등급

종류	특징
스마트 Smart	2-2열 배열
프리마 Prima	1-2열 배열, 물·물티슈·간식 제공
클럽 이그제큐티브 Club Executive	넓은 의자 1-2 배열, 물·물티슈·간식 제공, 패스트 트랙, 역내 라운지 이용 가능
살로토 Salotto	단독 공간(한 칸에 4좌석), 물·물티슈·간식 제공, 패스트 트랙, 역내 라운지 이용 가능

이탈로는 한국 시간으로 매주 금요일 밤 11시 이후에 할인 코드(Promo Code)를 공개한다. 인스타그램(@italotreno), 공식 홈페이지의 이탈리아어 버전에서 확인할 수 있고, 회원가입할 때 입력한 이메일로도 발송된다. 할인 코드는 모든 요금제에 적용되는 것이 아니라 사용 조건이 지정되어 있으니 확인 후 예약하자.

승차권 구매

· **홈페이지 예약** 공식 홈페이지, 한국 지사 홈페이지, 애플리케이션을 통해 예약할 수 있다. 탑승일에 가까워질수록 요금이 비싸지므로 일정이 정해지는 대로 예약하는 걸 추천한다. 예약하면 회원가입할 때 입력한 이메일 주소로 승차권이 전송된다. 예약할 때 자동으로 좌석이 지정되며, 추가 요금(€2~6)을 내면 직접 좌석을 지정할 수 있다. 이메일로 받은 승차권은 캡처해서 저장해놓는다.

· **현장 구매** 현장 구매 방법은 트랜이탈리아와 동일하다.

탑승

온라인으로 예약했든 현장에서 구매했든 별다른 절차 없이 바로 탑승한다. 차내에서 승차권을 검사할 땐 이메일로 받은 QR코드 또는 종이 승차권을 보여주면 된다.

열차 전광판 보는 법

역내 전광판을 통해 플랫폼, 연착 상황 등을 확인할 수 있다. 로마 테르미니역, 밀라노 첸트랄레역 등 규모가 큰 역에는 구석구석에 다양한 크기의 전광판이 있다.

· PARTENZE 출발
· TRENO 열차 편명
· FRECCIAROSSA AV 9519
  트랜이탈리아 고속열차 9519
· .Italo AV 9950
  이탈로 고속열차 9950
· TRENITALIA R 21430
  트랜이탈리아 지역 열차 21430
· TRENITALIA IC 553
  트랜이탈리아 인터시티 열차 553

· DESTINAZIONE 최종 목적지

· ORARIO 열차 출발시각
· RITAODO 지연

· INFORMAZIONI 안내
· FERMA A 최종 목적지까지 가는 도중 정차역

· BINARIO 플랫폼 번호

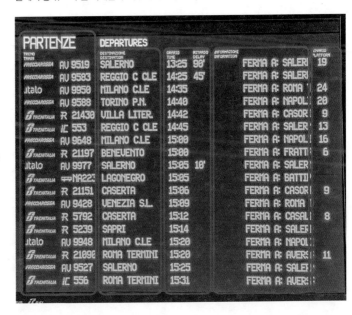

열차 파업일 땐 어떡하지?

이탈리아의 철도 회사들은 굉장히 자주 파업한다. 파업은 피할 방법이 없다. 어떻게 대처해야 좋을지 알아보자.

파업, 피할 순 없어도 미리 알 수는 있다

그나마 다행인 사실은 파업 전에 공지를 한다는 점이다. 트랜잇! 애플리케이션의 'Next Strikes' 항목에서 트랜이탈리아와 이탈로의 파업 예정일 및 지역을 알 수 있다. 철도가 아닌 지하철, 시내버스 등 시내 교통 파업에 대해 미리 알고 싶다면 구글에서 '도시 이름 strike'를 넣어 검색해보자. 철도든 시내 교통이든 보통 24시간 파업한다. 철도의 경우 파업 중에도 최소한의 인력으로 꼭 필요한 열차(공항철도 등)는 매우 적은 편수로 운행하며, 파업 당일 운행하는 열차 목록은 홈페이지에 공지한다.

파업의 피해를 줄이는 최소한의 방법

고속열차, 인터시티 열차는 요금 변동 때문에 미리 예약해야 하지만, 지역 열차는 고정 요금이니 미리 예매하지 말고 탑승 당일에 구매한다.

파업일 경우 대처 방법

- 예약한 승차권은 요금제, 좌석 등급과 상관없이 환불이 가능하다. 하지만 파업이라고 해서 자동으로 환불해주는 건 아니고 역이나 홈페이지의 고객센터로 요청해야 한다. 확실하게 환불을 받고 싶다면 홈페이지보다는 역으로 가서 직접 요청하는 게 좋다. 카드로 결제한 경우 카드 취소에 시일이 걸릴 수 있다.
- 근교 도시에 가는 일정 등은 취소하면 되지만 고속열차를 예약했고 반드시 이동해야 한다면 먼저 예약한

열차가 파업 당일 운행이 보장된 열차인지 확인한다. 운행이 취소되었다면 역의 고객센터로 가서 당일 같은 구간을 운행하는 열차가 있는지 확인하고, 변경할 수 있다면 변경하자. 변경 시 수수료는 면제이나 차액은 지불할 수 있다. 변경도 불가능하다면 재빨리 고속버스를 알아본다. 파업 당일엔 모두가 대체 교통수단을 알아보기 때문에 빠르게 결정하고 행동해 이동수단을 확보하는 게 중요하다.
- 공항으로 이동하는 날 파업이 가장 큰 문제다. 로마 시내와 공항을 오가는 공항철도인 레오나르도 익스프레스는 고정 요금이기 때문에 홈페이지에서 미리 예약하지 말고 파업 상황을 확인한 후 탑승 전날이나 당일 구매를 추천한다. 이동하는 날 파업에 걸렸다면 당황하지 말고 공항버스를 이용하자.

고속버스

플릭스버스, 이타버스, 마로치버스 등 여러 회사에서 운행한다. 차량 내부에 화장실이 있고 좌석에 USB A 포트 또는 전원이 마련되어 있다. 많은 여행자가 고속버스보다는 열차로 이동하는 걸 선호하지만 열차 파업 시에는 훌륭한 대체제가 될 수 있다.

승차권 구매

플릭스버스, 이타버스는 탑승일에 가까워질수록 요금이 올라가고 모든 고속버스는 전부 지정 좌석제로 운행하기 때문에 홈페이지, 애플리케이션을 이용해 미리 예약하는 걸 추천한다.

> 치안이 좋지 않은 나폴리는 들르지 않고 소렌토, 포시타노로 바로 가고픈 여행자라면 고속버스로 이동하는 걸 추천한다. 로마-소렌토 구간은 플릭스버스가 연중 운행, 마로치버스가 성수기에 운행하고, 로마-포시타노 구간은 마로치버스가 성수기에 운행한다.

고속버스 장·단점

종류	홈페이지	장점	단점
플릭스버스	global.flixbus.com	· 동일 구간을 운행하는 고속열차보다 요금이 훨씬 저렴하다. · 일부 구간(로마-소렌토 등)은 열차를 이용하면 1~2회의 환승이 필요하지만 버스는 갈아타지 않고 한 번에 갈 수 있다.	· 열차보다 소요시간이 길다. · 버스 터미널 또는 정류장이 도심에 위치하지 않는다. · 짐칸에 둔 짐의 분실 또는 도난 우려가 높다.
이타버스	www.itabus.it		
마로치버스	www.marozzivt.it		

07

명소, 투어 예약

명소

온라인으로 사전 예약하면 기다리는 시간을 줄일 수 있다. 완전 예약제 또는 현지에서 입장권을 구하기 힘들어 반드시 사전 예약해야 할 명소는 다음과 같다.

로마	콜로세오(특히 지하 입장 포함 티켓), 바티칸 박물관, 보르게세 미술관
피렌체	브루넬레스키 패스(두오모 쿠폴라), 우피치 미술관, 아카데미아 미술관
밀라노	산타 마리아 델레 그라치에 성당의 〈최후의 만찬〉

투어

로마의 바티칸 투어, 남부 투어는 가장 인기가 많은 당일치기 투어다. 인기가 많은 가이드의 투어는 일찍 마감되므로 일정이 정해지는 대로 예약한다.

08

각종 서류 준비

국제운전면허증

2024년 2월 기준 이탈리아 내에서는 대한민국에서 발급한 영문 운전면허증을 사용할 수 없으므로 렌터카를 이용할 여행자는 반드시 국제운전면허증(유효기간 1년)을 발급받아야 한다.

🏠 www.safedriving.or.kr/guide/larGuide051.do
　(도로교통공단 국제운전면허 안내)

신청 장소
① 전국 운전면허시험장 및 경찰서
② 인천 공항/김해 공항 국제운전면허 발급 센터
③ 도로교통공단과 협약 중인 지방자치단체 220개소
④ 온라인 발급 가능

준비물
· **본인 신청 시** 여권(사본 가능), 운전면허증, 6개월 이내 촬영한 여권용 사진 1매, 수수료 8500원

> **국제학생증 발급받을까?**
>
> 국제학생증이 있으면 해외여행 시 항공권, 열차 승차권, 명소 입장권 등을 할인 받을 수 있다. 하지만 이탈리아 내에선 국제학생증으로 할인 받을 수 있는 항목이 거의 없다. 대부분의 명소는 EU 국가에 위치한 대학에 다니는 사람(교환학생 포함), 또는 EU 국가 시민권자만 할인을 해준다. 국적과 상관없이 할인을 해주는 경우에는 한국 학생증의 영문 표기만으로도 확인 가능하고, 연령에 따른 할인을 받을 땐 여권으로 확인 가능하다.

09

여행자보험 준비

여행자보험은 여행 중 도난, 분실, 질병, 상해 사고 등을 보상해주는 1회성 보험이다. 해외여행을 떠날 때, 특히 이탈리아 여행을 떠날 때 여행자보험 가입은 선택이 아닌 필수다!

여행자보험 이용 방법
· 보험사의 홈페이지, 애플리케이션을 이용해 손쉽게 보험료를 알아보고 가입할 수 있다. 공항에서도 가입 가능하지만 보험사 선택지가 제한적이다.
· 이미 출국한 상태에서는 보험 가입이 불가능하니 꼭 출국 전에 가입하자.
· 여행 일시를 선택할 때 출국일은 집에서 나가는 시간, 귀국일은 집에 도착하는 시간을 기준으로 넉넉하게 입력한다. 보통 출국일은 00시, 입국일은 23시를 선택한다.

- 보상 조건과 한도액에 따라 실속, 표준, 고급 등 3가지 플랜을 선택할 수 있다. 이탈리아 여행을 할 땐 고급 플랜 선택을 추천한다.
- 감염병, 자연 재해로 인한 피해를 보상해주는 보험사는 많지 않다. 관련 내용이 특약에 포함된 경우도 있으니 약관을 꼼꼼하게 확인하고 비교해보자.
- 경찰서에서 받은 도난 확인서(폴리스 리포트), 병원 영수증, 약제비 영수증, 처방전 등 피해를 증명할 수 있는 서류를 현지에서 꼭 챙겨오자.

10

환전, 트래블 카드 발급

환전

시내에서 대중교통을 탈 때도 콘택트리스 기능이 있는 신용/체크 카드로 요금을 낼 수 있을 정도로 카드 사용이 편리해졌고, 도난의 위험성이 있으니 현금은 최소한만 들고 가는 걸 추천한다. 환율 변동은 그 누구도 예측할 수 없다. 환차손을 조금이라도 줄이고 싶다면 수시로 확인하며 조금씩 환전해두는 게 제일 좋은 방법이다.

트래블 카드 발급

환전 수수료 무료, 해외 ATM 출금 수수료 무료 등의 혜택이 있는 트래블월렛TravelWallet, 트래블로그travlog, 쏠SOL트래블 체크카드 등을 '트래블 카드'라고 한다. 하지만 굳이 트래블 카드가 아니어도 갖고 있는 신용/체크 카드 중에서 콘택트리스 기능이 포함된 카드라면 이탈리아에서 편하게 쓸 수 있다. 공항 라운지 이용, 해외 결제 할인, 해외 결제 포인트 적립 등 카드마다 해외여행 시 받을 수 있는 다양한 혜택이 있으니 꼼꼼하게 비교하자. 도난의 위험성이 있으니 트래블 카드를 포함해 신용/체크 카드는 최소 3장 이상 발급받아 가는 걸 추천한다.

11

데이터 준비

호텔, 음식점 등에서 무료 와이파이를 이용할 수 있지만 와이파이는 물론 데이터도 심각하게 느리거나 터지지 않는 경우를 자주 경험할 수 있다. 로밍, 포켓 와이파이 대여, 유심·이심 교체 등 어떤 방법을 이용해도 우리나라보다 데이터 속도가 훨씬 느리고 성당, 오래된 주택에서는 특히 데이터가 잘 터지지 않는다.

종류	특징
데이터 로밍	• 사용하는 통신사의 고객 센터, 애플리케이션 등으로 손쉽게 신청할 수 있으며, 별도의 절차 없이 현지에서 바로 이용할 수 있어 이것저것 알아보기 귀찮은 사람에겐 제일 편하다. • 다른 방법에 비해 요금이 비싸고 여러 명이 동시에 사용할 수 없다. • 한국에서 오는 연락이 잦은 사람에게 추천한다.
포켓 와이파이 대여	• 1대의 포켓 와이파이 기기로 여러 명이 동시에 인터넷을 사용할 수 있고 노트북, 태블릿 PC 등으로도 와이파이 신호를 잡아 쓸 수 있다. • 데이터 로밍보다 저렴하고 유심·이심 교체보다 비싸다. • 최소한 출국 3일 전에는 신청해 집 또는 공항에서 기기를 수령해야 한다. • 전원이 꺼지면 데이터를 사용할 수 없기 때문에 보조 배터리, 케이블을 챙겨야 하고 기기 분실의 우려가 있다. 챙길 게 많을수록 도난 우려도 높아지기 때문에 이탈리아 여행 중에는 추천하지 않는다.

유심	• 로밍, 포켓 와이파이 대여보다 저렴하다. 이탈리아에서도 여행자용 유심 칩을 판매하지만 우리나라에서 구매하는 게 훨씬 저렴하다. • 기존 한국 유심 칩을 잘 보관하자. 크기가 작아 잃어버리기 쉽다. • 현지에 도착해 유심 칩을 교체한 후 설정을 변경한다. 변경할 때 와이파이가 연결된 장소로 이동해야 할 수도 있다. 공항에 도착해 짐을 찾는 구역에서 천천히 교체한 후 밖으로 나가는 걸 추천한다. • 여행 기간이 길고 스마트폰 사용에 능숙한 사람에게 추천한다.
이심	• 내 스마트폰의 유심 칩은 그대로 두고 구매처에서 제공한 QR코드를 이용해 설정한다. 한국에서 설정을 완료한 후 현지에서 이심만 실행하면 되기 때문에 편리하다. • 가격은 유심 칩과 비슷하거나 조금 더 저렴하다. • 아직까지는 사용할 수 있는 스마트폰 기종이 제한적이다. • 여행 기간이 길고 스마트폰 사용에 능숙한 사람에게 추천한다.

12

여행 애플리케이션

애플리케이션 설치, 회원가입, 본인 인증 등의 절차는 모두 한국에서 마무리한 후 출국한다.

 구글 맵스 | 길 찾을 때 필수. 상당히 정확한 편이나 갑작스런 공사, 행사로 인한 도로 통제 등은 반영되지 않는다.

  구글 번역, 파파고 | 영어, 이탈리아어를 못 해도 여행하는 게 전혀 불편하지 않을 정도로 정확하게 통번역한다. 한국어-이탈리아어 통번역보다 영어-이탈리아어 통번역이 더 정확하다. 메뉴판 글씨 등은 사진 번역을 활용하자.

  트래블월렛, 하나머니 등 신용/체크 카드 애플리케이션
소지한 모든 신용/체크 카드의 애플리케이션을 한국에서 미리 설치하고 회원가입, 본인 인증까지 완료한 후 출국한다. 여행 중에 실시간으로 결제 내역을 확인하며 가계부처럼 사용할 수 있다. 카드 도난, 분실 시에는 애플리케이션을 통해 바로 사용 정지 및 분실 신고를 한다.

시내 대중교통 관련 애플리케이션
• 무니고 MooneyGo
• 코트랄버스 Cotral
• 앳 버스 at bus
• ATM 밀라노 ATM Milano
• AVM 베네치아 AVM Venezia
• 우니코 Unico

택시 관련 애플리케이션
• 우버 Uber
• 잇택시 ItTaxi
• 프리나우 FREENOW
• 택시 무브 Taxi Move
• 앱택시 appTaxi

★ 시내 대중교통, 택시 관련 애플리케이션은 있으면 편리하고 없어도 여행하는 데 지장은 없다.

 트렌잇! Trenit! | 트렌이탈리아, 이탈로의 열차 시간표를 한꺼번에 살펴볼 수 있다.(예약은 불가능) 'Next Strikes' 항목에서 파업 정보를 확인할 수 있어 유용하다.

 이탈로 트레노 Italo Treno | 이탈로 열차의 시간표 확인, 열차 예약을 할 수 있다.

 더 포크 The fork | 음식점 예약할 때 유용하다. 몇몇 음식점은 더 포크로 예약하면 할인을 받을 수 있다.

 피렌체 카드 Firenze card | 실물 카드가 있다면 굳이 필요하진 않지만, 방문한 명소 목록과 카드의 남은 시간을 실시간으로 확인할 수 있어 편리하다.

 일 메테오 iL Meteo | 실시간으로 변하는 기상 상황을 빠르게 반영한다. 돌로미티나 지중해를 여행할 때 특히 유용하다.

13

짐 꾸리기

짐의 무게와 부피는 여행 기간, 여행 시기, 여행 스타일에 따라 달라진다. 여행 중 라이언에 어, 이지젯 등 저비용 항공사를 이용할 예정이라면 해당 항공사의 규정을 꼼꼼히 확인한다.

수트 케이스와 배낭, 어떤 게 좋을까?

도로의 포장 상태가 좋지 않고 엘리베이터가 없는 숙소, 역이 많아 수트 케이스는 기동성이 떨어진다는 단점이 있다. 하지만 가방 자체에 자물쇠가 달려 있고 찢을 수 없는 소재로 만든 제품이 많아 보안은 배낭보다 뛰어나다. 배낭은 기동성이 뛰어난 반면 보안에 취약하다. 배낭을 메고 간다면 지퍼마다 자물쇠를 달고 커버를 씌우는 걸 추천한다. 어떤 가방을 갖고 가든 쇼핑한 물품을 넣을 여유 공간을 고려한다.

기본 중의 기본

- **의류** 우리나라와 마찬가지로 북반구에 위치하고 사계절이 뚜렷해 한국에서와 비슷하게 입고 가면 된다. 한여름이라도 얇은 바람막이를 챙기면 기내에서, 돌로미티를 방문했을 때 유용하다. 드레스 코드가 있는 레스토랑을 방문할 예정이라면 그에 맞는 의상을 챙긴다. 현지에서 저렴한 옷을 구매하고 싶다면 H&M, 자라, OVS 등을 추천한다.

- **신발** 어느 도시에 가든 정말 많이 걷게 되고 인도의 포장 상태도 한국보다 좋지 않다. 새 신발보다는 평소에 신었던 길이 든 운동화를 신고 가는 걸 추천한다. 필요하다면 구두, 샌들 등을 챙긴다.

- **세면도구, 화장품** 주로 호스텔에 숙박한다면 수건, 보디 워시, 샴푸, 클렌징 제품, 칫솔, 치약을 모두 챙긴다. 호텔에 숙박한다면 클렌징 제품, 칫솔, 치약을 챙긴다. 액체로 분류되는 세면도구, 화장품은 개별 용량이 100ml가 넘으면 기내 반입이 되지 않는다. 특별히 선호하는 제품이 없다면 보디 워시 등은 현지에서 싼 걸 구매해서 사용할 수도 있다.

- **어댑터** 한국과 플러그 모양이 다르기 때문에 어댑터가 필요하다. 최근엔 USB A·C 포트와 전원을 동시에 꽂을 수 있는 멀티 어댑터도 있다.

- **계절 용품(선글라스, 챙 넓은 모자, 스카프, 휴대용 핫팩, 여행용 전기장판(방석))** 폭우가 내리지 않는 이상 우산을 쓰는 사람이 별로 없는 것처럼 양산을 쓰는 사람도 거의 없고, 한여름 성수기엔 인파 속에서 양산을 펴기 힘들 수도 있다. 그럴 땐 챙이 넓은 모자가 유용하다. 스카프는 봄, 가을, 겨울에는 방한용으로 쓸 수 있다. 여름에 노출이 심한 옷을 입었다면 어깨나 허리에 두른 후 종교 시설에 입장할 수 있다. 겨울에는 우리나라보다 기온은 높지만 난방이 세지 않아 실외보다 실내가 더 춥게 느껴지기도 한다. 부피가 작은 여행용 전기장판 또는 방석과 휴대용 핫팩을 챙기면 유용하게 쓸 수 있다.

잊지 말고 꼭 챙기자

- **여권 사본, 여권용 사진** 도난, 분실에 대비해 꼭 챙겨 간다. 여권은 항상 휴대하고 여권 사본, 여권용 사진은 수트 케이스 등 큰 짐에 넣는다.

- **상비약** 감기약, 진통제, 지사제, 반창고 등을 챙긴다. 생리 일정을 조정하기 위해 피임약을 먹는 여행자는 예상 복용 일수보다 넉넉하게 약을 준비한다. 상시 복용하는 약이 있다면 약과 만일의 경우를 대비해 영문 처방전을 함께 챙긴다.

챙겨가면 유용!

- **휴대용 물티슈, 손 소독제** 젤라토 먹고 나서, 화장실이 더러울 때 등 생각보다 훨씬 유용하다. 갖고 다니기 편한 휴대용으로 여러 개 챙기자.
- **자물쇠, 자전거 자물쇠** 자전거 자물쇠는 열차나 버스의 짐칸 등을 이용할 때 특히 유용하다. 주로 호스텔에 숙박할 예정이라면 자물쇠는 최소 2개 이상 가져가는 걸 추천한다.
- **휴대폰 스트랩** 휴대폰에 손목 또는 목에 거는 스트랩을 연결해간다.
- **멀티 탭** 휴대폰, 보조 배터리, 이어폰(또는 헤드폰), 카메라, 노트북, 태블릿 PC 등 매일 밤 숙소에서 충전해야 할 전자기기가 많다. USB A·C 포트가 없는 숙소가 대부분이고 벽에 붙은 콘센트에서 전원을 끌어와야 하는 경우도 있다. 그럴 때 멀티 탭이 있으면 편리하다.
- **슬리퍼** 슬리퍼를 제공하지 않는 숙소가 상당히 많다. 준비하면 기내에서부터 유용하게 쓸 수 있다.

14
이탈리아
입국하기

입국 심사

직항 편, 중동이나 중국 등의 국가를 경유하는 항공기를 이용했다면 이탈리아의 공항에서 입국 심사를 받는다. 관광 목적으로 90일 미만 체류하는 대한민국 국민은 비자가 필요 없다. 출입국 신고서, 세관 신고서 등 제출할 서류도 없다. 'Automated border control'이라고 쓰인 안내를 따라가면 자동 출입국 심사 기계가 나온다. 여권을 스캔하고 얼굴 사진을 촬영하면 입국 심사가 끝난다. 프랑스, 네덜란드, 독일 등 셴겐 국가를 경유하는 항공기를 이용했다면 경유하는 공항에서 입국 심사를 받고 이탈리아의 공항에 도착해서는 별도의 절차 없이 짐 찾는 곳으로 이동한다.

짐 찾기

직항 편은 위탁 수하물 분실 우려가 거의 없지만 경유 편은 여러 가지 이유로 수하물이 제때 도착하지 않을 수 있다. 경유시간이 촉박하면 수하물 분실 위험성이 높아지니 경유시간이 최소 1시간 30분 이상인 항공편을 이용하는 걸 추천한다. 짐을 찾을 때는 자신의 가방이 맞는지 짐표를 꼼꼼하게 확인한다.

> 앞으로 이탈리아를 포함한 유럽 내 26개국을 여행할 땐 사전에 온라인으로 유럽 여행 정보 인증 제도(ETIAS, EU Travel Information & Authorisation System)를 신청해야 할 수도 있다. 제도 도입 시기는 아직 미정이며 자세한 정보는 홈페이지에서 확인 가능하다.
>
> 🏠 etias-euvisa.com/ko

15
이탈리아
출국하기

★ 로마 피우미치노 공항에서 출국하기

출국할 땐 택스 리펀드를 받을지 아닐지에 따라 절차가 달라진다. 만약 EU 국가를 경유하는 비행 편이라면 경유하는 국가에서 택스 리펀드를 받는다. 아래 절차는 우리나라 여행자가 가장 많이 이용하는 로마 공항에서 택스 리펀드를 받고 출국하는 과정이지만, 직항 편을 운항하는 밀라노 말펜사 공항에서의 절차도 동일하다. 중동이나 중국을 경유하는 항공기를 이용할 때도 이탈리아의 공항에서 택스 리펀드를 받는다. 이탈리아 내 공항에서 택스 리펀드를 받는다면 출발 시간 3시간 전에는 공항에 도착하는 걸 추천한다.

공항 도착

대한항공, 아시아나항공, 티웨이항공, 중동계 항공사, 중국계 항공사 등은 터미널 3, 유럽계 항공사는 터미널 1을 이용한다.

탑승 수속

항공사 카운터에서 탑승 수속을 진행한다. 온라인 체크인을 했고 모바일 항공권을 받았다면 짐만 부치면 된다. 만약 위탁 수하물에 택스 리펀드 받을 물건이 있다면 항공사 카운터에서 짐표만 부친 후 택스 리펀드 카운터로 가서 택스 리펀드 절차를 마무리하고 다시 항공사 카운터로 가서 짐을 보낸다. 택스 리펀드를 받지 않는다면 탑승 수속을 완료한 후 보안 검사를 받으러 간다.

택스 리펀드

기본적인 과정은 이탈리아 내 모든 공항이 동일하다. 택스 리펀드의 조건, 매장에서의 절차 P.069를 참고한다. 로마 피우미치노 공항 터미널 3에서 택스 리펀드 받는 절차를 간단하게 살펴보자.

① 192~225번 게이트 근처에 글로벌 블루 카운터, 플래닛 카운터 등의 택스 리펀드 회사, 이탈리아 세관DOGANA이 모여 있다.
② 이탈리아에서만 쇼핑했고 신용카드로 환급 받을 여행자는 키오스크를 이용한다.
③ 이탈리아에서만 쇼핑했고 현금으로 환급 받을 여행자는 택스 리펀드 회사의 카운터를 이용한다.
④ 이탈리아 이외의 EU 국가에서 쇼핑한 물건도 함께 환급 받을 여행자는 세관에서 도장을 받아 택스 리펀드 회사의 카운터에서 환급 받는다.

보안 검사와 출국 심사

14세 이상 대한민국 여권 소지자는 입국 때와 마찬가지로 자동 출입국 심사 기계를 이용할 수 있다. 셴겐 국가 경유 항공편을 타는 터미널 1 이용자는 이탈리아의 공항에서 출국 심사를 받지 않고 경유하는 공항에서 출국 심사를 받는다.

탑승 전 게이트에서

① 택스 리펀드 받을 물건을 기내에 들고 타는 여행자는 면세 구역에 있는 세관 카운터로 가서 택스 리펀드 절차를 마무리한다.
② 로마 공항 터미널 3 면세점 규모는 상당히 크다. 아웃렛에 없는 신제품을 시내의 매장보다 저렴하게 살 수 있어 터미널 3에서 명품 쇼핑을 하는 여행자도 많다.
③ 공항 면세점에서 파는 식료품 중 시내 슈퍼마켓에서도 판매하는 제품은 시내가 더 저렴하다.

출입국 관련 내용을 살펴보면 EU 국가, 셴겐 국가가 각각 다른 경우에 쓰이는 걸 알 수 있다. EU 국가란 유럽 27개국의 정치·경제 통합을 실현하기 위해 만든 유럽 연합에 포함된 국가를 뜻하며, 셴겐 국가란 출입국 등에 관한 협약인 셴겐 협정Schengen Agreement에 가입한 국가를 뜻한다. 이탈리아는 EU 국가이면서 셴겐 국가이기도 하다. 한국과 이탈리아를 오가는 직항 편이나 중동/중국을 경유하는 항공편을 이용할 땐 이탈리아의 공항에서 출입국 심사, 택스 리펀드를 받기 때문에 간단하지만, 유럽의 다른 국가를 경유할 땐 경유하는 국가가 어디냐에 따라 절차가 달라진다. 예를 들면 스위스는 셴겐 국가지만 EU 국가는 아니다. 따라서 이탈리아 여행을 하고 스위스로 건너가 한국으로 귀국하는 여행자는 이탈리아에서 스위스 국경을 오갈 때 출입국 심사는 받지 않지만 이탈리아에서 쇼핑한 물건은 반드시 이탈리아의 국경에서 택스 리펀드 절차를 마쳐야만 세금을 환급 받을 수 있다. 다행히 우리나라 여행자가 많이 이용하는 유럽계 항공사인 에어프랑스, KLM네덜란드항공, 루프트한자, 핀에어 등의 거점은 각각 프랑스, 네덜란드, 독일, 핀란드로 이 국가들은 EU 국가이면서 동시에 셴겐 국가이다. 따라서 귀국할 때 출국 심사, 택스 리펀드 모두 경유하는 공항에서 받는다.

🚨 이럴 땐 어떡하지? 여행 SOS

여행지에서 겪는 여러 가지 불상사. 어떻게 예방하고 대처하는 게 좋을지 알아본다.

소매치기

이탈리아를 여행하는 모든 여행자가 가장 걱정하는 게 바로 소매치기다. 팬데믹 이후 카드 결제가 가능한 곳이 대폭 늘어나며 여행자가 현금을 많이 갖고 다니지 않기 때문에 소매치기들이 휴대폰, 카메라를 집중적으로 노린다.

예방

• 휴대폰은 손목, 목 스트랩을 연결한다. 바지 뒷주머니, 외투 주머니에는 절대 넣지 않는다. 카메라 역시 목에 걸거나 크로스로 멘다.
• 백팩은 앞으로 멘다. 좀 없어 보이고 열 때도 불편하지만 가방의 지퍼마다 옷핀 또는 자물쇠를 단다. 소매치기에게 '훔치기 어려운 사람'이라는 인상을 주는 게 중요하다.
• 식사할 땐 모든 소지품을 가방에 넣고 끌어안는다. 특히 노천 테이블에서 식사할 때 휴대폰이나 카메라를 테이블 위에 올려놓거나 짐을 두고 자리를 비우지 않는다.

유형

• 각 도시의 지하철, 시내버스, 트램에 소매치기가 특히 많다. 소매치기를 한 후 빠르게 내리기 위해 문 가까이에 선 사람을 주로 노린다.
• 로마의 지하철에서 여행자를 구석으로 밀어붙이고 소매치기를 하는 10대 여성 무리들이 있다.
• 여행자의 옷에 이물질을 묻힌 후 도와주겠다고 접근해 소매치기를 한다.
• 여러 명이 수트 케이스를 끌고 여행자인 척 길을 물으며 소매치기를 하는 경우도 있다. 누가 봐도 여행자인 동양인에게 길을 묻는 사람은 의심하자.

대처

• 소매치기를 당한 물품을 찾는 건 거의 불가능하다고 보면 된다. 우선 소매치기를 당한 물품이 무엇인지 파악한다. 신용/체크 카드는 애플리케이션을 이용해 바로 사용 정지, 분실 신고를 한다. 여권을 분실했을 경우 로마, 밀라노의 대사관과 영사관을 방문해 단수 여권을 발급한다.
• 여행자보험에 들었다면 소매치기를 당한 그 도시의 경찰서에서 도난 확인서(폴리스 리포트)를 작성한다. 신고 시

여권 번호, 영문 성명을 정확히 기재한다.

거리에서 만나는 다양한 유형의 사기

• 자선단체라며 서명을 요구하는 사람, 갑자기 나타나 팔찌를 채우는 사람, 짐을 들어주겠다고 하는 사람 모두 단호하게 거절하고 자리를 피한다.
• 경찰이 임의로 여행자의 신분증, 소지품을 검사할 수 없다. 사복 경찰이라며 신분증을 요구한다면 경찰서에 가서 보여주겠다고 대응한다.
• 바닥에 그림을 깔아놓고 판매하며 살짝만 밟아도 거액을 요구한다. 피렌체에 특히 많으니 주의하자.

호텔 내 도난

드물지만 호텔에서 귀중품을 도난당하는 일도 발생한다. 우리나라처럼 CCTV가 많지도 않고 여행자가 요청한다고 호텔 측에서 CCTV를 보여주지도 않기 때문에 예방이 최선이다. 객실 내 금고에 넣어도 도난당할 수 있으니 귀중품은 수트 케이스나 배낭에 넣고 자물쇠로 잠가놓는다.

위탁 수하물 도난

호텔 내 도난과 마찬가지로 예방이 최선이고 예방할 수 있다. 어떠한 경우에도 위탁 수하물에는 현금이나 귀중품은 절대 넣지 않는다. 여행을 마치고 귀국하는 길에 방심해 이탈리아 내에서 쇼핑한 명품을 위탁 수하물에 넣었다가 도난당하는 경우가 있다. 쇼핑한 명품도 현금, 귀중품과 함께 기내에 들고 타자.

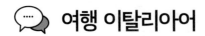

여행 이탈리아어

여행자가 거의 찾지 않는 아주 작은 마을이 아닌 이상 이탈리아 어디를 가든 영어 안내가 되어 있고
영어로 무리 없이 의사소통을 할 수 있다. 그래도 간단한 이탈리아어를
알고 간다면 여행이 좀 더 수월해지고 현지인의 웃는 얼굴을 좀 더 자주 볼 수 있게 될 것이다.

인사말

다른 건 다 몰라도 인사말은 정말 중요하고 이것만 알고 가도 된다. 영어와 마찬가지로 오전, 오후, 밤의 인사말이 다른데, 몇 시부터 몇 시까지라는 명확한 기준은 없다.

Buon giorno 🔊 부온 조르노
아침 인사, 주로 점심시간 이전까지 쓴다.

Buona sera 🔊 부오나 세라
오후부터 저녁까지 쓴다.

Buona notte 🔊 부오나 노테
잠자리에 들기 전에 쓴다.

Ciao 🔊 차오
'hello', 'bye'의 뜻을 모두 갖고 있다. 하루 종일 매우 흔히 쓰인다. 다른 인사말 다 제쳐두고 차오만 알고 가도 된다.

Salve 🔊 살베
차오보다 정중한 표현. 낯선 사람에게 인사할 때, 공식적인 자리에서 주로 사용한다. 하루 종일 아무 때나 쓸 수 있다.

Piacere 🔊 피아체레
'만나서 반갑습니다'란 뜻으로 처음 만났을 때 쓴다.

Arrivederci 🔊 아리베데르치
헤어질 때 하는 인사말로 차오보다 정중한 표현이다.

Grazie 🔊 그라치에
고마움을 표현할 때 쓴다. 뒤에 mille(밀레)를 붙이면 '정말 감사합니다'란 뜻.

Prego 🔊 프레고
정말 다양한 용법으로 쓰인다. 우선 감사 인사를 들었을 때 '천만에요'란 뜻으로 가장 많이 쓰이고, 말씀하세요, 여기 앉으세요, 들어오세요, 드세요, 먼저 가세요 등등 안내, 양보, 권유를 할 때도 자주 쓰인다.

Mi Scusi/ Scusa 🔊 미 스쿠시/ 스쿠자
한국어만큼 존댓말과 반말의 구분이 엄격하진 않지만 '죄송합니다'와 '미안해'로 구분할 수 있다.

Per favore 🔊 페르 파보레
영어의 'please'와 동일한 의미. 음식점, 숙소 등에서 무언가를 요청할 때 자주 쓰게 된다.

긍정/ 부정 표현

si 🔊 씨 / 네, 좋아요

no 🔊 노 / 아니오, 싫어요

숫자 세기

기수는 돈 계산할 때, 서수는 층수를 셀 때 알고 있으면 도움이 된다. 돈의 단위인 유로Euro는 이탈리아어에서는 '에우로'로 발음한다. 1층, 2층...의 '층'은 'piano(피아노)'라 하고, 이탈리아의 건물은 0층에서 시작하며 0층은 'piano terreno(피아노 테레노)'라고 한다. 대부분 아라비아 숫자로 표기하지만 폼페이 고고학 공원 등 일부 유적에서는 아주 드물게 로마 숫자로 표기하기 때문에 로마 숫자로 알아두면 도움이 된다.

기수

0	zero 🔊 제로	7	sette 🔊 세테
1	uno 🔊 우노	8	otto 🔊 오토
2	due 🔊 두에	9	nove 🔊 노베
3	tre 🔊 트레	10	dieci 🔊 디에치
4	quattro 🔊 콰트로	100	cento 🔊 첸토
5	cinque 🔊 친퀘	1000	mille 🔊 밀레
6	sei 🔊 세이		

서수

첫 번째	primo	◀) 프리모
두 번째	secondo	◀) 세콘도
세 번째	terzo	◀) 테르초
네 번째	quarto	◀) 콰르토
다섯 번째	quinto	◀) 퀸토
여섯 번째	sesto	◀) 세스토
일곱 번째	settimo	◀) 세티모
여덟 번째	ottavo	◀) 오타보
아홉 번째	nono	◀) 노노
열 번째	decimo	◀) 데치모

날짜 표현

달력을 볼 때, 예약할 때 알고 있으면 도움이 된다. 달력에는 요일의 앞 한 글자만 표기해놓는 경우가 많은데 영어와 헷갈리지 않도록 하자. 이탈리아에서는 연월일 순이 아닌 일, 월, 연 순으로 날짜를 적는다.

• 요일

일요일	domenica	◀) 도메니카
월요일	lunedì	◀) 루네디
화요일	martedì	◀) 마르테디
수요일	mercoledì	◀) 메르콜레디
목요일	giovedì	◀) 조베디
금요일	venerdì	◀) 베네르디
토요일	sabato	◀) 사바토

• 월

1월	Gennaio	◀) 젠나이오
2월	Febbraio	◀) 페브라이오
3월	Marzo	◀) 마르초
4월	Aprile	◀) 아프릴레
5월	Maggio	◀) 마조
6월	Giugno	◀) 주뇨
7월	Luglio	◀) 룰리오
8월	Agosto	◀) 아고스토
9월	Settembre	◀) 세템브레
10월	Ottobre	◀) 오토브레
11월	Novembre	◀) 노벰브레
12월	Dicembre	◀) 디쳄브레

음식점에서 쓰는 표현

여행 중 가장 자주 방문하는 곳 중 하나가 아마도 음식점일 것이다. 인사말 외에 음식점에서 유용하게 쓰이는 표현을 알아보자.

메뉴판	Il menu	◀) 일 메누
소금	sale	◀) 살레

계산서 주세요. Il conto, per favore
◀) 일 콘토, 페르 파보레

맛있어요, 좋아요. buono, buonissimo, tutto bene
◀) 부오노, 부오니시모, 투토 베네

* '부오노'는 '좋다, 맛있다'라는 뜻, '부오니시모'는 '매우 좋다, 매우 맛있다'라는 뜻이다. 음식점에서 테이블 담당 직원이 와서 만족하냐고 물어본다면 '투토 베네'라고 대답할 수 있다. '투토'는 모두, 전부를 뜻하고 '베네'는 '잘, 훌륭하다'란 뜻이다.

그 외 알아두면 좋은 표현

화장실	bagno	◀) 바뇨
우체국	ufficio postale	◀) 우피초 포스탈레
은행	banca	◀) 반카
경찰	polizia	◀) 폴리치아
역	stazione	◀) 스타치오네
공항	aeroporto	◀) 아에로포르토
정류장	fermata	◀) 페르마타
슈퍼마켓	supermercato	◀) 수페르메르카토
입구	entrata	◀) 엔트라타
출구	uscita	◀) 우시타
비닐봉투	busta	◀) 부스타

슈퍼마켓에서 계산할 때 마지막에 보통 "la busta?"라고 묻는다. 비닐봉투는 유료로 판매한다.

세일	saldi	◀) 살디

* 소금(sale)과 헷갈리지 않도록 하자.

편안함의
새로운 기준

프리미엄 컴포트 클래스로
새로운 비행을 경험하세요

자세히 보기
klm.com/premiumcomfort

KLM Royal Dutch Airlines
Travel *Well*

🔍 찾아보기

찾아보기

🔍 찾아보기